21 世纪先进制造技术丛书

微铸锻铣复合超短流程制造

张海鸥　王元勋　翟文正　李润声　著

科学出版社

北京

内 容 简 介

传统机械制造业一直采用铸造-锻造-焊接-热处理-铣削多工序分步加工模式，流程长、成本高、污染重。本书系统介绍微铸锻铣复合制造技术的原理、工艺、组织性能调控、质量检测与控制及应用。全书共8章。第1章介绍微铸锻铣复合制造的特点、原理、分类、发展历程等；第2章介绍微铸锻铣复合制造工艺所涉及的基本理论，包括传热传质过程、快速凝固过程、路径规划、塑性成形过程以及复合过程等；第3章介绍各类典型材料微铸锻铣复合制造工艺及组织性能；第4章介绍微铸锻复合制造多尺度数值模拟；第5章探讨提高成形精度的具体方法和措施；第6章介绍微铸锻铣复合制造过程缺陷检测方法和评价体系；第7章介绍微铸锻铣复合制造的智能并行制造控制系统的原理、架构及制造装备；第8章介绍微铸锻铣复合制造技术在船舶海工、模具、航空航天、汽车、核能动力等领域的应用情况。

本书可作为高等学校机械、材料等专业教师和学生 3D 打印学习的辅导用书，也可供相关领域的工程技术人员参考使用。

图书在版编目（CIP）数据

微铸锻铣复合超短流程制造 / 张海鸥等著. —北京：科学出版社，2022.11

（21世纪先进制造技术丛书）

ISBN 978-7-03-064146-5

Ⅰ. ①微…　Ⅱ. ①张…　Ⅲ. ①金属加工-立体印刷-成型加工　Ⅳ. ①TG

中国版本图书馆CIP数据核字（2020）第017394号

责任编辑：裴　育　朱英彪　罗　娟 / 责任校对：任苗苗
责任印制：吴兆东 / 封面设计：蓝正设计

科 学 出 版 社 出版
北京东黄城根北街16号
邮政编码：100717
http://www.sciencep.com
涿州市般润文化传播有限公司 印刷
科学出版社发行　各地新华书店经销
*
2022年11月第 一 版　开本：720 × 1000 1/16
2024年 1 月第二次印刷　印张：21 1/4
字数：428 000

定价：150.00 元

（如有印装质量问题，我社负责调换）

“21 世纪先进制造技术丛书”序

21 世纪，先进制造技术呈现出精微化、数字化、信息化、智能化和网络化的显著特点，同时也代表了技术科学综合交叉融合的发展趋势。高技术领域如光电子、纳电子、机器视觉、控制理论、生物医学、航空航天等学科的发展，为先进制造技术提供了更多更好的新理论、新方法和新技术，出现了微纳制造、生物制造和电子制造等先进制造新领域。随着制造学科与信息科学、生命科学、材料科学、管理科学、纳米科技的交叉融合，产生了仿生机械学、纳米摩擦学、制造信息学、制造管理学等新兴交叉科学。21 世纪地球资源和环境面临空前的严峻挑战，要求制造技术比以往任何时候都更重视环境保护、节能减排、循环制造和可持续发展，激发了产品的安全性和绿色度、产品的可拆卸性和再利用、机电装备的再制造等基础研究的开展。

“21 世纪先进制造技术丛书”旨在展示先进制造领域的最新研究成果，促进多学科多领域的交叉融合，推动国际间的学术交流与合作，提升制造学科的学术水平。我们相信，有广大先进制造领域的专家、学者的积极参与和大力支持，以及编委们的共同努力，本丛书将为发展制造科学，推广先进制造技术，增强企业创新能力做出应有的贡献。

先进机器人和先进制造技术一样是多学科交叉融合的产物，在制造业中的应用范围很广，从喷漆、焊接到装配、抛光和修理，成为重要的先进制造装备。机器人操作是将机器人本体及其作业任务整合为一体的学科，已成为智能机器人和智能制造研究的焦点之一，并在机械装配、多指抓取、协调操作和工件夹持等方面取得显著进展，因此，本系列丛书也包含先进机器人的有关著作。

最后，我们衷心地感谢所有关心本丛书并为丛书出版尽力的专家们，感谢科学出版社及有关学术机构的大力支持和资助，感谢广大读者对丛书的厚爱。

熊有伦

华中科技大学

2008 年 4 月

序

高强韧、高可靠锻件是高端装备在恶劣工况下服役性能的根本保证。《微铸锻铣复合超短流程制造》一书作者张海鸥教授及其团队提出金属微铸锻铣复合超短流程制造技术，通过多能场复合控形控性，取得较好的研究和应用成果。该技术不同于普通 3D 打印，突破了“铸锻同步、控形控性、缺陷监测、自主修复”等难题，融合 3D 打印、半固态快锻、柔性机器人等技术，将金属增材、等材、减材合而为一，无需重型装备与巨型模具以及多次反复加热与成形加工。微铸锻铣复合制造技术具有以下先进性。①超短流程微制造：边铸边锻，铸锻原位复合，缩短制造周期 60%～70%；实现用小于 1t 的机械力微锻，与八万吨锻压效果相当。②成品率高：大型难成形锻件近无缺陷高品质制造，无气孔、裂纹、未熔合等冶金缺陷。③低成本绿色制造：能耗为传统制造技术的 10%，节能约 90%；材料利用率 80%以上。④产品综合性能高，适用性广：可以整体制造大型复杂或梯度材料零件，能实现轻量化，可以获得 12 级等轴超细晶，高温合金工件冲击韧性优于传统航空锻件标准。

该书是张海鸥教授及其团队二十余年来专注金属微铸锻铣复合超短流程制造技术研究的结晶，全书从金属增材制造技术基础出发，全面系统地介绍微铸锻铣复合制造核心技术的原理、控形控性工艺、质量检测控制、典型材料制造工艺及应用等内容，对于我国金属增材制造技术的发展具有很好的指导和引领作用。

中国工程院院士

中国金属学会理事长

前　言

传统机械制造业一直采用铸造-锻造-焊接-热处理-铣削多工序分步制造模式，需要大型锻机长流程制造，污染严重。随着高端装备轻量化、可靠性需求的不断增强，核心零部件正向大型整体化和均匀高强韧化方向发展。但大型复杂零件受限于锻机可锻面积和零件复杂结构，无法整体锻造，只能分块锻造后拼焊，因此流程长，可靠性低。铸坯原始晶粒不均、锻造应力由表及里衰减。传统工艺制造流程缩短，工件强韧性提升已达到极限。新兴的增材制造技术虽已应用于大型复杂零件的短流程制造，但普通增材制造有铸无锻，疲劳性能不及锻件。因此，现有制造技术未能解决大型复杂锻件制造的"卡脖子"难题，无法满足高端装备快速高品质制造的需求，需要变革传统制造模式，从顶层制造理论出发，颠覆一直以来整体先铸后锻的认知，攻克大型复杂高端零件无法短流程、高品质制造的技术瓶颈。

本书作者及其团队历经二十余年研究，提出增等减材复合超短流程制造理念，首创金属微铸锻铣复合超短流程智能制造技术。该技术是一种多能场复合、产品形状与极限性能的创形创质并行制造技术，攻克了传统制造工艺中铸锻铣工序分离导致流程长且产品性能不均、常规增材制造工艺中有铸无锻导致产品性能不及锻件的世界性难题。作者团队突破了"铸锻同步、控形控性、缺陷监测、自主修复"等关键技术，发明了世界首台微铸锻铣复合制造装备，成形效率为国外顶级水平的 3 倍，实现了单台设备紧凑柔性超短流程制造大型复杂锻件的重大创新与产业化，节能 80%以上。近年来，微铸锻铣复合制造技术在航空航天、汽车、舰船、核电动力、模具等领域得到广泛应用，有力地支撑了我国高端装备的自主创新。该技术荣获湖北省技术发明奖一等奖、日内瓦国际发明展特别奖和金奖、英国发明展双金奖等，荣登"2020 年机床行业和金属加工行业十大要闻"榜单，2020 年被商务部、科技部列为限制出口技术(编号：183506X)，获授权发明专利 52 项(含美国、欧洲专利)、计算机软件著作权 12 项。

本书从微铸锻铣复合制造技术的应用出发，全面系统地介绍微铸锻铣复合制造核心技术的原理、控形控性工艺、质量检测控制、典型材料制造工艺及应用等内容。全书由张海鸥教授、王元勋教授撰写，翟文正副教授、李润声博士参与部分章节撰写工作，王元勋教授统稿审校，张海鸥教授审核定稿。本书撰写过程中，得到黄丞博士、宋豪博士、张明波博士、陈曦博士、赵旭山博士、孙乐乐博士、黄建武博士、林航博士、王瑞博士、戴福生博士、唐尚勇博士、王湘平博士、柏兴旺博士、周祥曼博士、胡建南、成国煌、徐长续、吴圣川研究员、韩光超教授、李国宽副教授等的大力支持和帮助，在此表示衷心的感谢！

囿于水平所限，书中难免存在疏漏与不足之处，恳请读者不吝批评指正。

作　者

于华中科技大学

目录

第1章 绪 论

短流程化生产一直是工业界追求的综合目标之一。第一次工业革命以来，高性能锻件的传统制造一直需要铸造、锻造、焊接、热处理、铣削等多道烦琐工序完成，每道工序又包含若干小工序，需要多套设备、大量熟练技工合作制造完成，其特征是各工序分离，生产周期长，制造流程长，且必须使用铸锻机等重型装备。工业化大规模生产以后，短流程制造成为研究热点，生产效率得到逐步提高，高性能锻件的生产周期相对缩短。常规机械产品在 20 世纪 40 年代之前工艺流程比较长，随着技术的进步，人们对短流程化生产机械产品的探索一直没有停止，50 年代到 80 年代工艺流程逐步缩短，但基本工艺和技术路线没有发生根本性改变。

金属增材制造(additive manufacturing, AM)技术出现后，短流程制造呈现新的发展空间。增材制造技术是提升制造业创新能力的战略重点之一，在国内外发展非常迅速。《中国制造 2025》和德国的《工业 4.0》等都把增材制造技术作为重要共性关键发展技术。金属复合增材制造技术是在通用增材制造技术的基础上，通过金属逐层熔融堆积、原位辊轧或同位铣削复合，实现金属构件无模成形的数字化制造技术，是金属制造领域继数控技术之后又一次重大变革(卢秉恒和李涤尘，2013)。

1.1 金属零件制造技术发展历程

人类社会进入新石器时代以后，金属零件制造技术也逐步登上了历史舞台。最先出现的是金属冶金和铸造技术。考古发现，我国在 6000 多年前已出现黄铜冶炼技术，在 4000 多年前已有简单的青铜工具，在 3000 多年前已用陨铁制造兵器，在 2500 多年前的春秋时期已掌握生铁冶炼技术，比欧洲要早 1800 多年。18 世纪以后，随着蒸汽革命的兴起，钢铁产业和金属零件制造成为产业革命的重要内容和物质基础。19 世纪以后，随着现代平炉和转炉炼钢技术的出现，人类真正进入钢铁时代，金属锻造技术、焊接技术、切削加工技术、热处理技术等应运而生。与此同时，铜、铅、锌、铝、镁、钛等金属零件相继问世并得到应用。时至今日，金属零件在工业生产和社会生活中占据很重要的地位，从方方面面影响人类社会的发展进程。

金属加工是指人类对由金属元素或以金属元素为主构成的具有金属特性的材料进行加工的生产活动。高性能结构复杂金属零件的传统制造一般包括如下工艺。

铸造：指将熔融的金属液浇注到与零件形状相适应的铸型型腔中，待其冷却凝固后获得预定形状、尺寸和性能铸件的工艺过程，包括砂型铸造、熔模铸造、实型铸造、陶瓷型铸造、金属型铸造、压力铸造、连续铸造、离心铸造等方法。

塑性成形：指使金属在外力(通常是压力)作用下产生塑性变形，获得所需形状、尺寸、组织和性能制品的一种金属加工工艺，包括锻造、轧制、挤压、拉拔、弯曲、剪切等方法。金属材料在外力作用下会产生应力和应变，当施加的力所产生的应力超过材料的弹性极限达到材料的塑性流动极限后再除去所施加的力，除占比很小的弹性变形部分消失外，会保留大部分不可逆的永久变形，即塑性变形，使物体的形状尺寸发生改变，同时材料的内部组织和性能也发生变化。

焊接：指被焊工件通过加热或加压的方法，采用或不采用填充金属，使被焊工件达到原子间结合而形成永久性连接的工艺过程，包括熔化焊、压力焊、钎焊等。

热处理：指将金属或合金工件放在一定的介质中加热到一定的温度，并在此温度中保持一定时间后又以不同速度在不同的介质中冷却，通过改变金属材料表面或内部的微观组织结构来控制其性能的一种工艺。热处理一般不改变工件形状和整体的化学成分，而是通过改变工件内部的微观组织或改变工件表面的化学成分来改善工件的力学性能。

切削加工：指从工件上去除多余材料从而使形状、尺寸精度及表面质量等合乎要求的零件加工过程，包括车、铣、刨、磨、钻等方法。

传统金属加工制造方法应用广泛，优点突出，但对于生产大型复杂高性能金属零件尚存在明显的不足：

(1)制造流程长，生产周期长。采用传统加工工艺制造大型复杂高性能金属零件需要铸造、锻造、焊接、热处理、铣削等多工艺多工序才能完成，工序多且分散，需要多台大型铸锻设备。

(2)成品率不高。传统金属加工制造方法生产大型复杂高性能锻件的一次成功率一般难以超过 50%。

(3)成本高，污染重。传统金属加工制造方法生产大型复杂高性能锻件一般依赖昂贵的超大锻机及模具，材耗、能耗高，污染重。

(4)产品适应性差。传统金属加工制造方法难以制造复杂/梯度材料零件，并且受制于铸锻设备的规格，产品尺寸受限。

1.2　金属增材制造技术发展历程

1.2.1　国外金属增材制造技术发展历程

1960 年，法国 Franois Willème 申请了多照相机实体雕塑(photosculpture)的专

利。日本东京大学生产技术研究所的中川威雄(Takeo Nakagawa)教授于1979年发明了叠层模型造型法，他使用该技术制作出实用的工具，如落料模、注塑模和成形模。日本名古屋市工业研究所的久田秀夫(Hideo Kodama)发明了利用大桶光敏聚合物成形的三维模型增材制造方法，1980年申请了与该技术有关的第一项专利。1986年，Charles W. Hull成立了世界上第一家3D打印设备公司——3D Systems公司，他研发了现在通用的3D数模STL数据文件格式。3D Systems公司在成立两年后推出了世界上第一台基于立体光刻(stereolithography, SL)技术的工业级打印机SLA-250。1988年，Scott Crump发明了另一种更廉价的3D打印技术——熔融沉积成形(fused deposition modeling, FDM)技术，并于1989年成立了Stratasys公司。

1989年，美国得克萨斯大学奥斯汀分校的C. R. Dechard发明了激光选区烧结(selective laser sintering, SLS)工艺。SLS使用的材料很广泛，理论上几乎所有的粉末材料都可用于打印，如陶瓷、蜡、尼龙，甚至是金属。

1991年，Helisys公司推出第一台分层实体制造(laminated object manufacturing, LOM)系统。

1992年，Stratasys公司推出了第一台基于FDM技术的工业级打印机。同年，DTM公司推出首台SLS打印机。

1998年，Optomec公司成功开发出激光近净成形(laser engineered net shaping, LENS)烧结技术。

2003年，EOS公司开发了直接金属激光烧结(direct metal laser-sintering, DMLS)技术。

2005年，Z Corporation公司推出世界上第一台高精度彩色3D打印机Spectrum Z510，让3D打印从此变得绚丽多彩。

2007年，3D打印服务创业公司Shapeways正式成立，该公司提供给用户一个个性化产品定制的网络平台。

2008年，Objet Geometries公司推出其革命性的快速成形(rapid prototyping, RP)系统Connex500，它是有史以来第一台能够同时使用几种不同打印原料的3D打印机。

2013年5月，美国分布式防御组织发布全世界第一款完全通过3D打印制造出的塑料手枪(除了撞针采用金属)，并成功试射。同年11月，美国Solid Concepts公司制造了全球第一款三维全金属手枪，由33个17-4不锈钢部件和625个铬镍铁合金部件制成，并成功发射50发子弹。

2013年8月，美国国家航空航天局(National Aeronautics and Space Administration, NASA)测试3D打印的火箭部件，可承受2万磅力[①]推力，并可耐6000℃的高温。

① 1磅力(lbf)=4.44822N。

2014年7月，美国南达科他州一家名为Flexible Robotic Environments(FRE)的公司公布了其开发的全功能制造设备 VDK6000，兼具金属增材制造、车削及3D扫描功能。

2015年2月，罗罗公司宣布计划试飞大尺寸3D打印引擎部件，采用钛合金前承重壳，包括飞机机翼，承重部分直径达1.5m。

2017年1月，美国国防部公开展示3D打印无人机，从3架F/A-18大黄蜂战机吊舱中释放100多架305mm的无人机。美国国家航空航天局宣布已经试射了一台由3D打印制造的火箭发动机。

2018年9月，法国空中客车(Airbus)公司采用增材制造技术对A350机舱门零件进行生产。

2019年1月，Spirit Aerosystems公司为波音787客机开发了增材制造的零件，该零件由Norsk Titaniun公司打印。

2020年11月，Relativity Space公司成功打印了高为3.3m的铝合金火箭燃料箱，该零件采用多台机器人协同完成。

至2021年8月，通用电气公司已经为LEAP(前沿航空动力)航空发动机提供了超过10万件3D打印燃油喷嘴，该喷嘴比传统制造减重25%。

1.2.2 国内金属增材制造技术发展历程

随着世界上第一家3D打印设备公司3D Systems的诞生，一批正在美国游学访问的中国学者率先被吸引，回国后立刻启动相关研发。清华大学颜永年教授便在其中，他被认为是中国增材制造技术的先驱人物之一，1988年建立清华大学激光快速成形中心，1994年成立国内第一家金属增材制造公司——北京殷华激光快速成形与模具技术有限公司，开展了由快速原型复制金属模具的研究工作。

西安交通大学卢秉恒教授被视为国内金属增材制造技术的另一位先驱人物，他1992年赴美做高级访问学者，发现金属增材制造技术在汽车制造业中的应用，回国后随即转向这一领域研究，1994年成立先进制造技术研究所。从软件开发起步，进而试制紫外激光器，开发材料，形成一台具有基本功能的样机。

华中科技大学在该领域的起步缘于王运赣教授1990年在美国参观访问时接触到了刚问世不久的快速成形机。1991年，在时任校长、著名机械制造专家黄树槐的主持下，华中科技大学成立快速制造中心，研发基于纸材料的分层实体制造技术和快速成形设备。1994年，快速制造中心研制出国内第一台基于薄纸材的LOM样机。

2000年前后，北京航空航天大学、清华大学、华中科技大学、西北工业大学、北京有色金属研究总院、北京工业大学等，相继开展了这方面的研究工作，总体思路是要同步实现金属零件的自由快速精确成形和高强度控制目标。

从2001年开始，华中科技大学张海鸥教授团队在多个国家自然科学基金项目和总装预研基金项目的连续支持下，在国内率先提出并研究开发了基于等离子弧/电弧增材成形、同步锻压和同工位铣削复合的智能微铸锻铣技术。该技术变革了国内外铸锻分离的传统制造模式，通过“铸锻复合、边铸边锻”得到超细等轴晶锻件，颠覆了国内外认为 3D 打印不能直接制造锻件的传统认知，开辟了国际领先的短流程、单机轻载、省材节能、高效低成本的绿色制造新模式。采用自主研发的智能铸锻铣复合制造设备，研制了现有技术难以得到的无织构12级均匀超细等轴晶钛合金、高温合金、超高强钢等典型航空部件，疲劳性能全面超过传统锻件。该技术为我国独创的制造技术，已获中国和美国发明专利授权，先后获得第45届日内瓦国际发明展金奖和第19届英国发明展双金奖。

北京航空航天大学王华明教授团队瞄准大型飞机、航空发动机等国家重大战略需求，在国际上首次全面突破相关关键构件激光成形工艺、成套装备和应用关键技术，使得中国成为世界上第一个掌握大型整体钛合金关键构件激光成形技术并成功实现装机工程应用的国家。

2012年10月，中国 3D 打印技术产业联盟在北京成立，北京航空航天大学王华明教授被推举为首任理事长，清华大学颜永年教授任首席顾问，中国的金属增材制造行业已经开始改写单打独斗的历史。目前，国内已经成长出一批技术先进的金属增材制造企业，如西安铂力特增材技术股份有限公司、湖南华曙高科技股份有限公司、武汉天昱智能制造有限公司、武汉华科三维科技有限公司等。

2017年1月，法国空中客车公司、武汉天昱智能制造有限公司、华中科技大学三方签署合作协议，正式宣布三方将在航空工业制造领域开展全新合作。此次签署的科研合作项目主要围绕智能微铸锻铣复合制造技术开展应用技术研究。

2019年8月，捷龙一号遥一火箭在酒泉卫星发射中心发射升空。整体结构采用面向增材制造的轻量化三维点阵结构进行设计，通过铝合金增材制造技术一体化制备，由西安铂力特增材技术股份有限公司提供的设备实现生产。

2020年，湖南华曙高科技股份有限公司大尺寸金属激光熔融设备入驻无锡飞而康快速制造科技有限责任公司，投产后成功参与批量装机应用，支持多项国家重点型号工程的研制。

2021年，鑫精合激光科技发展有限公司攻克了纯钨材料的打印工艺，并在天津镭明激光科技有限公司的 LiM-X150A 设备上实现了稳定生产。

1.3 金属增材制造技术及其特点

与传统的去除成形(subtractive, 如车、铣、磨等)或受迫成形(formative, 如铸、锻、冲压等)制造过程相比，金属增材制造技术将材料制备/精确成形有机融为一体，具有短流程、柔性化、数字化等突出特点(Zhou et al., 2016)。最初的金属增材制造技术常用于模具和工业设计领域中进行快速成形，目前已逐渐用于一些高价值应用产品(如髋关节或牙齿)或大型复杂重要部件(如飞机起落架支撑件、航空发动机整体叶轮、发动机机匣等)的快速制造(rapid manufacturing, RM)，金属增材制造技术的应用越来越广泛。随着航空航天、船舶、汽车生产等行业对快速精密实体制造的需求越来越高，未来金属增材制造技术的发展势头将更加迅猛，在航空航天、生物医药、汽车工业、艺术设计以及国防等领域中具有广阔的应用前景。图 1.1 为金属增材制造过程示意图。

图 1.1　金属增材制造过程

金属增材制造技术具有如下技术特点(张海鸥等, 2018)：

(1)短流程、柔性制造。金属增材制造技术理论上是“一步到位”的制造，减少加工工序数量，缩短加工周期，降低成本，适用于新产品开发、小批量制造，柔性化特征突出，有利于提升企业对市场需求的快速响应能力。

(2)自由成形和促进产品创新。产品制造过程几乎与零件的复杂性无关，不受模具、工具的限制，具备强大的复杂结构制造能力。自由成形概念释放了对产品设计的种种工艺性限制，使三维计算机辅助设计(computer aided design, CAD)具备了“所见即所造”的新层次特征，大大拓展了设计师的创新空间。

(3)低碳环保，符合“绿色制造”理念。金属增材制造过程中所造成的材料和能源浪费比传统制造方式要少很多，无需模具、刀具、夹具，废料少，将减少供应链的原材料总需求；工序链短，将减少生产链的能量总消耗；省去半成品的运输过程，从而减少运输工具的碳排放；噪声和振动小。

(4)材料多样化。理论上所有种类的金属材料都可用于金属增材制造，金属增材制造技术在常用金属特别是高温难熔难加工金属的成形制造中有其他制造方法难以替代的优势。

(5) 成形性能好。与传统铸件、锻件零件相比，增材制造金属材料的组织结构细小且致密，力学性能优良，具有很高的强度和良好的韧性。

1.4 创形创质并行金属复合增材制造技术

与传统去除成形方法相比，增材制造基于材料增量制造理念，是一种利用CAD模型以材料连接方式完成构件制作的技术(卢秉恒和李涤尘, 2013)，与减材制造相比，增材制造通常是逐层累加进行的。然而，增材制造技术存在零件成形精度低、力学性能不足等问题(张海鸥等, 2015)。针对上述技术瓶颈，现已出现了若干种既保持增材制造技术优点又能吸收传统技术优势的复合增材制造新技术，为解决瓶颈难题提供了新路径。

国际生产工程科学院(The International Academy for Production Engineering, CIRP)将复合制造定义为一种基于若干种工艺/工具/能量源同步工作、相互作用可控且对工艺和零件形状精度与性能有显著影响的技术(Lauwers et al., 2014)。

常规增材制造基于单一能源进行熔积生长成形，难以兼顾成形效率和成形精度，且难以满足大型复杂高性能构件低成本制造的要求。而复合增材制造则是以增材制造为主体工艺，在零件制造过程中采用一种或多种辅助成形工艺与增材制造工艺耦合协同工作、成形加工机构刚柔性协同以及多能量源协同，使零件性能与形状精度及制造效率得到显著提升。复合增材制造涉及多种制造工艺和能量源，既有同步工作，也有循环交替的协同工作。

复合增材制造技术包括多工艺耦合、协同制造、工艺与零件性能改进三个关键技术特征，由于涉及两种及两种以上工艺，这些工艺须同步或协同工作，并要求辅助工艺进程不能与增材制造工艺进程完全分离。生产中，常采用热等静压或磨粒流加工等后处理工艺，虽可通过使内部致密化或降低表面粗糙度来提升零件性能，但都无法与增材制造工艺构成复合增材制造技术，这是因为从“多工艺耦合”角度出发，进程完全分离且只是简单的工艺叠加，尚不属于“协同制造”关系，只可构成前后加工顺序关系。

多场复合形性协同控制是指采用多能场-可变拓扑及空间运动场-形变场复合的全局优化工艺策略，实现大型复杂件高效率制造过程形状精度与组织性能的创形创质并行控制。其中，多能场复合包括激光电弧复合熔积、熔积与微锻同步复合、电磁辅助增材-调质-控形一体化、超声波辅助微熔锻增材与热态无润滑铣削、多弧多丝熔积、多光束激光增材与喷丸/调质复合、机床-机器人刚柔协同增等减材复合成形加工等。可变拓扑及空间运动学制造策略包括变胞多向微锻机构实现微铸锻同步复合、多机器人与机床协同高效成形、大型复杂件传统工艺与增材制造柔性组合制造、大型复杂件分区及可变方向制造策略与轨迹规划。形变场协同控制增材成形指通过微区塑性变形细化凝固区的晶粒、抑制热影响区及残余应力，控制增材成形循环加热的固态相变并细化晶粒，矫正翘曲变形。

1.5　金属复合增材制造技术分类及特点

复合增材制造技术理念先进、技术可行，并表现出成形精度高、性能提高显著等技术优势，开始得到国内外学者的广泛关注。目前，金属复合增材制造技术已衍生出很多类型，如与减材机械加工进行复合、与激光辅助加工进行复合、与喷丸加工进行复合、与塑性成形加工进行复合等。

1.5.1　基于机械加工的复合增材制造技术

基于成形加工的复合增材制造技术涉及增材制造与材料去除工艺的复合，该技术在 20 世纪 90 年代早期发展于焊接领域，现今主流工艺包括以直接金属熔积(direct metal deposition, DMD)和粉末床熔融(powder bed fusion, PBF)为代表的激光增材制造工艺，是研究工作开展最多的一种复合增材制造技术。在这类复合工艺的制造过程中，增材制造工艺每完成若干层制造后，辅助工艺对零件表面或侧面进行机械加工，循环交替直至完成零件制造。这样，增材制造工艺完成零件逐层制造，辅助工艺保证零件尺寸精度，可共同完成具有复杂形状和内部特征且成形精度高的零件制造。

基于铣削加工的复合增材制造技术如图 1.2 所示。该类技术中最常用的机械

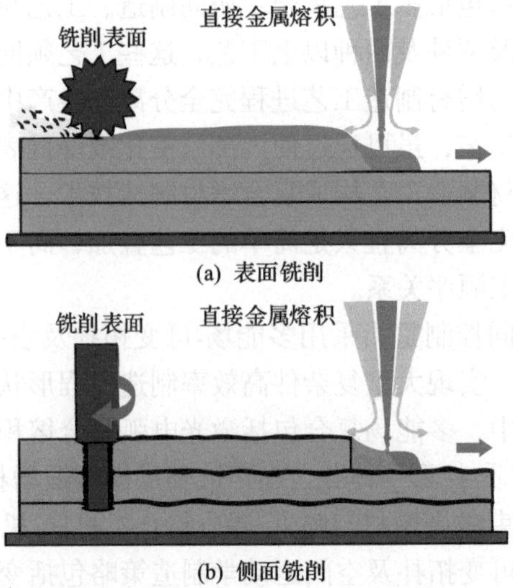

图 1.2　基于铣削加工的复合增材制造技术(杨智帆和张永康, 2019)

加工工艺是铣削，目的包括降低零件侧面和上表面的表面粗糙度，减少成形零件的“阶梯效应”，同时可为后续材料熔积提供光洁、平整的表面，保证以恒定层厚进行逐层制造，提高 *Z* 轴成形精度。Chang 等(1999)首先提出增减材混合制造(additive/subtractive hybrid manufacturing, ASHM)的概念，即融合增材和减材制造各自的优势，通过增材制造一层或多层后，利用铣削等减材制造方法将零件精加工至设计尺寸和形状，增材和减材制造交替或同步进行。

Karunakaran(2006)研究表明，在以电弧增材制造为主体工艺的情况下，铣削去除焊缝表面氧化层有助于后续熔积形成更稳定的电弧和形状更一致的焊道。混合加工中熔积与铣削交替进行，一旦达到近净形状就进行精铣削以完成零件制造。在测试了成形件性能后发现，该方法制造的零件虽在力学性能上不如传统方式制造的零件，但几何精度在计算机数控(computer numerical control, CNC)铣削之后可达±0.03mm。

韩国科学技术研究院 Song 等(2006；2005)提出实体自由成形(solid freeform fabrication, SFF)(增材)与铣削(减材)相结合的复合制造工艺，为了缩短熔积时间和减少热变形，在此加工工艺的基础上做了进一步的设想和改进，仅对零件的外围轮廓采用 SFF(增材)与铣削(减材)相结合的复合制造工艺，中空的部分则填充低熔点的液态金属以达到快速制造的目的。后一种工艺在制造有大面积需要填补成形的零件特别是大型注塑模具时优点非常明显，加工效率显著提高。

Lopes 等(2020)对金属丝和电弧增材制造(wire and arc additive manufacturing, WAAM)低强度高合金钢(high strength low alloy steel, HSLA 钢)进行铣削加工，提出了一种考虑零件微观组织和局部力学性能的铣削策略。结果表明，成形件的力学行为对铣削过程没有显著影响。总体来说，随着切削速度的增加和每齿进给量的减少，铣削表面质量得到改善，即具有较低的粗糙度。然而，他们强调需要更多地关注在 WAAM 后的后处理加工操作，以建立旨在减少刀具磨损的最佳策略，同时保持高表面质量和生产率(果春焕等, 2020)。

华中科技大学张海鸥教授等开发的等离子熔积与铣削复合制造(hybrid plasma deposition & milling, HPDM)技术为整体叶轮制造开辟了一条新的途径(Lauwers et al., 2014; Karunakaran, 2006)。与传统制造方式相比，HPDM 技术制造整体叶轮零件的组织性能显著提高，制造周期缩短，成本降低，生产效率提高。

相比于普通增材制造，基于机械加工的复合增材制造技术可有效提高零件成形精度，但与零件最终尺寸精度要求仍存在一定差距，还需精加工处理，且在复合制造过程中，增材制造与机械加工两种工艺需要频繁切换工序，无疑增加了零件生产周期与制造成本。此外，成形零件需要通过后续的热处理、热等静压等工艺来消除内应力及提高致密度，但在热处理过程中应力的重新分布会产生二次变形，使机械加工获得的尺寸精度损失殆尽，这是该类复合增材制造技术实现工程化应用亟待解决的难题之一。目前，随着传感器和计算机视觉技术的进步，利用视觉传感器结合图像处理算法实现对工艺过程的闭环反馈控制，将有利于进一步提高基于机械加工复合增材制造技术的零件成形精度与效率，实现刀具路径规划的自动调整。

1.5.2　基于激光辅助的复合增材制造技术

基于激光辅助的复合增材制造技术采用激光束对熔积材料进行辅助加工，具体辅助工艺包括激光烧蚀(laser erosion, LE)、激光重熔(laser remelting, LR)和激光辅助等离子弧熔积(laser assisted plasma deposition, LAPD)等，如图 1.3 所示。

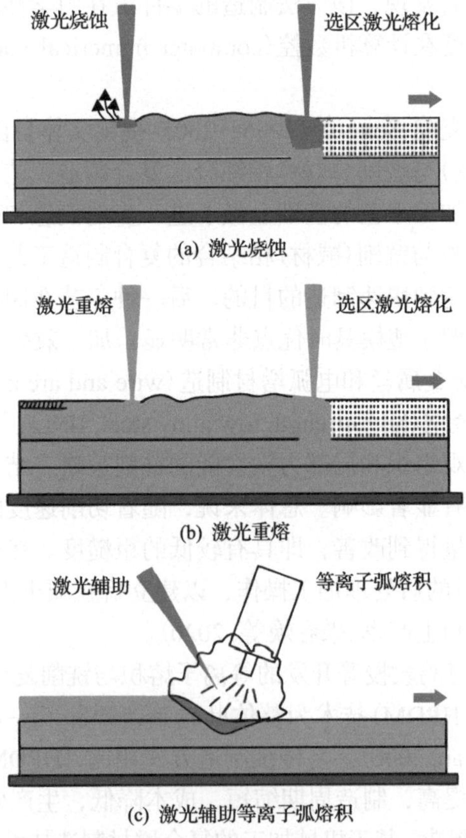

图 1.3　基于激光辅助的复合增材制造技术(杨智帆和张永康, 2019)

激光烧蚀与机械加工的效果类似，通过去除材料获得平整的熔积层表面。Yasa 和 Kruth(2011)将激光选区熔化(selective laser melting, SLM)工艺与基于 Nd:YAG 脉冲激光器(λ =1094nm)的激光选区烧蚀(selective laser erosion, SLE)工艺耦合，通过选择性修整表面控制熔积层厚度，提高 Z 轴成形精度的同时表面粗糙度可降低50%。

基于激光重熔的复合增材制造技术是利用激光作为热源使熔积材料再次熔化并凝固，从而填充熔积层存在的孔隙以提高零件致密度。与激光烧蚀工艺使用的高能激光相比，激光重熔通常使用较低的激光能量以防止材料蒸发。Yasa 和 Kruth(2011)将 SLM 工艺与激光重熔工艺耦合，研究了耦合工艺对零件致密度、微观结构和表面粗糙度的影响。结果表明，耦合工艺制造零件较普通 SLM 工艺制造零件表面粗糙度有所降低，孔隙率均值从 0.77%降至 0.032%，微观下为晶粒细化的层状结构。

与激光烧蚀、激光重熔工艺相比，激光辅助等离子弧熔积中的激光束并不直接作用于材料，而是为等离子弧熔积提供更多的热能。Qian 等(2008)指出，等离子弧熔积中使用的保护气体吸收了激光能量而发生电离，进一步提高了等离子弧能量密度并减小弧直径，在更集中、能量密度更高的等离子弧加热下产生更深的熔池，细化零件晶粒，孔隙率得以降低。

基于激光辅助的复合增材制造技术灵活性高，激光作为能量光束，在制造过程中可提高零件成形精度、细化晶粒、降低孔隙率，但其循环移动会使零件经历更复杂的热历史，陡峭的温度梯度会使零件产生不均匀塑性变形，从而在零件内产生残余应力，降低材料疲劳性能。该复合制造技术涉及众多工艺参数，需要建立多目标优化的数学模型，从而优化零件残余应力分布，提高零件性能。

1.5.3 基于喷丸的复合增材制造技术

将喷丸与增材制造相耦合的复合增材制造技术是一个尚在深入探索研究的领域。喷丸是一种通过在工件表面植入一定深度的残余压应力而提高材料疲劳强度的表面强化工艺，主要分为激光喷丸、超声喷丸与机械喷丸等。将喷丸工艺与增材制造复合是能够控形控性的复合增材制造技术之一，在航空航天、国防工业和生物医疗等方面具有重要应用前景。

冯抗屯等(2020)对激光增材制造成形 TC18 钛合金进行陶瓷喷丸强化，研究了喷丸强度对其表面形貌、表面粗糙度、表层残余压应力、硬度和疲劳性能的影响，发现随着喷丸强度的提高，合金表面加工痕迹逐渐消失但弹坑变得明显，表面粗糙度和残余压应力均增大；喷丸强化可以提高合金的硬度和弹性模量；随着喷丸强度的提高，合金疲劳寿命先增大后减小，疲劳裂纹源先从表面向材料内部转移，后回到表层；0.20～0.25mm 喷丸强度试样的疲劳寿命最高。

Kalentics 等(2017)将 SLM 工艺与激光喷丸耦合，研究了耦合工艺制造 316L 不锈钢零件的残余应力分布规律。设定参数后利用钻孔法测量了零件深度方向上的残余应力分布，最终与 SLM 制造试样、激光喷丸试样的残余应力分布进行对比。从结果来看，基于激光喷丸的复合增材制造技术能够通过植入更深、更高幅值的残余应力来提高材料性能；另外，从试验结果可以推测出后续熔积带来的热载荷并未完全释放掉残余压应力，这可能是由于 SLM 工艺较 DMD 工艺热影响区域更小，而在 DMD 工艺中是否会释放更多残余压应力则有待探索。

Kahlin 等(2020)对激光粉末床熔融(laser-powder bed fusion, L-PBF)和电子束粉末床熔融(electron beam-powder bed fusion, E-PBF)制备的 Ti6Al4V 合金进行了常规钢球强化喷丸、激光喷丸、离心式抛光、激光抛光和研磨表面处理，以提高疲劳强度。发现经过喷丸强化和离心抛光处理后 L-PBF 材料达到了与机械加工材料相当的疲劳强度。此外，由于次表面缺陷隐藏在光滑表面下，表面粗糙度不足以表征疲劳强度。

Hitoshi 和 Fumio(2020)对直接金属激光烧结和电子束熔融(electron-beam melting, EBM)制备的 Ti6Al4V 合金进行了空化喷丸、激光喷丸和常规钢球强化喷丸处理，并进行了平面弯曲疲劳试验。为了阐明增材制造 Ti6Al4V 材料疲劳强度提高的机理，测定了表面粗糙度、残余应力和表面硬度，并利用扫描电子显微镜(scanning electron microscope, SEM)对经过和未经过喷丸处理的表面进行观察。结果表明，DMLS 方法制备的 Ti6Al4V 合金疲劳强度优于 EBM 制备的 Ti6Al4V 合金，两种方法制备的钛合金经过空化喷丸处理后其疲劳强度提高 2 倍左右。

相比于其他复合增材制造技术，基于超声喷丸的复合增材制造技术是一种低成本、能快速提高零件性能的方法，可以与多种增材制造工艺相结合。机械喷丸作为应用最成熟且广泛的喷丸强化技术，在与增材制造组成耦合工艺时存在一些挑战。例如，机械喷丸的丸粒直径较增材制造粉末颗粒大数个数量级，需要额外的工序进行清除，以避免材料污染。另外，由于完成若干层熔积后再进行喷丸强化，其塑性变形小，难以消除熔积层内部的气孔、缩松、微裂纹等内部缺陷。

为了解决上述问题，张永康等(2017)在现有激光喷丸的基础上提出了激光锻造复合增材制造技术，其实质是两束不同功能的激光束同时且相互协同制造金属零件的过程。第一束连续激光进行增材制造，与此同时第二束短脉冲激光(脉冲能量为 10～20J、脉冲宽度为 10～20ns)直接作用在高温金属熔积层表面，金属表层吸收激光束能量后气化电离形成冲击波，利用脉冲激光诱导的补充冲击波对易塑性变形的中高温度区进行“锻造”，增材制造工艺与激光锻造工艺同步进行，直至完成零件制造。激光锻造使熔积层发生塑性形变，消除了熔积层的气孔和热应力，提高了金属零件的内部质量和力学性能，并有效控制宏观变形与开裂问题。

该激光锻造工艺虽然源于激光喷丸，但是有一定区别：第一，冲击波激发介质不同。激光喷丸一般需要吸收保护层和约束层，吸收保护层表层吸收激光能量后气化电离形成冲击波，气化层深度不足 1μm；激光锻造无须吸收保护层和约束层，激光束直接辐照中高温熔积层，金属吸收激光能量气化电离形成冲击波，由于增材制造是逐层累积进行的，每一层不足1μm的气化层厚度对零件的尺寸和形状没有影响。第二，作用对象不同。激光喷丸一般是对常温零件的强化处理；激光锻造是对中高温金属的冲击锻打。第三，主要功能不同。激光喷丸主要功能是改变残余应力状态，其次是改变微观组织，难以改变材料原有的内部缺陷；激光锻造主要功能是在中高温下消除金属熔积层内部的气孔、微裂纹等缺陷，提高致密度与力学性能，其次是改变残余应力状态。

1.5.4 基于轧制的复合增材制造技术

在增材制造过程中，熔池形状和体积的不稳定以及热源反复加热，使零件存在成形精度不足和热应力残余的问题，而基于轧制的复合增材制造技术可有效解决这些问题。这种方法不仅能够提高零件力学性能，还可在不去除材料的前提下保证成形零件的尺寸精度。

Colegrove等(2014)将丝材WAAM工艺与轧制工艺耦合，制造一层、轧制一层，循环交替直至完成零件制造。研究结果显示，相比于WAAM工艺，这种耦合工艺成形零件变形减小、拉应力减小、晶粒细化且力学性能提高，极限强度、硬度和延伸率均高于同等铸造件。

Marinelli等(2020)在丝材电弧增材制造钽结构中应用50kN载荷的冷轧来细化微观组织，指出局部塑性变形导致变形和残余应力减小，并改善了微观组织，经5次道间轧制和熔积后，晶粒平均尺寸为650μm。当变形层在随后的熔积过程中再加热时，发生再结晶，导致新的无应变等轴晶的生长。他们研究了细化区深度与轧制后硬度分布的关系，发现轧制后形成的随机织构有助于获得各向同性的力学性能。

Davis等(2020)将焊层间的轧制变形应用于丝材电弧增材制造Ti6Al4V合金，通过开发和应用一种基于SEM的大面积应变映射技术，研究了将轮廓表面轧制变形轨迹应用到每一添加层的有效性。该技术是基于对电子背散射衍射(electron backscattering diffraction, EBSD)取向数据中α相片层的平均点，对点局部平均错误(local average misorientation, LAM)定向校准局部有效塑性应变。尽管可测量的应变范围有限，但该技术已被证明可以非常有效地识别由表面轧制引起的塑性区大小和深度、局部应变分布。应变场映射显示，在快速加热过程中，变形区再结晶区域发生β相转变。所识别的β再结晶与LAM法测量的塑性区局部应变分布以及先前对丝材电弧增材制造焊层间变形过程中再结晶机制的研究结果一致。

张海鸥等(Zhang et al., 2013)在国际上首先提出了微铸锻复合制造技术，该技术用激光等离子弧增材制造耦合轧制工艺，在半熔融区利用微型轧辊对高温熔积层进行锻压加工，可减少成形零件表面的阶梯效应，提高成形零件尺寸精度。这种方法可减少后续加工余量，且熔积与轧制工艺同步，已成功制造出世界首批高性能金属 3D 打印锻件。该技术创造性地应用了多能场控制增等减材调质一体化短流程生产，将材料制备-成形-加工-调质一体化集成于一个制造单元内，实现高均匀致密度、高强韧、形状复杂的金属锻件短流程无模绿色成形，全面提高了工件强度、韧性、疲劳寿命及可靠性，降低设备投资和原材料成本，大幅缩短制造流程与周期，全面解决了常规 3D 打印成本高、工时长、打印不出锻件的难题。

该技术具有以下特点(Zhang et al., 2013)：

(1)熔积热源由电弧和激光构成，电弧和激光的复合作用可稀释激光在增材微区产生的高温、高密度激光等离子体，以及金属基体对激光的反射作用，提高激光能量利用率、电弧的稳定性和成形效率。电弧-激光复合热源具有速度快、稳定性高及缺陷少等特点，因此基于电弧-激光复合热源的增材成形具有十分广阔的应用前景。

(2)通过微型轧辊进行原位热塑性压力加工，可实现零部件形状尺寸与组织性能控制一体化，从而大幅度提高成形性和可靠性，得到与锻件相当的综合力学性能；并且通过多层熔积过程中的循环往复微区热塑性加工，有利于避免单一高能束自由成形易产生的开裂并抑制翘曲变形，从根本上解决现有高能束直接成形性能可靠性难以保证、易开裂的关键技术难题。

(3)制造过程中，可将磁场、超声波场与熔积电场复合施加于熔池及附近微区，既可搅拌熔池、细化晶粒、降低气孔率，又可显著降低残余应力、抑制翘曲变形、防开裂，从而提高工件的疲劳性能及可靠性，减少大型锻件对重型锻压机和大型模具的依赖，实现短流程无模绿色制造。

(4)采用机器灵巧手与机床协同的多弧多工具增等减材一体化数控平台，以构建全局的成形路径-熔积能量-塑性变形综合协调为智能优化目标，控制增材制造大型构件的变形和组织性能均匀性，实现能量场、几何运动场、材料传质和热动力场协调控制的数字化无模短流程制造。

1.6 金属微铸锻铣复合超短流程智能制造技术

金属微铸锻铣复合超短流程智能制造技术(简称微铸锻铣复合制造技术)是一种多能场复合控形控性协同控制的金属复合增材制造技术。

1.6.1 技术背景

高强韧、高可靠锻件是高端装备在恶劣工况下服役性能的根本保证，其高品质短流程绿色制造技术是各国可持续发展的战略制高点。一百多年来，机械制造业一直采用铸-锻-焊-热-削多工序分步、大型锻机、长流程、重污染的传统模式。随着高端装备轻量化、可靠性需求不断增强，核心件正向大型整体化和均匀高强韧化方向发展。然而，一些大型复杂件受限于大型锻机可锻面积和零件复杂结构，无法整体锻造，只能分块锻后拼焊，流程更长，可靠性降低，且因铸坯原始晶粒不均、锻造应力由表及里衰减而难以得到均匀等轴细晶，故制造流程缩短、工件强韧性提升已近极限。新兴的增材制造技术因原理上有铸无锻，疲劳性能不及锻件。

1.6.2　技术原理

微铸锻铣复合制造技术(Zhang et al., 2016；Colegrove et al., 2014)是指在常规增材制造过程中同步复合微区锻造等材加工与预热及后保温/冷却工序，实现增材成形过程同步进行等轴细晶化，提高零件强度和韧性，复合铣削减材加工或热处理，以节省温控等待与热处理时间、降低增材成形残余应力。微铸锻铣复合制造技术的成形原理如图 1.4 所示。

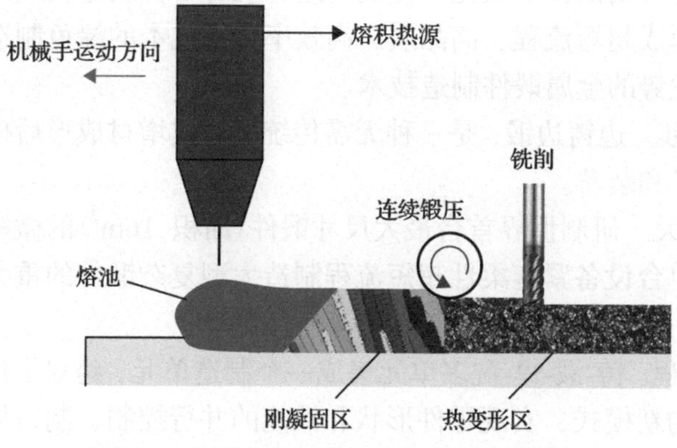

图 1.4　微铸锻铣复合制造技术的成形原理

微铸锻铣复合制造技术综合发挥自由增量成形、受迫等量成形与控制形变热处理三种工艺的优势，提高大型构件制造效率，兼顾性能质量控制与成形精度。该技术是一种多能场复合控形控性协同制造技术，攻克了传统制造工艺中因铸锻工序分离而导致流程长且产品性能不均、常规增材制造工艺中有铸无锻导致产品性能不及锻件的难题。

1.6.3　技术创新

微铸锻铣复合制造技术具有以下主要创新点：

(1)首创熔凝微区增等材同步成形方法。提出低成本电弧成形熔凝微区小压力连续微锻方法，发明多辊柔性变胞机构，多自由度协同控制热源与微锻辊运动及位姿。

(2) 发明超短流程创制均匀等轴细晶强韧化技术。揭示了超常态热力学循环条件下的超细等轴晶形成机理，发现了微铸锻同步驱动微区拉-压应力转变及其缺陷抑制效应。发明柔性紧凑成形机构，仅用万吨锻机万分之一压力的短流程制造获得 12 级均匀超细等轴晶锻件，疲劳性能超过通用电气公司航空锻件标准。

(3) 发明难成形材料多场复合成形技术。发明电-磁-热-力多能场复合成形技术与装置(Zhou et al., 2016)，开发 27 种材料组织性能调控工艺，抑制电弧飞溅和裂纹、气孔等缺陷，实现了梯度材料、高温合金及超高强度钢等难成形材料的高品质制造。

(4) 发明微铸锻超短流程绿色制造装备。突破"铸锻同步、控形控性、缺陷监测、自主修复"等关键技术(Li et al., 2019)。

1.6.4　技术优势

微铸锻铣复合制造技术攻克了传统制造和现有增材制造模式无法短流程制造锻件的瓶颈，形成超短流程、高品质、高效率、低成本的绿色制造技术，成为目前国际上极具优势的金属锻件制造技术。

(1) 铸锻同步。边铸边锻，是一种无需传统锻造或增材成形后模锻的超短流程制造锻件的技术和装备。

(2) 可锻面大。研制世界首台最大尺寸锻件(面积 $16m^2$)的微铸锻铣复合制造装备，实现用单台设备紧凑柔性超短流程制造大型复杂锻件的重大原始创新与产业化。

(3) 超短流程。铸-锻-焊-铣多单元集成一个制造单元，建立了用 1 台设备直接制造高端零件的新模式，实现零件形状和性能的并行控制，制造周期与流程缩短 60%以上。

(4) 绿色节能。变革高能耗、高材耗、重污染的传统制造模式，仅用万吨锻机万分之一的压力，节能达 90%以上，适用于大型关键承力件的高性能绿色制造。

(5) 高品质。可获得 12 级均匀超细等轴晶，超过传统锻造 7～8 级等轴晶，疲劳寿命超过国际航空锻件水平。

(6) 高效率。成形效率为国外顶级水平的 3 倍。

(7) 低成本。省去巨型锻机，单丝熔积率可达 10kg/h，为激光成形的 10 倍，金属丝价格约为激光成形粉材的 1/5，同功率电弧焊机价格是进口激光器的 1/10。

参 考 文 献

冯抗屯, 翟甲友, 杨凯, 等. 2020. 陶瓷丸喷丸强化对激光增材制造 TC18 钛合金疲劳性能的影响[J]. 机械工程材料, 44(11): 92-96.

果春焕，王泽昌，严家印，等. 2020. 增减材混合制造的研究进展[J]. 工程科学学报，42(5)：540-548.

卢秉恒，李涤尘. 2013. 增材制造(3D打印)技术发展[J]. 机械制造与自动化，42(4)：1-4.

杨智帆，张永康. 2019. 复合增材制造技术研究进展[J]. 电加工与模具，(2)：1-7.

张海鸥，向鹏洋，芮道满，等. 2015. 金属零件增量复合制造技术[J]. 航空制造技术，(10)：34-36.

张海鸥，黄丞，李润声，等. 2018. 高端金属零件微铸锻铣复合超短流程绿色制造方法及其能耗分析[J]. 中国机械工程，29(21)：2553-2558.

张永康，张峥，关蕾，等. 2017. 双激光束熔敷成形冲击锻打复合增材制造方法[P]：中国，CN201710413348.7.

Chang Y C, Pinilla J M, Kao J H, et al. 1999. Automated layer decomposition for additive/subtractive solid freeform fabrication[C]. International Solid Freeform Fabrication Symposium, Austin: 111-120.

Colegrove A, Martina F, Roy J, et al. 2014. High pressure interpass rolling of wire+arc arcadditively manufactured titanium components[J]. Advanced Materials Research, 996: 694-700.

Davis A E, Honnige J R, Martina F, et al. 2020. Quantification of strain fields and grain refinement in Ti-6Al-4V inter-pass rolled wire-arc AM by EBSD misorientation analysis[J]. Materials Characterization, 170: 110673.

Hitoshi S, Fumio T. 2020. Effect of various peening methods on the fatigue properties of titanium alloy Ti6Al4V manufactured by direct metal laser sintering and electron beam melting[J]. Materials, 13: 2216.

Kahlin M, Ansell H, Basu D, et al. 2020. Improved fatigue strength of additively manufactured Ti6Al4V by surface post processing[J]. International Journal of Fatigue, 134: 105497.

Kalentics N, Boillat E, Peyre P, et al. 2017. 3D laser shock peening–A new method for the 3D control of residual stresses in selective laser melting[J]. Materials and Design, 130: 350-356.

Karunakaran K P. 2006. Hybrid adaptive layer manufacturing: An intelligent art of direct metal rapid tooling process[J]. Robotics and Computer-Integrated Manufacturing, 22(2): 113-123.

Lauwers B, Klicke F, Klink A, et al. 2014. Hybrid processes in manufacturing[J]. CIRP Annals, 63(2): 561-583.

Li R S, Zhang H O, Dai F S, et al. 2019. End lateral extension path strategy for intersection in wire and arc additive manufactured 2319 aluminum alloy[J]. Rapid Prototyping Journal, 26(2): 360-369.

Lopes J G, Machado Carla M, Duarte Valdemar R, et al. 2020. Effect of milling parameters on HSLA steel parts produced by wire and arc additive manufacturing (WAAM)[J]. Journal of Manufacturing Processes, 59: 739-749.

Marinelli G, Martina F, Ganguly S, et al. 2020. Grain refinement in an unalloyed tantalum structure by combining wire+arc additive manufacturing and vertical cold rolling[J]. Additive Manufacturing, 32: 101009.

Qian Y P, Huang J H, Zhang H O, et al. 2008. Direct rapid high temperature alloy prototyping by hybrid plasma-laser technology[J]. Journal of Materials Processing Technology, 208(1-3): 99-104.

Song Y A, Park S H. 2006. Experimental investigations into rapid prototyping of composites by novel hybrid deposition process[J]. Journal of Materials Processing Technology, 171: 35-40.

Song Y A, Park S H, Choi D S, et al. 2005. 3D welding and milling: Part I–A direct approach for freeform fabrication of metallic prototypes[J]. International Journal of Machine Tools & Manufacture, 45: 1057-1062.

Soyama H, Takeo F. 2020. Effect of various peening methods on the fatigue properties of titanium alloy Ti6Al4V manufactured by direct metal laser sintering and electron beam melting[J]. Materials, 13(10): 2216.

Yasa E, Kruth P. 2011. Application of laser remelting on selective laser melting parts[J]. Advances in Production Engineering and Management, 6(4): 259-270.

Zhang H O, Wang X P, Wang G L. 2013. Hybrid direct manufacturing method of metallic parts using deposition and micro continuous rolling[J]. Rapid Prototyping Journal, 19(6): 387-394.

Zhang H O, Wang R, Liang L Y. 2016. HDMR technology for the aircraft metal part[J]. Rapid Prototyping Journal, 22(6): 857-863.

Zhou X M, Zhang H O, Wang G L, et al. 2016. Three-dimensional numerical simulation of arc and metal transport in arc welding based additive manufacturing[J]. International Journal of Heat and Mass Transfer, 103: 521-537.

第 2 章　微铸锻铣复合制造理论基础

金属微铸锻铣复合制造是电-磁-热-机械力复合场作用、传热传质传力边界瞬变不规则循环、多态组织转变的具有急速加热熔化亚快速凝固特征的超常态复杂过程。本章结合冶金学、热动力学、电磁场理论、相变理论和黏弹塑性力学理论等，介绍微铸锻铣复合制造的基本理论。

2.1　微铸锻铣复合制造的基本原理

微铸锻铣复合制造技术主要是指以高效、低成本的等离子束电弧为基本热源，在等离子电弧三维熔积成形过程中引入静态磁场和交变磁场，在 FGM-CAD/CAM 软件支持下，计算机控制送料单元工作和熔积枪/工件按设定空间轨迹逐点逐层熔积成形(微铸)，用设置在熔积枪后方的微型轧机施加对熔池附近刚成形的半固态微区与熔积生长成形的同步连续塑性加工(微锻)，如图 1.4 所示。利用热态下材料生长成形与塑性加工复合的微铸轧成形，改善成形材料的晶粒度和组织，减小拉应力，防止变形，提高致密度，使成形件综合性能达到锻件性能。在微铸锻热-力复合成形过程中引入高频磁场与静态磁场，优化设计的磁体形状与空间配置可以控制电-磁场的空间时序、电磁参数和其他工艺参数，利用电磁复合能量场按理想梯度配比调控高熔点原材料晶粒的形态与尺寸、取向及微观组织成分分布，抑制流淌，消除残余变形和防止开裂、气孔等缺陷，对增材制造成形形状、成分组织、形态分布按预定设计进行形性调控，提高零件的综合制造品质。

微铸锻铣复合制造的基本原理为：在 CAD 系统中获得一个三维 CAD 模型，或通过测量仪器测取实体形状尺寸后转化成 CAD 模型；对模型数据进行处理，沿某一方向做平面“分层”离散；通过专有计算机辅助制造(computer aided manufacture, CAM)系统形成各层面的成形路径，利用快速成形设备将金属丝材逐层堆积成形；在逐层堆积过程中采用微型轧制锻压机构对热熔覆层进行微区轧制，提高成形件的性能；熔覆后利用微型铣削机构对成形件进行同步铣削加工，获得所需的表面质量。其基本过程可分为建模与切片、打印、后处理等。

1. 建模与切片

首先通过计算机建模软件(如 Pro/Engineer、UG 等)或者通过 3D 扫描仪进行逆向工程建模，最终得到目标零件的三维模型。

然后通过切片软件对模型进行切片处理，得到一组切片轮廓，并设计打印的路径(填充路径)，最后形成 G 代码(G 代码是使用最为广泛的数控编程语言，有多个版本，主要在 CAM 中用于控制自动机床。G 代码有时候也称为 G 编程语言)提供给 3D 打印机进行打印加工。

2. 打印

微铸锻铣复合制造设备根据切片后的代码轨迹，将金属丝材依次填充到目标上，然后通过激光或等离子弧等热源加热使其与上一层材料黏合成一体，并利用该设备上的微型轧制锻压机构对熔覆层进行微区轧制，最后一层一层叠加起来，最终形成完整的实体产品。

3. 后处理

打印完成的制品往往需要从基板分离，以便去除废料和支撑结构，有的还需要进行后固化、修补、打磨、抛光和表面强化处理等，这些工序统称为后处理。其中，修补、打磨、抛光是为了提高表面的精度；表面涂覆是为了改变表面的颜色，提高强度、刚度和其他性能。

对于大型复杂高品质金属零部件的增材制造，若采用单一普通增材制造技术则应用范围受限，主要问题在于成形尺寸和表面精度不高，成形件后加工余量大，成形过程控制难度大，难以满足使用条件对金属零部件力学性能的要求等。在零部件成形过程中，对于已成形表面铣削加工(马立杰等, 2014)，可以提高成形件的几何精度(Ghariblu and Rahmati, 2014)。但增材过程与铣削过程的频繁转换导致制造周期大幅延长，同时增加了刀具成本、降低了材料利用率，不符合短流程增材制造技术的初衷(Song and Park, 2006; Akula and Karunakaran, 2006; Song et al., 2005)。为此，本书作者团队经过多年研究，进一步提出了金属微铸锻铣原位复合超短流程智能制造技术，可去除原位检测出的缺陷并自适应修复(张海鸥等, 2017)，实现用一台装备超短流程绿色制造高端锻件的创新(张海鸥和王桂兰, 2010; 2006; 2001)。

微铸锻铣复合制造技术的最大特点在于除传统的金属增材制造外，它还融合了轧制、微锻等塑性等材加工过程以及传统的铣磨等减材加工过程，可成形复杂形状或具有不同成分的功能梯度材料的零件，且制造后零件的力学性能与表面形貌精度能够直接达到使用的要求，避免了单一增材制造技术需要经过后处理、热处理、传统机械加工等多个工序后才能投入实际使用的情况。具体来说，微铸锻铣复合制造的技术具有以下主要特征：

(1)力学性能优异。经过制造参数优化以后，传统的金属增材制造工艺虽能够完成复杂形状零件的成形(Cong et al., 2015)，但因未经锻造，难以改变其铸造柱状/枝状晶组织，同时其组织还存在各向异性及固有缺陷，所打印的零件均难达到高端锻件性能和较高的冶金质量(Zhang et al., 2016)。传统的方法是将打印好的零件进行热处理以达到锻件水平，但热处理工序的增加又会导致总加工时间的延长与大量能源的消耗。为了突破该瓶颈，使打印完成后的零件具有高端锻件性能水平，微铸锻铣复合制造技术采用变胞微锻机构，可三向施压，将熔积成形拉应力区大部分变为压应力区，使难加工材料易于成形，同时可多向柔性切换轧制模式，对熔积层上表面、侧表面进行轧制，改善表面质量，减少加工余量(Xie et al., 2016)。如图 2.1 所示，通过对熔积成形中的熔池刚凝固微区进行连续热锻，使原始的粗大柱状晶粒破碎，由于重结晶过程而产生等轴晶粒结构。在非再结晶温度下的塑性变形引入较大尺度的变形带，大幅度提高成核率，有助于细化晶粒，可得到 12 级超细等轴晶(Fu et al., 2017)。因此，工件的强度、塑性及疲劳寿命等关键性能均高于自由成形的工件，材料的综合性能超过锻件水平。拉伸试验表明，与单一的金属增材制造零件相比，加入微锻技术后零件的抗拉强度提高了 33%，拉伸变形率提高了两倍以上。制成的航空零件经实际装机试验后，综合力学性能超过乌克兰航空发动机零件标准(Zhou et al., 2016)。

(a) 自由成形的晶粒

(b) 短流程微铸锻制造的晶粒

图 2.1　自由成形的晶粒与短流程微铸锻制造的晶粒

(2)精度高。打印过程中的多层熔积致使热应力大，变形、开裂和精度难以控制。由于熔化金属材料的液体流动性，存在诸如收缩气孔、表面裂纹以及变形等问题，导致熔积层表面几何形貌差，而熔积层表面的不平整特性对零部件成形尺寸精度在高度方向与宽度方向上还具有累积效应(马立杰等, 2014)。表面精度差阻碍了金属增材制造技术在工业上的应用与发展。微铸锻铣复合制造技术采用微锻机构，使熔覆时金属液的流动现象被抑制和缓解，通过变胞侧辊与顶部平辊同时控制侧面与顶面的熔积层形貌，使熔积时顶面由中凸状变为平整表面，精确控制每层的熔覆厚度。平整表面为下一层熔积提供了良好的熔积基础，可精确控制打印件的表面形貌(Zhang and Wang, 2013)。与传统铣削加工复合，通过在一个工作平台上同时实现微铸锻智能制造与铣削加工双工位制造切换，解决了等离子熔积成形件表面尺寸精度不足的问题，使成形件表面粗糙度 R_a 达到 3.2μm，尺寸精度达到成形件尺寸的±0.05%，为金属零件近净成形提供了经济有效的方法。在质量检测上，微铸锻铣复合制造技术采用内外部缺陷组合检测装置：用涡流检测材料表面或近表面缺陷，用电磁超声检测材料内部缺陷，实现锻轧区的原位无损检测。张海鸥等(2017)开发了在线检测及自适应修复成形系统，保证成形质量精度闭环控制且不损失效率。未来微铸锻铣复合制造技术还将引入超声波复合铣削与超精密磨削加工，使打印件在精度上进一步达到更精密的水准。

(3)加工时间短。以 SLS 与 SLM 为代表的粉末床金属增材制造技术，因其未熔合、未黏合而存在疏松多孔的情况，采用这种方式成形的零件往往需要经过后处理才能够使用，比较耗时(侯高雁等, 2017)。而以 DMLS 等为代表的同轴送粉/送丝金属增材制造技术，常常需要加入铣削来辅助增材制造技术提高成形件的几何精度。然而，复合铣削的增材制造技术中铣削过程往往作为后续机械加工技术，只在熔积过程之后进行，与熔积过程为串行关系，大幅延长零部件制造周期，特别是在每层熔积过后均对熔积层表面进行铣削加工，制造周期将会成倍增长。如果能够在熔积过程中不占用额外的加工时间以及不去除大量材料的前提下提高成形件的尺寸精度，复合增材制造技术将能大幅缩短制造周期。因此，微铸锻铣复合制造技术采用微铸锻铣工艺，显著提升了成形件的精度，制造周期比传统机械加工缩短 60%以上。同时，将金属 3D 打印、微区轧制、精密铣削集成在一台工作设备上，避免了反复装夹带来的时间耗费，极大地缩短了制造流程，易于实现装备的全自动化生产(张海鸥和王桂兰, 2010)。

(4)成本低。微铸锻铣复合制造技术在热态下进行微区轧制，仅需很小的成形压力，在一台工作设备上就可以完成增等减材复合成形过程，材料利用率高，可达 80%～90%，维护成本低于传统多流程制造过程。

2.2　高能束传热传质过程

2.2.1　电弧焊热-应力分析模型的发展

焊接的力学分析主要包括焊接热-应力有限元分析和熔池流体计算两个方面。20 世纪 80 年代，重要的研究包括：Goldak 等(1984)提出关于焊接残余和变形的数值模型研究中双椭球热源模型、三维 Shell 单元的使用。90 年代的研究包括移动热源模型、敏感性方程以及应用塑性应变方法。焊接应力和变形仿真通常涉及单向耦合的热-应力分析。使用经验模型施加焊接热输入，热分析主要考虑热传导过程。结构分析中将热分析结果作为载荷，运用速率无关的弹塑性模型。

模拟模型决定了计算的精度和效率，根据实际目的选择合适的数学模型很重要。在焊接热分析中，决定计算精度的主要因素是热输入模型和材料模型。如果要求计算比较精确，则需要在试验的基础上对上述两个模型进行参数校正。目前，研究者提出的三维焊接热输入模型包括旋转高斯、双椭球等热源模型。其中，双椭球热源模型较适合非轴对称热输入的熔化极电弧焊。焊接热-应力有限元分析中考虑固态相变和凝固熔化非常重要，因为大多数材料在不同相状态下属性差别较大。热分析中一般将相变潜热均匀分布到熔化温度和凝固温度之间，潜热的处理方法有等效热源法、热焓法、等价比热法等(周建兴和刘瑞祥, 2001; Feng, 1994)。而一些研究者(Andersson, 1978)在铝合金凝固过程中使用了一种更先进的潜热释放模型，该模型中在凝固温度和熔化温度区间高温部分释放更多潜热。材料热导率方面，考虑到液体金属对流的热传导方式，往往在熔池区域人为设置很高的热导率，Wang 等(2011)还在埋弧焊模拟中使用了各向异性的热导率。焊接中辐射和对流模型的选择关系到焊接冷却速度，而材料的辐射传热系数与温度、表面状况以及材料本身属性都存在联系，对流传热系数也与空气温度及流动情况、工件形状等有关。确定合适的对流传热系数和辐射传热系数往往也需要通过试验校正。采用一个与温度相关的传热系数来综合考虑对流及辐射，更有利于参数校正。

结构分析中材料塑性本构模型以及屈服强度参数的选择非常重要。焊接模拟中常用的塑性本构模型有各向同性硬化、随动硬化以及两者的混合模型。Muránsky 等(2012)通过对比研究发现，各向同性硬化模型预测应力偏大，而随动硬化模型预测偏小，混合模型则比较适当，对于工程应用，应当选择各向同性硬化模型。Zhu 和 Chao(2002)研究了随温度变化的材料属性对计算的温度、应力以及变形的影响，发现弹性模量影响小，屈服强度影响大。由此他们认为只需要使用随温度变化的屈服强度，其他属性使用室温值就可以获得满足工程需求的计算精度。

对于大多数实际焊接情况，模拟都需要建立单元数量庞大的网格。焊接过程的高温度梯度和变化率(急热急冷)都要求计算过程中空间和时间上具有较高的离散程度。因此，针对施加焊接情况的模拟在现有计算能力下仍比较耗时。例如，若要对重型制造和造船等焊接过程进行预测，近似方法如塑性形变法和假设焊接载荷法更切实可行一些。大多数可用于焊接仿真的商用有限元软件(ANSYS、Abaqus)都使用静态网格，网格细化必须在计算开始之前完成。因此，即便是在计算能力不断提高的条件下，实施三维焊接残余应力仿真仍然十分耗时，需要进行大量的网格细化工作和计算以获取良好的温度和应力梯度。自适应网格允许计算前做粗略的网格划分，计算过程中视情况粗化或细化网格。

2.2.2　焊接熔池流体模拟技术

早期关于电弧焊熔池流动的模拟研究都是以钨极惰性气体保护焊(tungsten inert-gas welding, TIG)为对象。Oreper 等(1983)首先对 TIG 焊接熔池建立二维数学模型，考虑了熔池内表面张力梯度、电磁力、浮力所引起的流体流动及传热。

结果表明，表面张力和电磁力是熔池对流的主要驱动力，某些情况下两者共同作用使熔池内形成双循环的对流模式。此后，研究者提出了许多不同的准稳态和瞬态数值计算模型，并进行了大量成果显著的试验工作。

Zacharia 等(1991a; 1990; 1988)建立了 TIG 焊接熔池流动和传热的瞬态模型，考虑熔池表面变形，将浮力、表面张力和电磁力视为流体流动的驱动力，将表面张力温度系数看作温度和硫含量的函数，预测了不同焊接条件下的熔池对流模式及焊缝形状，并研究了模拟中考虑金属蒸发和随温度变化的材料属性对模拟结果的影响，金属蒸发的设置使熔池中的最高温度不能超过某个限定值。他们还考察了工件在倾斜放置和微重力环境中熔池内流体的流动和传热过程以及熔池表面变形的情况。

熔化极气体保护焊(gas metal arc welding, GMAW)焊接熔池模拟比 TIG 焊接熔池模拟难度更大，主要是由于 GMAW 焊道形状更复杂，熔池表面变形大以及有熔滴冲击。熔滴冲击是熔合区指状熔深的主要原因，因此模型必须要考虑熔滴大小、冲击速度和加速度。Wang 和 Tsai(2001)模拟了 GMAW 斑点焊熔滴冲击和熔池流动，认为熔池形状和流动主要是由熔滴冲量和表面张力驱动的。Hu 和 Tsai (2007a; 2007b)进一步开发了统一二维 GMAW 数学模型，可以仿真电弧、电极熔化、熔滴形成和脱离、熔滴冲击以及熔池流体。GMAW 数学模型可分为两类(Jönsson et al., 1994)：第一类模型为分离模型，只模拟熔滴过渡、等离子电弧和熔池流动其中的一个物理过程；第二类模型为统一模型(或集成模型)，同时模拟电弧、熔滴及熔池。统一模型更复杂，模型符合实际的情况下计算结果亦更准确。分离模型处理电极、电弧和熔池，使用基于试验的假定边界条件，而统一模型对三者进行集成计算。对于 GMAW，统一模型(Fan and Kovacevic, 2004)综合仿真焊丝、电弧、熔滴和熔池，分析熔滴在电弧中生成、脱离、飞行以及最终坠入熔池中的过程，全面考虑了电弧、熔滴和熔池三者之间的输运现象和相互作用。相对于统一模型，分离模型物理建模更简单，符合耗费适当计算成本和时间获得相对合理结果的效率原则，故大多数 GMAW 仿真研究采用分离模型。例如，Schnick 等(2010)建立了 GMAW 电弧的磁流体力学(magnetohydrodynamics, MHD)数值模型，未将熔滴和熔池纳入计算，分析金属蒸发对电弧等离子体行为的影响。

三维移动 GMAW 焊接熔池的模拟研究不多，模拟需要考虑弧压和熔滴冲击下的熔池表面变形，同时还涉及熔池头部基体材料的熔化和尾部金属的凝固，物理过程复杂。Kim 和 Na(1994)建立了三维 GMAW 准静态传热和流体分析模型，考虑了移动热源和自由表面，使用了由试验测定值得到的边界条件。Ushio 和 Wu(1997)建立了考虑熔池自由表面的移动 GMAW 焊接熔池热和流动三维计算模型。模型计算结果表明，熔池大小和轮廓与熔丝量、熔滴冲击和熔滴热焓相关。Ohring 和 Lugt(1999)建立三维瞬态 GMAW 焊接熔池模型，将喷射过渡的液态金属简化为恒定速度落入熔池的液体柱。

许多研究机构进行了电弧增材制造过程的热-应力数值研究，利用三维有限元模型模拟电弧熔积成形过程中的热和应力行为，可以准确预测熔积路径、熔积参数等对残余应力和变形的影响。

2.2.3　电弧传热和传质过程

1. 移动热源计算模型

1) 点热源与线热源

移动热源模型最初是20世纪30年代末提出作为一种分析焊接温度场的方法，其中应用最广泛的分析方法就是点热源模型和线热源模型。该热源模型可以精确地计算出工件上低于熔点 20%位置的温度，在靠近熔融区和高热影响区就会出现严重的错误，这是由于热源部位的温度极高，材料的热物性参数随温度发生了变化。

点热源和线热源属于集中式热源，即热源的热量全部集中在一个点或线上，且体积内部热量分布均匀，单位区域在单位时间内所产生总热量 Q 的计算方法是，将该区域内点或线在单位时间单位区域产生的热量 q 乘以其所代表的长度、面积或体积(Cao et al., 2004)。

2) 高斯热源

随着有限元法(finite element method, FEM)的应用，焊接热流分析方法得到改进。焊接热源应以高斯函数的形式分布在工件表面(孙俊生和武传松, 2000)。高斯热源模型如下：

$$q(r) = q_{\mathrm{m}} \exp(-Kr^2) \tag{2.1}$$

式中，$q(r)$为距离为 r 位置处的热流密度；q_{m}为电弧中心最大的热流密度；K 为与电弧宽度有关的热能集中系数；r 为电弧中心点到热流密度计算点的距离。

因为电弧作用在工件表面上的总热量等于焊接电弧的有效功率 Q，故可得

$$\begin{aligned} Q &= \int_0^{\infty} q(r) 2\pi r \mathrm{d}r \\ &= q_{\mathrm{m}} \int_0^{\infty} \exp(-Kr^2) 2\pi r \mathrm{d}r \\ &= \frac{q_{\mathrm{m}}\pi}{-K} \int_0^{\infty} \exp(-Kr^2) \mathrm{d}(-Kr^2) \\ &= \frac{q_{\mathrm{m}}\pi}{K} \\ \Rightarrow q_{\mathrm{m}} &= \frac{QK}{\pi} \end{aligned} \tag{2.2}$$

将式(2.2)代入式(2.1)，有

$$q(r)=\frac{QK}{\pi}\exp(-Kr^2) \tag{2.3}$$

式中，$Q=\eta IU_a$ 为电弧有效热效率。

设热源半径为 r_H，根据之前的假设，有

$$95\%Q=\int_0^{r_H} q(r)2\pi r\mathrm{d}r \tag{2.4}$$

将式(2.3)代入式(2.4)，有

$$\begin{aligned}95\%Q&=\int_0^{r_H}\frac{QK}{\pi}\exp(-Kr^2)2\pi r\mathrm{d}r=Q\int_{r_H}^{0}\exp(-Kr^2)\mathrm{d}(-Kr^2)\\&=Q\exp(-Kr^2)\big|_{r_H}^{0}=Q[1-\exp(-Kr_H^2)]\end{aligned}$$

整理可得

$$K=\frac{3}{r_H^2} \tag{2.5}$$

将式(2.5)代入式(2.3)，可得焊接热源常用的高斯分布公式为

$$q(r)=\frac{3Q}{\pi r_H^2}\exp\left(-\frac{3r^2}{r_H^2}\right) \tag{2.6}$$

3)半椭球热源模型

事实上，电弧焊接热源的热流密度在工件表面和深度方向都有分布，在微铸锻铣复合制造过程中，为了使模拟结果更加接近实际情况，应将电弧热源模型处理成半椭球形式，通过半椭球热源可求解出熔池深度的热流分布(孙俊生和武传松, 2001a)，其公式推导过程如下。

半椭球体热源的模型如图 2.2 所示。热源中心点的坐标为(0,0,0)，以该点为

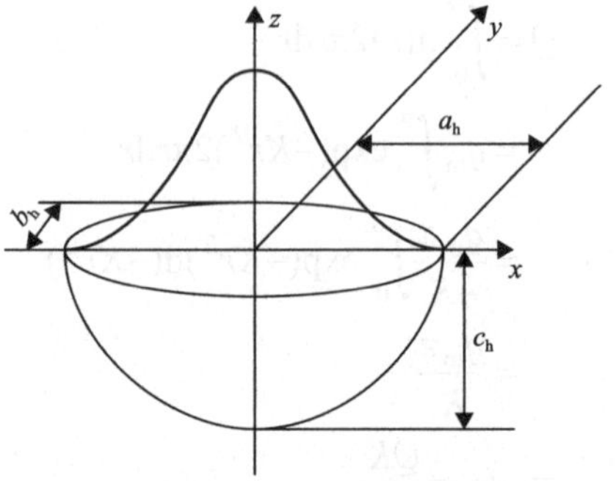

图 2.2　半椭球体热源的模型

原点建立三维笛卡儿坐标系，设椭球体的半轴分别为 a_{h}、b_{h} 和 c_{h}。在热源中心 (0,0,0) 处的热流密度最大值为 q_{m}。

椭球体内热流密度分布可表示为

$$q(x,y,z)=q_{\mathrm{m}}(-Ax^2-By^2-Cz^2) \tag{2.7}$$

式中，A、B、C 为热流的体积分布参数。

热流在半个椭球体内热力学平衡，故有

$$\begin{aligned} Q=\eta IU_{\mathrm{a}} &= 4\int_0^{\infty}\int_0^{\infty}\int_0^{\infty}q(x,y,z)\mathrm{d}x\mathrm{d}y\mathrm{d}z \\ &= 4q_{\mathrm{m}}\int_0^{\infty}\exp(-Ax^2)\mathrm{d}x\int_0^{\infty}\exp(-By^2)\mathrm{d}y\int_0^{\infty}\exp(-Cz^2)\mathrm{d}z \\ &= 4q_{\mathrm{m}}\left(\frac{1}{\sqrt{A}}\frac{\sqrt{\pi}}{2}\right)\left(\frac{1}{\sqrt{B}}\frac{\sqrt{\pi}}{2}\right)\left(\frac{1}{\sqrt{C}}\frac{\sqrt{\pi}}{2}\right) \\ &= \frac{q_{\mathrm{m}}\pi\sqrt{\pi}}{2\sqrt{ABC}} \\ \Rightarrow q_{\mathrm{m}} &= \frac{2Q\sqrt{ABC}}{\pi\sqrt{\pi}} \end{aligned} \tag{2.8}$$

在椭球体半轴处，$x=a_{\mathrm{h}}$，$y=b_{\mathrm{h}}$，$z=c_{\mathrm{h}}$。另外，假设有 95%的热能集中在半椭球体内，那么有

$$q(a_{\mathrm{h}},0,0)=q_{\mathrm{m}}\exp(-Aa_{\mathrm{h}}^2)=0.05q_{\mathrm{m}}$$

可得

$$A=\frac{3}{a_{\mathrm{h}}^2} \tag{2.9}$$

同理有

$$B=\frac{3}{b_{\mathrm{h}}^2} \tag{2.10}$$

$$C=\frac{3}{c_{\mathrm{h}}^2} \tag{2.11}$$

将式(2.8)～式(2.11)代入式(2.7)，得到半椭球体内的热流分布公式：

$$q(x,y,z)=\frac{6\sqrt{3}Q}{a_{\mathrm{h}}b_{\mathrm{h}}c_{\mathrm{h}}}\exp\left(-\frac{3x^2}{a_{\mathrm{h}}^2}-\frac{3y^2}{b_{\mathrm{h}}^2}-\frac{3z^2}{c_{\mathrm{h}}^2}\right) \tag{2.12}$$

4) 双椭球热源模型

双椭球热源是由 Goldak 等(1984)提出的一种更加精确的热源模型，如图 2.3 所示，该模型为非轴对称式，由两个 1/4 椭球结合起来，椭球内的热流密度呈高斯分布。因为在热源前部的温度梯度比熔池尾部边缘的温度梯度更加陡峭，所以电弧中心前部区域的热流密度分布与电弧中心后部区域的热流密度分布被分开处理。

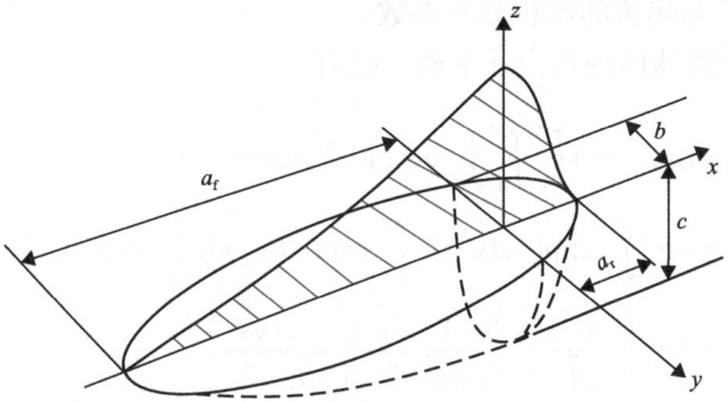

图 2.3　双椭球热源模型(Goldak et al., 1984)

热流密度在前 1/4 椭球内的分布公式为

$$q_f = \frac{6\sqrt{3} f_f Q}{\pi\sqrt{\pi} a_f bc} \exp\left(-\frac{3x^2}{a_f{}^2} - \frac{3y^2}{b^2} - \frac{3z^2}{c^2}\right) \tag{2.13}$$

热流密度在后 1/4 椭球内的分布公式为

$$q_f = \frac{6\sqrt{3} f_r Q}{\pi\sqrt{\pi} a_r bc} \exp\left(-\frac{3x^2}{a_r{}^2} - \frac{3y^2}{b^2} - \frac{3z^2}{c^2}\right) \tag{2.14}$$

式中，a_f 和 a_r 分别为前椭球和后椭球的长；b 为热源的宽度；c 为热源的深度；Q 为考虑了热输入效率的热流输入值；f_f 和 f_r 为热流密度在前后热源分布的影响因子，它们之间的关系是 $f_f + f_r = 2$ 。

双椭球热源模型通过调整其中的参数能够灵活地用于不同的焊接过程。a、b、c 是用来描述熔池尺寸和形状的参数，其大小根据横截面金相数据和熔池表面波纹标记来估算。根据不同工艺热影响区的复杂程度，不同的 a、b、c 值被用在前后 1/4 椭球中。在所有这些参数中，热输入量在模型的温度分布中起着最重要的作用，热源模型的形状参数会影响焊缝和热影响区。

2. 应力场计算模型

微铸锻铣复合制造过程中容易出现焊接热裂纹。由金属断裂理论可知，高温冷却过程或者凝固过程积累的应变量 ε 超过晶间的塑性变形量 $\delta_{min}(\varepsilon \geqslant \delta_{min})$ 即可产生焊接热裂纹。微铸锻铣复合制造过程的应力场在金属熔积层和基板上分布都不均匀，各部分的变形也不一样，甚至在晶粒内存在方向和大小不同的变形，不协调的变形会导致晶界的滑移和晶粒间的相对移动，这是产生微裂纹的重要因素(孙俊生和武传松, 2001b)。通过有限元分析并控制应力场的分布情况可减小裂纹甚至避免出现裂纹。

线热应力理论由德国力学家诺伊曼和法国教授杜哈默在 1835～1841 年创立，故也称杜哈默-诺伊曼理论。线热应力理论认为由初始温度热应力所产生的热应变 ε_{ij} 有两个来源：一个是应力所导致的 ε'_{ij}，另一个则由温度变化引起，$\varepsilon_{ij}=\varepsilon'_{ij}+\alpha T\delta_{ij}$，$\alpha$ 为材料线膨胀系数，δ_{ij} 为克罗内克符号。物体温度升高受到约束而产生应力，该应力相应地包括两个部分：与温度变化 T 成正比的压力 $-\beta T$（热应力系数 $\beta=\alpha E/(1-2\mu)$，E 为材料弹性模量，μ 为材料泊松比，负号表示负压力）；T 一定时因应变导致的应力。应力张量可以表示如下：

$$\begin{cases}\sigma_{xx}=\sigma'_{xx}-\beta T\\ \sigma_{yy}=\sigma'_{yy}-\beta T\\ \sigma_{zz}=\sigma'_{zz}-\beta T\\ \sigma_{xy}=2G\varepsilon_{xy}\\ \sigma_{yz}=2G\varepsilon_{yz}\\ \sigma_{zx}=2G\varepsilon_{zx}\end{cases} \tag{2.15}$$

式中，σ_{xx}、σ_{yy}、σ_{zz} 分别为 x、y、z 方向的总应力；σ'_{xx}、σ'_{yy}、σ'_{zz} 分别为 x、y、z 方向上由应变产生的应力，表示为

$$\begin{cases}\sigma'_{xx}=2K\varepsilon_{xx}+\lambda e\\ \sigma'_{yy}=2K\varepsilon_{yy}+\lambda e\\ \sigma'_{zz}=2K\varepsilon_{zz}+\lambda e\end{cases} \tag{2.16}$$

其中，体积应变 $e=\varepsilon_{xx}+\varepsilon_{yy}+\varepsilon_{zz}$，$\varepsilon_{xx}$、$\varepsilon_{yy}$、$\varepsilon_{zz}$ 为 x、y、z 方向的总应变；拉梅常数 $K=G$，G 为剪切模量；$\lambda=\dfrac{\mu E}{(1+\mu)(1-2\mu)}$。

物体温度升高时 $T=T_1-T_2$，物体开始膨胀，以一个长度单元 ds 作为研究对象，在约束不存在的情况下，温度升高的物体为自由膨胀状态，不会产生热应力。单元 ds 膨胀后的尺寸大小为 $\mathrm{d}s'=(1+\alpha T)\mathrm{d}s$，假设物体的材料属性是各向同性的，由自由膨胀导致的应变分量为 $\varepsilon_{xx}=\varepsilon_{yy}=\varepsilon_{zz}=\mathrm{d}T$。根据杜哈默-诺伊曼理论，热膨胀不会导致剪应力，因此有 $\varepsilon_{xy}=\varepsilon_{yz}=\varepsilon_{zx}=0$。如果物体的自由膨胀受到限制，

就会产生应力，一方面是应变导致的，另一方面是温度变化引起的。根据胡克(Hooke)定律，应力和应变的关系如下：

$$\begin{cases}\varepsilon_{xx}=\dfrac{\partial u_x}{\partial x}=\dfrac{1}{E}[\sigma_{xx}-\mu(\sigma_{yy}+\sigma_{zz})]+\alpha T\\ \varepsilon_{yy}=\dfrac{\partial u_y}{\partial y}=\dfrac{1}{E}[\sigma_{yy}-\mu(\sigma_{xx}+\sigma_{zz})]+\alpha T\\ \varepsilon_{zz}=\dfrac{\partial u_z}{\partial z}=\dfrac{1}{E}[\sigma_{zz}-\mu(\sigma_{xx}+\sigma_{yy})]+\alpha T\\ \varepsilon_{xy}=\dfrac{\sigma_{xy}}{2G},\ \varepsilon_{yz}=\dfrac{\sigma_{yz}}{2G},\ \varepsilon_{zx}=\dfrac{\sigma_{zx}}{2G}\end{cases}\tag{2.17}$$

根据 $E=2G(1+\mu)$ 把式(2.17)改写成

$$\begin{cases}\varepsilon_{xx}=\dfrac{1}{2G}\left(\sigma_{xx}-\dfrac{\mu}{1+\mu}\sigma_{kk}\right)+\alpha T\\ \varepsilon_{yy}=\dfrac{1}{2G}\left(\sigma_{yy}-\dfrac{\mu}{1+\mu}\sigma_{kk}\right)+\alpha T\\ \varepsilon_{zz}=\dfrac{1}{2G}\left(\sigma_{zz}-\dfrac{\mu}{1+\mu}\sigma_{kk}\right)+\alpha T\\ \varepsilon_{xy}=\dfrac{\sigma_{xy}}{2G},\ \varepsilon_{yz}=\dfrac{\sigma_{yz}}{2G},\ \varepsilon_{zx}=\dfrac{\sigma_{zx}}{2G}\end{cases}\tag{2.18}$$

式(2.18)合并起来表示为

$$\varepsilon_{ij}=\frac{1}{2G}\left(\sigma_{ij}-\frac{\mu}{1+\mu}\delta_{ij}\sigma_{kk}\right)+\alpha T\delta_{ij}\tag{2.19}$$

式中，$\sigma_{kk}=\sigma_{xx}+\sigma_{yy}+\sigma_{zz}$。

根据广义胡克定律，可以得到应力表达式为

$$\begin{cases}\sigma_{xx}=2G\varepsilon_{xx}+\dfrac{\mu}{1+\mu}\sigma_{kk}-2G\alpha T\\ \sigma_{yy}=2G\varepsilon_{yy}+\dfrac{\mu}{1+\mu}\sigma_{kk}-2G\alpha T\\ \sigma_{zz}=2G\varepsilon_{zz}+\dfrac{\mu}{1+\mu}\sigma_{kk}-2G\alpha T\\ \sigma_{xy}=2G\varepsilon_{xy},\ \sigma_{yz}=2G\varepsilon_{yz},\ \sigma_{zx}=2G\varepsilon_{zx}\end{cases}\tag{2.20}$$

由式(2.17)可得

$$\varepsilon_{kk} = e = \frac{1-2\mu}{1+\mu}\frac{\sigma_{kk}}{2G} + 3\alpha T$$

进一步变化得到

$$e = \frac{1-2\mu}{E}\sigma_{kk} + 3\alpha T$$

可以求得

$$\sigma_{kk} = \frac{E}{1-2\mu}(e - 3\alpha T) \tag{2.21}$$

把式(2.21)代入式(2.20)，可得

$$\begin{cases} \sigma_{xx} = 2G\varepsilon_{xx} + \lambda e - \beta T \\ \sigma_{yy} = 2G\varepsilon_{yy} + \lambda e - \beta T \\ \sigma_{zz} = 2G\varepsilon_{zz} + \lambda e - \beta T \\ \sigma_{xy} = 2G\varepsilon_{xy}, \ \sigma_{yz} = 2G\varepsilon_{yz}, \ \sigma_{zx} = 2G\varepsilon_{zx} \end{cases} \tag{2.22}$$

与上面的公式类似，将其统一表示为

$$\sigma_{ij} = 2G\varepsilon_{ij} + (\lambda e - \beta T)\delta_{ij} \tag{2.23}$$

3. 传热边界计算模型

在微铸锻铣复合制造过程的热模型中，辐射和对流是主要的散热边界条件。辐射散热是指温度超过绝对零度的物体通过向外界发射红外线来传送热量(孙俊生和武传松, 2002)。根据辐射定律，辐射热传导的传热系数公式如下：

$$h_{\mathrm{r}} = \frac{\kappa\delta(T^4 - T_{\mathrm{h}}^4)}{T - T_{\mathrm{h}}} \tag{2.24}$$

式中，δ 为材料热辐射率；κ 为斯特藩-玻尔兹曼(Stefan-Boltzmann)常数，$\kappa = 5.67\mathrm{W}/(\mathrm{m}^2 \cdot \mathrm{K}^4)$；$T$ 为工件温度；T_{h} 为环境温度。

在电弧焊接过程中，焊道与空气接触时会发生自然对流换热，自然对流是指在没有外界驱动力的情况下，冷空气与高温焊道接触受热发生膨胀上升而带走热量。自然对流条件下，热对流努塞特数 Nu 的特征关联式如下：

$$Nu = C(GrPr)^n \tag{2.25}$$

式中，格拉斯霍夫数 $Gr = ga_{\mathrm{v}}\Delta Tl^3/\nu^2$，$g$ 为重力加速度，a_{v} 为气体的体积膨胀系

数(K^{-1})，如果是理想气体，则 $a_v = 1/T_m = 1/(273.15 + t_m)$，$T_m$ 和 t_m 分别为对流过程中空气的绝对温度和摄氏温度，ΔT 为空气与焊道间的温差(K)，l 为特征尺寸(m)，v 为运动黏度(m^2/s)；Pr 为普朗特数；C 和 n 为由试验确定的系数和指数，当$(GrPr)_m$为 $5\times10^6\sim1\times10^{11}$ 时，$C = 0.15$，$n = 1/3$。

如果对焊道或基板加装额外的冷却系统，还会存在强制对流换热。强制对流条件下，热对流努塞特数的关联式如下：

$$Nu = \frac{hl}{\lambda} = 0.664Re^{1/2}Pr^{1/3} \tag{2.26}$$

对于微铸锻铣复合制造工艺，通有冷却水的轧辊与焊道接触时，由于焊道与空气存在较大温差，自然对流与强制对流并存。自然对流热流量与强制对流热流量混合后的关系式如下：

$$Nu_m^3 = Nu_f^3 + Nu_n^3 \tag{2.27}$$

式中，Nu_m 为混合对流关联值；Nu_f、Nu_n 分别为强制对流关联值和自然对流关联值，两种流动方向相反时取负号，相同时取正号。

那么，综合对流传热系数为

$$h = \frac{Nu_m \lambda_m}{l} \tag{2.28}$$

微铸锻铣复合制造工艺中，焊道通过与轧辊接触热传导所流失的热量占很大一部分，接触热传导的表达式如下：

$$q = \lambda(\partial T / \partial y) = \alpha(T - T_g) \tag{2.29}$$

式中，q 为热流密度(W/m^2)；α 为传热系数($W/(m^2 \cdot K)$)；λ 为热导率($W/(m \cdot K)$)；T_g 为轧辊温度(K)；T 为工件表面温度(K)。根据孙俊生等(1999)的研究，轧辊与焊道接触传热系数范围是25～75kW/(m^2·℃)，作者实验获得的经验值为50kW/(m^2·℃)。

将对流换热和辐射换热综合考虑，得到边界总的传热热流密度公式如下：

$$q = q_c + q_r = h_c(T - T_f) + h_r(T - T_f) = (h_c + h_r)(T - T_f) = h(T - T_f) \tag{2.30}$$

式中，q_c 为对流传热热流密度(W/m^2)；q_r 为辐射传热热流密度(W/m^2)；T 为工件表面温度(℃)；T_f 为流体温度(℃)；h_c 为对流传热系数($W/(m^2 \cdot K)$)；h_r 为辐射传热系数($W/(m^2 \cdot K)$)。

综合传热系数为

$$h = h_c + h_r \tag{2.31}$$

2.3　快速凝固过程

快速凝固能够对金属的凝固组织及性能产生显著影响，这是因为快速凝固是一个典型的非平衡相变过程，由液相到固相的相变过程进行得非常快，从而减少甚至消除合金的溶质偏析并大幅度提高固溶度，获得普通铸件和铸锭无法获得的成分、相结构和显微结构(关绍康等, 2004)。采用快速凝固技术可以制备微观组织细化的金属材料，可使其各项力学性能如强度、塑性、韧性和延展性等得到显著提高。同时，快速凝固组织的结构特点，使其具有一些常规铸态组织所没有的物理性能(如磁性)，这为制备新型亚稳金属材料提供了有效途径。快速凝固包括热力学法、深过冷法(large under cooling technology, LUT)、急冷凝固法(rapidly quenching technology, RQT)以及采用激光为热源的快速凝固法——激光熔覆(laser cladding, LC)和激光-感应复合熔覆(laser induction hybrid cladding, LIHC)技术(孙俊生和武传松, 2002; 2001a; 2001b)。

2.3.1　快速凝固过程与材料特性

快速凝固技术作为近几年兴起的新技术，可以在无任何模具和工装的条件下制造各种复杂的承力结构件，且为近净成形，工艺简单，速度快，材料利用率高，成本低。该项技术在国外已比较成熟，已经应用于航空领域。

深过冷法通过各种有效的净化手段避免或消除合金液中异质晶核的形核作用，增加临界形核功，抑制均质形核作用，使得合金液获得在常规凝固条件下难以达到的过冷度(梁玮等, 2007)。深过冷技术不受外界散热条件的制约，可以在慢速冷却条件下获得各种稳定或亚稳组织，而不受熔体体积的限制，是实现三维大体积液态合金快速凝固的唯一有效手段。

然而，虽然急冷凝固法可以获得第二相弥散分布的均质偏晶合金，但是不能制备大尺寸材料，仅限于制备薄板、薄带与细粉。根据熔体分离和冷却方式的不同，动力学急冷凝固技术可以分成雾化技术、模冷技术和表面熔化与沉积技术三大类(陈光和傅恒志, 2004; 郑红星等, 2003; 胡汉起, 1999)：

(1)雾化技术是指采用某种措施将熔体分离雾化，同时通过对流的冷却方式凝固。其主要特点是在离心力、机械力或高速流体冲击力等作用下将熔体分散成尺寸极小的雾状熔滴，在气流或冷模接触中迅速冷却凝固。雾化技术可以分为流体雾化法、离心雾化法和机械雾化法。

(2)模冷技术是使金属液接触固体冷源并以传导的方式散热而实现快速凝固的方法，其主要特点是首先把熔体分离成连续或不连续的、界面尺寸很小的熔体流，然后使熔体流与旋转或固定的导热良好的冷模或基底迅速接触而冷却凝固。

模冷技术有“枪”法、双活塞法、熔体旋转法、平面流铸造法、熔体提取法、急冷模法。

(3)表面熔化与沉积技术是表面快速凝固技术，即待加工的材料或半成形、已成形的工件表面处于快速凝固状态，包括高能束表面熔凝(激光束、电子束、等离子束)和热喷涂(等离子、高速氧燃气等)。

2.3.2 快速凝固过程的热力学

过冷熔体处于热力学的亚稳状态，一旦发生晶体形核，其晶体的生长速率主要取决于过冷度的大小，基本不受外部冷却条件的控制。如果过冷度足够大，熔体的凝固将远离平衡凝固，从而使深过冷熔体的凝固机制和微观组织表现出与传统凝固不同的特点，主要表现在晶粒尺寸的细化、形成新的亚稳相、无偏析凝固、定向生长特征。热力学深过冷技术的具体方法及原理如下(李永伟等, 1998; 李月珠, 1993; Kurz and Fisher, 1981)：

(1)乳化-热分析法。乳化-热分析法的基本思想是，在惰性环境(惰性基础或惰性悬浮溶液)中，随着液体分散程度的提高，有效形核衬底逐渐被孤立于少数液滴中，大部分液滴保持分离并且不包含异质形核，这部分液滴将会表现出深过冷行为。

(2)固液两相区法。将合金熔体过热，然后冷却至固液两相区，使液相在先前析出相的包裹下结晶而获得深过冷。

(3)电磁悬浮熔炼法。通过选择合适的线圈形状及输出频率，使试样在电磁力作用下处于悬浮状态，再通入 He、Ar、H_2 等保护气体，通过感应加热熔化，控制凝固从而实现深过冷。

(4)落管法。通过电磁悬浮熔炼、电子束或其他方法熔化金属，随后金属熔体在真空或通入保护气体的管中自由下落冷却凝固。自由下落过程中，金属或合金液避免与器壁相接触，同时又具有微重力凝固特征，因而获得深过冷。

(5)微重力法。利用太空中微重力场和高真空条件，使液态金属自由悬浮于空中，实现无坩埚凝固，从而获得深过冷。

(6)循环过热净化法。在非晶态坩埚或形核触发作用较小的坩埚中，对纯金属或合金进行“加热熔化—过热保护—冷却凝固”循环处理，金属中的异质形核核心通过熔化、分解和蒸发等途径消失或钝化从而失去衬底作用获得熔体的深过冷。

(7)熔融玻璃净化法。在熔融玻璃的包裹下进行熔炼，液态金属中的夹杂物在被玻璃熔体物理吸附的同时，还可以与玻璃中的某些组元相互作用形成低熔点化合物进入溶剂中，达到消除异质核心从而获得深过冷的目的。

(8)化学净化法。通过界面与气体间的化学反应使部分氧化物质点还原，抑制界面处氧化物质点的增加速率来获得深过冷。

(9)复合净化法。包括循环过热与玻璃净化相结合的方法，循环过热、熔融玻璃、电化学气氛净化相结合的净化法，循环过热与电磁悬浮熔炼相结合的方法。

2.3.3　快速凝固的组织与性能

通过研究发现，过冷度越大，对枝晶组织的细化越显著。在偏晶合金凝固过程中，大体积偏晶合金能够快速通过难混溶区，导致第二相没有足够的时间完成分离的动力学过程，从而更容易获得第二相弥散分布的大体积均质偏晶合金。但是，大的过冷度同样能促使液滴合并。因此，可采用电磁悬浮无容器法实现偏晶合金的深过冷与快速凝固，这样可以避免容器壁与合金熔体的接触，显著减少或消除异质形核，实现合金熔体的深过冷。深过冷技术作为研究非平衡条件下液/固转变规律的重要手段，是迄今为止在地面重力场中唯一能在较大尺寸试样中实现快速凝固的方法，为研究凝固组织晶体快速生长机制提供了试验基础。

Aziz(1982)研究了急冷条件下 Cu-Sn 合金的快速枝晶生长特征。研究发现，Cu-7%Sn 和 Cu-13.5%Sn(质量分数，下同)合金的快速凝固组织沿垂直于辊面方向依次为细小等轴晶区、柱状晶区和粗大等轴晶区；随着冷速的增大，柱状晶区厚度变小，晶体形态由柱状晶向等轴晶转变。Kim 和 Na(1994)通过离心铸造法研究了过偏晶合金 Al-4.5%Cd 与 Al-7%In 的微结构生长特征。研究发现，靠近金属带的激冷表面区，柱状 Al 晶粒内包含均匀弥散分布的富 Cd 与富 In 颗粒，非激冷表面区附近形成粗大的第二相颗粒。

急冷凝固法通过大幅提高熔体凝固时的传热速率来提高凝固时的冷却速率，使熔体形核时间极短，来不及在平衡熔点附近凝固而只能在远离平衡熔点的较低温度凝固，因而具有很大的凝固过冷度和凝固速率，即在凝固过程中快速通过难混溶区，实现合金瞬间形核与快速生长，最大限度地缩短第二相液滴进行偏析行为的时间，易于获得第二相弥散分布的结构(孙万里等，2005；董寅生等，2002)。

因此，显著细化的组织和特异的相结构必将引起合金物理化学和力学性能的变化，而且急冷合金的晶体取向、缺陷、晶界及表面状态对合金的性能也有显著的影响。例如，蔡英文等(1994)研究了采用单辊法制备 Cu-Pb 过偏晶合金的急冷凝固组织特征，Cu-Pb 合金中的 Cu 相和 Pb 相均以等轴枝晶方式生长，液相分离在很大程度上被抑制，凝固组织沿条带厚度方向分布十分均匀，未形成明显的分层结构，且随着冷却速率的增大，凝固组织显著细化，均匀性得到提高。刘源等(2000)也采用同样的方法制备了均质 Al-In 偏晶合金，发现细小 In 颗粒均匀分布于 Al 基体内，In 颗粒尺寸随着与激冷面距离的增加而逐渐增大，随辊速的增加而不断减小。

2.4 微铸锻复合制造的平面路径规划

微铸锻复合制造过程是逐层堆积的过程，由点连成线，由线搭接成面，由面堆积成体。在成形过程中，工件的形状是动态增长的，成形温度场和材料的状态随着扫描路径动态变化。这种变化会使工件产生变形和出现残余应力，从而对成形精度、表面质量和性能等造成影响。扫描路径的不同也会造成成形时间的不同，从而对成形效率产生影响(卢秉恒和李涤尘, 2013)，因而微铸锻复合制造对扫描路径的规划非常重要。许多学者针对扫描方式对成形精度、成形件的力学性能和成形效率的影响，提出了不同的路径规划方法(Aiyiti et al., 2012)。其中，基于沃罗努瓦图(Voronoi diagram, VD)的扫描路径方法具有可在接近线性时间内生成首尾相连不需要多余检查和求交处理的轮廓偏置线、扫描线短并且由内向外的扫描方式符合温度梯度的变化、变形翘曲小、各向同性、力学性能好等优点，是诸多学者研究的重点方向(杜永强等, 2005)。

2.4.1 分层切片及轨迹规划

1. *分层切片*

3D 打印是一种基于“离散-堆积”思想的制造技术，其中离散指的就是分层切片。分层切片是一切 3D 打印技术应用的数据基础，是在计算机平台对三维 CAD 数模进行降维离散，生成二维切片的过程。分层切片可分为一致切片和自适应切片。一致切片在切片过程中保持分层厚度和分层方向不变，分层方向又称为制造方向或生长方向。自适应切片在切片过程中分层厚度或分层方向或两者同时发生变化。分层切片存在离散误差，会导致后续成形过程出现台阶效应，影响成形精度。早期的自适应切片主要面向三轴制造系统，为变厚度自适应切片，在成形效率和成形精度间博弈和平衡，其目标是在可控的成形精度下，尽可能地提高成形效率。Dolenc 和 Makela(1994)提出最大许可台阶高度，用于分层厚度的确定和台阶效应的评估，在变厚度自适应切片中有着广泛的应用。基于最大许可台阶高度，Suh 和 Wozny(1994)采用球面逼近非网格模型表面的方式来计算可变的分层厚度。Sabourin(1996)提出一种兼顾精度和效率的自适应切片算法，模型首先分解为若干最大分层厚度(可制造)的子模型，然后对每个子模型进一步细分，以满足最大许可台阶高度的约束。Zhao 和 Luc(2010)提出一种基于特征分解的自适应切片算法，首先通过特征识别对模型进行特征分解，然后对分解后的子模型进行变厚度切片，以满足许可台阶误差。Yang Y 等(2003)提出一种基于层间体积差的自适应切片算法，考虑局部特征，对共同区域和不同区域采取不同的熔积策略，使得成形件与 CAD 模型的体积误差最小，与传统自适应切片相比，具有更好的表面质量，制造时间缩短 40%。此外，还有一些面向逆向工程的测量数据，如点云和轮廓的切片算法。

悬臂结构是指沿着生长方向成形局部或全部悬挂在已成形部分外面的一种几何结构，广泛存在于各类金属工件中。随着多轴制造系统的出现，变方向自适应切片考虑更多的是在无支撑或少支撑结构下直接成形零件。Singh 和 Dutta (2001)、Sundaram 和 Choi (2004) 采用悬臂角的等倾线 (Isoclines) 将模型分为可制造和不可制造的两部分，但参考方向需要用户交互地给定，同时由于离散误差的存在，难以用于离散网格模型。Singh 和 Dutta (2001) 提出了悬臂角制造图 (build map) 的概念，结合评判准则 (如台阶误差、体积误差、切片厚度等) 来优化制造方向，但制造图的构造涉及复杂的相交计算，难以实现。Zhang 和 Liou (2004) 采用高斯映射，提出以最小包络球冠面为目标函数的制造方向优化算法，但未能考虑网格模型切向量估算误差的影响。中轴作为三维模型的抽象表征，广泛应用于图形图像分解和检索。类似于中轴分解，Ruan 等 (2007)、Ren 等 (2008) 和 Miklos 等 (2010) 对以质心轴为导向的多方向切片进行了研究，该算法操作简单，但质心轴的精度与切片厚度紧密相关，兼顾效率和精度的切片厚度很难确定。

2. 轨迹规划

轨迹规划是指对二维切片内部进行填充样式设计，生成打印头运动轨迹的过程。轨迹选择对成形件的表面质量、内部性能和制造效率有重要的影响。在 3D 打印领域，主要有四种基本填充样式：平行直线、平行轮廓、螺旋线和分形 (图 2.4)。平行直线轨迹是一种最简单的轨迹，其扫描方向通常为 X 向或 Y 向，也可是任意指定方向，分为单向扫描 (raster) (Dunlavey, 1983) 和往复扫描 (zig-zag) (Tarabanis et al., 2001; Park and Choi, 2000)。后者较前者的空行路径少，具备较高的制造效率。在电弧增材制造中，框架结构特别适合以普通 TIG 热源的旁轴送丝电弧增材制造和微铸锻复合成形增材制造，因为两者的熔积制造具备方向性。尽管平行直线轨迹实现简单、适应面广，但存在以下不足。

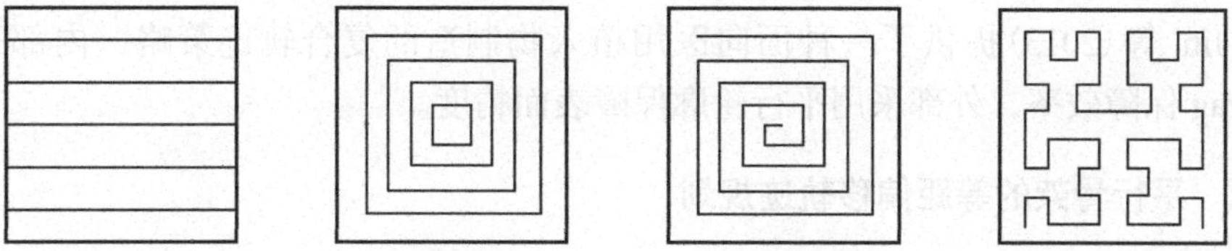

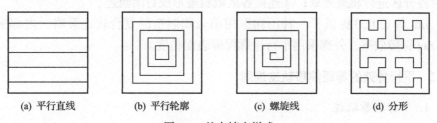

(a) 平行直线　(b) 平行轮廓　(c) 螺旋线　(d) 分形

图 2.4　基本填充样式

(1) 对于复杂形状切片，如空洞和孤岛，轨迹表现为断断续续，要求打印头能够进行频繁的通断切换以及精确快速的控制，不然会严重降低工件的表面质量。

(2) 当轨迹方向不变时，易产生严重的翘曲变形甚至导致工件与基板开裂和剥离。

如图 2.4 所示，平行轮廓轨迹 (Yang et al., 2002; Farouki et al.,1995; Li et al., 1994) 是一种以切片轮廓为参考的等距偏移轨迹，轨迹沿着轮廓不断地改变方向，不仅具备良好的几何质量，而且能够在一定程度上减小残余应力和变形；封闭的轨迹具备更短的空行路径，且无须频繁地通断打印头。尽管平行轮廓具备上述优势，但对于复杂形状的切片，如空洞和不规则轮廓等，还是存在以下不足：①不规则轮廓轨迹的计算不是一件容易的事；②多边界同时约束，轨迹很难保持处处等距。

螺旋线轨迹是一种流行的机械加工轨迹，特别适合二维型腔加工 (Ren et al., 2008; Wang et al., 2005)，也可用于电弧增材制造。螺旋线轨迹不仅具备平行轮廓轨迹的优势，而且能显著减少堆焊接头的数量，具备更好的内部质量和几何质量。然而，螺旋线轨迹并不是一种普遍适应的轨迹，它通常要求切片内部不存在空洞及平面两个维度尺寸相差不大 (Kulkarni et al., 2000)。

分形轨迹是一种具备自回避和自相似特征的填充曲线，但仅适合分形模型。Yang J 等 (2003) 提出一种保持分形特征的裁剪算法，使之适合任意几何边界模型，并用于提高 SLS 工件的物理性能。Bertoldi 等 (1998) 提出基于希尔伯特 (Hilbert) 曲线的分形轨迹，用于降低有限差分法熔融沉积成形工件的收缩率。

除了上述基本样式的轨迹外，Dwivedi 和 Kovacevic (2004) 提出一种面向材料熔积制造的轨迹，该轨迹采用分治策略，首先将多边形分解为若干单调子多边形，然后对子多边形进行 zig-zag 轨迹规划，最后结合轨迹连接和裁剪，形成连续封闭的轨迹，该轨迹不存在空行轨迹，任意点都可作为制造起点。Ding 等 (2014) 提出了一种面向电弧增材制造工艺的理想轨迹，该轨迹同样是连续封闭的，不存在空行轨迹，与现有的复合轨迹相比具备更好的表面精度。其具体步骤如下：①采用分治策略将二维几何分解为若干凸多边形区域；②采用 zig-zag 和轮廓偏移复合策略对各分区进行轨迹规划；③连接各区域轨迹形成封闭轨迹。

Jin 等 (2013) 提供了一种面向医用植入物制造的复合轨迹策略，内部采用 zig-zag 保障效率，外部采用平行轮廓保障表面精度。

2.4.2 平行骨架的等距偏移轨迹规划

1. 平行轮廓轨迹

平行轮廓轨迹如图 2.5 所示，是一种以轮廓为偏移源的等距偏移轨迹，相比于平行直线轨迹 (单向扫描或 zig-zag)，它具备较少的空行路径和良好的轮廓几何，在增减材制造领域有广泛的应用 (Yang et al., 2002; Farouki et al., 1995; Li et al.,

1994)。开源的 Slic3r 和 Cura 等软件在外围采用平行轮廓扫描以保持工件外形，在内部采用 zig-zag 以提高效率。变形和裂纹是制约金属增材制造快速发展的重要因素，采用合理的制造轨迹，能够在一定程度上均匀温度场分布和减小残余应力。Tian 等(2013)、Yu 等(2011)以及 Dai 和 Shaw(2002)分别从数值模型和试验测量角度开展了不同类型扫描轨迹对变形影响的研究，涉及的轨迹包括平行直线、螺旋线、由内向外及由外向内的平行轮廓。研究结果均表明，由内向外的平行轮廓轨迹具备更小的温度梯度和变形量。此外，平行轮廓轨迹无须频繁地通断热源和切换速率，具备良好的成形效果和成形质量。因此，平行轮廓轨迹是一种相对理想的填充制造轨迹。

图 2.5　平行轮廓轨迹

骨架是指到轮廓距离相等的点形成的轨迹。首先，基于 VD 的拓扑增量构造，结合沃罗努瓦边(Voronoi edge，VE)和控制点的识别，提取轮廓环；然后以骨架环为分界线，分解切片为若干个子区；最后以骨架环和轮廓分别为参考源和裁剪边界，结合二维距离图的计算，产生平行骨架的等距偏移轨迹。在距离图的计算中，讨论和比较多种距离变换算法，最后选用高效精确的 Maurer 算法。相比于传统平行轮廓轨迹，平行骨架轨迹填充率更高，均匀性和对称性更好，有利于减小残余应力和变形。对于薄壁零件，骨架可直接作为制造轨迹，特别适合薄壁零件的高质量直接制造。

平行轮廓轨迹的分类如图 2.6 所示。根据偏移源的不同，平行轮廓轨迹可分为外轮廓偏移(图 2.6(a))、内轮廓偏移(图 2.6(b)和(c))和内外轮廓同时偏移(图 2.6(d))。根据偏移源数量的不同，平行轮廓轨迹可分为单轮廓(图 2.6(a)和(b))和多轮廓偏移(图 2.6(c)和(d))，前者所有的轨迹来源于同一个偏移轮廓，后者有部分轨迹来源于多个偏移轮廓。多轮廓偏移轨迹可分为全轮廓和非全轮廓偏移，前者所有轮廓均为偏移源，后者至少有一个轮廓不为偏移源，而为裁剪边界。

对于单连通域切片，有且仅有一个轮廓，只能为单轮廓偏移；在多连通域切片中，由于裁剪轮廓的存在，非全轮廓偏移存在开放式轨迹(图 2.6(c))，而全轮廓偏移的每条轨迹都是封闭的(图 2.6(d))。

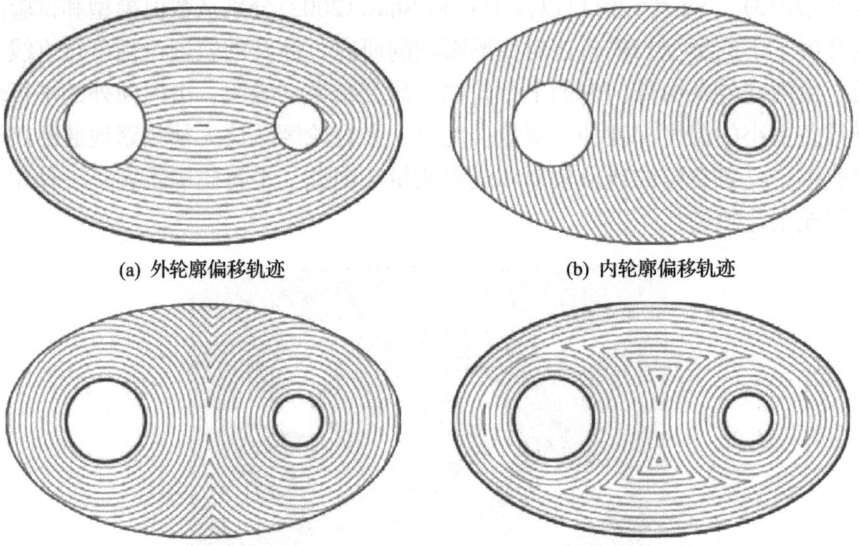

(a) 外轮廓偏移轨迹　　(b) 内轮廓偏移轨迹

(c) 非全轮廓偏移轨迹　　(d) 内外轮廓同时偏移轨迹

图 2.6　平行轮廓轨迹的分类

2. 平行骨架轨迹规划

平行骨架轨迹规划流程如图 2.7 所示。给定一个多边形切片，首先计算其 VD，结合 VE 和控制点的识别，构造骨架环；然后以骨架环为分界线，分解切片为若干个子区；最后分别以骨架环和原始轮廓为参考源和裁剪边界，对各子区进行平行骨架的轨迹规划，产生等距偏移轨迹。

多边形切片的 VD 如图 2.8 所示。在二维平面上，给定一个多边形切片 $G=(V,E)$，定义其 VD 为平面的一种划分，记作 vor(G)，该划分生成有限个 Voronoi

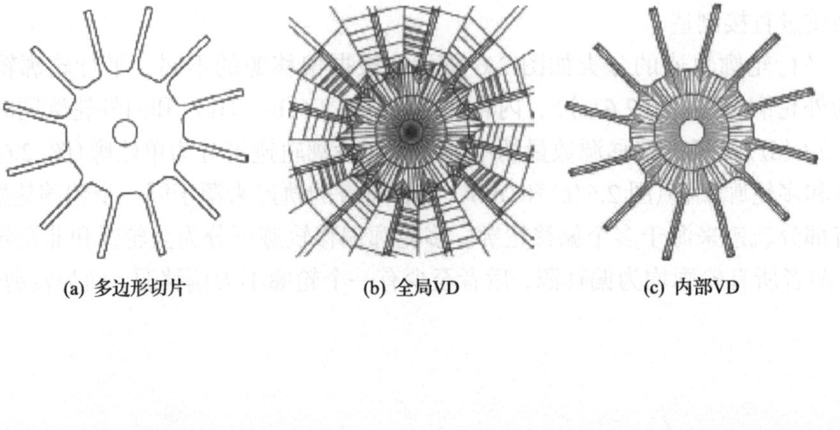

(a) 多边形切片　　(b) 全局VD　　(c) 内部VD

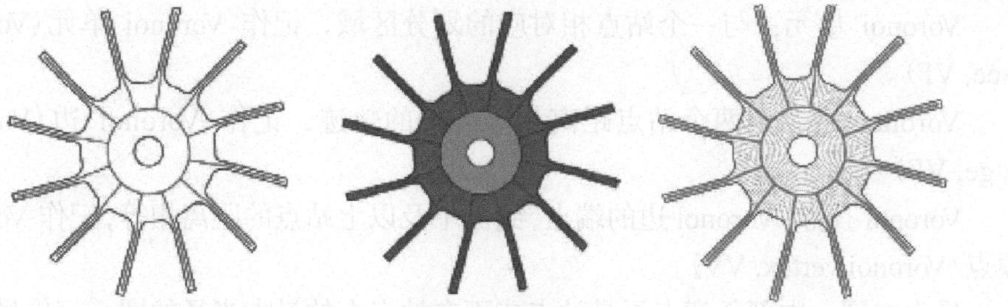

(d) 骨架环　(e) 切片分解　(f) 等距偏移轨迹

图 2.7　平行骨架轨迹规划流程

单元 $C=\{c_1,c_2,\cdots,c_m\}$，每个单元 c_i 与切片中的一个元素 $g_i \in G$ 相对应，g_i 称为单元 c_i 的站点，对于任意 $p \in c_i$，$j \neq i$，满足如下属性：

$$
\begin{aligned}
&\operatorname{dist}(p,g_i) < \operatorname{dist}(p,g_j) \big| g \in V \vee g \in E \\
&\operatorname{dist}(p,g) = \sqrt{(p_x-g_x)^2+(p_y-g_y)^2}
\end{aligned}
\tag{2.32}
$$

式中，V 和 E 分别为切片的顶点集和边集；dist 表示点 p 到站点 g_i 的欧几里得距离。

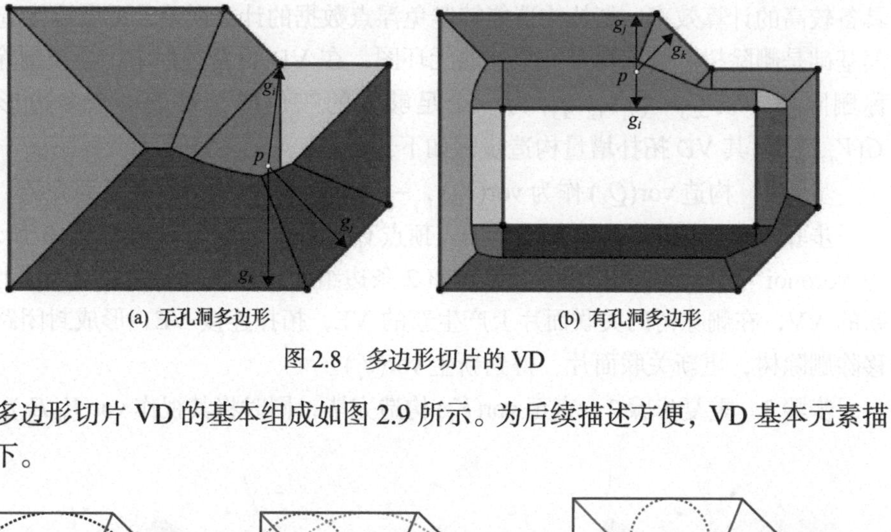

(a) 无孔洞多边形　(b) 有孔洞多边形

图 2.8　多边形切片的 VD

多边形切片 VD 的基本组成如图 2.9 所示。为后续描述方便，VD 基本元素描述如下。

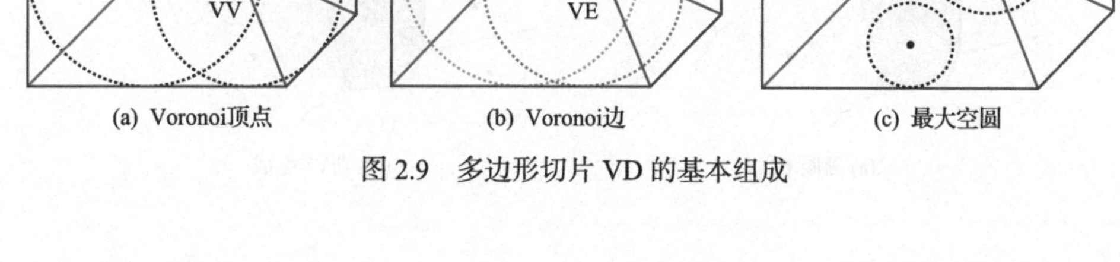

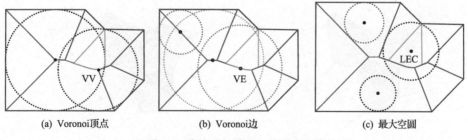

(a) Voronoi顶点　(b) Voronoi边　(c) 最大空圆

图 2.9　多边形切片 VD 的基本组成

Voronoi 单元：与一个站点相对应的划分区域，记作 Voronoi 单元(Voronoi face, VF)。

Voronoi 边：到两个站点距离相等的点的轨迹，记作 Voronoi 边(Voronoi edge, VE)。

Voronoi 顶点：Voronoi 边的端点，到三个及以上站点的距离相等，记作 Voronoi 顶点(Voronoi vertex, VV)。

最大空圆：内部任意点不是站点或不在站点上的最大半径的圆，记作最大空圆(largest empty circle, LEC)。

根据多边形切片 VD 的定义及上述描述，VD 具备以下属性：

(1) VV 的 LEC 至少与三个站点相切，VE 上点的 LEC 与两个站点相切，VF 内部点的 LEC 仅通过一个站点。

(2) 拓扑属性，相邻的 VF 有且仅有一条公共边。

拓扑增量算法是一类递推演变算法，通过建立 $\mathrm{vor}(G_{i-1})$ 到 $\mathrm{vor}(G_i)$ 的演变规律，在 $\mathrm{vor}(G_0)$ 已知的基础上，将目标 $\mathrm{vor}(G_n)$ 转化为 n 步重复的演变操作。增量操作是一种局部操作，每次演变仅作用于 $\mathrm{vor}(G_{i-1})$ 的局部，而不是整个 $\mathrm{vor}(G_{i-1})$，具备较高的计算效率。拓扑构造能够避免浮点数据的计算误差，可靠地构造 VD，其基础是删除树。删除树是一个连通无环图，在 VD 更新过程中，会被删除，故称删除树。设 $Q_3=\{q_1,q_2,q_3\}$ 为一个足够大的三角形，对于一个多边形切片 $G(V_n,E_n)$，其 VD 拓扑增量构造步骤如下：

步骤 1　构造 $\mathrm{vor}(Q_3)$ 作为 $\mathrm{vor}(V_0)$，一种 $\mathrm{vor}(Q_3)$ 的构造将在后面介绍。

步骤 2　在 $\mathrm{vor}(V_{i-1})$ 的基础上插入顶点 v_i，构造 $\mathrm{vor}(V_i)$。如图 2.10 所示，f_i 为 Voronoi 单元，删除树由 3 个顶点和 2 条边组成，在删除树关联的 VE 上产生新的 VV，在删除树的关联面片上产生新的 VE，拓扑连接 VE，形成封闭路径，移除删除树，更新关联面片，得到新生 $\mathrm{vor}(V_i)$。

步骤 3　重复步骤 2，直至 $\mathrm{vor}(V_n)$ 构造完毕，同时将其视作 $\mathrm{vor}(V_n,E_0)$。

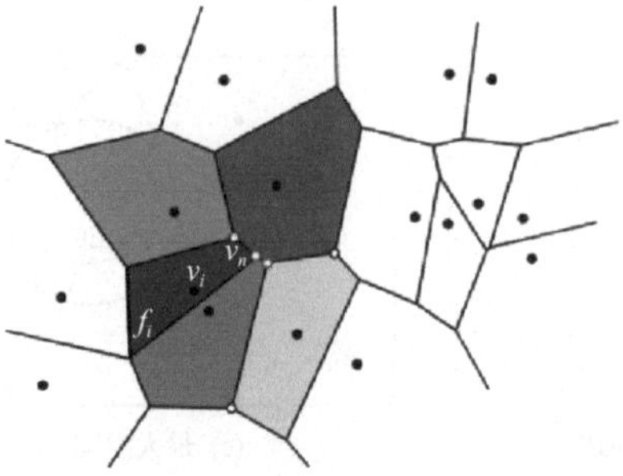

(a) 删除树

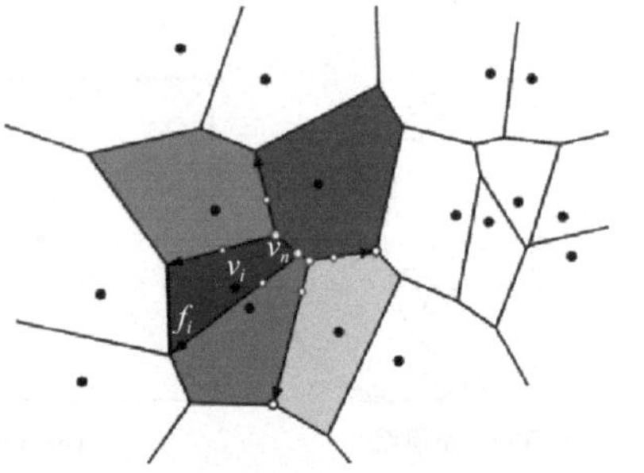

(b) 新VV生成

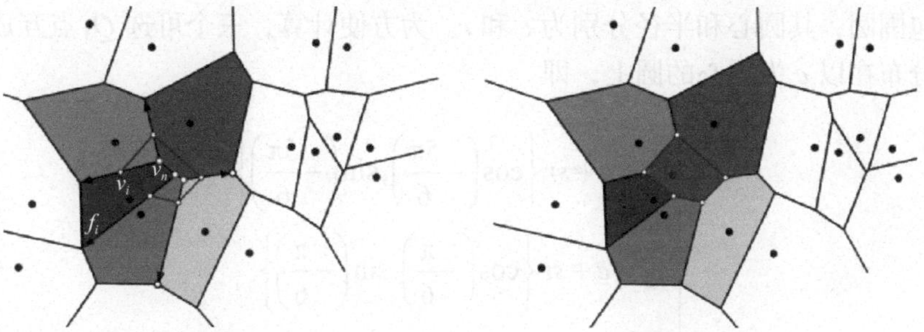

(c) 新VE生成　　(d) 新VC生成

图 2.10　插入新点站点时 VD 的更新

步骤 4　在 $\mathrm{vor}(V_n,E_{i-1})$的基础上，插入边 e_i，构造 $\mathrm{vor}(V_n,E_i)$，如图 2.11 所示，删除树由 5 个顶点和 4 条边组成，在删除树的关联 VE 上产生新的 VV，在删除树的关联面片上产生新的 VE，拓扑连接 VE，形成封闭路径，移除删除树，更新关联面片，得到新生 $\mathrm{vor}(V_n,E_i)$。

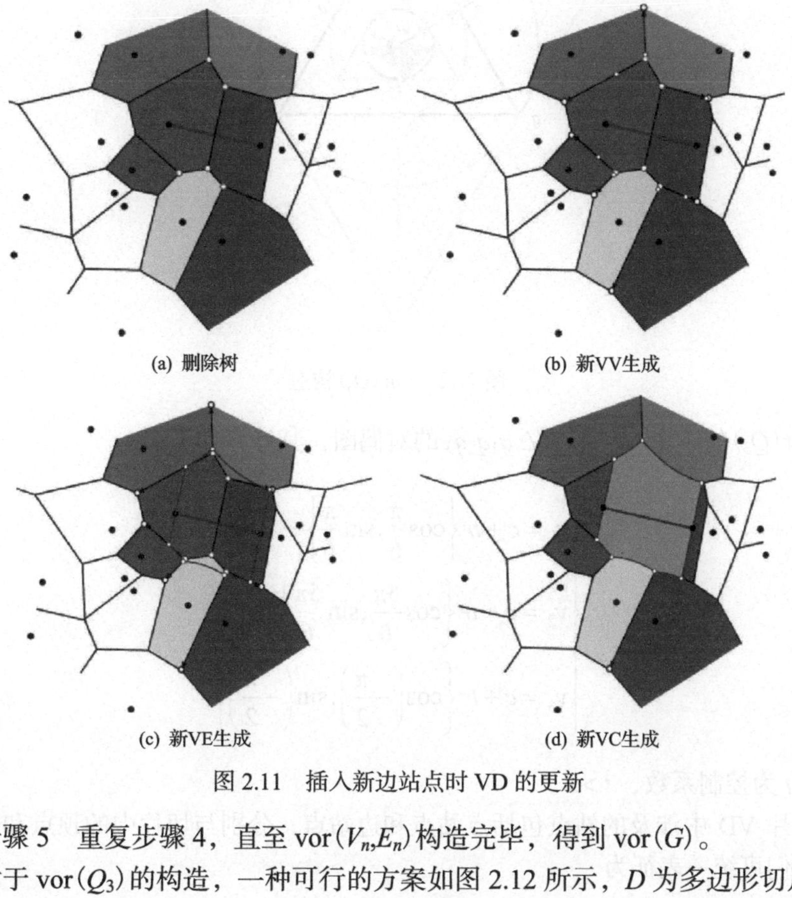

(a) 删除树　　(b) 新VV生成

(c) 新VE生成　　(d) 新VC生成

图 2.11　插入新边站点时 VD 的更新

步骤 5　重复步骤 4，直至 $\mathrm{vor}(V_n,E_n)$构造完毕，得到 $\mathrm{vor}(G)$。

对于 $\mathrm{vor}(Q_3)$的构造，一种可行的方案如图 2.12 所示，D 为多边形切片 G 的最小包围圆，其圆心和半径分别为 c 和 r。为方便计算，三个可选 Q_3 点互成 120°均匀分布在以 c 为圆心的圆上，即

$$\begin{cases} q_1 = c + sr\left\{\cos\left(-\dfrac{5\pi}{6}\right), \sin\left(-\dfrac{5\pi}{6}\right)\right\} \\ q_2 = c + sr\left\{\cos\left(-\dfrac{\pi}{6}\right), \sin\left(-\dfrac{\pi}{6}\right)\right\} \\ q_3 = c + sr\left\{\cos\dfrac{\pi}{2}, \sin\dfrac{\pi}{2}\right\} \end{cases} \tag{2.33}$$

式中，s 为安全系数，以避免 G 中的顶点出现在 $\triangle q_1q_2q_3$ 上，$s>1$。

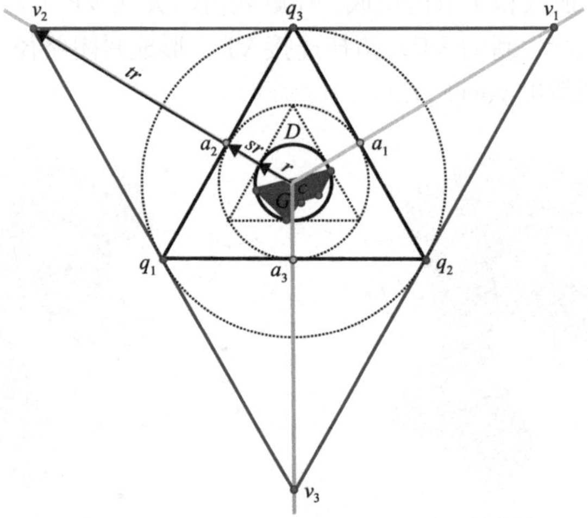

图 2.12　vor(Q_3)构造

vor(Q_3)的三个 VV 形成$\triangle q_1q_2q_3$的对偶图，其计算如下：

$$\begin{cases} v_1 = c + tr\left\{\cos\dfrac{\pi}{6}, \sin\dfrac{\pi}{6}\right\} \\ v_2 = c + tr\left\{\cos\dfrac{5\pi}{6}, \sin\dfrac{5\pi}{6}\right\} \\ v_3 = c + tr\left\{\cos\left(-\dfrac{\pi}{2}\right), \sin\left(-\dfrac{\pi}{2}\right)\right\} \end{cases} \tag{2.34}$$

式中，t 为控制系数，$t>s$。

切片 VD 中涉及的站点包括点站点和边站点，分别与切片中的顶点和边相对应，它们可统一表征为

$$q(x^2+y^2-t^2)+ax+by+kt+c=0 \tag{2.35}$$

式中，t 为偏移距离；k 为偏移方向，取值为±1；q、a、b、k 及 c 为方程的系数，其配置见表 2.1。当 $t=0$ 时表示站点，当 $t\neq 0$ 时表示站点的偏移对象；当 $k=1$ 时表示向左侧偏移，当 $k=-1$ 时表示向右侧偏移；当表征边站点时，有 $a^2+b^2=1$。

表 2.1　站点的统一表征系数

站点类型	q	a	b	c	k
点站点	1	$-2x_i$	$-2y_i$	$x_i^2+y_i^2$	0
边站点	0	a_i	b_i	c_i	±1

根据 VV 的定义，它到三个及以上站点的距离相等，结合上述站点的统一表征，VV 的表征形式为下述二次方程系统：

$$\begin{cases} q_0(x^2+y^2-t^2)+a_0x+b_0y+k_0t+c_0=0 \\ q_1(x^2+y^2-t^2)+a_1x+b_1y+k_1t+c_1=0 \\ q_2(x^2+y^2-t^2)+a_2x+b_2y+k_2t+c_2=0 \end{cases} \tag{2.36}$$

三个站点共存在八种组合情形，它们可抽象为三类：全点站点、全边站点和复合类型，如图 2.13 所示，分别采用不同的求值器进行求解。

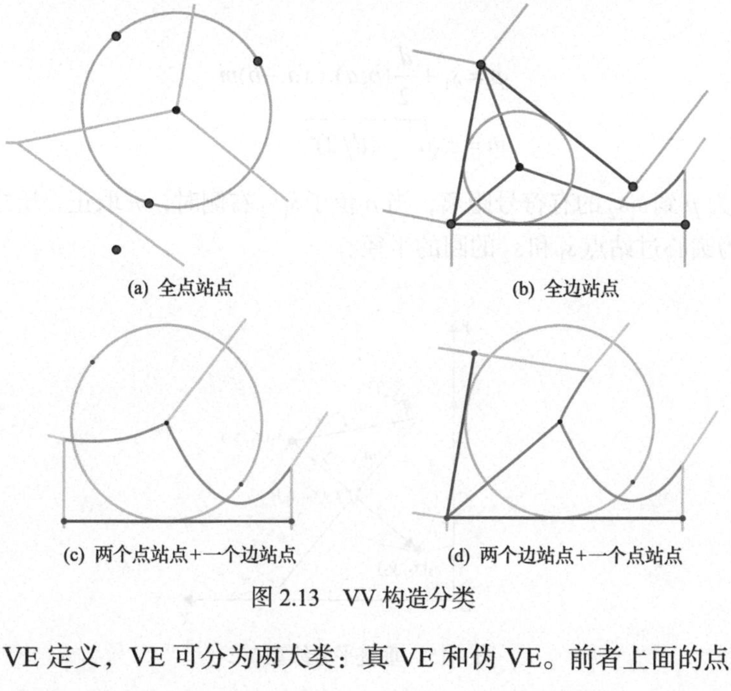

(a) 全点站点　(b) 全边站点

(c) 两个点站点+一个边站点　(d) 两个边站点+一个点站点

图 2.13　VV 构造分类

根据 VE 定义，VE 可分为两大类：真 VE 和伪 VE。前者上面的点到两个站点的距离相等，根据站点类型的不同，可分为垂直平分线、角平分线、平行直线和抛物线，分别对应两个点站点、两个边站点、一个点站点和一个边站点，如图 2.14 所示。需要注意的是，平行直线是角平分线的退化形式，其对应的两个边站点是平行的。后者也分为三类：外部边、分隔边和边站点，分别对应初始化时构造的定界边、点站点与边站点间的分隔边和切片中的边。下面将重点介绍 VE 的统一表征。

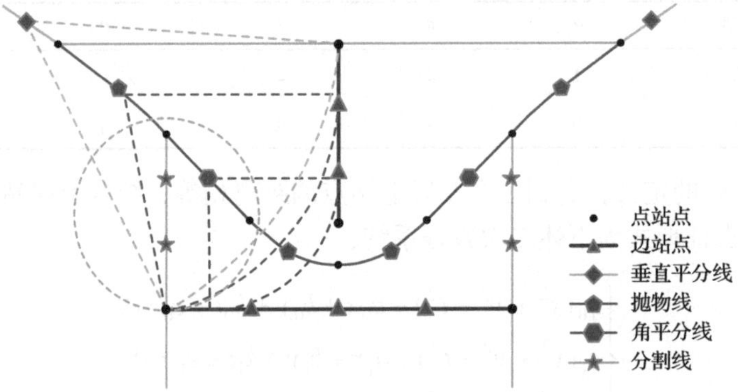

图 2.14　VE 构造分类

垂直平分线型 VE 如图 2.15 所示。$s_1(x_1, y_1)$ 和 $s_2(x_2, y_2)$ 为两个点站点，有向线段 s_1s_2 的长度和单位方向向量分别为 d 和 (b,a)，垂直平分线上任意点 $p(x, y)$ 可表示为

$$
\begin{aligned}
p &= s_1 + \frac{d}{2}(b,a) + (a,-b)m \\
m &= \pm\sqrt{t^2 - (d/2)^2}
\end{aligned} \tag{2.37}
$$

式中，m 为 p 到 s_1s_2 的有符号距离，当 p 位于 s_1s_2 右侧时，m 取正，反之 m 取负；t 为以 p 为圆心过站点 s_1 和 s_2 的圆的半径。

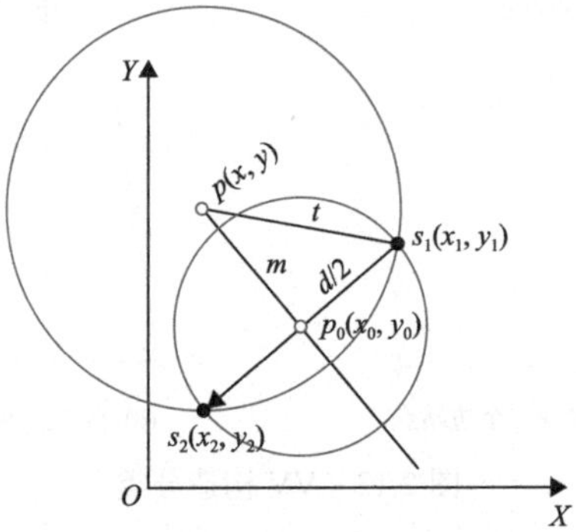

图 2.15　垂直平分线型 VE

对式(2.37)展开后得到

$$\begin{cases} x = x_1 + \dfrac{d}{2}b \pm a\sqrt{t^2 - (d/2)^2} \\ y = y_1 + \dfrac{d}{2}a \mp b\sqrt{t^2 - (d/2)^2} \end{cases} \tag{2.38}$$

角平分线型 VE 如图 2.16 所示。s_1：$a_1x+b_1y+c_1=0$ 和 s_2：$a_2x+b_2y+c_2=0$ 为两个边站点，两者的单位方向向量分别为 n_1 和 n_2，其交点为 $p_0(x_0,y_0)$，对于角平分线上任意点 $p(x,y)$，可表示为

$$p = p_0 \pm \frac{t}{\sin\theta} n_{\mathrm{b}} \tag{2.39}$$

式中，t 为以 p 为圆心与 s_1 和 s_2 相切的圆的半径；θ 为半角；当 $n_1 \times n_2$ 指向外时，符号取正，否则取负；$n_{\mathrm{b}} = n_2 - n_1$。

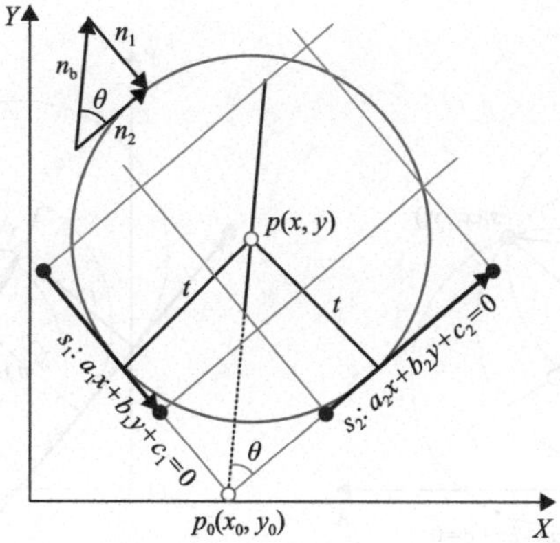

图 2.16　角平分线型 VE

结合 $|n_2 \times n_{\mathrm{b}}| = |n_2| \cdot |n_{\mathrm{b}}| \sin\theta$，得到

$$\frac{t}{\sin\theta} n_{\mathrm{e}} = \frac{t \cdot |n_2| \cdot |n_{\mathrm{b}}|}{|n_2 \times n_{\mathrm{b}}|} n_{\mathrm{e}} = \frac{t}{|n_2 \times n_{\mathrm{b}}|} n_{\mathrm{b}} \tag{2.40}$$

又因 $n_2 \times n_{\mathrm{b}} = n_2 \times (n_2 - n_1) = n_1 \times n_2$，所以当 $n_1 \times n_2$ 指向外时，$\Delta = |n_1 \times n_2|$，否则 $\Delta = -|n_1 \times n_2|$，代入式(2.40)得到

$$p = p_0 + \frac{t}{\Delta} n_{\mathrm{b}} \tag{2.41}$$

展开后得到

$$\begin{cases} x = x_0 + \dfrac{b_1 - b_2}{\Delta} t \\ y = y_0 + \dfrac{a_2 - b_1}{\Delta} t \end{cases} \tag{2.42}$$

式中，$x_0 = \dfrac{J_x}{\Delta}$，$y_0 = \dfrac{J_y}{\Delta}$，$J_x = \begin{vmatrix} -c_1 & b_1 \\ -c_2 & b_2 \end{vmatrix}$，$J_y = \begin{vmatrix} a_1 & -c_1 \\ a_2 & -c_2 \end{vmatrix}$。

抛物线型 VE 如图 2.17 所示，$s_1(x_1, y_1)$和s_2：$ax + by + c = 1$分别为点站点和边站点，到两者距离相等的点的轨迹是以边站点为准线、以点站点为焦点的抛物线。对于抛物线的顶点 $p_0(x_0, y_0)$，可表示为

$$p_0 = s_1 - \frac{d}{2}(a,b) \tag{2.43}$$

式中，d 为 s_1 到 s_2 的垂直距离。当 s_1 位于 s_2 的左侧时，$d<0$；当 s_1 位于 s_2 的右侧时，$d>0$。

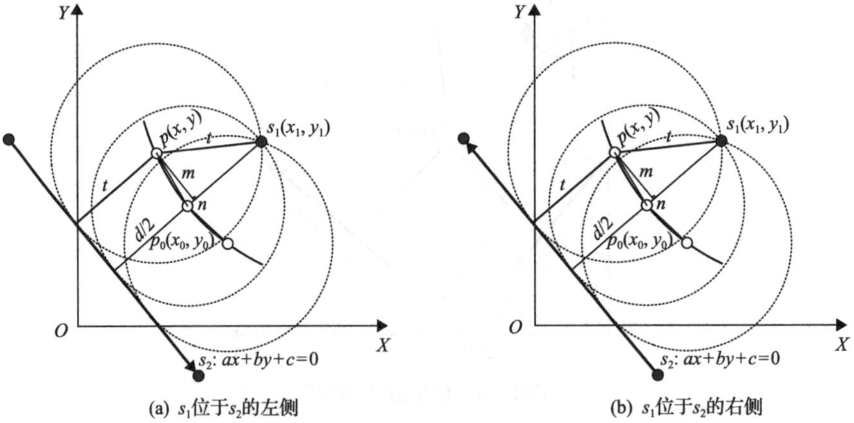

图 2.17　抛物线型 VE

首先考虑s_1位于s_2左侧的情况，抛物线上的任意点$p(x, y)$可表示为

$$p = p_0 + m(-b, a) + n(-a, -b) \tag{2.44}$$

式中，m 为 p 到有向线段 $p_0 s_1$ 的有符号距离，$m = \pm\sqrt{t^2 - (t+d)^2}$，$t$ 为 p 到 s_1 或 s_2 的距离，当 p 位于 $p_0 s_1$ 左侧时，m 取负，反之取正；$n = t + d/2$。将 p_0、m 和 n 代入式(2.42)，展开后得到

$$\begin{cases} x = x_1 - ad - at \mp b\sqrt{t^2 - (t+d)^2} \\ y = y_1 - bd - bt \pm a\sqrt{t^2 - (t+d)^2} \end{cases} \tag{2.45}$$

同理可得，s_1位于s_2右侧的表达式为

$$\begin{cases} x = x_1 - ad + at \pm b\sqrt{t^2 - (t-d)^2} \\ y = y_1 - bd + bt \mp a\sqrt{t^2 - (t-d)^2} \end{cases} \tag{2.46}$$

综合垂直平分线、角平分线和抛物线的推导和表示，采用八参数表达式来统一表征，相关系数配置见表 2.2 和表 2.3，统一表征表达式如下：

$$\begin{cases} x = X_1 - X_2 - X_3 t \pm X_4\sqrt{(X_5 + X_6 t)^2 - (X_7 + X_8 t)^2} \\ y = Y_1 - Y_2 - Y_3 t \mp Y_4\sqrt{(Y_5 + Y_6 t)^2 - (Y_7 + Y_8 t)^2} \end{cases} \tag{2.47}$$

表 2.2　VE 的统一表征 *X* 系数

类型	X_1	X_2	X_3	X_4	X_5	X_6	X_7	X_8
垂直平分线	x_1	$-bd/2$	0	a	0	1	$d/2$	0
角平分线	J_x/Δ	0	$(b_2-b_1)/\Delta$	0	0	0	0	0
抛物线(s_1位于s_2左侧)	x_1	ad	a	$-b$	0	1	d	1
平行直线	x_0	b	0	0	0	0	0	0

表 2.3　VE 的统一表征 *Y* 系数

类型	Y_1	Y_2	Y_3	Y_4	Y_5	Y_6	Y_7	Y_8
垂直平分线	y_1	$-ad/2$	0	b	0	1	$d/2$	0
角平分线	J_y/Δ	0	$(a_1-a_2)/\Delta$	0	0	0	0	0
抛物线(s_1位于s_2左侧)	y_1	bd	b	$-a$	0	1	d	1
平行直线	y_0	$-a$	0	0	0	0	0	0

VF 和 VE 的几何拓扑信息如图 2.18 所示。采用半边数据结构来描述 VE，对于任意 VE，其几何拓扑信息包括：①起点(source)和终点(target)；②反向半边(twin)；③下一个半边(next)；④所处的 Voronoi 单元f。对于任意 VF，其几何拓扑信息包括：①对应站点(site)；②任一半边e。约定 VF 中的 VE 沿逆时针方向连接，多边形切片内外轮廓的方向分别为顺时针和逆时针。位于切片轮廓左侧和右侧的 VF 分别为内部和外部单元。VF 的内外属性识别如图 2.19 所示，根据 VF 的定义，每个单元有且仅与一个站点相对应，对于任意单元f，其内外属性的识别规则如下。

(1)当站点为边站点时，如果 VE 的连接方向与轮廓方向相同，那么f为内部单元(如f_i)，否则f为外部单元(如f_o)；

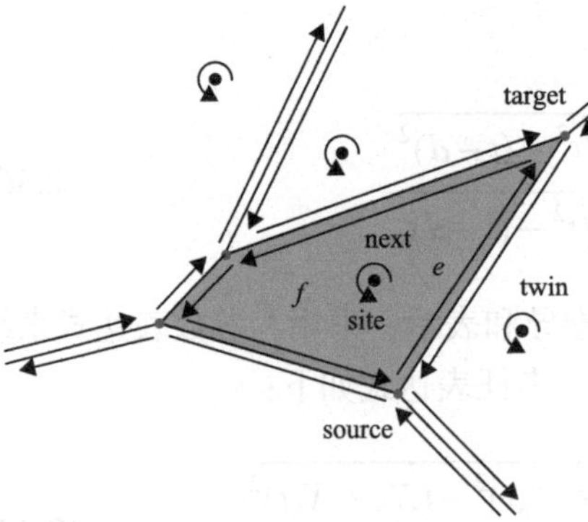

图 2.18　VF 和 VE 的几何拓扑信息

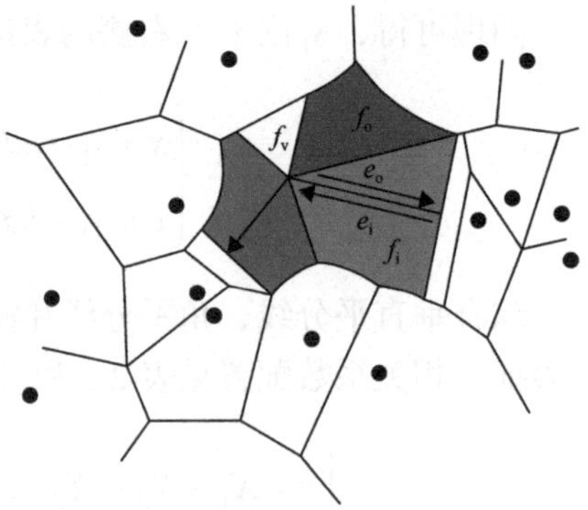

图 2.19　VF 的内外属性识别

⑵当站点为点站点时，其内外属性与任意邻接边站点单元的属性相同。例如图 2.19 中 f_v，为点站点单元，其邻接边站点单元 f_o 为外部单元，因此 f_v 亦为外部单元。

对于内部 VF 中的任意 VE，根据其端点的 LEC 半径，可划分如下。

⑴站点边：$\text{dist}(s)\times\text{dist}(t)=0, \text{dist}(s)+\text{dist}(t)=0$。

⑵分割边：$\text{dist}(s)\times\text{dist}(t)=0, \text{dist}(s)+\text{dist}(t)\neq 0$。

⑶内部边：$\text{dist}(s)\times\text{dist}(t)\neq 0$。

首先通过内外属性识别，过滤掉外部 VF，得到内部 VF；然后结合端点 LEC 的半径，过滤掉站点边和分割边，得到内部边，如图 2.20 所示。

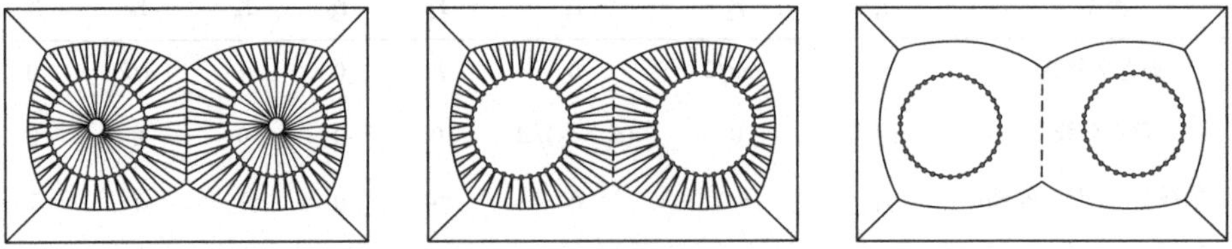

(a) 全局VD　　(b) 内部VD　　(c) 内部VE

图 2.20　内部 VE 的提取

对于任意 VE，定义其轮廓属性为站点所处的轮廓。图 2.20 中，骨架环为具有相同轮廓属性的内部 VE 形成的有序封闭图，记作 $S(c)=\{e_1,e_2,\cdots,e_n\}$，对于任意 $e_i\in S(1\leqslant i\leqslant n)$，满足属性：

$$\begin{aligned}&\text{site}(e_i)\in c\\&\text{dist}(s_i)\cdot\text{dist}(t_i)\neq 0,\ \ s_{(i+1)\bmod n}=t_i\end{aligned}\tag{2.48}$$

式中，site 为 e_i 的站点；s_i 和 t_i 分别为 e_i 的起点(source)和终点(target)；mod 为取模运算；dist 为 LEC 半径，即到站点的欧几里得距离。

对于任意边 e，记 e^{twin} 为其反向边，通过与反向边轮廓属性的比较可分为异源和同源轮廓边两类，两者分别具有不同和相同的轮廓属性。

异源轮廓边：$\text{site}(e)\in c_i$，$\text{site}(e^{\text{twin}})\in c_j (j\neq i)$。

同源轮廓边：$\text{site}(e)\in c_i$，$\text{site}(e^{\text{twin}})\in c_i$。

根据 VE 的同源和异源轮廓属性，骨架环可分为同源和异源骨架环两类。如图 2.21 所示，图 (a) 中的 $S(c_1)$ 和图 (b) 中的 $S(c_1)$ 为同源骨架环，而图 (b) 中的 $S(c_2)$ 则为异源骨架环。

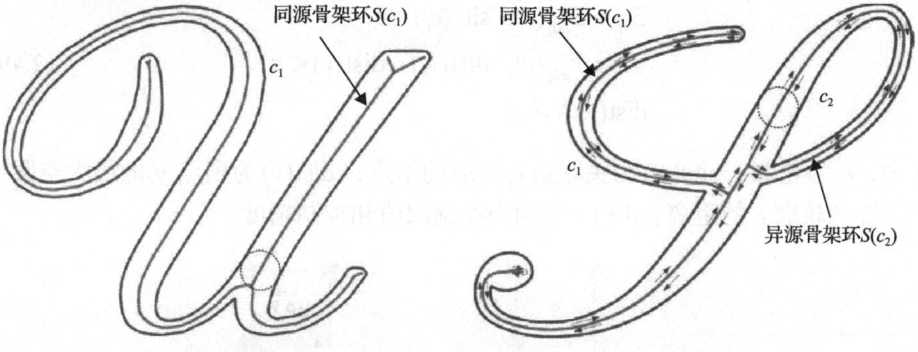

图 2.21　骨架环的定义及分类

在骨架环中，对于任意边 e，存在以下属性：

(1) 如果 e 为同源轮廓边，那么其反向边与之同属一个骨架环。

(2) 如果 e 为异源轮廓边，那么其反向边与之分属不同的骨架环。

VC 中 VE 是沿逆时针方向连接的，骨架环 $S(c)$ 与轮廓 c 的方向相反，具体如下：

(1) 如果 c 为外轮廓，那么 $S(c)$ 的方向为顺时针，如图 2.21 (b) 中的 $S(c_1)$。

(2) 如果 c 为内轮廓，那么 $S(c)$ 的方向为逆时针，如图 2.21 (b) 中的 $S(c_2)$。

如图 2.20 (c) 和图 2.21 (b) 所示，对于一个多连通域的切片，其异源 VE 集合在表现形式上就是一个环，根据 VD 拓扑属性：相邻的 VF 有且仅有一条公共边，随机选择一条边作为种子，采用种子算法，对异源边进行拓扑连接，形成一条封闭路径，即异源骨架环。不同于异源 VE 集合，同源 VE 集合在表现形式上为一棵树 (图 2.21)，统一采用环路进行表征，重点关注同源骨架环的提取。给定内部 VE 集，首先提取同源 VE 集和识别控制点，构造同源骨架树，然后采用先序遍历，形成一条封闭路径，完成同源骨架环的构造，如图 2.22 所示。不同于异源骨架环的唯一确定性，同源骨架环是不确定的，易受控制点的影响，采用不同的控制点，将产生不同形状的同源骨架环。控制点响应切片轮廓凹凸曲直变化，采用不同的精度，以捕获细节层级不同的同源骨架环。

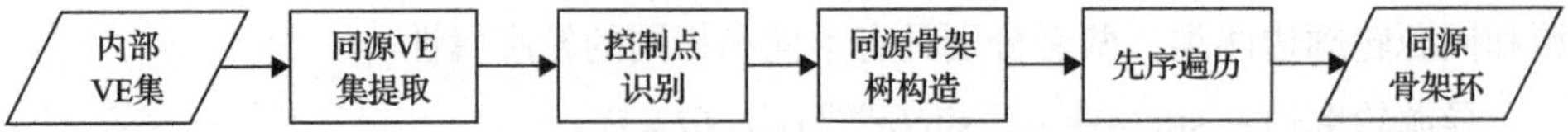

图 2.22　同源骨架环的提取流程

同源骨架环的控制点如图 2.23 所示。给定同源 VE 集合，对于任意点 v，记 $V_{\mathrm{adj}}(v)$ 和 $E_{\mathrm{adj}}(v)$ 分别为 v 的一环邻域中的关联 VV 集合和关联 VE 集合，如果 v 为控制点，则需满足

$$\begin{aligned}&\exists e_i \in E_{\mathrm{adj}}(v),\ \ \mathrm{site}(e_i) \in c\\&\forall v_i \in V_{\mathrm{adj}}(v),\ \ \mathrm{dist}(v_i) - \mathrm{dist}(v) \leqslant \varepsilon\\&\mathrm{dist}(v) \geqslant \delta\end{aligned} \tag{2.49}$$

式中，c 为轮廓；$\mathrm{site}(e_i)$ 为关联边 e_i 对应的站点；$\mathrm{dist}(v)$ 为顶点 v 的最大空圆半径，即到轮廓 c 的距离；δ 和 ε 分别为控制阈值和控制精度。

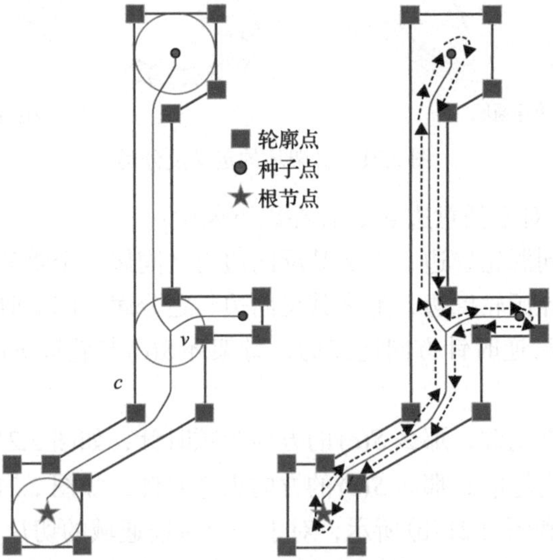

(a) v为控制点　　(b) 任意控制点

图 2.23　同源骨架环的控制点

对于任意控制点，满足式(2.49)的关联 VE 的数量称为关联度(incident degree)。根据关联度数值的不同，控制点分为种子点和非种子点，两者的关联度数值为 1 和非 1，分别作为同源骨架树的根节点/叶节点和分支节点。需要注意的是，当一棵骨架树上同时存在多个种子点时，任选一个种子点作为根节点，其余种子点将称为叶节点，选择不同的根节点，骨架树的结构会不同，但不影响骨架环的结构，只是环的起点/终点位置不一样。

在平行骨架轨迹规划中，异源骨架环既对切片进行分解，又作为轨迹的偏移源，而同源骨架环由于不存在内部轨迹规划，仅用作轨迹的偏移源。对于具有 n 个轮廓的切片，异源骨架环的数量不会少于 n，它与原始轮廓组合分解切片为 n 个相互对立的子区域，每个子区域仅与一个轮廓相对应。由于同源骨架环中存在重复的点和边，不方便构造 VD，为统一操作，采用像素法来实现各子区域的轨迹规划，其流程为：①根据指定分辨率对子区域进行像素离散化，生成像素表征；②以骨架环为参考特征，对像素表征进行二维欧几里得距离变换，生成距离场；③根据设定的轨迹间距，在距离场中提取等值线，得到平行骨架轨迹，如图 2.24 所示。

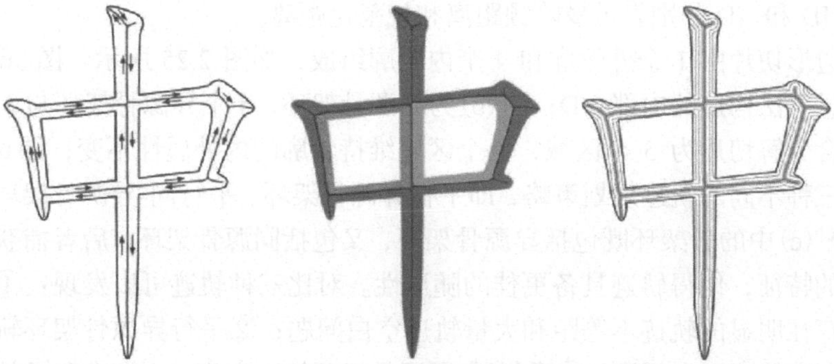

(a) 骨架　(b) 骨架分区　(c) 骨架轨迹

图 2.24　平行骨架轨迹规划

给定像素集 $G=(F,F')$，其中 F 和 F' 分别表示特征和非特征像素集，距离变换(distance transformation, DT)是以特征像素为参考基准，计算非特征像素到特征像素集最小距离的过程。对于任意 $p\in F'$，距离变换可表示为

$$\mathrm{DT}(p,F)=\min_{q\in F}\mathrm{dist}(p,q) \tag{2.50}$$

式中，dist 表示两像素间的距离度量。

根据距离度量方式的不同，距离变换可分为曼哈顿距离变换、欧几里得距离变换和象棋格距离变换三类，分别对应向量的一阶范数、二阶范数和无限阶范数，即

$$\mathrm{MD}(p,q)=\|p-q\|_1=\sum_{i=1}^{n}\left|(p-q)_i\right| \tag{2.51}$$

$$\mathrm{ED}(p,q)=\|p-q\|_2=\left(\sum_{i=1}^{n}\left|(p-q)_i\right|^2\right)^{1/2} \tag{2.52}$$

$$\mathrm{CD}(p,q)=\|p-q\|_{\infty}=\max_{1\leqslant i\leqslant n}\left|(p-q)_i\right| \tag{2.53}$$

基于效率和精度的考虑，采用 Maurer 算法来进行二维欧几里得距离变换，生成轨迹规划需要的距离场。在距离变换的基础上，对距离场进行规范化处理，具体如下：

$$\begin{aligned}\mathrm{HD}(F,F')&=\max_{p\in F'}\mathrm{DT}(p,F)\\ \mathrm{ND}(p,F)&=\frac{\mathrm{DT}(p,F)}{\mathrm{HD}(F,F')}\end{aligned} \tag{2.54}$$

式中，HD 和 ND 分别表示曼哈顿距离和规范化距离。

多边形切片由 1 个外轮廓和 4 个内轮廓组成，如图 2.25 所示。图(a)为采用拓扑增量算法构造的内部 VD；图(b)为异源骨架环，5 个异源骨架环与 5 条轮廓配对组合分解切片为 5 个区域，每个区域维持轮廓的内外属性不变；图(d)～(f)分别为三种不同的轨迹规划策略，即平行异源骨架环、平行同-异源骨架环和平行轮廓，图(e)中的骨架环既包括异源骨架环，又包括同源骨架环，后者捕获两个明显突起的特征，使得轨迹具备更佳的随形性。对比三种轨迹可以发现：①平行轮廓轨迹存在明显的轨迹不等距和大量轨迹空白问题；②平行异源骨架环轨迹在细小局部存在轨迹空白问题；③平行同-异源骨架环轨迹致密，不存在明显的空白轨迹，具备较好的随形性和填充率。

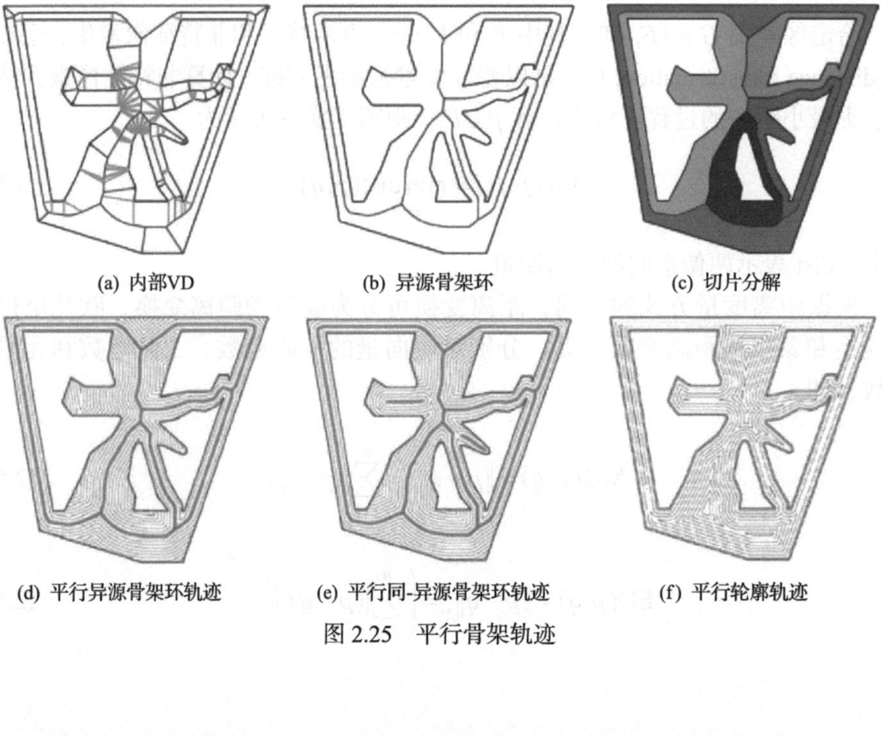

(a) 内部VD　(b) 异源骨架环　(c) 切片分解

(d) 平行异源骨架环轨迹　(e) 平行同-异源骨架环轨迹　(f) 平行轮廓轨迹

图 2.25　平行骨架轨迹

2.5　基于曲面分层的轨迹规划

随着工业需求的不断提高，增材制造水平不断提升，轨迹规划的内涵也在不断扩充。针对无悬出结构的简单形状零件，一般采用基于平行平面分层的增材制造工艺。为实现复杂零件悬出结构的无支撑增材制造，可采用曲面分层增材制造工艺。由于打印方向不断变化，三轴数控平台难以满足加工要求，必须采用多轴数控平台，因而多轴联动轨迹规划也成为增材制造领域的研究热点。利用轨迹点在曲面分层上的朝向来确定零件的姿态以及工具的朝向，使零件的焊接区域处于可制造方位，防止熔融材料的流淌，从而实现基于曲面复杂结构的无支撑增材制造。

近年来，曲面分层与轨迹规划方法开始应用于增材制造领域。对于柱面、锥面等曲面，可基于曲面与平面轨迹的映射方程，通过将平面上生成的打印轨迹映射至曲面，生成曲面打印轨迹。Ding 等(2018; 2017)通过径向偏移回转面得到其与扇叶的相交轮廓，实现基于回转面扇叶的激光熔丝增材制造(图 2.26)；利用轮廓上最长平滑曲线的偏移实现轮廓的轨迹填充(图 2.27)。

对于更一般的自由曲面，曲面分层与轨迹规划方法通常需要建立某种场域，如曲面的参数域、多边形网格曲面的测地线场、体素曲面的距离场。

通过建立曲面的参数域，Chen 等(2019)提出了一种打印薄壳(thin-shells)的方法，包括薄壳建模、曲面偏移、基于曲面的轨迹规划、多轴联动增材制造四个步

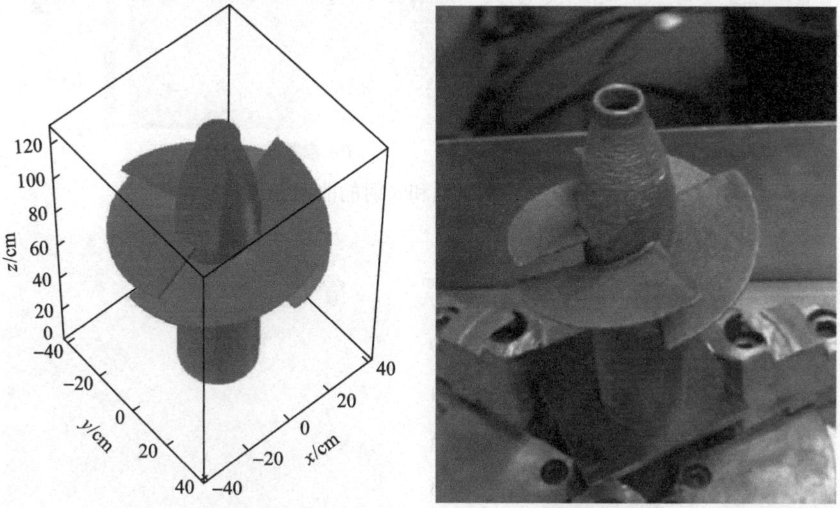

(a) CAD模型　　(b) 激光打印实物

图 2.26　基于回转面扇叶的激光熔丝增材制造

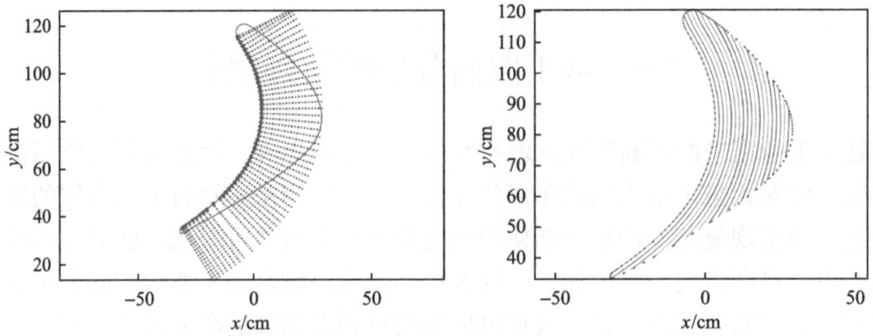

(a) 最长平滑曲线偏移　　(b) 最终填充轨迹

图 2.27　轮廓轨迹填充

骤。图 2.28 展示了基于调和映射的曲面偏移，图(a)上半部分曲线(代表曲面的截面)为参数域[-1,0)的点(黑点)连接而成的曲线，图(b)上半部分曲线为参数域(0,1]的点(黑点)连接而成的曲线。图 2.29(a)为在曲面上的制造轨迹与多轴联动制造仿真，图 2.29(b)为制造的薄壳实物。下面将具体介绍基于柱面、锥面、组合平面、任意曲面的切片与轨迹规划方法。

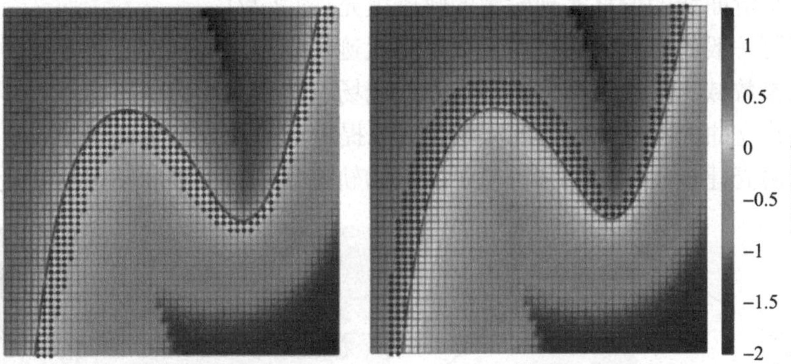

(a) 参数域[−1,0)　　(b) 参数域(0,1]

图 2.28　基于调和映射的曲面偏移

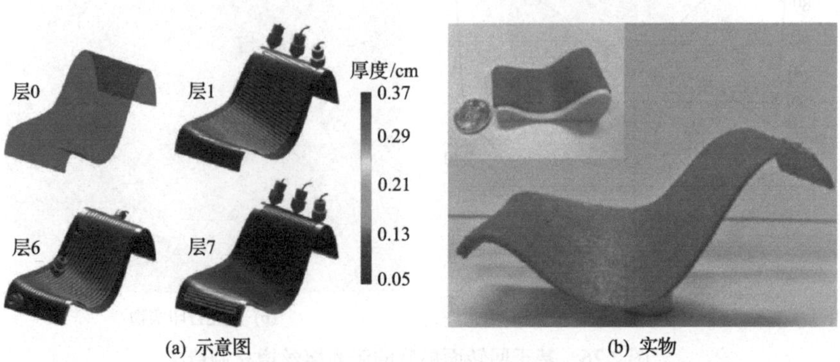

(a) 示意图　　(b) 实物

图 2.29　基于曲面的轨迹规划与多轴联动增材制造与制造实物

多边形网格曲面的偏移与重建技术可以参见相关文献(Jin et al., 2019; Huang et al., 2007)，研究对象均为三角网格曲面。三角网格偏移前后会产生两个三角面片，连接后将形成棱柱。位于棱柱中间任意位置的三角面片都可以通过参数化来表征，如图 2.30 所示。曲线的偏移与重建技术可以参见相关文献(Liu, 2011; Xin and Wang, 2009; Hoppe, 2005)，研究对象均为网格曲面测地线，通过构造任意两点的最短测地线得到曲面上任意点的距离场，从而生成等值曲线(图 2.31)。测地线又称大地线或短程线，可以定义为空间中两点的局域最短或最长路径。经典的最短测地线算法是 Mitchell 等(1987)提出的 MMP(Mitchell Mount Papadimitrious)算法，以及 Chen 和 Han(1990)提出的 Ch-Han 算法。利用测地线的相关算法，Xu 等(2019)实现了对 Stanford Bunny 的基于测地线的曲面分层与轨迹规划,如图 2.32 所示。

基于体素模型的重建技术可以参见相关文献(Xu et al., 2019)，研究对象为体素化的三维模型。利用距离变换算法计算离散体素的距离场(图 2.33)，将相同距离的体素聚类形成切片层，并提取等值曲线。这种体素距离场也可为多功能梯度材料(functionally graded material, FGM)的成分设计提供理论支撑(胡帮友等, 2009)。

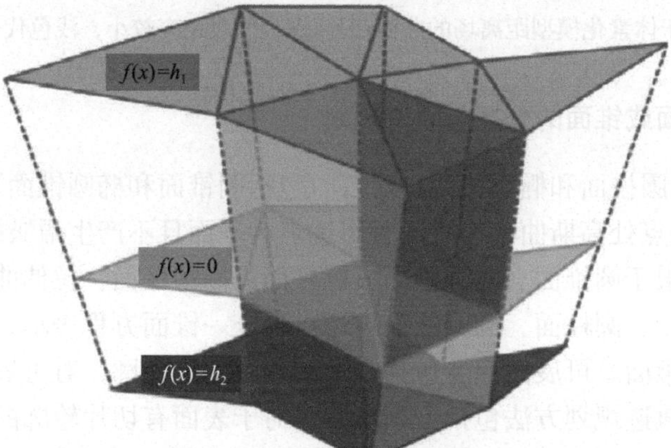

图 2.30　三角网格曲面偏移

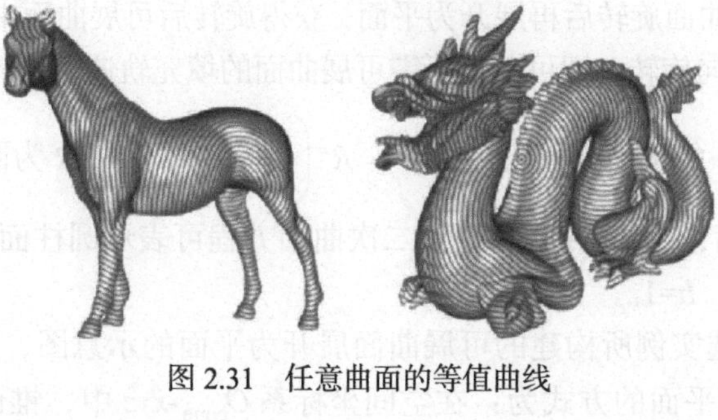

图 2.31　任意曲面的等值曲线

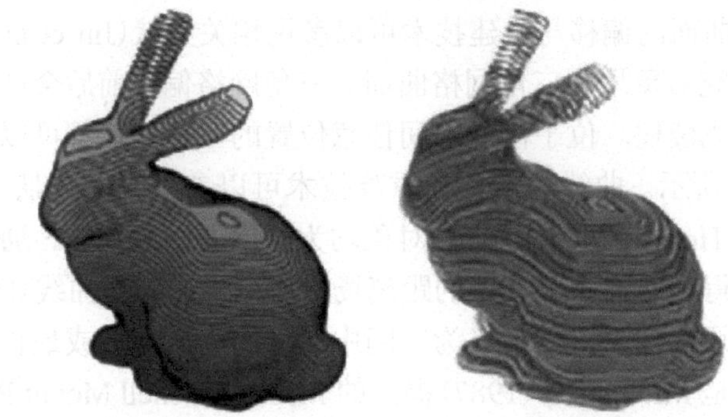

图 2.32　对 Stanford Bunny 的基于测地线的曲面分层与轨迹规划(Xu et al., 2019)

图 2.33　基于体素化模型距离场的曲面切片(深色代表距离较小，浅色代表距离较大)

2.5.1　基于柱面或锥面的分层与轨迹规划

柱面(包括圆柱面和椭圆柱面)或锥面(包括圆锥面和椭圆锥面)均为可展曲面(指在其上每一点处高斯曲率为零，且可铺展为平面且不产生褶皱的曲面)。可展曲面包括但不限于圆锥面、椭圆锥面、圆柱面、椭圆柱面、拉伸曲面。其中，圆锥面、椭圆锥面、圆柱面、椭圆柱面可用一种统一锥面方程表示，以下将这四种可展曲面统称锥面。可展曲面上包括一个或多个切片轮廓，对可展曲面上切片轮廓进行填充的轨迹规划方法包括下列步骤：对于表面有切片轮廓的可展曲面，将可展曲面按照展开线展开为平面，在展开平面中规划切片轮廓的填充轨迹，将填充轨迹逆映射至可展曲面中，以此获得可展曲面中的填充轨迹；当展开线与切片轮廓相交时，将可展曲面旋转后再展开为平面，获得旋转后可展曲面中的填充轨迹，再将可展曲面反方向旋转，即可获得所需可展曲面的填充轨迹。具体步骤如下：

(1)构建统一的锥面方程为 $x^2+y^2=R^2\left(\dfrac{z}{H}-1\right)^2$，其中 R 为圆锥面锥底半径，H 为圆锥面的高，当 $H\to\infty$ 时，该二次曲面方程可表示圆柱面。此时，可展曲面方程参数 a=1，b=1。

(2)按照优选实例所构建的可展曲面展开为平面的示意图，如图 2.34 所示。可展曲面展开为平面的方式为：在空间坐标系 O_{cone}-xyz 中，锥面高为 H，锥底

半径为 R，从展开线 OB(一条过锥顶 O 的线段，另一端点 B 在锥底圆上)展开成为平面坐标系 $O\text{-}xz$ 上一扇形区域，与 B 点对应的展开点分别为 B_1 与 B_2，在锥底圆上与 B 相对于锥底圆心 O_{cone} 对称的点 A 对应于展开面的 A_1 点，A_1 处于 x 轴正方向上。

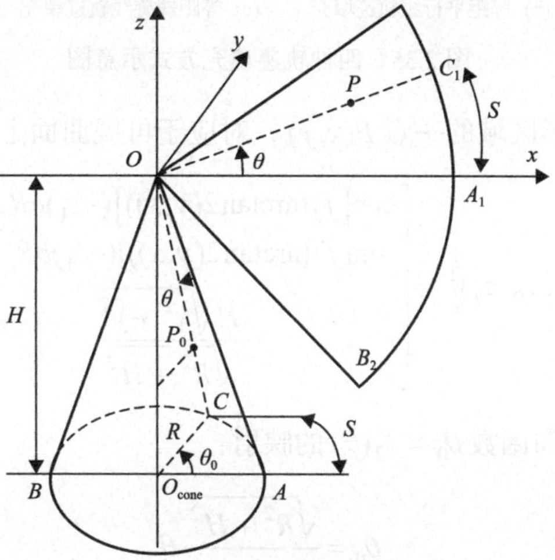

图 2.34　锥面展开示意图

(3) 构建可展曲面上的点与展开平面上点的对应关系，已知可展曲面上一点 $P_0(x_0, y_0, z_0)$，对应于平面上的展开点 $P(x, y)$ 为

$$(x,y)^{\mathrm{T}}=\begin{bmatrix}\cos\left[f_1\left(\arctan2\left(\dfrac{y_0}{b},\dfrac{x_0}{a}\right)\right)\right]\sqrt{\left(R\cdot\dfrac{H-z_0}{H}\right)^2+(H-z_0)^2}\\ \sin\left[f_1\left(\arctan2\left(\dfrac{y_0}{b},\dfrac{x_0}{a}\right)\right)\right]\sqrt{\left(R\cdot\dfrac{H-z_0}{H}\right)^2+(H-z_0)^2}\end{bmatrix}\tag{2.55}$$

式中，f_1 为角度 θ_0 向函数 $\theta = f_1(\theta_0)$ 的映射：

$$\theta=\frac{R}{\sqrt{R^2+H^2}}\cdot\theta_0\tag{2.56}$$

(4) 在展开平面上规划切片轮廓的填充轨迹，图 2.35 是按照优选实例所构建的平面内轨迹填充方式示意图。图 (a)～(b) 的填充轨迹依次为等距偏移轨迹填充、等距平行线轨迹填充、等距螺旋线轨迹填充和等距折线轨迹填充，构建展开平面上的点与可展曲面上点的对应关系。

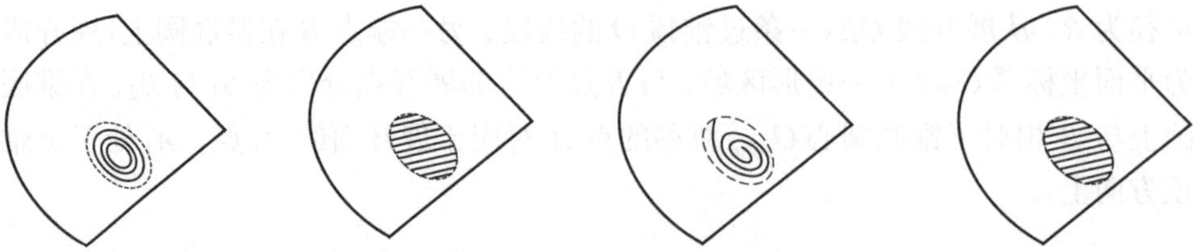

图 2.35　四种轨迹填充方式示意图

已知平面上扇形区域的一点 $P(x,y)$，对应于可展曲面上的点 $P_0(x_0,y_0,z_0)$ 为

$$(x_0,y_0,z_0)^{\mathrm{T}}=\begin{bmatrix}\cos\left[f_2(\arctan2(y,x))\right](-z_1)aR/H\\ \sin[f_2(\arctan2(y,x))](-z_1)bR/H\\ -\dfrac{H\sqrt{x^2+y^2}}{\sqrt{R^2+H^2}}\end{bmatrix} \tag{2.57}$$

式中，f_2 为角度 θ 向函数 $\theta_0=f_2(\theta)$ 的映射：

$$\theta_0=\frac{\sqrt{R^2+H^2}}{R}\theta \tag{2.58}$$

值得注意的是，存在可展曲面展开时切片轮廓被分开的情况，这里称分开处为展开线，要求展开线不经过轮廓。图 2.36 是按照优选实例所构建的展开线与切片轮廓相交时填充轨迹规划的流程图，将可展曲面旋转使展开线与切片轮廓不相交，然后将旋转后的可展曲面展开为平面，在平面内规划填充轨迹，将填充轨迹逆映射至可展曲面，旋转可展曲面获得最终所需的填充轨迹。其中，将零件旋转特定角度 α 以避开展开线，此过程中零件上所有点均要经过空间旋转变换，即乘以旋转矩阵 $M(\alpha)$；在填充轨迹逆映射至曲面后将零件转回原处，此过程中轨迹上所有点均要经过空间旋转逆变换，即乘以旋转矩阵 $M(-\alpha)$。

$$M(\alpha)=\begin{bmatrix}\cos\alpha & \sin\alpha & 0 & 0\\ -\sin\alpha & \cos\alpha & 0 & 0\\ 0 & 0 & 1 & 0\\ 0 & 0 & 0 & 1\end{bmatrix} \tag{2.59}$$

$$M(-\alpha)=\begin{bmatrix}\cos\alpha & -\sin\alpha & 0 & 0\\ \sin\alpha & \cos\alpha & 0 & 0\\ 0 & 0 & 1 & 0\\ 0 & 0 & 0 & 1\end{bmatrix} \tag{2.60}$$

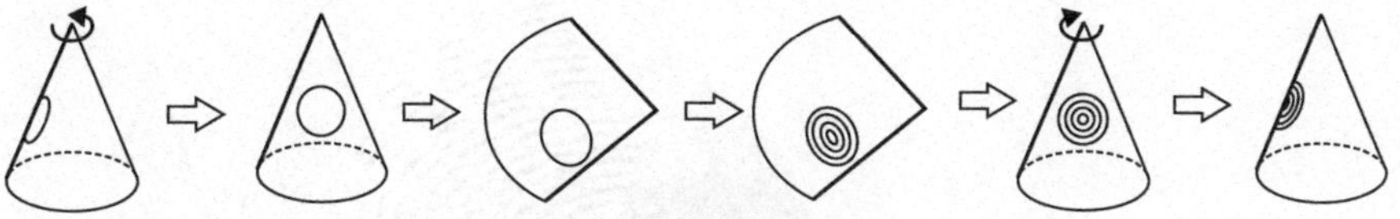

图 2.36　基于锥面的轨迹规划流程

对于复杂结构的电弧增材制造成形方法，根据零件组成结构的取向与特征，将零件分解为多个简单结构，包括回转体、拉伸体、扫描体等，将这些简单结构分为基体部分和非基体部分两类。基体部分表面具有可展曲面特征，中轴方向或拉伸方向单一，可使用单方向平面切片方式制造；非基体部分是指建立在基体部分可展曲面上的简单结构的集合。例如，在水下推进器(图 2.37)上，基体部分是指推进器芯轴部分，非基体部分是指建立在芯轴可展曲面上的所有转子和定子结构部分。

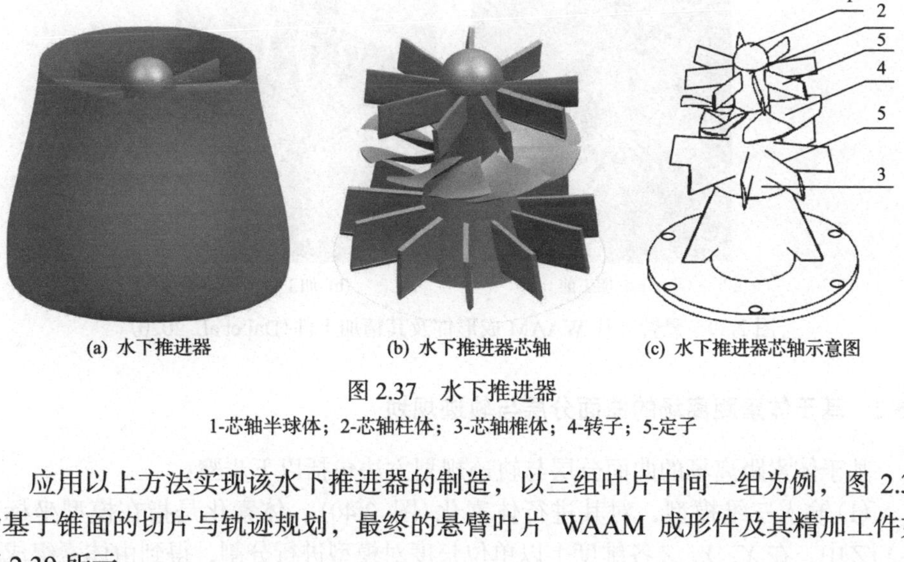

(a) 水下推进器　(b) 水下推进器芯轴　(c) 水下推进器芯轴示意图

图 2.37　水下推进器

1-芯轴半球体；2-芯轴柱体；3-芯轴椎体；4-转子；5-定子

应用以上方法实现该水下推进器的制造，以三组叶片中间一组为例，图 2.38 为基于锥面的切片与轨迹规划，最终的悬臂叶片 WAAM 成形件及其精加工件如图 2.39 所示。

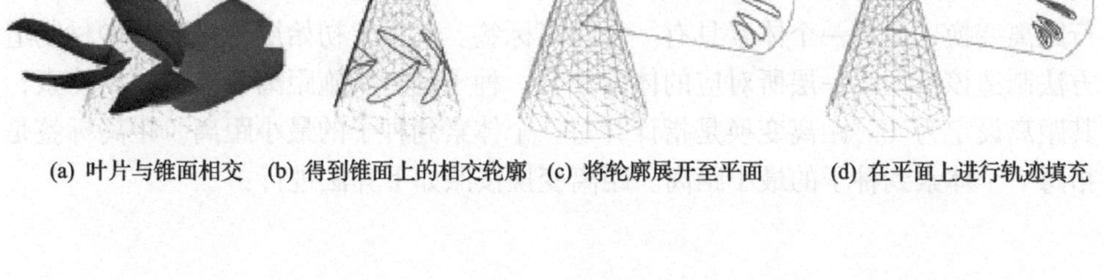

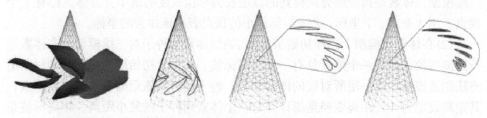

(a) 叶片与锥面相交　(b) 得到锥面上的相交轮廓　(c) 将轮廓展开至平面　(d) 在平面上进行轨迹填充

(e) 将所有平面轨迹逆映射至锥面　　(f) 对所有锥面切片计算平面轮廓　　(g) 得到最终轨迹

图 2.38　水下推进器基于锥面的切片与轨迹规划(Dai and Zhang, 2020)

(a) 加工前　　(b) 加工后

图 2.39　悬臂叶片 WAAM 成形件及其精加工件(Dai et al., 2020)

2.5.2　基于体素距离场的曲面分层与轨迹规划

基于体素距离场的曲面分层与轨迹规划方法包括以下步骤：

(1)输入三维模型，对其进行体素化(图 2.40)。体素化是指在模型坐标系 *O-XYZ* 中，在 *X*、*Y*、*Z* 各维度上以单位长度对模型进行分割，得到由体素组成的三维模型。体素是指三维分割得到的以边长为单位长度的最小立方体，都有 8 个顶点，用 *X* 坐标、*Y* 坐标、*Z* 坐标都最小的顶点表示该体素的坐标。

(2)在体素化模型上选择初始层，以初始层体素为种子对三维模型所有体素进行距离变换，使每一个体素具有一个距离标签。其中，初始层是指利用增材制造方法制造该模型第一层所对应的体素集合。种子是指实施距离变换的初始体素，其距离设定为 0。距离变换是指计算每一个体素到种子的最小距离。距离标签是指每一个体素到种子的最小距离。距离变换按照如下算法进行：

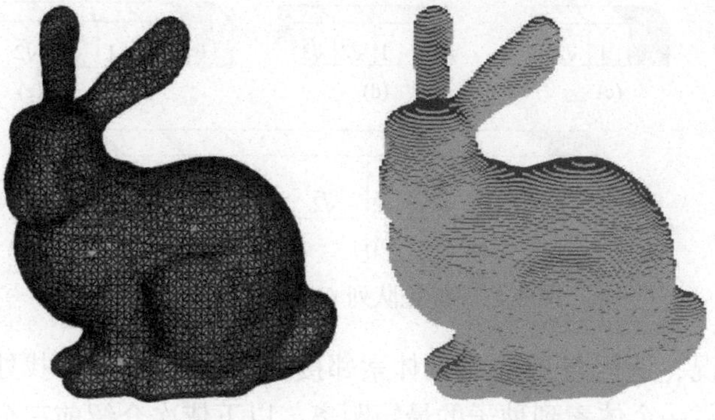

(a) 三维模型　(b) 体素化模型

图 2.40　三维模型与体素化模型

① 初始化。对于集合 V 中所有体素 v_i（$i=1,2,\cdots,n$），设定 $d_i=\infty$， $m_i=0$。对种子 v_s，设定 $d_s=0, m_s=1$。将 v_s 放入集合 Q 中。

② 传播。按照以下步骤进行。

步骤 1　对于每一个与处在集合 Q 顶端的体素邻接的体素 v_j，遍历与其邻接的所有体素，计算每一个体素到种子的最短距离。

步骤 2　对于每一个与体素 v_j 邻接的体素 v_k，如果 m_k 等于 1，则在 d_k 的基础上增加 v_j 与 v_k 的间距 δ 作为 v_j 的待定最短距离。用所有待定最短距离中的最小值更新 v_j 的距离变量 d_j，将其属性变量设定为 1，再将体素 v_j 放入集合 Q 中。为了更清楚地解释距离变换算法，用一个三角面片为例说明，以图 2.41 所示进行体素化。

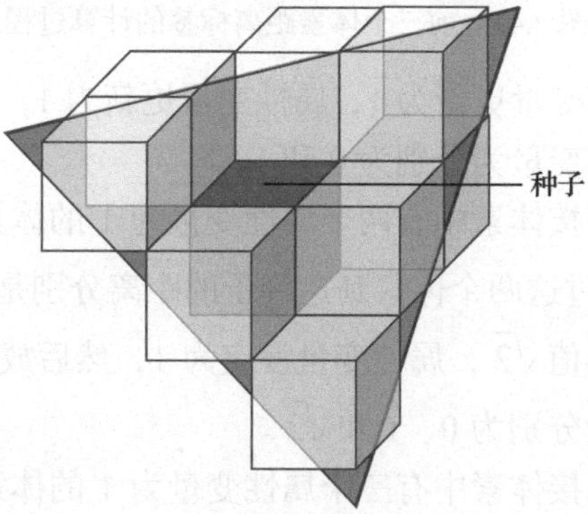

图 2.41　三角面片体素化与种子设定

这里分三种情况：

第一种情况，将所有体素的属性变量设定为 0，距离变量设定为极大值。选择一个体素作为种子，将其属性变量设定为 1，距离变量设定为 0，然后放入 Q 中。此时 Q 中只有一个距离变量为 0 的体素，如图 2.42 所示。

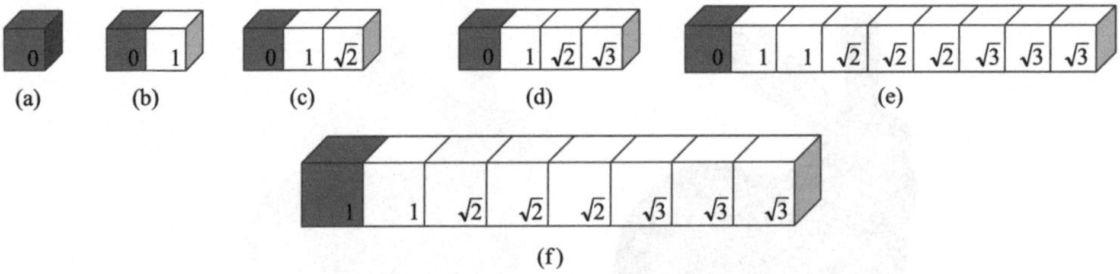

图 2.42 优先队列 Q 中体素的变化

第二种情况，遍历与 Q 顶端的体素邻接的 26 个体素，寻找处在三角面片上的体素，计算每一个体素到种子的最短距离。以下依次介绍前三个体素距离标签的计算过程，如图 2.43 所示。

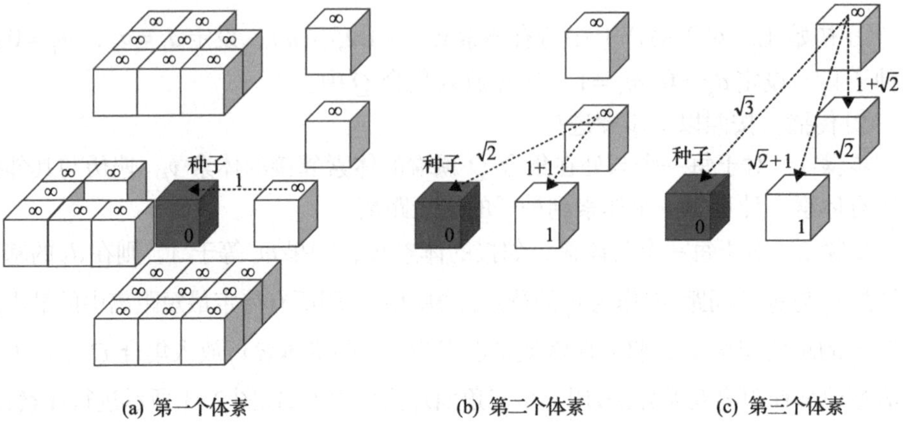

图 2.43 前三个体素距离标签的计算过程

第一个体素，距离变量更新为 1，属性变量更新为 1，然后放入 Q 中。此时，Q 中有两个体素，距离变量为分别为 0 和 1。

第二个体素，其邻接体素中有两个属性变量为 1 的体素，到这两个体素的距离分别是 1 和 $\sqrt{2}$，通过这两个体素到达种子的距离分别是 1+1 和 $0+\sqrt{2}$。所以，其距离变量更新为较小值 $\sqrt{2}$，属性变量设定为 1，然后放入 Q 中。此时 Q 中有三个体素，距离变量为分别为 0、1 和 $\sqrt{2}$。

第三个体素，其邻接体素中有三个属性变量为 1 的体素，到这两个体素的距离分别是 1、$\sqrt{2}$ 和 $\sqrt{3}$，通过这三个体素到达种子的距离分别是 $\sqrt{2}+1$、$1+\sqrt{2}$ 和 $0+\sqrt{3}$。所以，其距离变量更新为较小值 $\sqrt{3}$，属性变量设定为 1，然后放入 Q 中。此时 Q 中有四个体素，距离变量为分别为 0、1、$\sqrt{2}$ 和 $\sqrt{3}$。

第三种情况，在遍历完 Q 顶端体素邻接的所有体素后，结果如图 2.44 所示，Q 中所有体素如图 2.42(e)所示。弹出顶端体素，若 Q 不为空集，如图 2.42(f)所示，则继续对 Q 的顶端体素执行步骤 2 的操作，直到 Q 为空集。

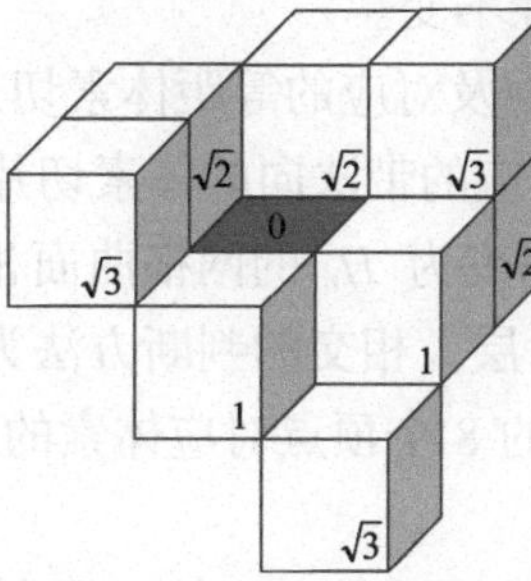

图 2.44 所有 Q 顶端体素的邻接体素遍历结束

经过距离变换后，带距离标签的体素化模型如图 2.45 所示，深色表示距离标签较小，浅色表示距离标签较大。

图 2.45 体素化模型距离变换结果

步骤 3 将集合 Q 中最顶端体素弹出，继续进行下面步骤，直到集合 Q 中没有体素。

$V=\{v_1,v_2,\cdots,v_n\}$ 代表三维模型中所有体素的集合，集合 V 中体素的总数为 n。集合 V 中任意体素 $v_i(i=1,2,\cdots,n)$ 带有两个变量：一个为距离变量，表示到种子的距离 d_i；另一个为属性变量，表示该距离是否为到种子的最短距离，用 m_i 表示，m_i 等于 1 表示“是”，m_i 等于 0 表示“否”。

所述 v_s 表示第 s 个体素为一个种子。Q 是指由一定数量体素组成的优先队列，该队列可根据距离变量 d_i 自动对放入其中的所有体素进行排序，使得 d_i 最小的体素处在队列顶端，d_i 最大的体素处在队列底端，最先弹出的为顶端体素。所述优先队列是计算机程序语言中的专业术语。所述 δ 为两个邻接体素的距离，为 $\sqrt{2}$ 或 $\sqrt{3}$。

注意，当种子不止一个时，在步骤 1 中对所有种子 v_s，设定 $d_s=0, m_s=1$。将 v_s 放入集合 Q 中，其他步骤不变。

(3)生成等距三角网格曲面及对应的等距体素切片层，并计算每个体素切片层体素的法向。该网格曲面及对应的带法向的体素切片层生成方法如下：

① 在所有体素中寻找与高度为 H_n 的网格曲面相交的体素，这些相交体素组成该网格曲面对应的体素切片层。相交的判断方法为，对于体素 v，若其与高度为 H_n 的网格曲面相交，则它的 8 个顶点对应体素的距离标签不都大于 H_n 或者都小于 H_n。

② 对于与高度为 H_n 的网格面片相交的任一体素，计算该体素的 12 条边与该网格曲面的交点，并生成若干以这些交点为顶点的三角面片。首先判断这 12 条边是否与该网格曲面相交。相交的判断方法为，边的两端点对应体素的距离标签不都大于 H_n 或者都小于 H_n。然后计算相交的交点，若其中相交边的端点分别为 c_1 与 c_2，对应体素的距离标签分别为 d_1 与 d_2，则交点为 $p=\dfrac{(H_n-d_2)c_1+(d_1-H_n)c_2}{d_1-d_2}$。用直线连接这些交点，保证直线互不相交，从而生成若干以这些交点为顶点的三角面片。计算这些三角面片的单位法向量，单位法向量的和向量为体素的法向量。

③ 将所有三角面片组合为高度为 H_n 的网格曲面。

根据距离变换结果，以初始层为基准，以给定间距 step 生成等距三角网格曲面及对应的等距体素切片层(图 2.46)。

根据三角网格曲面的法向，计算每个体素切片层体素的法向。第 n 层网格曲面及对应的切片层高度均为 $H_n=n\times \text{step}$。

(4)清除所有距离标签，对于每一体素切片层，以其轮廓体素为种子对该层的体素进行距离变换，使各层体素重新具有一个距离标签，如图 2.47 所示，深色表示距离标签较小，浅色表示距离标签较大。

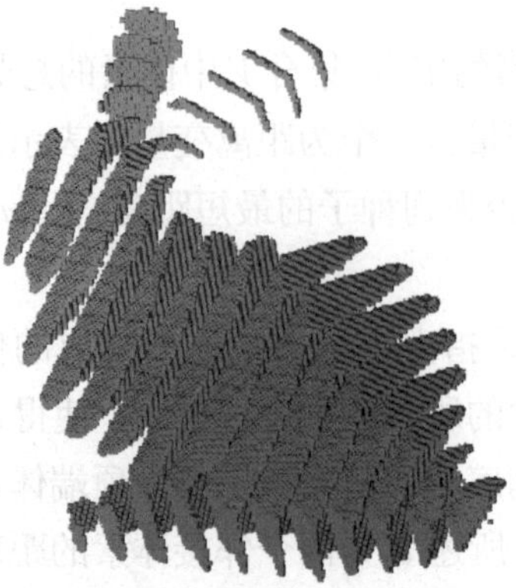

图 2.46　等距体素切片层

图 2.47　体素层距离变换结果

(5)根据各层距离变换结果，以各体素切片层轮廓为基准生成等距体素轨迹，如图 2.48 所示，对各体素轨迹的所有体素进行排序。

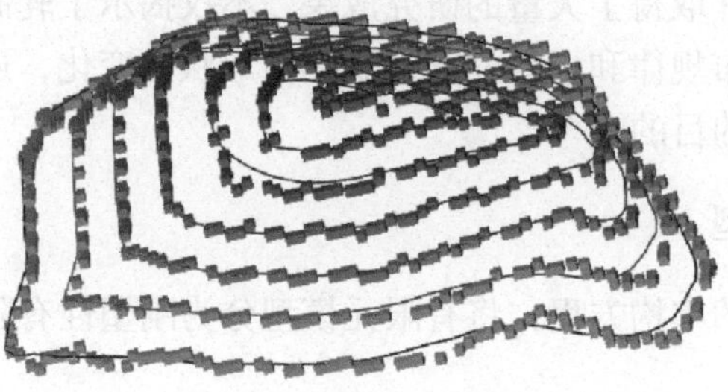

图 2.48　等距体素轨迹及 B 样条曲线拟合

(6)进行体素轨迹后处理，得到最终的熔积轨迹(图 2.49)。后处理方法包括 B 样条曲线拟合光顺(图 2.48)、法向量均匀化等。在图 2.49 中，轨迹已进行法向量均匀化，法向量用短线表示。

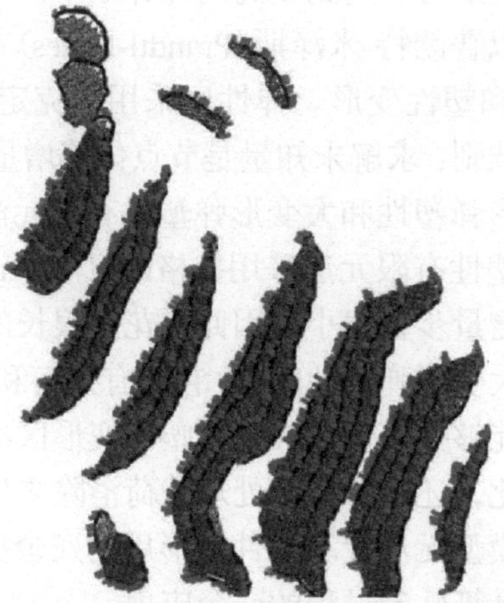

图 2.49　等距网格曲面与法向量均匀化后的熔积轨迹

2.6　塑性成形过程

微铸锻铣复合制造工艺中，成形件熔覆层伴随有轧制过程，该过程属于金属弹塑性成形过程，伴随着非线性塑性大变形，同时存在物理非线性和几何非线性特征，应力-应变关系必须用应力状态对变形影响的塑性增量理论来描述。对于与热有关的塑性成形过程，还要考虑温度、应力、变形三者之间的相互影响。由于复杂的初始条件及数值求解上的困难，传统的分析手段难以全面反映钢材热轧过程的多种物理量及其相互作用。随着有限元技术的发展，利用有限元手段对轧制过程进行模拟已成为轧件塑性变形分析的主要数值计算方法。日本早在 20 世纪 60 年代起就开始对轧制过程进行仿真研究。在我国，有限元仿真技术也广泛运用到钢材轧制方面，并取得了大量的研究成果，不仅揭示了轧制过程中板料内的应力、应变、温度分布规律和板料外部宏观几何形状的变化，还能模拟辊系变形，进而达到控制板形的目的。

2.6.1 轧制结构模型

根据不同材料的本构方程，将有限元模型分为刚塑性有限元模型和弹塑性有限元模型。

刚塑性有限元法模型忽略变形过程中的弹性变形影响，不采用应力、应变增量形式求解，而是以速度场为基本量，通过离散空间相对速度积分来处理几何非线性，每次可使用较大的增量步长，不存在单元逐步屈服问题，大大简化了计算程序。刚塑性有限元模型通常应用于弹性变形较小即可以忽略的情况，相比于弹塑性变形，采用刚塑性变形可以达到较高的计算效率。

弹塑性有限元模型以普朗特-米泽斯(Prandtl-Mises)本构方程为基础，同时考虑金属材料的弹性变形和塑性变形。弹性区采用胡克定律，塑性区采用普朗特-罗斯方程和米泽斯屈服准则，求解未知量是节点位移增量(周佳, 2009)。弹塑性有限元法又可细分为小变形弹塑性和大变形弹塑性有限元法，但前者误差较大，目前用得很少。大变形弹塑性有限元法采用拉格朗日(Lagrange)或欧拉(Euler)方程来描述有限元列式，且增量步长很小，因此要花费很长的计算时间，效率低下。

金属成形实际上是大变形弹塑性问题，它具有几何和物理两个方面的非线性。弹塑性有限元模型不仅能够按变形路径得到塑性变形区的发展状况、应力-应变分布情况和几何形状的变化，还能有效地处理载荷消除之后的残余应力分布情况。

因为刚塑性有限元模型无法计算工件变形后的残余应力、变形及回弹，所以采用弹塑性有限元模型计算轧制过程的残余应力。

1. 米泽斯屈服准则

米泽斯认为，当等效应力达到某定值时，材料发生屈服，该定值与应力状态无关。因此，米泽斯屈服准则可写成

$$\begin{aligned}\sigma &= \sqrt{\frac{1}{2}\left[(\sigma_1-\sigma_2)^2+(\sigma_2-\sigma_3)^2+(\sigma_3-\sigma_1)^2\right]}\\ &= \sqrt{\frac{1}{2}\left[(\sigma_x-\sigma_y)^2+(\sigma_y-\sigma_z)^2+(\sigma_z-\sigma_x)^2+6(\sigma_{xy}^2+\sigma_{yz}^2+\sigma_{zx}^2)^2\right]} \\ &= C\end{aligned} \tag{2.61}$$

式中，σ_x、σ_y、σ_z、σ_{xy}、σ_{yz}、σ_{zx} 分别为轧制 x、y、z 方向的正应力与切应力；C 为常数，由单向拉伸试验确定，$C=\sigma_s=\sqrt{3}K$，σ_s 为单向拉伸的屈服强度，K 为纯剪切时的屈服剪应力。

2. 弹塑性本构关系

应力与应变的关系有各种不同的近似表达式和简化式。根据普朗特-罗斯假设和米泽斯屈服准则，当外作用力较小时，变形体内的等效应力小于屈服极限时为弹性状态。当外力增加到使变形体内的等效应力达到屈服极限时，材料进入塑性状态，此时的变形包括弹性变形和塑性变形两部分，即

$$\mathrm{d}\{\varepsilon\}=\mathrm{d}\{\varepsilon\}_{\mathrm{e}}+\mathrm{d}\{\varepsilon\}_{\mathrm{p}} \tag{2.62}$$

式中，ε 为应变；e、p 分别表示弹性、塑性。

1) 弹性阶段

在弹性阶段，应力与应变的关系是线性的，应变仅由最后的应力状态决定，与变形过程无关，有下列全量形式：

$$\{\sigma\} = [D]_{\mathrm{e}}\{\varepsilon\} \tag{2.63}$$

式中，$[D]_{\mathrm{e}}$ 为弹性矩阵。对于各向同性材料，由广义胡克定律可得

$$[D]_{\mathrm{e}}=\frac{E}{1+\mu}\begin{bmatrix} \frac{1-\mu}{1-2\mu} & \frac{\mu}{1-2\mu} & \frac{\mu}{1-2\mu} & 0 & 0 & 0 \\ \frac{\mu}{1-2\mu} & \frac{1-\mu}{1-2\mu} & \frac{\mu}{1-2\mu} & 0 & 0 & 0 \\ \frac{\mu}{1-2\mu} & \frac{\mu}{1-2\mu} & \frac{1-\mu}{1-2\mu} & 0 & 0 & 0 \\ 0 & 0 & 0 & \frac{1}{2} & 0 & 0 \\ 0 & 0 & 0 & 0 & \frac{1}{2} & 0 \\ 0 & 0 & 0 & 0 & 0 & \frac{1}{2} \end{bmatrix} \tag{2.64}$$

式中，E 为材料弹性模量；μ 为泊松比。

2) 弹塑性阶段

当等效应力达到屈服极限时，应力 σ 与应变 ε 之间的关系由弹塑性矩阵 $[D]_{\mathrm{ep}}$ ($[D]_{\mathrm{p}}$–$[D]_{\mathrm{e}}$) 决定。在一切运动许可速度场 v_i 中，使泛函

$$\varphi_1 = \iiint_V \sigma \cdot \varepsilon \mathrm{d}V - \iint_{S_\mathrm{e}} p_i v_i \mathrm{d}S \tag{2.65}$$

的一阶变分为零，且使泛函 φ_1 取得最小值的 v_i 为正确解。式中，V 为塑性变形；p_i 为弹性压力；S_e 为弹性变形。对式(2.65)求导，可得

$$\begin{cases} \dfrac{\partial\sigma}{\partial\sigma_x} = \dfrac{3}{2}\dfrac{S_x}{\sigma}, \ \dfrac{\partial\sigma}{\partial\sigma_y} = \dfrac{3}{2}\dfrac{S_y}{\sigma}, \ \dfrac{\partial\sigma}{\partial\sigma_z} = \dfrac{3}{2}\dfrac{S_z}{\sigma} \\ \dfrac{\partial\sigma}{\partial\tau_{xy}} = 3\dfrac{S_{xy}}{\sigma}, \ \dfrac{\partial\sigma}{\partial\tau_{yz}} = 3\dfrac{S_{yz}}{\sigma}, \ \dfrac{\partial\sigma}{\partial\tau_{zx}} = 3\dfrac{S_{zx}}{\sigma} \end{cases} \tag{2.66}$$

式中，S_x、S_y、S_z 分别为 x、y、z 方向的应力张量。

由普朗特-罗斯假设有

$$\mathrm{d}\varepsilon_{ij}^\mathrm{p} = \frac{3}{2}\frac{\mathrm{d}\varepsilon^\mathrm{p}}{\sigma}S_{ij} \tag{2.67}$$

式中，$\varepsilon_{ij}^\mathrm{p}$ 为塑性应变分量；S_{ij} 为应变张量分量。

将式(2.67)代入式(2.66)，写成矩阵形式为

$$\mathrm{d}\{\varepsilon\}_\mathrm{p} = \frac{\partial\sigma}{\partial\{\sigma\}}\mathrm{d}\varepsilon^\mathrm{p} \tag{2.68}$$

将式(2.68)写为增量形式，再利用式(2.64)可得

$$\mathrm{d}\{\sigma\} = [D]_\mathrm{e}(\mathrm{d}\{\varepsilon\} - \mathrm{d}\{\varepsilon\}_\mathrm{p}) \tag{2.69}$$

最后得到塑性矩阵显式表达式为

$$[D]_\mathrm{p} = \frac{9G^2}{(H' + 3G)\sigma^2}\begin{bmatrix} S_x^2 & S_xS_y & S_xS_z & S_xS_{xy} & S_xS_{yz} & S_xS_{zx} \\ & S_y^2 & S_yS_z & S_yS_{xy} & S_yS_{yz} & S_yS_{zx} \\ & & S_z^2 & S_zS_{xy} & S_zS_{yz} & S_zS_{zx} \\ & & & S_{xy}^2 & S_{xy}S_{yz} & S_{xy}S_{zx} \\ & & & & S_{yz}^2 & S_{yz}S_{zx} \\ & & & & & S_{zx}^2 \end{bmatrix} \tag{2.70}$$

式中，$[D]_\mathrm{p}$ 为塑性矩阵；H' 为反映加载卸载过程的参数。

2.6.2　微铸锻铣复合制造中的过程有限元模型

1. 热边界条件处理

熔积-轧制过程中存在两种传热：一是焊道内部的导热，即高温热源对焊道表面与中心造成温度梯度时热量在焊道内的传递。二是焊道表面与周围介质间的热交换，一般同时存在三种不同的表面热交换方式，即辐射、对流和接触热传导。忽略轧辊与周围介质的热交换以及焊道与轧辊间的摩擦生热。由于存在温差，轧辊对焊道有激冷作用。不考虑轧辊的热传递情况，将轧辊温度设置为恒温 40℃。

1) 焊道与环境间的热交换

堆积和冷却过程中，金属熔积层主要通过辐射和对流向周围空气消散热量。高温区域辐射占主导地位，低温区域则以对流为主。为了简化计算，研究中采用综合传热系数以综合考虑对流和辐射导致的热扩散(Abid and Siddique, 2005)：

$$h = \frac{\delta\kappa(T^4 - T_h^4)}{T - T_h} + h_c \tag{2.71}$$

式中，δ 为材料热辐射率，取 0.8；h_c 为对流传热系数；κ 为斯特藩-玻尔兹曼常数；T 为工件温度；T_h 为环境温度(K)。

2) 焊道与轧辊表面接触传热

在熔积-轧制过程中，焊道的很大一部分热损失是焊道与轧辊间的接触传热造成的，因此必须考虑这部分热损失。焊道与轧辊间的接触热传导的表达式为式(2.29)。

焊道与轧辊之间的接触传热系数取值范围为 25～75kW/(m^2·K)，建立的模型经过反复验证取值为 50kW/(m^2·K)。塑性功转换热为

$$\Delta Q = K\eta V_c \ln\frac{h_1}{h_2} \tag{2.72}$$

式中，K 为变形抗力；η 为功热转换系数，取 0.85；V_c 为辊缝处轧件的体积；h_1、h_2 分别为焊道入口和出口高度。

2. 摩擦条件处理

在熔积-轧制过程中需要考虑焊道与轧辊间的摩擦。在有限元分析中，接触摩擦条件处理是影响有限元计算结果精度乃至成功与否的一个重要方面。在用有限元分析属塑性成形时，研究者设定了多种形式的摩擦模型。其中，最常用的摩擦模型有三种：滑动库仑摩擦模型、剪切摩擦模型和黏滑摩擦模型。

1) 滑动库仑摩擦模型

这种摩擦模型在一般的实际问题和许多加工工艺分析中广泛采用，其基本形式为

$$\sigma_{fr} \leqslant -f\sigma_n t_r \tag{2.73}$$

式中，σ_{fr} 为切向摩擦应力；σ_n 为接触节点法向应力；f 为摩擦系数；t_r 为相对滑动速度方向上的切向单位矢量。

2) 剪切摩擦模型

假设摩擦应力是材料等效剪应力的一部分，可以得到剪切摩擦模型的一般形式为

$$\sigma_{fr} \leqslant -f\frac{\sigma}{\sqrt{3}}t_r \tag{2.74}$$

式中，σ 为等效剪应力。

3) 黏滑摩擦模型

试验表明，当法向力或者法向应力太大时，运用滑动库仑摩擦模型得到的结果与实际不符(Capriccioli and Frosi, 2009)。熔积-轧制的压下量较大，焊道与轧辊间的摩擦不满足滑动库仑摩擦模型，熔积-轧制过程中采用黏滑摩擦模型，其表达式为

$$f = f_d + (f_s - f_d)e^{-d_c v} \tag{2.75}$$

式中，f_d 为物体接触面之间的滑动摩擦系数；f_s 为物体接触面之间的静摩擦系数；d_c 为衰减系数；v 为两物体接触面之间的相对滑移速度(m/s)。

3. 有限元计算方法

常用的有限元计算方法分为隐式静力算法和显式动力学算法两种。隐式静力算法用迭代的方式来求解微分方程，因此具有较好的收敛性和计算精度，不足之处是计算时间长，对于涉及接触分析的问题容易计算发散，对于复杂的工艺情况则更加困难。

显式动力学算法在离散方法和单元类型、材料本构关系、应力和应变计算、硬化方式的处理等方面与隐式静力算法基本相同，只在方程组求解方法、时间步长上有所不同。该算法在时间上采用中心差分离散格式进行显式积分，求解方程组时不需要形成刚度矩阵，在每一步的求解过程中不需要迭代和收敛准则，因此在计算时间和效率方面具有明显优势。因为轧制成形具有高度的几何非线性和材

料非线性，以及复杂的接触条件和边界条件，所以对于这种计算规模较大的有限元分析，选用显式动力学算法比隐式静力算法总体效率更高。

目前国际上存在许多成功的商业化有限元软件，以 Abaqus 和 ANSYS 最为成功。Abaqus/Standard 和 ANSYS/Mechanical 应用于静态隐式有限元分析，Abaqus/Explicit 和 ANSYS/LS-DYNA 应用于动态显式有限元分析。使用 Abaqus 软件的 Explicit 显式求解器来计算熔积-轧制复合成形有限元模型，其计算流程如图 2.50 所示。

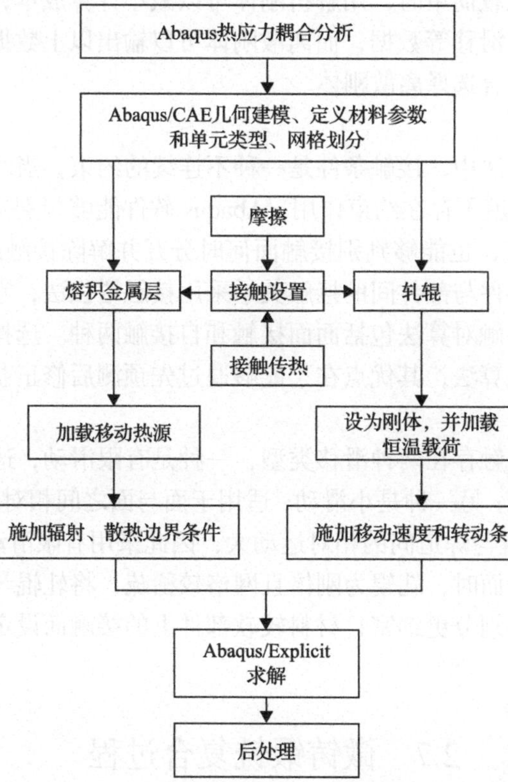

图 2.50　Abaqus 计算流程

1) 移动热源的施加

在 Abaqus 软件中，热源是以热流密度进行加载的，移动热源加载方式有两种：一种是用户用 FORTRAN 语言编写子程序的加载法，这种方式加载的热源在空间上的移动是连续的，但这种加载方式仅适合隐式分析（Abaqus/Standard）；另一种是将热源空间上的移动离散为多个载荷步，每个载荷步的时间根据热源移动的实际速度来确定。加载的方法是离散式载荷步，即在热源移动的 x 方向离散为若干个载荷步，每个载荷步都包含一个不同坐标位置的双椭球热源模型，然后按载荷步顺序依次激活(activate)每个热源载荷，每个热源载荷只在当前载荷步激活，在其后的载荷步都不激活(deactivate)，如此来实现热源的移动。

2)位移约束与刚体约束

根据实际情况，对焊道添加零位移约束，基板底部给予高度方向的位移约束。通过设定焊道与轧辊的相对位置，并给予轧辊水平方向与周向速度来实现轧制咬入。忽略轧辊的变形，计算过程中将轧辊设定为刚体。Abaqus 软件中刚体分为解析刚体和离散刚体，解析刚体只能用于建立壳或者曲线，以及不具有几何形状的物体。当模型形状比较简单时，用解析刚体可以减小计算成本，但无法输出接触力、接触压力和切向滑移等数据，而离散刚体可以输出以上数据。根据模拟数据的需要，轧辊模型适合选择离散刚体。

3)接触约束

在有限元分析方法中，接触条件是一种不连续的约束，当两个面接触时才会用到，接触面分开后就不存在约束作用。Abaqus 软件能够判别接触的两个面何时接触并采用接触约束，也能够判别接触面何时分开并解除接触约束。在 Abaqus 显式接触算法中，部件与部件间的接触关系采用接触增强法，它包括接触对和通用接触两种算法，接触对算法包括面面接触和自接触两种。选择面面接触类型，采用动力学约束增强算法，其优点在于能够通过先预测后修正获取接触过程中的最佳柔度。

面与面之间的接触存在两种滑移类型，一种是有限滑动，适用于面与面之间的任意相对运动情况；另一种是小滑动，适用于面与面之间相对运动很小的情况。熔积-轧制过程中轧辊与焊道间的相对运动大，因此采用有限滑动类型。

此外，创建接触面时，轧辊为刚体且网格较稀疏，将轧辊与焊道接触的面设定为主面，而将网格划分更细密且材料较软部件上的接触面设定为从面，因此焊道上表面为从面。

2.7 微铸锻铣复合过程

2.7.1 无润滑干铣削

科学技术的发展，以及新型难加工金属材料的广泛应用，给铣削加工过程带来极大的困难，从而限制了新型材料的使用和推广。超声振动辅助铣削具有与传统铣削方式不同的铣削加工原理，可以有效提高工件加工质量和加工效率，在难加工材料的切削加工过程中显示出独特的优势，从而引起广泛的关注。随着超声振动辅助铣削工艺的发展，现阶段主要表现分为工件超声振动和刀具超声振动两种方式，工件超声振动如图 2.51 所示，刀具超声振动如图 2.52 所示。

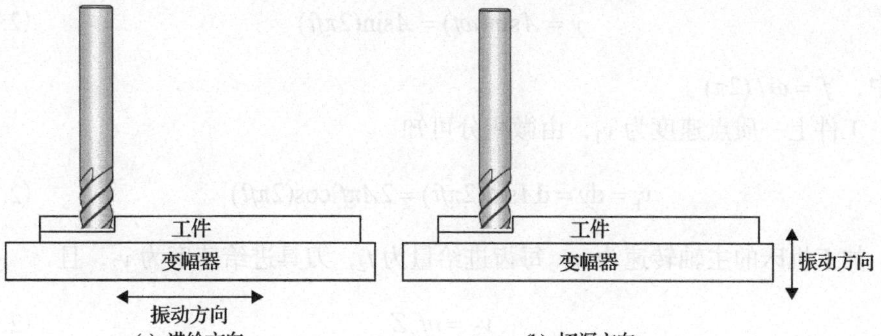

图 2.51　工件超声振动

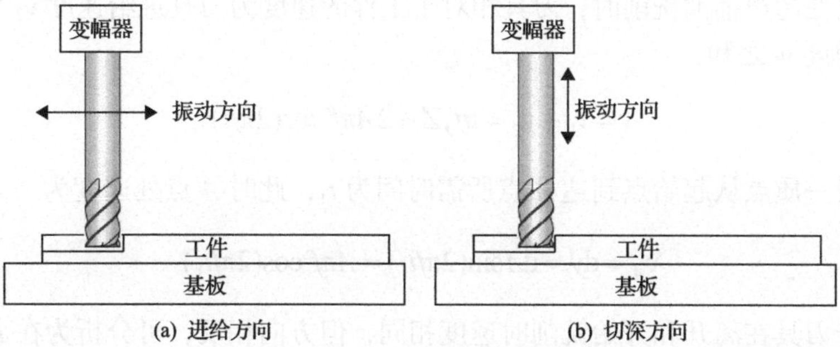

图 2.52　刀具超声振动

1. *超声辅助铣削运动特性分析*

图 2.53 为超声复合铣削运动特性图，以超声振动沿 X 方向作用于工件，超声频率为 f (19.8kHz)，振幅为 A (2～6μm)；刀具以转速 ω 铣削工件，振动方向相对于刀具是由左向右运动，以频率 f 信号往复做正弦脉动运动。相对于变幅器，刀具在 B 处即将分离，在 A 处为即将接触。

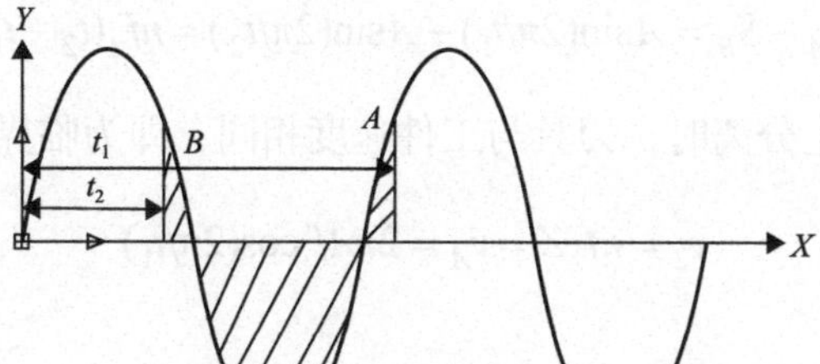

图 2.53　超声复合铣削运动特性图

由图 2.53 可知，被加工工件是和变幅器固定在一起的，可以看成工件振动为简谐振动，其位移方程为

$$y = A\sin(\omega t) = A\sin(2\pi ft) \tag{2.76}$$

式中， $f = \omega / (2\pi)$ 。

工件上一质点速度为 v_1，由微积分可知

$$v_1 = \mathrm{d}y = \mathrm{d}A\sin(2\pi ft) = 2A\pi f\cos(2\pi ft) \tag{2.77}$$

加工机床的主轴转速为 n，每齿进给量为 f_z，刀具进给速度为 v_2，且

$$v_2 = nf_z Z \tag{2.78}$$

式中，f_z 为每齿进给量；Z 为齿数。

刀具在超声辅助铣削时，刀具相对于工件的速度为刀具进给速度 v_2 与工件上一质点速度 v_1 之和：

$$v = v_1 + v_2 = nf_z Z + 2A\pi f\cos(2\pi ft) \tag{2.79}$$

假设一质点从起始点到达 A 点所需时间为 t_1，此时 A 点处速度为

$$v_A = \mathrm{d}y = \mathrm{d}A\sin(2\pi ft_1) = A\pi f\cos(2\pi ft_1) \tag{2.80}$$

由于刀具在离开和开始铣削时速度相同，但方向相反，可分析为在 B 点时速度为

$$v_B = -v_A = -2A\pi f\cos(2\pi ft_1) \tag{2.81}$$

假设质点到 B 点时所用时间为 t_2，则 B 点速度为

$$v_B = 2A\pi f\cos(2\pi ft_2) = -2A\pi f\cos(2\pi ft_1) \tag{2.82}$$

则 A 点与 B 点的距离为

$$S_A - S_B = A\sin(2\pi ft_1) - A\sin(2\pi ft_2) = nf_z(t_2 - t_1) \tag{2.83}$$

刀具与工件发生分离时，刀具与工件速度相同，即为临界点，有

$$v_2 = nf_z Z = v_A = 2\pi Af\cos(2\pi ft_1) \tag{2.84}$$

得到

$$t_1 = \frac{1}{2\pi f}\arccos\frac{nf_z Z}{2\pi Af} \tag{2.85}$$

由式(2.85)可见，只有当 $t_1>0$ 时，才会发生超声辅助铣削。

超声辅助铣削的运动特性如下：刀具与工件呈现周期性接触与分离，在接触过程中刀具与工件发生碰撞产生较大的冲击力，在分离过程中刀具与工件分离不产生力。所以在超声辅助铣削过程中产生的力为周期性的，可以称为脉冲力。

令 t_j 为刀具与工件发生铣削时产生的时间，T 为超声辅助铣削的一个周期。当超声振动方向与刀具发生铣削时，刀具才会与工件发生冲击，产生冲击力，如图 2.54 所示。图中，F_m 是最大铣削力，F_0 是加速度为 0 时的铣削力。当分离时，刀具与工件不发生铣削(刀刃可能与工件表面发生摩擦，产生的力可以忽略不计)，此时产生的力为 0。因此，对超声铣削过程中力的分析，主要考察铣削过程中所受到的力。在铣削过程中受到的冲击力 F 为

$$F = Ma = M\mathrm{d}v \tag{2.86}$$

式中，M 为刀具质量；a 为加速度；v 为刀具的进给速度。

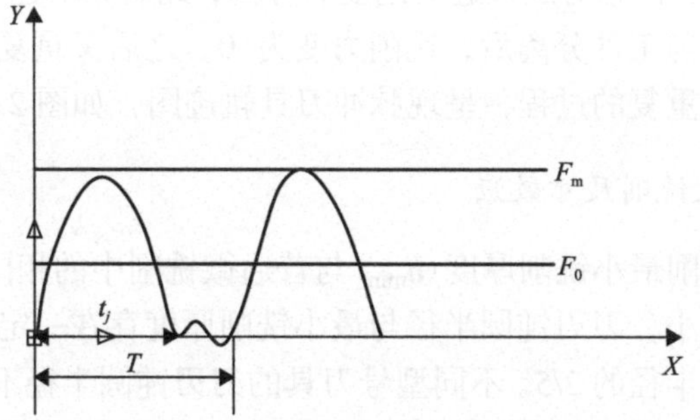

图 2.54　超声振动铣削力分析图

在实际铣削过程中，刀刃是满槽铣削过程，刀具工件相互铣削时平均加速度 a 和冲击力为

$$a = \frac{\mathrm{d}v}{\mathrm{d}t} = -4A\pi^2 f^2 \sin(2\pi ft) \tag{2.87}$$

$$F = Ma = M4A\pi^2 f^2 \sin(2\pi ft) \tag{2.88}$$

超声复合运动特性分析表明：

(1) 超声振动铣削过程中力与主轴转速、进给量、振幅和谐振频率有关。

(2) 当 $nf_z<2\pi Af$ 时，刀具发生分离状态，此时可以称为超声振动铣削。

(3) 由式(2.88)可知，超声铣削是一种脉冲式铣削，刀具与工件呈现周期性接触与分离，切削速度发生瞬时变化，导致超声切削机理也发生变化，从而使铣削力和温度发生变化。

2. 超声辅助铣削工件表面质量理论

在铣削过程中，刀刃与工件呈周期性的分离变化。由于微铣刀的刀刃直径尺寸较小，主轴转速较高且工件加工进给量较小，工件在超声振动下，刀具与工件接触呈现脉冲形式，槽底会呈现脉冲性凸起圆弧。与普通铣削相比，底部表面凸起圆弧是与进给量 f_1 相关的凸凹不平的波形，是以脉冲形式呈现的不同平波。引入振动后由刀具轨迹可知

$$\begin{cases} Y = nf_z Zt + r\sin(2\pi f_z t) + A\sin(2\pi f_z t) \\ X = r\cos(2\pi f_z) \end{cases} \tag{2.89}$$

式中，f_z 为每齿进给量；f 为振动频率；r 为刀具半径；n 为主轴转速；Z 为齿数。

刀具与工件接触时为最初始接触点，之后刀具与工件接触铣削，刀具呈脉冲形式接触，刀具与工件相对加快进给速度后分离，此后相对速度减慢，直至分离，形成切屑。在刀具与工件分离后，铣削力变为 0。之后又重复上述过程。刀具与工件有规律、不断重复的过程，呈现脉冲刀具轨迹图，如图 2.55 所示。

3. 超声辅助微铣削尺寸效应

超声辅助微铣削最小铣削厚度($h_{\min}$)与普通微铣削中的相同点在于：微铣刀刀刃钝圆半径都比较小，刀刃钝圆半径与最小铣削厚度存在一定关系，一般来说最小铣削厚度为刀刃半径的 2/5。不同型号刀具的刀刃钝圆半径不同，同一立铣刀的刀刃钝圆半径存在定值，所以微铣刀是否发生尺寸效应是由每齿进给量大小决定。不同点在于：普通微铣刀的每齿进给量与主轴加工速度有关，即 $f_z=v_c/(nZ)$；超声辅助铣削过程中，每齿进给量既与主轴进给量有关又与超声变幅器的振幅存在一

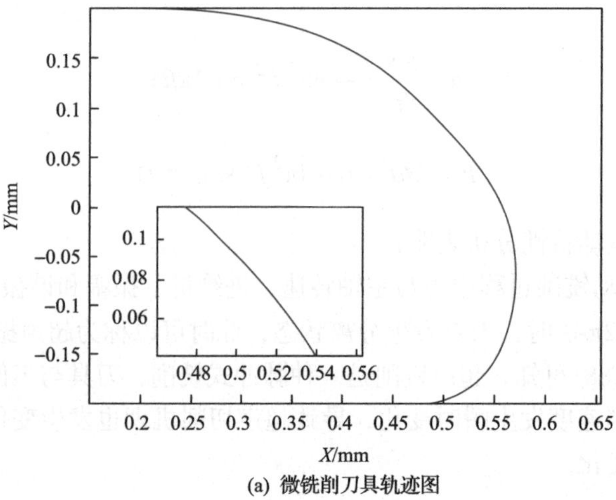

(a) 微铣削刀具轨迹图

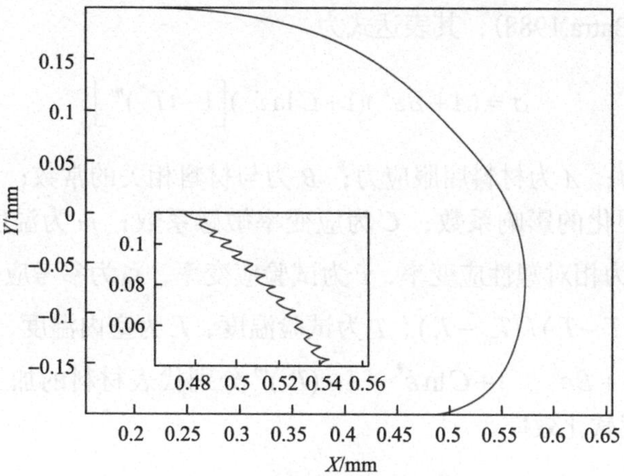

(b) 超声辅助铣削刀具轨迹图

图 2.55　铣削刀具轨迹图

定关系。在超声辅助铣削时，刀具相对工件的速度为刀具进给速度 v_2 与工件上一质点速度之和：

$$v_c = v_1 + v_2 = nf_z Z + 2A\pi f\cos(2\pi ft)$$

超声辅助铣削每齿进给量为

$$f_z = v_c / (nZ) = f_1 + 2A\pi f\cos(2\pi ft) / (nZ) \tag{2.90}$$

式(2.90)表明，超声辅助铣削每齿进给量等于普通铣削每齿进给量与变幅器运动特性决定的每齿进给量之和。$\cos(2\pi ft)$ 函数是余弦函数，在(–1,1)范围内单调递增或者递减。所以超声辅助铣削每齿进给量呈单调递增或递减，每齿进给量发生函数变化。当 $h_{min} = f_z$ 时，超声辅助铣削进给量 f_1 存在大于或者小于每齿进给量的情况，此时刀具与工件存在摩擦与铣削交换过程。

2.7.2　微铸锻铣复合制造中的铣削过程

1. 材料本构方程

材料的本构方程是所研究材料的应力张量和应变张量之间的物理关系。选择能够准确描述材料在大应变、高应变率、高温下的本构模型对材料切削过程的有限元分析至关重要(Lei et al., 1999)。在金属切削有限元分析中常用的材料本构模型有 Power Law、Johnson-Cook(Johnson and Cook, 1983)、Litonski-Batra(刘文辉等, 2016; Batra, 1988)等。Johnson-Cook 本构模型将材料的应变率效应和温度效应充分考虑到材料的流动应力模型中，适用于金属高速切削过程的高温、大应变、

高应变率情况(Batra,1988)，其表达式为

$$\sigma=(A+B\varepsilon^{k})(1+C\ln\dot{\varepsilon}^{*})\left[1-(T^{*})^{m}\right] \tag{2.91}$$

式中，σ 为应力；A 为材料屈服应力；B 为与材料相关的常数；ε 为等效塑性应变；k 为应变硬化的影响系数；C 为应变率敏感系数；m 为温度敏感性系数；$\dot{\varepsilon}^{*}=\dot{\varepsilon}/\dot{\varepsilon}_0$，$\dot{\varepsilon}^{*}$ 为相对塑性应变率，$\dot{\varepsilon}$ 为试验应变率，$\dot{\varepsilon}_0$ 为参考应变率，通常 $\dot{\varepsilon}_0$ 取为 $1.0s^{-1}$；$T^{*}=(T-T_r)/(T_m-T_r)$，T 为试验温度，T_r 为室内温度，T_m 为材料熔点，$0\leqslant T^{*}\leqslant 1.0$；$A+B\varepsilon^{k}$、$1+C\ln\dot{\varepsilon}^{*}$、$1-(T^{*})^{m}$ 分别代表材料的加工硬化效应、应变率效应和温度软化效应。

2. 切屑分离准则与网格划分技术

1) 切屑分离准则

在金属切削过程中，切屑会随着切削运动的进行而逐渐与工件材料分开，恰当合理的切屑分离准则要准确反映切屑与工件分离时的应力和应变状态，才可得到合理的仿真结果。目前，常见的切屑分离准则一般有几何分离准则和物理分离准则两种。

几何分离准则是指将切削刀具的刀尖与刀尖网格前的单元节点处的距离和预先设置的一个分离距离做比较，当刀尖与刀尖前网格节点距离大于分离距离时，此处网格变为分离状态，一侧形成切屑，另一侧形成加工表面(唐志涛，2008)。几何分离准则的缺陷在于预设临界值大小在极大程度上影响了数值分析的收敛性和仿真结果的精确性，因此要求预设值随着不同的工件和刀具材料以及不同的工况做出相应调整，给实际工程带来一定的麻烦和困难。

物理分离准则中切屑与工件分离的判别依据则是材料的应力、应变等物理量大小在切削过程中超过所设的临界值，当网格节点上的应力和应变量超过设定值时，则网格分离(毕京宇，2016)。选用物理分离准则的判别依据为材料失效应变是否大于临界值。

2) 网格划分技术

金属切削运动是一个动态性与连续性并存的过程(李畅，2014)。随着切削运动的进行，刀具与工件接触的位置不断变化，若刀具和工件整体网格划分过大，则会丢失刀具与工件材料接触处应力和应变计算的精确性和准确性；若网格划分过细，则会导致计算量急剧上升，带来一定的计算困难。因此，网格划分技术对保证有限元计算软件的计算精确性显得尤为重要。

针对金属切削运动和材料分离的特点，使用 AdvantEdge FEM 软件内置的切削过程网格重分布模型，随着切削运动的进行不断重新细分网格，使刀具与工件

接触位置的网格始终划分较密，远离切削位置区域网格划分始终较为稀疏。

3. 铣削加工力学模型

在铣削加工中，根据工件进给方向与刀具切削速度方向是否相同又可分为顺铣和逆铣两种方式。在顺铣加工中，工件进给方向与刀具切削材料速度方向相同，刀刃先切削未加工表面，材料去除率低，加工精度高，而逆铣加工则与顺铣方式相反。以顺铣方式为例建立图 2.56 所示的铣削模型，切削力既可以分为与刀具进给方向平行的力 F_x 和垂直于刀具进给方向的力 F_y，也可以分为沿刀具切削刃方向的切向力 F_θ 和垂直于切削刃方向的径向力 F_r。对应地，残余应力方向既可以分为平行于工件进给方向的应力 σ_x、垂直于工件进给方向的应力 σ_y 和平行于刀具轴向的应力 σ_z，也可以分为刀具轮廓切向方向上的残余应力 σ_t、径向方向上的残余应力 σ_r 和剪应力 σ_{xy}。

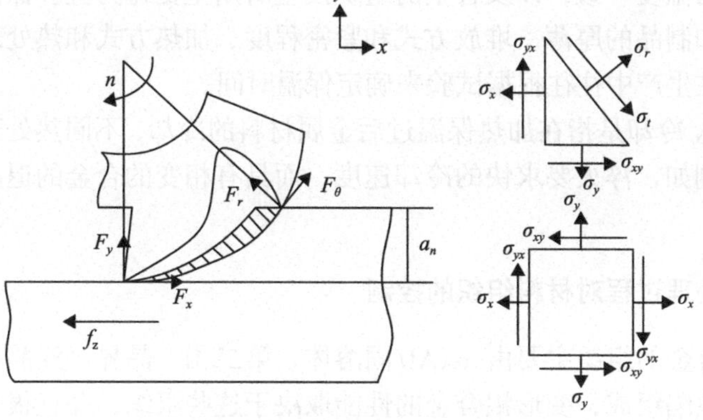

图 2.56　切削力、应力及应变模型

2.8　后热处理过程

固态金属材料在加热、保温和冷却过程中会发生相变、相分解或生成新相，利用这些变化可以改善金属材料的组织和性能，使其达到所要求的力学性能和物理性能。这种使金属材料在一定的介质或空气中加热到一定的温度并在此温度下保持一定的时间，再以某种冷却速度冷却到室温从而改变金属材料组织和性能的方法称为热处理。热处理时根据金属材料组织与温度间的变化规律，来改善产品质量和性能。热处理方法与其他加工方法不同，可以在基本不改变工件尺寸和形状的条件下，赋予产品一定的组织和性能，是工件“质”的改变(雷廷权, 1998)。

本节以铝合金为例，描述金属微铸锻铣复合制造后处理过程所涉及的基本理论。变形铝合金热处理的分类方法有两种：一种是按热处理过程中组织和相变的变化特点分类；另一种是按热处理的目的或工序特点分类。常用的一些热处理方法有：铸锭均匀化退火；回复、再结晶退火；固溶(淬火)热处理；时效；形变热处理。其中，时效分为自然时效和人工时效(回火)。回复、再结晶退火分为三种：预备退火、中间退火和成品退火，成品退火又分为低温退火、去应力退火和高温退火。

热处理的过程一般由加热、保温和冷却三个阶段组成。每个阶段的分析如下：

(1)加热。加热包括升温速度和加热温度两个参数。由于铝合金的导热性和塑性都较好，可以采用较快的升温速度，这不仅可以提升生产效率，而且有利于提升产品质量。热处理加热温度要严格控制，必须遵守工艺规程，尤其是淬火和时效的加热温度，要求更为严格。

(2)保温。保温指金属材料在加热温度下停留一段时间，其停留时间以使金属表面和中心的温度一致，以及合金的组织发生所期望变化为宜。保温时间与很多因素有关，如制品的厚薄、堆放方式和紧密程度、加热方式和热处理前金属的变形程度等。在生产中往往根据试验来确定保温时间。

(3)冷却。冷却是指在加热保温过后金属材料的冷却，不同热处理的冷却速度是不同的。例如，淬火要求快的冷却速度，而具有相变的合金的退火要求慢的冷却速度。

2.8.1 后热处理过程对材料组织的控制

变形铝合金的组织主要由 α(Al)固溶体、第二相、晶界、亚晶界、位错，以及其他各种缺陷组成，变形铝合金的性能取决于这些组织，并且很大程度上取决于第二相质点的种类、大小、数量和分布形态。铝合金金相分类的尺寸范围和各类名称不同，但是分类原则基本一致，可按相的生成温度和特征把铝合金的相分为结晶相、弥散相(高温析出相)和沉淀相(时效析出相)。

1)结晶相

在合金结晶开始温度和终了温度范围内生成的粗大化合物，即第一类质点，称为结晶相。按特定加热时间内的熔解能力可将结晶相分为难溶相和易溶相两种；按对性能的作用可分为强化相和杂质相；对热处理和热加工后未处理掉的相称为残留相。含有 Fe、Si、Mn、Cr、Ti、Zr(有时还有 Cu)的相，如(CuFeMn)Al_6或$(CuFeMn)_2Si_2Al_{15}$等为难溶相和杂质相；含有 Zn、Mn、Cu、Li 等的相，如 S(Al_2CuMg)、$MgZn_2$为易溶相和强化相。按反应类型结晶相可分为四类：初晶相、共晶相、包晶生成物和包共晶生成物。

(1)初晶相，包括单质初晶相(如 L→α(Al)或 L→Si)和化合物初晶相(如 L→$ZrAl_3$)。从液体中直接生成的单一固相，结晶温度最高，颗粒粗大，具有规则的几何外形。初晶相很少出现在铝合金的正常组织中。

(2)共晶相，如 L→α(Al)+θ+S。共晶相多呈骨骼状、网状或片状，两种或多种相相间分布。当金属化合物与 α(Al)形成共晶时，常呈现金属化合物单独存在的离异共晶组织。按组成共晶的相数，有二相共晶、三相共晶和四相共晶，组成共晶的相越多，共晶体内的各相越细小。

(3)包晶生成物，如 L+S→α(Al)+T(Al_6CuMg_4)，L+T→α(Al)+η($MgZn_2$)。生成物与共晶组织相似，也有反应进行不完全而使反应物部分残存的情形，形成亚稳定的包共晶组织。

(4)包共晶生成物，如 L+$FeAl_3$+$MnAl_4$→(FeMn)Al_6。这种生成物多是分布较集中的块状。当包晶反应不完全时，常呈层状组织，组织内层为包晶反应残留物，外层为包晶反应生成物，界限十分明显。

2)弥散相

低于结晶终了温度、高于时效温度的温度区间内形成的具有中间尺寸的质点，即第二类质点，称为弥散相。这类质点的本质是在较高温度下的沉淀相(或称析出相)。一般弥散相分为三种：高温分解质点、冷却沉淀质点和稳定化沉淀质点。

(1)高温分解质点。含有 Mn、Cr、Ti、Zr、Sc、V 等过渡金属元素的铝合金在半连续铸造时，由于快速冷却，易形成这些元素在 α(Al)中的过饱和固溶体。这种过饱和固溶体不稳定，铸锭在随后的加热和热变形过程中过饱和固溶体开始分解，析出 $Al_{12}Mg_2Cr$、$Al_{20}Mn_3Cu$、$MnAl_6$、$TiAl_3$ 和 $ZrAl_3$ 等弥散质点，其中含 Mn 相大多是“键槽”形或棒状，含 Cr 相是不规则的扁盘状或三角形，含 Zr 相为方块状或者球形，而含 Ti 相则是板条状。由于这些相在铝中扩散困难，分解只能在高温加热和高温强烈变形时进行，故称为高温分解质点。

(2)冷却沉淀质点。铝合金中的易溶相，随着温度升高其熔解度显著增加。因此，当含有易溶相的合金高温加热后冷却时，只要冷却速度足够慢，这些熔解的易溶相就要从 α(Al)中沉淀、生成冷却沉淀质点，这些质点是稳定的平衡相，与基体不共格，因此强化作用很小。

(3)稳定化沉淀质点。镁含量高的冷变形铝合金在使用过程中存在组织变化和性能下降的趋势，为了使其组织性能稳定，出厂前必须进行稳定化处理。稳定化处理是将这种铝合金产品在 250℃左右加热，使产品生产过程中形成的 Mg 在 α(Al)中的过饱和固溶体充分分解，形成所希望的颗粒大小和分布状态的 β(Mg_5Al_8)沉淀质点。这类质点的沉淀是在加热和保温过程中进行的，但其加热温度既高于时效温度又远低于高温分解质点出现时的温度。

3)沉淀相

沉淀相是指在时效温度下沉淀或者析出的微细质点，即第三类质点，这类质点包括晶内析出相和晶间析出相。

变形铝合金的微观组织主要是由基体析出相(matrix precipitate, MPt)、晶间析出相(grain boundary precipitate, GBP)、晶界无析出带(precipitate free zone, PFZ)、弥散相、残留相、晶界、亚晶界、位错等组成的。其中，前三项构成了描述微观组织最主要的三个不均匀参数，第四项也存在分布的不均匀性以及影响位错分布的不均匀性，进而影响再结晶。

对热处理可强化的铝合金来说，这些主要的不均匀参数控制主要通过热处理手段来实现，即通过热处理调控微观组织中前四项不均匀参数，达到要求的热处理状态，进而控制合金的各种性能。如 Al-Zn-Mg-Cu 系合金的热处理状态主要有 T6、T76、T74、T73 和 T77，分别表示一级时效(T6 峰值时效)、二级时效(T76、T74、T73 过时效)和三级时效(T77 过时效)，其中 T77 状态应该可以由特殊三级时效、回归再时效(retrogression and reaging, RAR)处理和最终加工热处理(final thermomechanical treatment, FTMT)变形热处理三种方法实现，这些状态同时也代表不同的性能特点。从综合性能的角度出发，希望时效后组织具有以下特征：基体为均匀弥散的 GP 区过渡相，以保证合金较高的强度；存在宽度适当、溶质浓度较高的 PFZ，以保证较好的韧性；具有尺寸适度、间隔较大的晶间析出相，以保证具有较好的抗腐蚀性能；有细小分布均匀的弥散相，细小的完全再结晶组织或部分再结晶组织，以保证合金具有良好的综合性能。

对不可热处理强化合金来说，主要是通过控制 α(Al)固溶体的固溶度、残留相、弥散相、再结晶程度以及位错密度(变形程度)这些微观组织或组织状态来达到控制性能的目的。

2.8.2 后热处理过程对材料性能的控制

铝合金在常温和中等应力作用下产生的塑性变形主要由位错滑移所致，而高温和低应力作用下产生的塑性变形则由位错蠕动和扩散流变造成。总体来说，不管工作温度高低，合金抵抗变形的能力主要由位错运动难易决定，因此，把增加铝合金对位错运动的抗力这一行为称为铝合金的强化。

铝合金强化的方法很多，一般将其分为加工硬化和合金强化两大类。铝合金强化方法可以细分为加工硬化、固溶强化、过剩相强化、弥散强化、沉淀强化、晶界强化和复合强化七类，而在实际中几种强化方法会共同发生作用。

1)加工硬化

通过塑性变形(轧制、挤压、锻造、拉伸等)使合金获得高强度的方法称为加工硬化。塑性变形时位错密度的增加是合金加工硬化的本质。有数据统计，金属强烈变形之后，位错密度可由 10^6 根/cm^2 增加至 10^{12} 根/cm^2 以上。因为合金中位错密度越大，继续变形时位错在滑移过程中相互交割的机会越多，相互间的阻力也越大，所以变形抗力越大，于是合金得到强化。

金属材料加工强化的原因是金属变形时产生了不均匀分布的位错，这些位错先是较纷乱地成群纠缠，形成位错缠结，然后随着变形量增大、变形温度升高，又由散乱分布的位错缠结转变为胞状亚结构组织，这时变形晶粒由许多称为“胞”的小单元组成。高密度的位错缠结集中在胞周围形成胞壁，胞内位错密度则很低。这些胞状结构阻碍位错运动，使不能运动的位错数量急剧增加，以至于需要更大的力才能使位错克服障碍而运动。变形量越大，亚结构组织越细小，金属抵抗继续变形的能力越强，加工硬化效果越显著，强度越高。由于在该过程中金属材料产生了亚结构，加工硬化也称为亚结构强化。

加工硬化的程度因变形量、变形温度及合金本身的性质而异。同一种合金材料在同一温度下冷变形时，变形量越大则强度越高，但塑性随变形量的增大而降低。合金变形条件不同，位错分布亦有所不同。

加工硬化或者亚结构强化在常温时是十分有效的强化方法，适用于工业纯铝、固溶体型合金和热处理不可强化的多相铝合金，但是在高温时通常因回复和再结晶而对强度的贡献显著减小。

一些铝合金在冷变形时能形成较好的组织结构而在一定方向上强化，称为组织结构强化。

2）固溶强化

合金元素固溶到基体金属（溶剂）中形成固溶体时，合金的强度、硬度一般都会得到提高，称为固溶强化。所有的可溶性合金化组元甚至杂质都能产生固溶强化。特别可贵的是，对合金进行固溶强化，合金在强度、硬度得到提高的同时，还能保持良好的塑性，但是仅用这一方法不能获得特别高的强度。

合金元素溶入基体金属之后，使基体金属的位错密度增大，同时晶格发生畸变。畸变所产生的应力场与位错周围的弹性应力场交互作用，使合金元素的原子聚集到位错线附近，形成“气团”，位错要运动必须克服气团的钉扎作用，带着气团一起移动，或者从气团中挣脱出来，因此需要更大的剪应力。另外，合金元素还会改变固溶体的弹性系数、扩散系数、内聚力和原子的排列缺陷，使位错线变弯，位错运动阻力增大，包括位错与溶质原子间的长程交互作用和短程交互作用，从而使材料得到强化。

固溶强化作用大小取决于溶质原子浓度、原子相对尺寸、固溶体类型、电子因素和弹性模量。一般来说，溶质原子浓度越高，强化效果越明显；原子尺寸差别越大，对置换固溶体的强化效果亦可能越明显；溶质原子与铝原子的价电子数相差越大，固溶强化作用越明显；弹性模量大小的差异度越大，往往强化效果越好。

在采用固溶强化的合金化时，要挑选那些强化效果好的元素作为合金元素，但更重要的是要选那些在基体金属中固溶度大的元素作为合金元素，因为固溶体的强化效果还随着固溶元素含量的增大而增加。只有那些在基体元素中固溶度大的元素才能大量加入，例如，铜、镁是铝合金中的主要元素；铝、锌是镁合金中的主要元素，都是因为这些元素在基体金属中的固溶度较大。

进行固溶强化时，往往采用多元少量的复杂合金化原则(即多种合金元素同时加入，但是每种元素加入量少)，使固溶体的成分复杂化，这样可以使固溶体的强化效果更好，并且能保持到较高的温度。

3)过剩相强化

过量的合金元素加入基体金属中时，一部分溶入固溶体，超过极限熔解度的部分不能溶入，形成过剩的第二相，简称过剩相。过剩相一般对合金都有强化作用，其强化效果与过剩相本身的性能有关，过剩相的强度、硬度越高，强化效果越好。但是硬脆的过剩相含量超过一定的限度之后，合金变脆，力学性能反而降低。第二相呈细小等轴状、均匀分布时，强化效果最好。第二相很大、沿晶界分布或呈针状特别是呈粗大针状时，合金变脆，合金塑性损失大，而且强度也不高。常温下不宜大量采用过剩相强化，但是高温下的使用效果可以很好。另外，过剩相强化的效果还与基体相和过剩相之间的界面有关。

过剩相强化与沉淀强化有相似之处，只不过沉淀强化时，强化相极为细小，弥散度大，在光学显微镜下观察不到；而在利用过剩相强化合金时，强化相粗大，用光学显微镜在低倍下即能清楚地看到。

过剩相强化在铝合金中应用广泛，几乎所有在退火状态使用的两相铝合金都应用了过剩相强化，或者更准确地说，是固溶强化和过剩相强化的共同作用。过剩相强化也称作复相强化或异相强化。

4)弥散强化

非共格硬颗粒弥散物对铝合金的强化称为弥散强化。为取得好的强化效果，要求弥散物在铝基体中具有低的熔解度、低的扩散速率、高硬度(不可变形)和小的尺寸(0.1μm 左右)。这种弥散物可用粉末冶金法制取或高温析出获得，其强化作用分别称为粉末冶金强化和高温析出强化。

由弥散点引起的强化包括两个方面。一是弥散质点阻碍位错运动，弥散质点为不可变形的质点，位错运动受阻后，必须绕过质点，产生强化，弥散物越密集，强化效果越好。二是弥散质点影响最终热处理时半成品的再结晶过程，部分或完全抑制再结晶(对弥散粒子的大小和其间距有一定的要求)过程，使强度提高。弥散强化在常温和高温下均适用，特别是粉末冶金法生产的烧结铝合金，其工作温度可达 350℃。弥散强化型的铝合金应变不太均匀，在强度提高的同时，塑性损失要比固溶强化或沉淀强化大。熔铸冶金铝合金中采用高温处理，获得弥散质点使合金强化，越来越得到人们的关注。在铝合金中添加熔解度和扩散速率非常低的过渡族金属元素和稀土元素，如 Mn、Cr、Zr、Sc、Ti、V 等，并在铸造铝合金时快速冷却，使这些元素保留在 α(Al)固溶体中，随后高温加热析出非常稳定的 0.5μm 以下非共格第二相粒子，即第二类质点。其维氏硬度可大于 5000MPa，使合金获得弥散强化效果。

这些质点一旦析出，很难继续熔解或聚集，故有较大的弥散强化效果。以 Al-Mg-Si 合金为例，加入不同量的过渡元素可使抗拉强度增加 6%～29%，屈服强度提升最大，可达 52%。此外，弥散质点阻止再结晶，即提升再结晶温度，使冷作硬化的效果最大限度地保留，尤其以 Zr 和 Sc 提高铝合金再结晶温度的效果最显著。

5）沉淀强化/时效强化

从过饱和的固溶体中析出稳定的第二相，形成溶质原子富集亚稳区过渡相的过程称为沉淀。凡有固溶度变化的合金从单相区进入两相区时都会发生沉淀。铝合金固溶处理后获得的过饱和固溶体，再加热到一定的温度，会发生沉淀生成共格的亚稳相质点，这一过程称为时效。由沉淀或时效引起的强化称为沉淀强化或者时效强化。第二相的沉淀过程也叫析出，其强化作用也称为析出强化。铝合金时效析出的质点一般为 GP 区，共格或半共格过渡相，尺寸为 0.001～0.1μm，属于第三类质点。这些软质点有三种强化作用，分别为应变强化、弥散强化和化学强化。沉淀强化的质点在基体中分布均匀，使金属的变形趋于均匀，因而时效强化引起的塑性损失比加工硬化、弥散强化和过剩相强化都要小。通过沉淀强化，合金的强度可以提升百分之几十至几百倍，因此沉淀强化是 Ag、Mg、Al、Cu 等有色金属材料常用的有效强化手段。

沉淀强化的效果取决于合金的成分，淬火后固溶体的过饱和度，强化相的特性、分布及弥散度以及热处理制度等因素。强化效果最好的合金位于极限熔解度成分，在此成分下可获得最大的沉淀相体积分数。

6）晶界强化

铝合金晶粒细化导致晶界增多，晶界运动的阻力大于晶内运动且相邻晶粒取向不同，使晶粒内滑移相互干涉并受阻，合金变形抗力增加，即发生了强化。晶粒细化可以提高材料在室温下的强度、塑性和韧性，是金属材料最常用的强韧化方法之一。

晶界上原子排列错乱，杂质富集，并有大量的位错、孔洞等缺陷，而且晶界两侧的晶粒位向不同，所有这些都阻碍位错从一个晶粒向另一个晶粒运动。晶粒越细，单位体积内的晶界面积就越大，对位错运动的阻碍也就越大，因此合金的强度越高。晶界自身强度取决于合金元素在晶界处的存在形式和分布形态，化合物为不连续的、细小弥散点状时，晶界强化效果最好。晶界强化对合金的塑性损失较小，常温下强化效果好，但是高温下不适宜采用，因为高温下晶界滑移为重要的形变方式，此时晶界强化会使合金趋向沿晶界断裂。

变形铝合金的晶粒细化方法主要有以下三种。

(1)细化铸造组织晶粒。铸造时采用变质处理，在熔体中加入适当的难熔质点(或与基体金属能形成难熔化合物质点的元素)作为(或产生)非自发晶核，晶核数目大量增加，故熔体结晶为细晶粒。例如，添加 Ti、Ti-B、Zr、Sc、V 都有很好的晶粒细化作用；另外，熔体中加入微量的对初生晶体有化学作用从而改变其结晶性能的物质，可以使初生晶体的形状改变，如 Al-Si 合金的 Na 变质处理就是很好的例子。采用变质处理不仅能细化初生晶粒，而且能细化共晶体和粗大的过剩相，或改变它们的形状。

此外，在熔铸时，采取增加一级优质废料比例、避免熔体过热、搅动、降低铸造温度、增大冷却速度、改进铸造工具等措施，也可以(或有利于)获得细晶粒铸锭。

(2)控制弥散相细化再结晶晶粒。抑制再结晶的弥散相 $MnAl_6$、$CrAl_7$、$TiAl_3$、$ScAl_3$、VAl_3 和 $ZrAl_3$ 质点，在微观组织中它们有很多都钉扎在晶界上，使晶界迁移困难，这不仅阻碍了再结晶，而且增加了晶界的界面强度，可以明显细化再结晶晶粒。这些弥散相的大小和分布是影响细化效果的主要因素，弥散相越细小、越弥散，细化效果越好。弥散相的大小和分布主要受高温热处理和热加工的影响。获得细小弥散相的方法主要有：在均匀化时先进行低温预处理形核，再进行正常的热处理；对含有 Sc 的合金采用低温均匀化处理；对含有 Mn、Cr 的合金采用较高温度的均匀化处理；采用热机械加工处理的方法获得细小的弥散相，即对热加工后的铝合金进行高温预处理，再进行正常的热加工，如 7175-T74 合金锻件就采用过这种工艺；此外，也可以通过热加工的加热过程和固溶处理来调控弥散相。

(3)采用变形及再结晶的方法细化再结晶晶粒。强冷变形后进行再结晶退火，可以获得较细的晶粒组织；中温加工可以获得含有大量亚结构的组织；适当地热挤压并与合理的再结晶热处理相结合，可以获得大量含有亚结构的组织并得到良好的挤压效应；在再结晶处理时，采用高温短时或多次高温短时固溶处理均可以获得细小的晶粒组织。

7)复合强化

采用高强度的粉、丝和片状材料和压、焊、喷涂、熔浸等方法与铝基体复合，使基体获得高强度，称为复合强化。按复合材料形状，复合强化分为纤维强化、粒子强化和包覆材料三种。纤维强化常采用晶须和连续纤维作为原材料，粒子强化有粉末冶金和混合铸造两类。对于烧结铝合金粒子复合强化合金，多数学者认为是弥散强化的典型合金。复合强化的机理与过剩相强化相近。这种强化在高温下效果最佳，在常温下也可以显著强化，但是塑性损失大。

可以用作增强纤维的材料有碳纤维、硼纤维、难熔化合物（Al_3O_2、SiC、BN、TiB_2）纤维和难熔金属（W、Mo、Be 等）细丝等。这些纤维或细丝的强度一般为 2500～3500MPa。此外，还可将金属单晶须或 Al_3O_2、B_4C 等陶瓷单晶须作为增强纤维使基体的强度提高，但是晶须生产困难且成本高。

铝合金是一种典型的基体材料，以硼纤维增强和可热处理强化的合金（如 Al-Cu-Mg 和 Al-Mg-Si）或弥散强化的以 Al-Al_3O_2 系为基的金属复合材料的强度及比刚度为标准铝合金的 2～3.5 倍，已广泛用于航空航天业。

金属基体复合材料的强化机理与上述固溶强化及弥散强化等机理不同，这种强化主要不是靠阻碍位错运动，而是靠纤维与基体间良好的浸润性紧密黏结，使纤维与基体之间获得良好的结合强度。这样一来，基体材料有良好的塑性和韧性，同时增强纤维又有很高的强度，能承受很大的轴向负荷，所以整个材料具有很高的抗拉强度及优异的韧性。除此之外，这种材料还能获得高比强度、高耐热性和抗腐蚀性。

参 考 文 献

毕京宇. 2016. 针对铝硅合金 ADC12 的高速切削仿真及实验分析[D]. 大连：大连理工大学.

蔡英文，李建国，傅恒志. 1994. 单辊淬冷 Cu-Pb 亚偏晶合金的凝固组织特性[J]. 材料科学与工程, 12(4): 52-53.

陈光，傅恒志. 2004. 非平衡凝固新型金属材料[M]. 北京：科学出版社.

董寅生，沈军，杨英俊，等. 2002. 快速凝固耐热铝合金的发展及展望[J]. 粉末冶金技术, 18(1): 35240.

杜永强，刘会霞，王霄. 2005. 基于 Voronoi 图的快速成形扫描路径规划[J]. 南京航空航天大学学报, 37(s1): 149-153.

关绍康，王利国，朱世杰，等. 2004. 快速凝固合金的研究发展趋势[J]. 现代铸造, 4: 22-26.

侯高雁，朱红，刘凯，等. 2017. 3D 打印成形件后处理工艺综述[J]. 信息记录材料, 18(7): 19-21.

胡帮友，张海鸥，王桂兰，等. 2009. 梯度功能材料零件自由曲面分层建模方法[J]. 华中科技大学学报(自然科学版), 37(12): 104-106.

胡汉起. 1999. 金属凝固原理[M]. 北京：机械工业出版社.

雷廷权. 1998. 金属热处理工艺方法 500 种[M]. 北京：机械工业出版社.

李畅. 2014. PCBN 刀具高速车削镍基高温合金试验及仿真研究[D]. 湘潭：湘潭大学.

李永伟, 朱学新, 徐柱天, 等. 1998. 快速凝固偏晶合金的显微结构[J]. 稀有金属, 22(4): 308-312.
李月珠. 1993. 快速凝固技术和材料[M]. 北京: 国防工业出版社.
梁玮, 劳远侠, 徐云庆, 等. 2007. 快速凝固技术在新材料开发中的应用及发展[J]. 广西大学学报(自然科学版), 6(32): 38-42.
刘文辉, 周凡, 邱群, 等. 2016. 2219 铝合金动态力学性能及其本构关系[J]. 热加工工艺, 45(6): 52-55.
刘源, 郭景杰, 贾均, 等. 2000. 快速凝固 Al-In 偏晶合金的显微结构[J]. 金属学报, 36(12): 1233-1236.
卢秉恒, 李涤尘. 2013. 增材制造(3D 打印)技术发展[J]. 机械制造与自动化, 42(4): 1-4.
马立杰, 樊红丽, 卢继平, 等. 2014. 基于增减材制造的复合加工技术研究[J]. 装备制造技术, (7): 57-62.
孙俊生, 武传松. 2000. 熔池表面形状对电弧电流密度分布的影响[J]. 物理学报, 49(12): 2427-2432.
孙俊生, 武传松. 2001a. 电弧压力对 MIG 焊接熔池几何形状的影响[J]. 金属学报, 37(4): 434-438.
孙俊生, 武传松. 2001b. 电磁力及其对 MIG 焊接熔池流场的影响[J]. 物理学报, 50(2): 209-216.
孙俊生, 武传松. 2002. 焊接热输入对 MIG 焊接熔池行为的影响[J]. 中国科学 E 辑: 技术科学, 32(4): 465-471.
孙俊生, 武传松, 高进强. 1999. 熔滴热焓量分布模式对熔池流场的影响[J]. 金属学报, 35(9): 964-970.
孙万里, 张忠明, 徐春杰, 等. 2005. 深过冷快速凝固技术的研究进展[J]. 兵器材料科学与工程, 28(1): 66270.
唐志涛. 2008. 航空铝合金残余应力及切削加工变形研究[D]. 济南: 山东大学.
张海鸥, 王桂兰. 2001. 直接快速制造模具与零件的方法及其装置[P]: 中国, CN1298780.
张海鸥, 王桂兰. 2006. 零件与模具的无模直接制造方法[P]: 中国, CN1792513.
张海鸥, 王桂兰. 2010. 工模具的熔积制造方法[P]: 中国, CN101618414B.
张海鸥, 王桂兰. 2019. 零件与模具的熔积成形复合制造方法及辅助装置[P]: 中国, 201010147632.2.
张海鸥, 李润声, 王桂兰, 等. 2017. 增材制造表面及内部缺陷与形貌复合检测方法及装置[P]: 中国: CN106338521A.
郑红星, 马伟增, 季诚昌, 等. 2003. 深过冷-偏晶合金快速凝固行为[J]. 中国有色金属学报, 13(2): 339-343.
周佳. 2009. 高温合金钢板多道次可逆热轧的有限元模拟[D]. 上海: 上海交通大学.
周建兴, 刘瑞祥. 2001. 凝固过程数值模拟中的潜热处理方法[J]. 铸造, 50(7): 404-407.
Abid M, Siddique M. 2005. Numerical simulation to study the effect of tack welds and root gap on welding deformations and residual stresses of a pipe-flange joint[J]. International Journal of Pressure Vessels and Piping, 82(11): 860-871.

Aiyiti W, Xiang L, Zhang L Z, et al. 2012. Study on the veritable parameters filling method of plasma arc welding based rapid prototyping[J]. Key Engineering Materials, 522: 110-116.

Akula S, Karunakaran K P. 2006. Hybrid adaptive layer manufacturing: An Intelligent art of direct metal rapid tooling process[J]. Robotics and Computer-Integrated Manufacturing, 22(2): 113-123.

Andersson B. 1978. Thermal stresses in a submerged-arc welded joint considering phase transformations[J]. Journal of Engineering Materials and Technology, 100(4): 356-362.

Aziz M J. 1982. Model for solute redistribution during rapid solidification[J]. Journal of Applied Physics, 53: 1158-1168.

Batra R C. 1988. Steady state Penetration of Thermoviscoplastic Targets[J]. Compution Mechanics, (3): 1-12.

Bertoldi M, Yardimci M A, Pistor C M, et al. 1998. Domain decomposition and space filling curves in toolpath planning and generation[C]. Proceedings of the Solid Freeform Fabrication Symposium, Austin: 267-274.

Bordin A, Bruschi S, Ghiotti A, et al. 2014. Comparison between wrought and EBM Ti6Al4V machinability characteristics[J]. Key Engineering Materials, 611-612: 1186-1193.

Cao Z, Yang Z, Chen X. 2004. Three-dimensional simulation of transient GMA weld pool with free surface[J]. Welding Journal, 83: 169-174.

Capriccioli A, Frosi P. 2009. Multipurpose ANSYS FE procedure for welding processes simulation[J]. Fusion Engineering & Design, 84(2-6):546-553.

Chen J, Han Y. 1990. Shortest paths on a polyhedron[C]. ACM Symposium on Computational Geometry, Berkley: 360-369.

Chen L, Chung M F, Tian Y, et al. 2019. Variable-depth curved layer fused deposition modeling of thin-shells[J]. Robotics and Computer-Integrated Manufacturing, 57: 422-434.

Cong B Q, Ding J L, Willams S. 2015. Effect of arc mode in cold metal transfer process on porosity of additively manufactured Al-6.3%Cu alloy[J]. International Journal of Advanced Manufacturing Technology, 76(9): 1593-1606.

Dai F, Zhang H, Li R. 2020. Process planning based on cylindrical or conical surfaces for five-axis wire and arc additive manufacturing[J]. Rapid Prototyping Journal, 29(10): 107-115.

Dai K, Shaw L. 2002. Distortion minimization of laser-processed components through control of laser scanning patterns[J]. Rapid Prototyping Journal, 8(5): 270-276.

Ding D, Pan Z, Cuiuri D, et al. 2014. A tool-path generation strategy for wire and arc additive manufacturing[J]. The International Journal of Advanced Manufacturing Technology, 73(1/4): 173-183.

Ding Y, Dwivedi R, Kovacevic R. 2017. Process planning for 8-axis robotized laser-based direct metal deposition system: A case on building revolved part[J]. Robotics and Computer-Integrated Manufacturing, 44: 67-76.

Ding Y, Akbari M, Kovacevic R. 2018. Process planning for laser wire-feed metal additive manufacturing system[J]. The International Journal of Advanced Manufacturing Technology, 95(1-4): 355-365.

Dolenc A, Makela I. 1994. Slicing procedures for layered manufacturing techniques[J]. Computer-Aided Design, 26(2): 119-126.

Dunlavey M R. 1983. Efficient polygon-filling algorithms for raster displays[J]. ACM Transactions on Graphics, 2(4): 264-273.

Dwivedi R, Kovacevic R. 2004. Automated torch path planning using polygon subdivision for solid freeform fabrication based on welding[J]. Journal of Manufacturing Systems, 23(4): 278-291.

Fan H, Kovacevic R. 2004. A unified model of transport phenomena in gas metal arc welding including electrode, arc plasma and molten pool[J]. Journal of Physics D: Applied Physics, 37(18): 2531.

Farouki R T, Koenig T, Tarabanis K A, et al. 1995. Path planning with offset curves for layered fabrication processes[J]. Journal of Manufacturing Systems, 14(14): 355-368.

Feng Z. 1994. A computational analysis of thermal and mechanical conditions for weld metal solidification cracking: Henry granjon prize competition winner: Category 2[J]. Welding in the World, 33(5): 340-347.

Fu Y H, Zhang H O, Wang G L, et al. 2017. Investigation of mechanical properties for hybrid deposition and micro-rolling of bainite steel[J]. Journal of Materials Processing Technology, 250: 220-227.

Ghariblu H, Rahmati S. 2014. New process and machine for layered manufacturing of metal parts[J]. Journal of Manufacturing Science & Engineering, 136(136): 152-161.

Goldak J, Chakravarti A P, Bibby M. 1984. A new finite element model for welding heat sources[J]. Metallurgical Transactions B, 15B: 299-305.

He Q, Zhang Q, Liu K, et al. 2006. Temperature-displacement simulation of shape metal 9-pass- cogging process[C]. Proceedings of International Technology and Innovation Conference, Beijing: 144.

Hoppe H . 2005. Fast exact and approximate geodesics on meshes[J]. ACM Transactions on Graphics, 24(3): 553-560.

Hu J, Tsai H L. 2007a. Heat and mass transfer in gas metal arc welding. Part I: The arc[J]. International Journal of Heat and Mass Transfer, 50(5): 833-846.

Hu J, Tsai H L. 2007b. Heat and mass transfer in gas metal arc welding. Part II: The metal[J]. International Journal of Heat and Mass Transfer, 50(5): 808-820.

Huang J , Liu X , Jiang H, et al. 2007. Gradient-based shell generation and deformation[J]. Computer Animation and Virtual Worlds, 18(4-5):301-309.

Jin G Q, Li W D, Gao L. 2013. An adaptive process planning approach of rapid prototyping and manufacturing[J]. Robotics & Computer Integrated Manufacturing, 29(1): 23-38.

Jin Y, Song D , Wang T , et al. 2019. A shell space constrained approach for curve design on surface meshes[J]. Computer-Aided Design, 113: 24-34.

Johnson G R, Cook W H. 1983. A constitutive model and data for metals subjected to large strains, high strain rates and high temperatures[J]. Engineering Fracture Mechanics, 1983, 21: 541-548.

Jönsson P, Szekely J, Choo R, et al. 1994. Mathematical models of transport phenomena associated with arc-welding processes: A survey[J]. Modelling and Simulation in Materials Science and Engineering, 2(5): 995-1016.

Kim J W, Na S J. 1994. A study on the three-dimensional analysis of heat and fluid flow in gas metal arc welding using boundary-fitted coordinates[J]. Journal of Engineering for industry, 116(1): 78-85.

Kulkarni P, Marsan A, Dutta D. 2000. A review of process planning techniques in layered manufacturing[J]. Rapid Prototyping Journal, 6(1): 18-35.

Kurz W, Fisher D J. 1981. Dendrite growth at the limit of stability tip radius and spacing[J]. Acta Metallurgica, 29: 11-20.

Lei S, Shin Y C, Incropera F P. 1999. Material constitutive modeling under high strain rates and temperatures through orthogonal machining tests[J]. Journal of manufacturing Science and Engineering, 121: 577-585.

Li H, Dong Z, Vickers G W. 1994. Optimal toolpath pattern identification for single island, sculptured part rough machining using fuzzy pattern analysis[J]. Computer-Aided Design, 26(26): 787-795.

Liu Y J. 2011. Construction of iso-contours, bisectors and voronoi diagrams on triangulated surfaces[J]. IEEE Transactions on Pattern Analysis and Machine Intelligence, 33(8): 1502-1517.

Miklos B, Giesen J, Pauly M. 2010. Discrete scale axis representations for 3D geometry[J]. ACM Transactions on Graphics (TOG), 29(4): 101.

Milton S, Morandeau A, Chalon F, et al. 2016. Influence of finish machining on the surface integrity of Ti6Al4V produced by selective laser melting[J]. Procedia CIRP, 45: 127-130.

Mitchell J, Mount D M, Papadimitriou C H. 1987. The discrete geodesic problem[J]. SIAM Journal on Computing, 16(4): 647-668.

Montevecchi F, Grossi N, Takagi H, et al. 2016. Cutting forces analysis in additive manufactured AISI-H13 alloy[J]. Procedia CIRP, 45: 476-479.

Muránsky O, Hamelin C J, Smith M C, et al. 2012. The effect of plasticity theory on predicted residual stress fields in numerical weld analyses[J]. Computational Materials Science, 54: 125-134.

Ohring S, Lugt H. 1999. Numerical simulation of a time-dependent 3-D GMA weld pool due to a moving arc[J]. Welding Journal, 78(12): 416-424.

Oreper G, Eagar T, Szekely J. 1983. Convection in arc weld pools[J]. Welding Journal, 62(11): 307-312.

Park S C, Choi B K. 2000 .Tool-path planning for direction-parallel area milling[J]. Computer-Aided Design, 32 (1) : 17-25.

Polishetty A, Shunmugavel M, Goldberg M, et al. 2017. Cutting force and surface finish analysis of machining additive manufactured titanium alloy Ti-6Al-4V[J]. Procedia Manufacturing, 7: 284-289.

Ren L, Sparks T, Ruan J, et al. 2008. Process planning strategies for solid freeform fabrication of metal parts[J]. Journal of Manufacturing System, 27 (4) : 158-165.

Ruan J Z, Sparks T, Panackal A, et al. 2007. Automated slicing for a multiaxis metal deposition system[J]. Journal of Manufacturing Science and Engineering, 129 (2) : 303-310.

Sabourin E. 1996. Adaptive high-precision exterior, high-speed interior, layered manufacturing[D]. Blacksburg: Virginia Polytechnic Institute and State University.

Sartori S, Bordin A, Ghiotti A, et al. 2016. Analysis of the surface integrity in cryogenic turning of Ti6Al4V produced by direct melting laser sintering[J]. Procedia CIRP, 45: 123-126.

Schnick M, Fuessel U, Hertel M, et al. 2010. Modelling of gas-metal arc welding taking into account metal vapour[J]. Journal of Physics D: Applied Physics, 43 (43) : 434008.

Shi J, Liu C. Richard. 2004. The influence of material models on finite element simulation of machining[J]. Journal of Manufacturing Science and Engineering, 126 (4) : 846-857.

Singh P, Dutta D. 2001. Multi-direction slicing for layered manufacturing[J]. Journal of Computing & Information Science in Engineering, 1 (2) : 129-142.

Song Y A, Park S. 2006. Experimental investigations into rapid prototyping of composites by novel hybrid deposition process[J]. Journal of Materials Processing Technology, 171 (1) : 35-40.

Song Y A, Park S, Choi D, et al. 2005. 3D welding and milling, Part I–A direct approach for freeform fabrication of metallic prototypes[J]. International Journal of Machine Tools and Manufacture, 45 (9) : 1057-1062.

Suh Y S, Wozny M J. 1994. Adaptive slicing of solid freeform fabrication processes[C]. Proceedings of the Solid Freeform Fabrication Symposium, Austin: 404-411.

Sundaram R, Choi J. 2004. A slicing procedure for 5-axis laser aided DMD process[J]. Journal of Manufacturing Science and Engineering, Transactions of the ASME, 126 (3) : 632-636.

Tarabanis K A, Rajan V T, Srinivasan V. 2001. The optimal zigzag direction for filling a two-dimensional region[J]. Rapid Prototyping Journal, 7 (5) : 231-241.

Tian X, Sun B, Heinrich J G, et al. 2013. Scan pattern, stress and mechanical strength of laser directly sintered ceramics[J]. The International Journal of Advanced Manufacturing Technology, 64 (1) : 239-246.

Ushio M, Wu C. 1997. Mathematical modeling of three-dimensional heat and fluid flow in a moving gas metal arc weld pool[J]. Metallurgical and Materials Transactions B, 28 (3) : 509-516.

Wang F, Williams S, Rush M. 2011. Morphology investigation on direct current pulsed gas tungsten arc welded additive layer manufactured Ti6Al4V alloy[J]. The International Journal of Advanced Manufacturing Technology, 57(5-8): 597-603.

Wang H, Jang P, Stori J A. 2005. A metric-based approach to two-dimensional (2D) tool-path optimization for high-speed machining[J]. Journal of Manufacturing Science & Engineering, 127(1): 33-48.

Wang Y, Tsai H. 2001. Impingement of filler droplets and weld pool dynamics during gas metal arc welding process[J]. International Journal of Heat and Mass Transfer, 44(11): 2067-2080.

Xie Y, Zhang H, Zhou F. 2016. Improvement in geometrical accuracy and mechanical property for arc-based additive manufacturing using metamorphic rolling mechanism[J]. Journal of Manufacturing Science & Engineering, 138(11): 1-6.

Xin S Q, Wang G J. 2009. Improving Chen and Han's algorithm on the discrete geodesic problem[J]. ACM Transactions on Graphics, 28(4): 1-8.

Xu K, Li Y, Chen L, et al. 2019. Curved layer based process planning for multi-axis volume printing of freeform parts[J]. Computer-Aided Design, 26(10): 133-146.

Yang J, Bin H, Zhang X, et al. 2003. Fractal scanning path generation and control system for selective laser sintering (SLS) [J]. International Journal of Machine Tools & Manufacture, 43(3): 293-300.

Yang Y, Loh H T, Fuh J Y H, et al. 2002. Equidistant path generation for improving scanning efficiency in layered manufacturing[J]. Rapid Prototyping Journal, 8(1): 30-37.

Yang Y, Fuh J Y H, Loh H T, et al. 2003. A volumetric difference-based adaptive slicing and deposition method for layered manufacturing[J]. Journal of Manufacturing Science & Engineering, 125(3): 586-594.

Yu J, Lin X, Ma L, et al. 2011. Influence of laser deposition patterns on part distortion, interior quality and mechanical properties by laser solid forming (LSF) [J]. Materials Science & Engineering A, 528(3): 1094-1104.

Zacharia T, Eraslan A, Aidun D. 1988. Modeling of non-autogenous welding[J]. Welding Journal, 67(1): 18-27.

Zacharia T, David S, Vitek J, et al. 1990. Modeling of interfacial phenomena in welding[J]. Metallurgical and Materials Transactions B, 21(3): 600-603.

Zacharia T, David S, Vitek J, et al. 1991a. Computational modeling of stationary gas-tungsten-arc weld pools and comparison to stainless steel 304 experimental results[J]. Metallurgical Transactions B, 22(2): 243-257.

Zacharia T, David S, Vitek J. 1991b. Effect of evaporation and temperature-dependent material properties on weld pool development[J]. Metallurgical Transactions B, 22(2): 233-241.

Zhang H O, Wang X P. 2013. Hybrid direct manufacturing method of metallic parts using deposition and micro continuous rolling[J]. Rapid Prototyping Journal, 19(6): 387-394.

Zhang H O, Wang R, Wang G L, et al. 2016. HDMR technology for the aircraft metal part[J]. Rapid Prototyping Journal, 22 (6) : 864-870.

Zhang J, Liou F. 2004. Adaptive slicing for a multi-axis laser aided manufacturing process[J]. Journal of Manufacturing Science and Engineering, Transactions of the ASME, 126 (2) : 254-261.

Zhao Y, Sim J, Li J. 2015. Study on chip morphology and milling characteristics of laser cladding layer[J]. The International Journal of Advanced Manufacturing Technology, 77 (5-8) : 783-796.

Zhao Y, Sun J, Li J, et al. 2018. The stress coupling mechanism of laser additive and milling subtractive for FeCr alloy made by additive subtractive composite manufacturing[J]. Journal of Alloys and Compounds, 769: 898-905.

Zhao Z, Luc Z. 2010. Adaptive direct slicing of the solid model for rapid prototyping[J]. International Journal of Production Research, 38 (1) : 69-83.

Zhou X, Zhang H, Wang G, et al. 2016. Simulation of microstructure evolution during hy-brid deposition and micro-rolling process[J]. Journal of Materials Science, 51 (14) : 6735-6749.

Zhu X, Chao Y. 2002. Effects of temperature-dependent material properties on welding simulation[J]. Computers & Structures, 80 (11) : 967-976.

第 3 章　微铸锻铣复合制造工艺及组织性能

微铸锻铣复合制造所用金属材料有粉末和丝材，目前以丝材为主。微铸锻铣复合制造所使用的金属丝材与传统的焊丝相同，理论上凡是能在工艺条件下熔化的金属都可作为微铸锻铣复合制造的材料。目前，丝材制造工艺较成熟，材料成本相比粉材要低很多。按照材料种类，常见微铸锻铣复合制造用金属材料可以分为铁基合金、钛及钛基合金、镍基合金、钴铬合金、铝合金、铜合金及贵金属等。

铁基合金是金属材料中用于微铸锻铣复合制造较早、研究较深入的一类合金，较常用的铁基合金有工具钢、316L 不锈钢、M2 高速钢、H13 模具钢和 15-5PH 马氏体时效钢等。铁基合金使用成本较低、硬度高、韧性好，同时具有良好的机械加工性，特别适合模具制造。

钛及钛合金以其显著的比强度高、耐热性好、耐腐蚀强、生物相容性好等特点，成为医疗器械、化工设备、航空航天及运动器材等领域的理想材料。然而，钛合金属于典型的难加工材料，加工时应力大、温度高，刀具磨损严重，应用受到限制。而微铸锻铣复合制造工艺特别适合钛及钛合金的制造：一是微铸锻铣复合制造时处于保护气氛环境中，钛不易与氧、氮等元素发生反应，微区局部的快速加热、冷却也限制了合金元素的挥发；二是无需切削加工便能制造复杂的形状，且基于粉材或丝材材料利用率高，不会造成原材料的浪费，大大降低制造成本。

镍基合金是一类发展最快、应用最广的高温合金，它在 650～1000℃高温下有较高的强度和一定的抗氧化腐蚀能力，广泛用于航空航天、石油化工、船舶、能源等领域。例如，镍基高温合金可以用在航空发动机的涡轮叶片与涡轮盘。常用的微铸锻铣复合制造镍基合金牌号有 Inconel 625、Inconel 718 和 Inconel 939 等。另外，NiTi 合金作为一种形状记忆合金在 3D 打印领域应用越来越广，在机器人、汽车、航空航天、生物医疗等领域有着广阔的应用前景。NiTi 合金是难加工材料，将微铸锻铣复合制造技术应用于形状记忆合金零件的制造，不仅有望解决形状记忆合金的加工难题，还能实现传统工艺无法实现的复杂点阵结构的制造。

钴基合金也可作为高温合金使用，因资源缺乏而发展受限。但由于钴基合金具有比钛合金更良好的生物相容性，目前多作为医用材料使用，用于牙科植入体和骨科植入体的制造。目前，常用的 3D 打印钴基合金牌号有 Co212、Co452、Co502 和 CoCr28Mo6 等。

铝合金密度低，抗腐蚀性能好，抗疲劳性能较高，且具有较高的比强度、比刚度，是一类理想的轻量化材料。微铸锻铣复合制造工艺中使用的铝合金为铸造铝合金，常用牌号有 AlSi10Mg、AlSi7Mg、AlSi9Cu3 等。

其他金属材料如铜合金、镁合金、贵金属等需求量不及以上介绍的几种金属材料，但也有其相应的应用前景。铜合金的导热性能良好，可以用来制造模具的镶块或火箭发动机燃烧室。美国 NASA 采用 3D 打印技术制造了由 GRCop-84 铜合金内壁和镍合金外壁构成的燃烧室，内壁采用 SLM 工艺制造，再以电子束熔丝沉积完成外壁的制造。该燃烧室经过全功率点火测试后，仍然保持良好的形状，证明 3D 打印工艺在节约大量时间和工艺成本的基础上，还能取得与传统工艺同样的效果。镁合金是目前实际应用中最轻的金属，且具有良好的生物相容性和可降解性，其弹性模量与人体骨骼也最为接近，可作为轻量化材料或植入物材料。但目前镁合金 3D 打印工艺尚不成熟，包括贝氏体钢、45 钢、AerMet100 钢、镍基高温合金、钛合金和铝合金等，没有进行大范围的推广。贵金属如金、银、铂等多应用于珠宝首饰等奢侈品的定制，应用范围比较有限。

3.1　贝氏体钢微铸锻铣复合制造工艺及组织性能

贝氏体钢是铁路辙叉常用材料，具有良好的耐磨性、强韧性、抗冲击变形能力(符友恒, 2016)。传统依据组织形貌而分类的贝氏体包括无碳化物贝氏体、粒状贝氏体、上贝氏体、下贝氏体、柱状贝氏体和反常贝氏体。提高贝氏体组织强度的主要方式有细晶强化、弥散强化、固溶强化、位错亚结构强化。

3.1.1　贝氏体钢微铸锻铣复合制造工艺

贝氏体钢微铸锻铣复合制造工件的工艺流程为：①根据试验所需建立试样三维模型并选定合适的基板；②基板工装准备；③预热与后热处理措施制定；④基于路径规划进行逐层堆积；⑤后续处理。

1. 工艺参数

微铸锻铣复合制造过程中电弧与熔滴过渡的稳定性直接决定焊道形貌与表面缺陷，影响后续道次的搭接与重熔，而焊接电流与电弧电压是其稳定性的决定因素；热输入对微铸锻铣复合制造过程中的应力分布与组织转变具有重大作用，直接影响成形件最终的精度与性能；良好的焊缝宽高比使微铸锻铣复合制造多道多层平滑搭接具有较大优势，能够很大程度上减少未熔合的产生。另外，送丝速度(w)、峰值电压(U_p)、频率(f)、脉冲时间(T_p)、喷头移动速度(v)这 5 个工艺参数至关重要。图 3.1 为优化后贝氏体钢单道单层微铸锻复合制造成形焊缝形貌。

图 3.1　优化后贝氏体钢单道单层微铸锻复合制造成形焊缝形貌

2. 起弧端控制策略

由于初始焊接时刻存在温度突变，热量的积累处于渐变增大直至相对平衡状态，故初始熔池处于弧状，导致深度方向没有足够的空间承接熔滴，多余的金属在基板表层铺展呈现起弧端较宽大的形貌。稳态焊接时，熔池由于电弧压力的作用始终呈鱼鳞状，熄弧时，送丝与热输入的突变导致已呈现倾斜态的熔池因没有足够的金属填充且来不及回流便已凝固，呈现熄弧端斜坡的形貌(苏德达和李家俊, 2007)。

3. 层间温度控制策略

微铸锻铣复合制造过程中，化学物理冶金过程处于急热急冷状态，焊道与母材间存在巨大的温度梯度并受到局部拘束应力的作用，在焊缝中极易产生偏析、夹杂、气孔、裂纹、脆化等缺陷，严重影响焊接质量。因此，通过选用不同的层间温度(室温及预热 100℃、250℃、400℃)进行单道多层试验，基于前述小热输入稳定熔滴过渡电参数，研究不同层间温度对焊接形貌及质量的影响，进一步确认层间预热温度范围(刘宗昌等, 2013)。试验结果表明，层间温度为 220～250℃较为合理。

3.1.2　工件微观组织形态

1. 自由熔积微观组织

金属微铸锻铣复合制造过程中，焊缝与热影响区组织差异较大。热影响区分为熔合区、过热区、正火区与不完全重结晶区。其中，熔合区最高温度处于固相线与液相线之间，晶界与晶内局部熔化，成分与组织不均匀分布，过热严重，塑性差；过热区处于固相线到 1100℃左右，过热时，晶粒严重长大，塑性、韧性较差，慢冷还会出现魏氏组织。

由图 3.2 可见，自由熔积试样初始退火态组织主要为高温回火产物，大部分为贝氏体基体与弥散分布的较大颗粒碳化物组成的回火索氏体和少量马氏体。其中，贝氏体已发生再结晶，变为等轴状晶粒。

(a) 放大100倍　　(b) 放大500倍　　(c) 放大10000倍

图 3.2　贝氏体钢自由熔积试样初始退火态组织

2. 微锻对贝氏体钢微观组织的影响

图 3.3 为微锻单道十层晶粒形态图。由图可见，底层晶粒已完全再结晶。随着层高的增加，晶粒尺寸有所细化，可能原因在于温度梯度及散热差异导致变形量有所区别。由于后热高温区存在时间较短，晶粒形核后来不及长大，且热影响区中的粗晶区较窄，在微轧过程中与焊缝同时变形而重新细化形核，故在微锻晶粒图中未见粗晶。

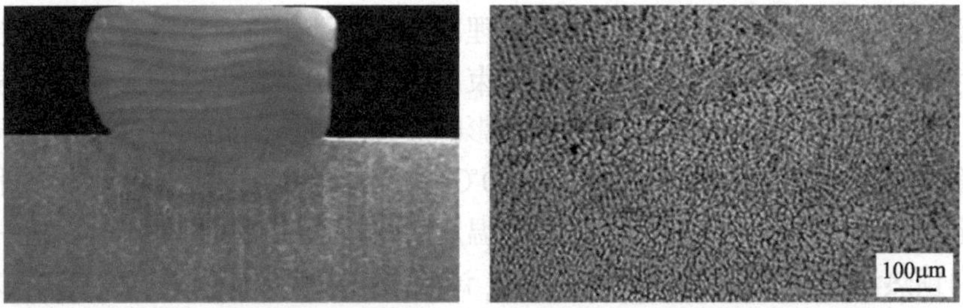

(a) 宏观形貌　　(b) 底层晶粒

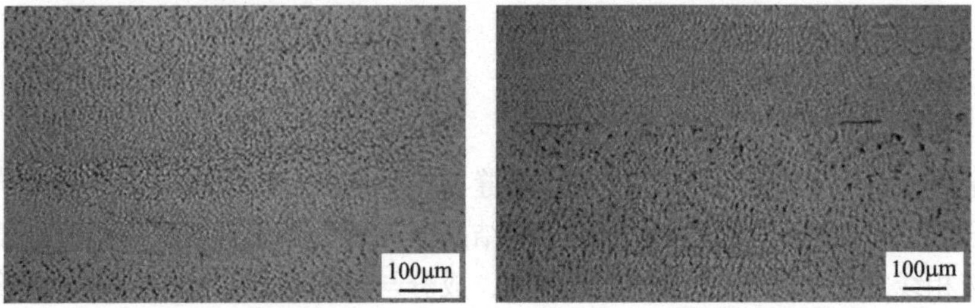

(c) 中间层晶粒　　(d) 顶层晶粒

图 3.3　微锻单道 10 层晶粒形态图

图 3.4 为微锻三道二层晶粒形态图。由图可知，焊缝熔宽较大，道与道间搭接率较小，侧方重熔区域较小，同层前一道次对后一道次微轧金属流动几乎没有阻碍作用；此外，同层后续道次热影响区对前一道次后热形核作用面积非常小，

意味着形核所需温度驱动主要来源于层间。难变形的道次交界处晶粒已细化形核，表明微锻工艺已实现多道多层全区域等轴晶形核。依据 GB/T 6394—2017《金属平均晶粒度测定方法》测得本工艺条件下平均晶粒度为 11～12 级。

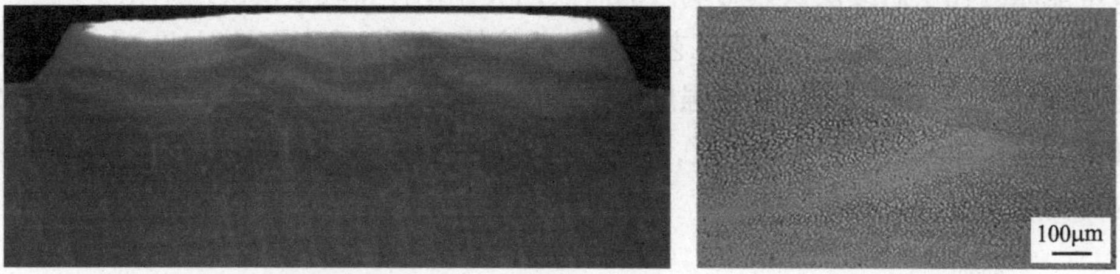

(a) 宏观形貌　(b) 交界处晶粒

图 3.4　微锻三道二层晶粒形态图

3.1.3　工件力学性能

表 3.1 为去应力退火均匀化后的自由熔积工件三向力学性能对比。由表可知，经过去应力退火后的自由熔积工件仍存在各向异性，且 Y 向整体力学性能最差，自由熔积退火态工件整体强韧性处于较低水平，有必要进行后续热处理强化。

表 3.1　去应力退火均匀化后的自由熔积工件三向力学性能

样本	抗拉强度/MPa	延伸率/%	冲击韧性/(J/cm^2)
X 向	1258	11.0	30
Y 向	1019	4.6	24
Z 向	1286	10.9	29

对单道自由熔积工件与微锻复合工件进行硬度对比，如图 3.5 所示，微锻复合

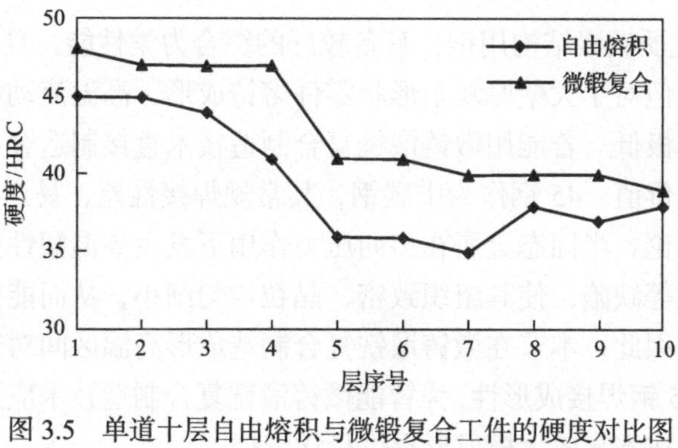

图 3.5　单道十层自由熔积与微锻复合工件的硬度对比图

层间硬度分布较为均匀，且整体硬度高于自由熔积，主要原因在于其细晶均匀强化与应力诱导相变强化作用。微锻复合工件与自由熔积工件均存在较高层次下出现硬度突变的情况，由前述晶粒形态分析可知，层与层间晶粒尺寸并无明显差异，故可能原因在于后续层次热影响区的后热回火作用使得较低层次发生相变。

图 3.6 为三种典型后处理工艺条件下的抗拉强度与冲击韧性对比。由图可见，热处理态组织具有较高的抗拉强度，远远高于自由熔积退火态与微锻复合未热处理态，但其冲击韧性较低；相反，微锻复合未热处理态组织具有极高的冲击韧性，为自由熔积退火态 3 倍以上。

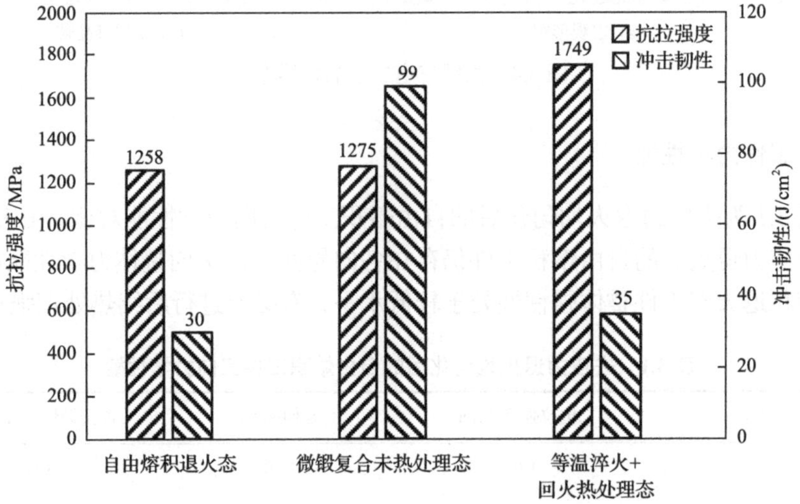

图 3.6　典型后处理工艺条件下力学性能对比

3.2　45 钢微铸锻铣复合制造工艺及组织性能

45 钢作为优质碳素结构用钢，具备较好的综合力学性能，且成本相对低廉，应用十分广泛，但对于大壁厚复杂形状零件熔铸成形，高温流动性较差、热应力大，导致成品率极低。若能用微铸锻铣复合制造技术直接制造金属零件，则具有很高的经济实用价值。45 钢作为中碳钢，其常规焊接性差，易产生裂纹和孔洞。根据塑性变形理论，半固态金属在多向压力作用下发生高温塑性变形，能压实或弥合气孔、裂纹等缺陷，使其组织致密、晶粒均匀细小，从而能提高金属工件的综合力学性能。因此，本节在微铸锻铣复合制造成形高温区间对热态金属实施微区轧制来改善 45 钢焊接成形性，为智能微铸锻铣复合制造技术应用于难成形高性能金属零件的低成本高效无模成形提供科学依据。

3.2.1 45 钢微铸锻铣复合制造工艺

采用 10%CO_2+90%Ar 保护气，微铸锻铣复合制造设备采用作者团队研制的智能微铸锻铣复合制造设备 CDMH-II。丝材采用 YCD45G 焊丝，焊丝直径为 1.2mm，材料化学成分如表 3.2 所示。

表 3.2 YCD45G 焊丝化学成分 （单位：%）

元素	C	Mn	Si	S	P	Ni	Cu	其他
质量分数	0.42	1.15	0.45	0.005	0.004	0.003	0.08	≤0.5

经过焊接工艺试验，获取了一组焊道形貌良好和焊接工艺过程稳定的工艺参数(表 3.3)。采用相邻焊道搭接率为 40%，压下量为 30%。

表 3.3 工艺参数

参数	送丝速度 /min	焊接速度 /(mm/min)	焊接频率 /Hz	峰值脉冲时间 /ms	平均电压 /V	平均电流 /A
数值	7.2	620	223	2.48	27～27.6	238～244

图 3.7 为 45 钢微铸锻铣复合制造单道单层工件形貌。采用电荷耦合器件(charge coupled device, CCD)摄像机与红外监测设备对整个成形过程进行跟踪拍摄与监测，图 3.8 为 45 钢微铸锻铣复合成形件过渡段红外热像图。由图 3.8 可以看出，温度场分布均匀，整个成形过程顺利，焊道表面均匀平滑。因形状较复杂且壁厚差大，故采用变熔积制造方向分段制造策略。

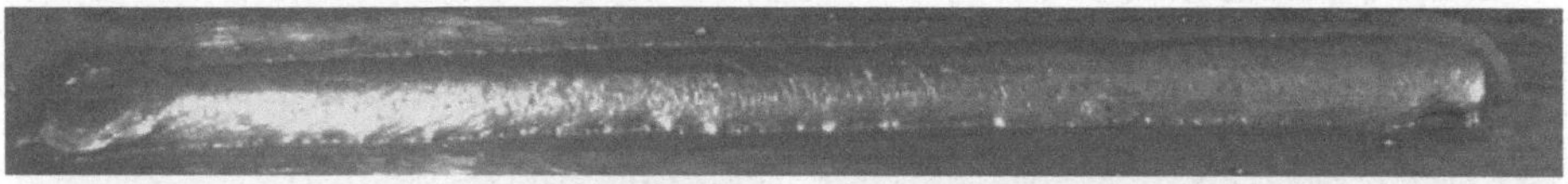

图 3.7 45 钢微铸锻铣复合制造单道单层工件形貌

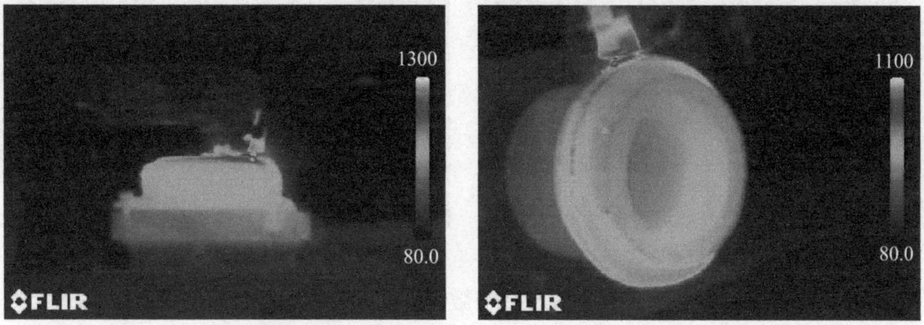

图 3.8 45 钢微铸锻铣复合成形件过渡段红外热像图(单位：℃)

3.2.2　工件微观组织及其演变

1. 微铸锻铣复合成形件与自由熔积成形件的晶粒形态比较

图 3.9 给出了 45 钢自由熔积成形件与微铸锻铣复合成形件的晶粒形态比较。自由熔积成形晶粒形态如图 3.9(a)所示。可以看出，柱状铸态组织沿熔合线从低到高，晶粒逐渐变得粗大。柱状晶几乎垂直于熔合线边界生长。焊接冷却的温度梯度很大，沿温度梯度最大方向的晶粒生长迅速，而其他方向的晶粒生长速度则相对缓慢，还来不及生长就与相邻的沿温度梯度最大方向生长的晶粒相遇，致使其他方向的晶粒生长受到抑制，从而形成方向基本一致的柱状晶。图中粗大柱状枝晶直径接近 150μm。微铸锻铣复合成形晶粒形态如图 3.9(b)所示。从图中观察到，柱状特征已基本消失，柱状晶形态在微区轧制作用下呈等轴晶粒，其晶粒相对细小。

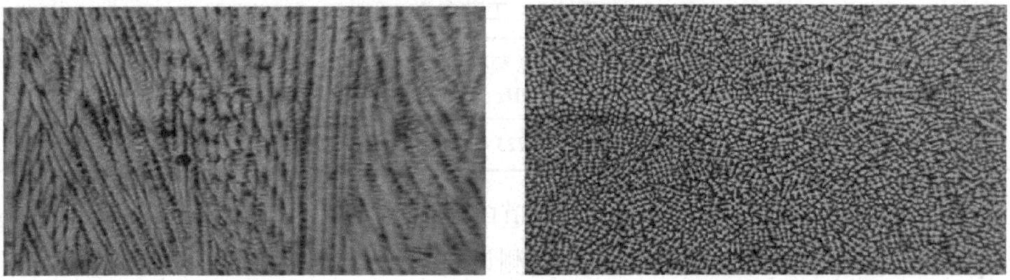

(a) 自由熔积成形件　　(b) 微铸锻铣复合成形件

图 3.9　45 钢自由熔积成形件与微铸锻铣复合成形件的晶粒形态比较

2. 微铸锻铣复合成形与自由熔积成形的金相组织比较

从图 3.10 所示的金相组织对比图可以看出，45 钢微铸锻铣复合成形的微观

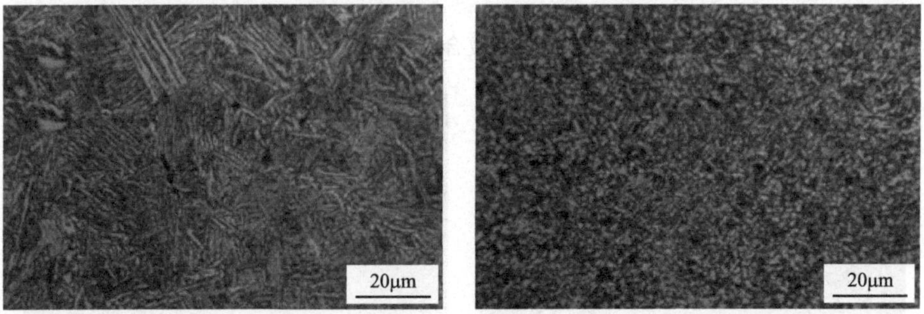

(a) 自由熔积成形件　　(b) 微铸锻铣复合成形件

图 3.10　45 钢自由熔积成形件与微铸锻铣复合成形件金相组织对比

组织中白色为铁素体，黑色为珠光体，它们整体分布均匀且细密，基本呈等轴晶粒状。这是由于在轧辊的轧制挤压作用下，熔融的液态金属产生塑性流动，使组织趋于均匀；同时通过轧辊的冷却，增加了相变的过冷度，为变形奥氏体向贝氏体转变做好了组织准备，这对提高金属工件的强度和韧性具有重要作用。

45 钢自由熔积成形件的初始奥氏体晶总体上呈现朝上的柱状晶形态，单道焊道内，柱状晶基本垂直于下熔合线生长，至上熔合线止，其柱状晶逐渐变粗。在其冷却过程中会部分发生伪共析转变，得到索氏体，总体组织为粗珠光体、索氏体加铁素体组织。

从图 3.11 中观察可以发现，45 钢微铸锻铣复合成形件的碳化析出物为极细化的颗粒，且在整个铁素体基体上均匀分布，由 30000 倍的扫描照片基本可以确定其为回火索氏体。

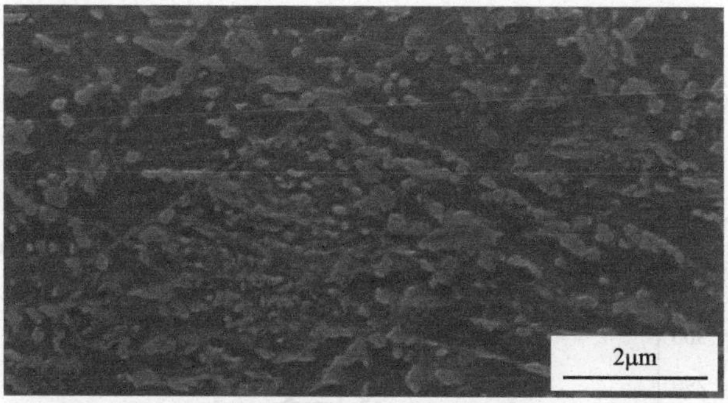

图 3.11　45 钢微铸锻铣复合成形件的 SEM 组织照片

综上所述，45 钢微铸锻铣复合制造过程中，打碎了其整体向上的柱状晶分布特征，其下方焊道在压力作用下，初始珠光体伪共析转变受到抑制，轧辊的激冷作用使得初始奥氏体具有较大过冷度，从而发生贝氏体、马氏体转变，经过后续持续的高温、中温、低温回火处理，其析出碳化物逐步转变为细小颗粒状，总体上趋向于回火索氏体。

3.2.3　工件力学性能

45 钢微铸锻铣复合成形件与自由熔积成形件的载荷-位移曲线如图 3.12 所示，维氏硬度分布如图 3.13 所示。表 3.4 给出了 45 钢微铸锻铣复合成形件与自由熔积成形件的力学性能比较。可见，45 钢微铸锻铣复合成形件的综合力学性能指标优于铸件与锻件水平。

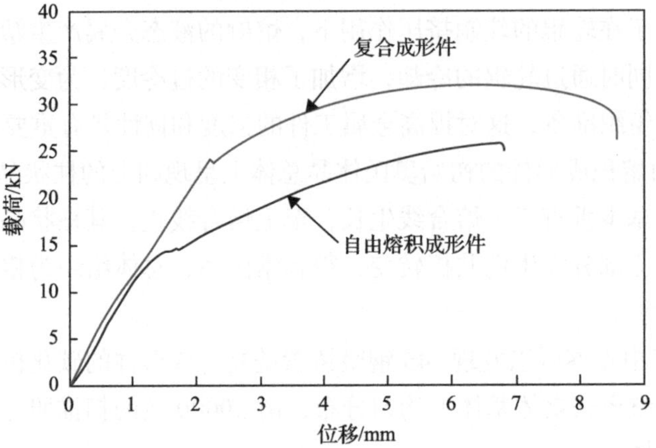

图 3.12　45 钢微铸锻铣复合成形件与自由熔积成形件的载荷-位移曲线

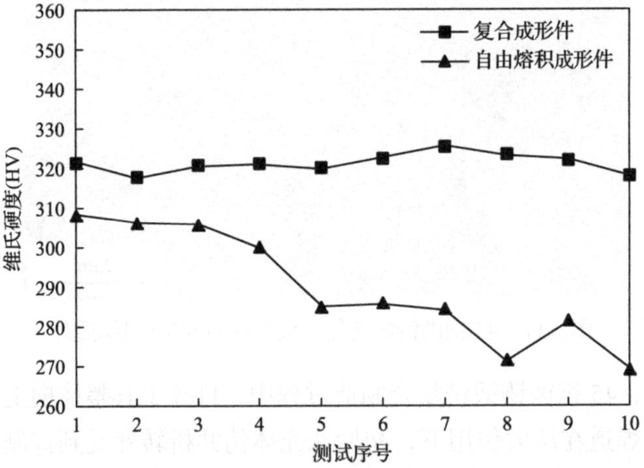

图 3.13　45 钢微铸锻铣复合成形件与自由熔积成形件沿高向的硬度分布

表 3.4　45 钢微铸锻铣复合成形件与自由熔积成形件的力学性能比较

试样	测试方向	抗拉强度 σ_b /MPa	延伸率 δ /%	硬度(HV)	收缩率 ψ /%	冲击韧性 /(J/mm^2)
铸件	综合	540	12	152～170	20	29.4
锻件	综合	835	10	229～285	40	36.9
微铸锻件	纵向	943	18	301～308	60	47.5
	切向	973	12	307～324	43	44.5

3.3　AerMet100 钢微铸锻铣复合制造工艺及组织性能

AerMet100 超高强度钢(AerMet100M 钢)是美国 Carpenter 技术公司在二次硬化超高强度钢 AF1410 的基础上研发出来的新型超高强度钢，具有高韧性和高强度，优异的综合力学性能使其在航空航天领域逐渐得到广泛应用，其典型应用场合包括起落架、喷气式发动机轴及各类高强韧性要求的结构件(王桂兰等, 2015; Zhang et al., 2013; Henlrick et al., 2001)。

传统上采用双真空冶炼浇铸与锻造结合的成形工艺制造 AerMet100 钢构件，制造流程较长，且受限于大型锻机等设备的性能(Cornwel, 1996; 王有铭等, 1990)。微铸锻铣复合制造技术可以优化 AerMet100 钢构件的力学性能和细化晶粒组织，从而提高成形效率、降低设备成本投入，最终获得与传统成形工艺相当的力学性能与室温组织。

3.3.1　AerMet100 钢微铸锻铣复合制造工艺

1. AerMet100 钢微铸锻铣复合增材制造工艺

为了防止成形阶段有杂质进入熔池区域，在保持 15L/min 的高纯氩气循环体系的情况下，利用氧气压力表实时监测氧气分压，防止氧含量过高导致氧化皮的形成或氧化物夹杂的混入。为了保证焊道形貌良好可控，通过对焊接过程中的电流、电压、焊接速度进行试验，建立焊宽与余高关于以上参数的回归方程，并通过显著性检验证明其有效性，回归方程的形式如下。

焊宽方程：

$$B = -78.03659 + 0.49514I + 0.49453v + 0.37078w - 0.00198776Iv + 0.0070711Iw \\ + 0.038891vw - 0.000456687I^2 - 0.00059002v^2 - 2.88136w^2 \tag{3.1}$$

余高方程：

$$H = 21.21632 - 0.11948I - 0.066858v - 3.00401w - 0.00021606Iv + 0.00500871Iw \\ - 0.0073657vw + 0.000315179I^2 + 0.000459623v^2 + 1.83538w^2 \tag{3.2}$$

式中，B 为焊宽；H 为余高；I、w 和 v 分别为焊接电流、送丝速度和焊接速度。

最终确立表 3.5 所示的制造工艺参数，成形试块的形貌如图 3.14 所示。在高纯氩气保护下成形的 AerMet100 钢，表面光洁无氧化皮，熔积层整体平整无表面缺陷。

表 3.5　AerMet100 钢微铸锻铣复合制造工艺参数

参数	电流/A	电压/V	送丝速度/(m/min)	焊接速度/(mm/min)	枪辊距/mm	氧含量/(mg/L)
数值	197	14.3	1.9	180	28	<50

(a) 正面图　　(b) 侧面图

图 3.14　AerMet100 钢微铸锻铣复合制造成形试块的形貌

2. AerMet100 钢的热处理工艺

AerMet100 钢预备热处理，依照 SAE AMS2759/3J《热处理沉淀硬化耐腐蚀、马氏体时效和二次硬化钢零件》，一般采用 900℃正火空冷，加上 677℃保温 16h 空冷以改善机械加工性能。视胞状偏析的严重程度，可以考虑在正火前追加 1150～1200℃的均匀化热处理，保温时间以最终热处理后不产生混晶现象为宜。AerMet100 钢的热处理工艺如下。

1) 固溶处理

AerMet100 钢固溶处理的目的在于：①使基体内部碳化物熔解，获得过饱和固溶体，为之后时效工艺做准备；②使组织晶粒发生再结晶，使晶粒大小均匀，进一步消除焊后残余应力；③通过控制淬火过程来获得性能较好的高位错密度的马氏体组织。

由于 AerMet100 钢的 A_{c3} 温度为 840～860℃，故常规热处理取 885℃为淬火温度，保温一段时间后进行淬火处理，保温时间参照 SAE AMS2759/ 3J 计算。淬火转移时间小于 15s，利用淬火油控制冷却速率，使 AerMet100 钢试样在 2h 内冷却至 66℃以下，促进高位错密度马氏体组织的形成，冷却过程中对淬火油进行搅拌，使试样在淬火油中均匀冷却至室温后取出。

2) 深冷处理

淬火过程结束，在清洗试样表面油污后，将试样放入低温保存柜中进行深冷处理。本试验中使用 MDF-86V50 低温冰箱，冷处理温度为-73℃。

深冷处理的目的在于：一方面，由于 AerMet100 钢中高 Co、Ni 元素含量的存在，固溶处理后其马氏体周边存在大量膜状分布的残余奥氏体，对其综合性能产生不利影响，所以需要对 AerMet100 钢在淬火至室温后继续冷至-73℃来促进残余奥氏体向马氏体转变；另一方面，在冷却至-73℃的过程中，已经形成的板条状马氏体会发生破碎，进一步细化晶粒，提升 AerMet100 钢的力学性能。

3) 时效处理

时效处理的作用在于控制 AerMet100 钢沉淀析出合金碳化物 M_2C 的数量以达到弥散强化的目的。为此，需要对时效过程、温度、时间进行调控，从而保证弥散强化相 M_2C 的尺寸和数量达到最佳。

深冷处理完成后，试样的抗拉强度较高，但屈服强度和韧性较差，在后续时效过程中，从唯象理论深入到微观组织层次分析其原因，随着时效(回火)温度的提高，AerMet100 钢组织出现不同的变化：①淬火态(深冷后)组织为孪晶占 30%的位错马氏体(板条马氏体)和少量残余奥氏体，以及在位错上析出的 ε-碳化物；②200℃时效，ε-碳化物开始向 Fe_3C 转变；③300℃时效，大量片状 Fe_3C 出现；④427℃观察到粗大 Fe_3C 和板条状 Fe_3C，454℃板条内 Fe_3C 消失、极细针状析出相出现，420～465℃位错线出现极细小析出相；⑤482℃时效，原奥氏体晶界渗碳体消失，针状析出相长大，膜状奥氏体在板条间生成；⑥510℃及更高温度时效，析出相进一步粗化，逆转变奥氏体增加。多个研究发现，在 482℃或更低温度时效时 M_2C 碳化物与基体共格且具有明显的黑白应变衬度，高于 482℃时效，M_2C 以针状析出，且与基体的共格程度不断减小，最终成为非共格的不可变形粒子，粗化成棒状的非共格 M_2C 会使强度下降。

分析 AerMet100 钢性能变化的原因：一方面，在 427℃时效的条件下，大量 C 原子脱溶形成 Fe_3C，对强度和韧性都产生不利影响，随着时效温度升高，在 454℃附近 Fe_3C 分解，形成二次强化相 M_2C，呈现取向一致的细小针状，强度性能在此达到最大。随温度的升高，M_2C 开始长大，部分 M_2C 的取向一致性消失，甚至与基体脱离共格关系，导致强化效果消失。另一方面，由于 AerMet100 钢中 Cr、Mo 含量较高，高 Cr 元素含量会降低 Fe_3C 的稳定性，从而加速 M_2C 的长大和析出，在使二次强化峰提前的同时，也使在高于二次强化峰温度时效下的力学性能降低加快，最终表现为在 482℃附近强度和韧性的剧烈变化。

3.3.2　工件微观组织及其演变

通过微铸锻铣复合制造工艺，利用焊接过程带来的余热使 AerMet100 钢在一定温度区间发生变形，轧制引入的位错密度增加能使热影响区层层叠加时奥氏体化过程形核率增加，获得尺寸更细小且均匀的等轴晶组织，实现细晶强化。图 3.15 为 AerMet100 钢自由熔积成形件与微铸锻铣复合制造成形件的晶粒尺寸对比。

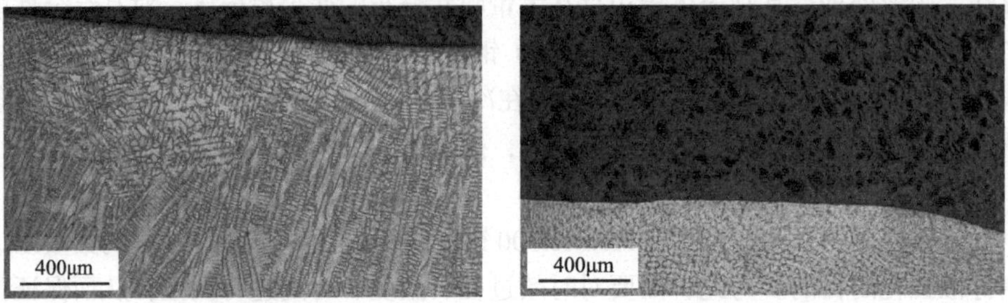

(a) 自由熔积成形件　　(b) 微铸锻铣复合制造成形件

图 3.15　初始组织对比（X 截面顶部，同一标尺）

由图 3.15 可见，焊道顶部自由熔积的晶粒主要为粗大的柱状晶，具有胞状偏析的亚结构。焊接过程中，熔池金属的体积小，冷却速度快，温度梯度大，导致焊缝中柱状晶得到充分发展，并且具有一定的方向性，沿着过冷度较大的方向生长。由于温度梯度大，固液交界前沿成分过冷度小，故发展出胞状晶的亚结构。自层底部到顶部，形态由胞状晶向胞状树枝晶、柱状树枝晶、等轴树枝晶过渡，二次枝晶臂逐渐发达。微铸锻铣复合制造工艺成形的组织依旧具有显著的胞状偏析特征，相比于自由熔积试样，二次枝晶臂不发达，近顶部等轴树枝晶也更为细小均匀。从近顶层未受二次热影响的胞状组织形貌来看，初生柱状晶发生了破碎，但没有再结晶现象发生。

图 3.16 为较高倍率下观察到的 AerMet100 钢微铸锻铣复合制造试样 X 截面顶部，图中可见轧制对晶粒的破碎现象。由于轧制引入了更高的位错密度，在后层热影响作用下，前层奥氏体化时会形成更多的奥氏体核，有一定细化晶粒的作

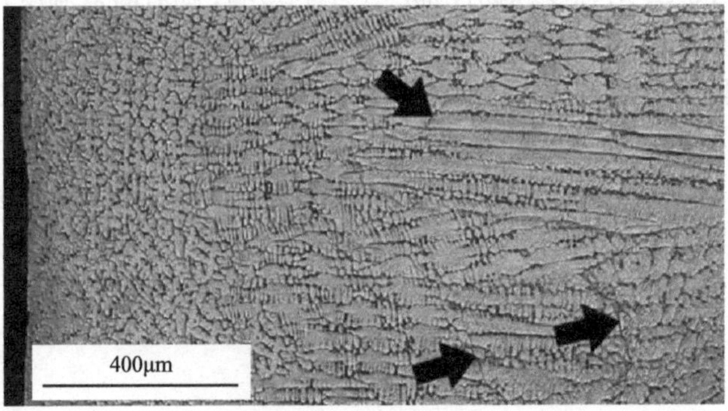

图 3.16　晶粒破碎现象

用。此外，热影响区正火区(细晶区)的层层叠加能在焊道顶部 5mm 以下形成较为均匀的等轴细晶，当轧制降低了层高时，这一叠加效果更为均匀，基本不会出现细-粗晶交替的宏观混晶现象。

3.3.3　工件力学性能与断口

1. AerMet100 钢微铸锻铣成形件的力学性能

AerMet100 钢用于制造航空航天领域关键结构件，其力学性能好坏是检验成形方法是否合适的关键，按照 GB/T 228.1—2021《金属材料　拉伸试验　第 1 部分：室温试验方法》及 HB 5143—96《金属室温拉伸试验方法》准备室温拉伸试样，按照 HB 5144—96《金属室温冲击试验方法》准备室温冲击试样。

图 3.17 为不同位置距基板不同高度处硬度变化的情况。由图能够观察到，与基板位置较近的第一层硬度相对较高，这可能与基板带来的激冷晶粒细化效果有关，整体而言硬度偏差不大，硬度性能相对均匀。

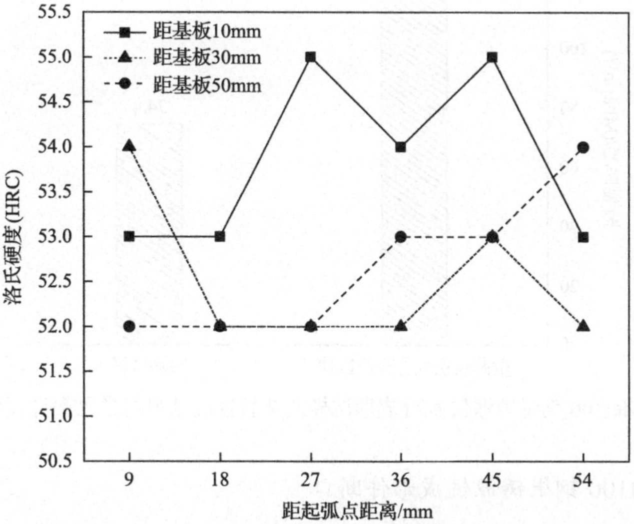

图 3.17　AerMet100 钢微铸锻铣复合成形试样不同位置距基板不同高度处的硬度分布

图 3.18 为微铸锻铣复合成形试样室温拉伸试验结果与常见锻件试样拉伸性能的比较。通过对比，判断微铸锻铣复合成形的 AerMet100 钢在强度与塑性性能方面与常规锻件达到同一水准，甚至略微高于锻件水平，特别在屈服强度上，与常规锻件相比有超过 100MPa 的提升。

图 3.19 为微铸锻铣复合成形试样室温冲击试验结果与常见锻件试样冲击试验性能的对比。通过试验可以得知，微铸锻铣复合成形的 AerMet100 钢在 U 形开口的室温冲击试验中表现出的断裂韧度明显高于锻件。

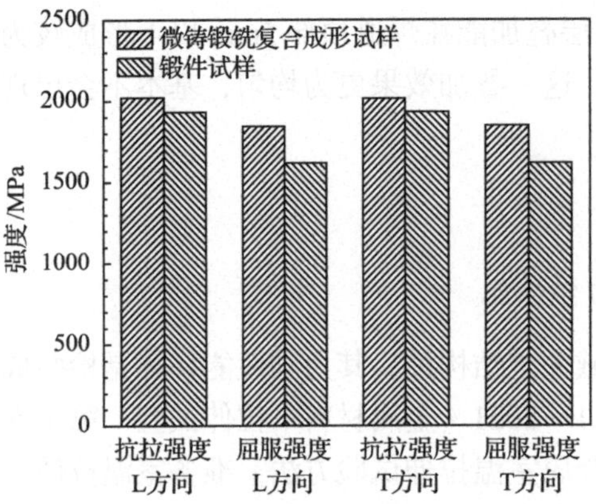

(a) 不同成形方式强度对比

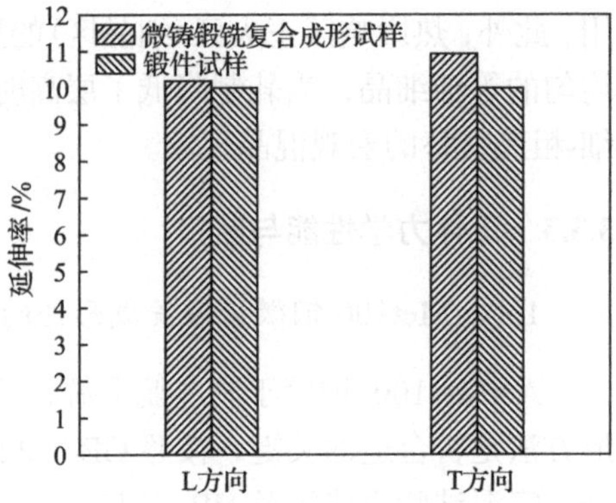

(b) 不同成形方式延伸率对比

图 3.18　AerMet100 钢微铸锻铣复合成形试样室温拉伸试验结果与常见锻件拉伸试样性能的比较

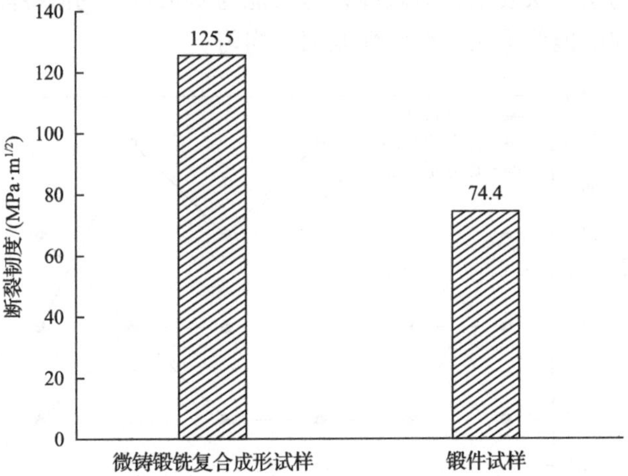

图 3.19　AerMet100 钢微铸锻铣复合成形试样的断裂韧度结果与常见锻件试样性能的对比

2. AerMet100 钢微铸锻铣成形件断口

为了探究 AerMet100 钢的室温断裂行为，利用超声波清洗试样后，在 SEM 下观察冲击试样断口形貌。图 3.20 为室温冲击试样断口处的结构形态。从图 3.20(a) 所示的宏观形貌来看，断口两端呈现塑性变形，中间部位有少量撕裂棱，断裂过程属于脆性断裂与韧性断裂混杂的断裂方式；而从化学成分检测与金相观察的结果来看，较粗大的硫化夹杂物等可能是引起脆性断裂的原因。从图 3.20(b) 所示的高倍显微形貌来看，断口面上存在大小、深浅不一的韧窝，韧窝数目和深度侧面表征出试样具有良好的韧性。在图 3.20(c) 中能够观察到韧窝内部的质点，质点元素含量及成分如表 3.6 与图 3.21 所示。正是这些质点的存在，断裂过程中应力在质点处集中，形成更深的韧窝，表现出良好的韧性。

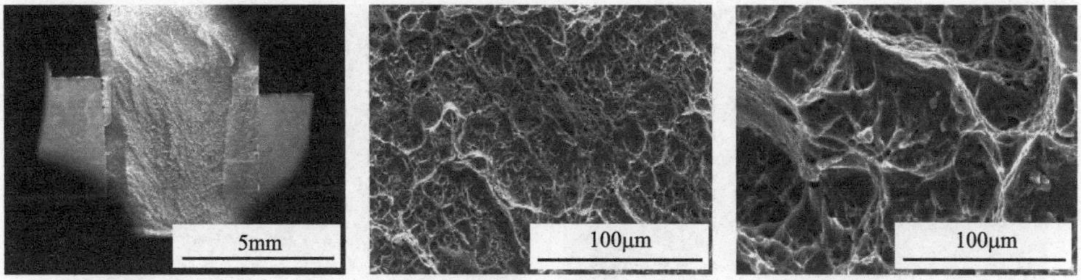

(a) 断口宏观形貌　(b) 断口上韧窝形态　(c) 韧窝内部情况

图 3.20　室温冲击试样断口处形态

表 3.6　元素成分占比

元素	质量分数/%	原子分数/%
C	—	—
Cr	6.28	3.20
Mo	9.45	1.48
Co	12.59	14.06
Ni	9.28	11.33
Mn	1.99	0
Fe	余量	余量

注：— 表示该元素未检测。

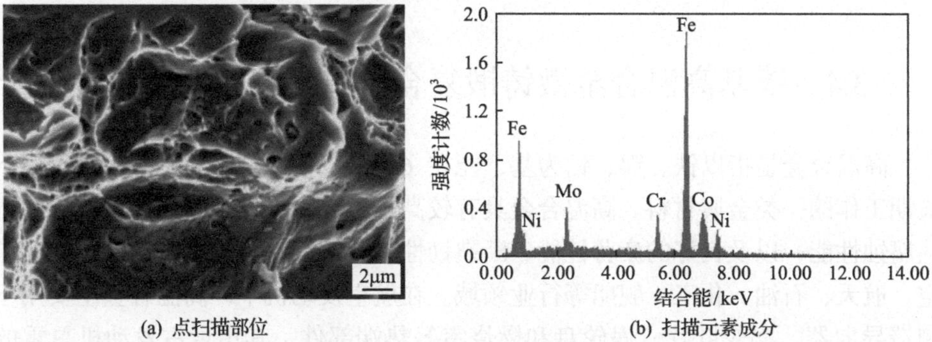

(a) 点扫描部位　(b) 扫描元素成分

图 3.21　韧窝内质点 EDS 扫描

AerMet100 钢的拉伸断口呈明显的韧性断裂特征，放射区几乎不可见，剪切唇和纤维区占绝大部分面积。未经均匀化处理(预备热处理之前)的试样(图 3.22)，其纤维区和剪切唇可见胞状偏析带来的平行集束状形貌，纤维区内的平行集束形貌呈现“伪沿晶断裂”特征。均匀化处理后的试样(图 3.23)，其集束状形貌消失，某些地区因晶粒稍粗而出现了沿晶断裂特征，沿晶断面均匀分布有细小的浅韧窝，说明晶界处塑性差，微孔聚合变形过程不充分。另外，韧窝内可见大量第二相质点。

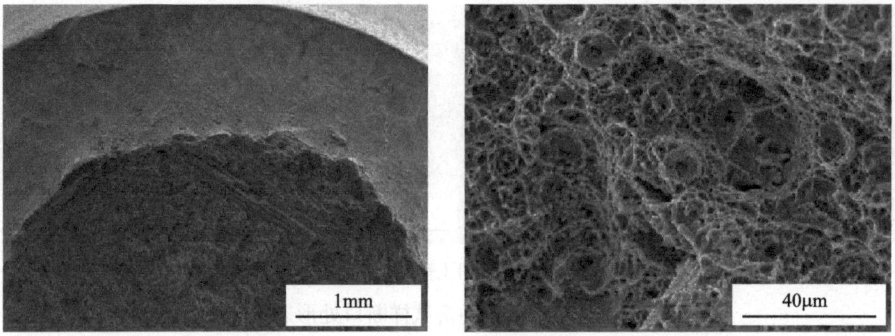

图 3.22　未经均匀化处理的试样拉伸断口形貌

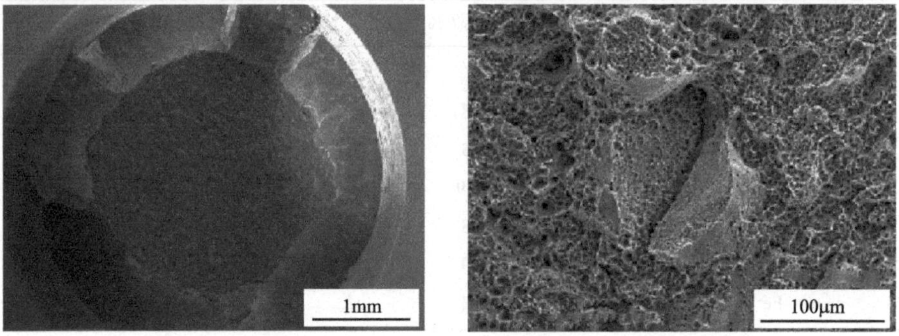

图 3.23　均匀化处理的试样拉伸断口形貌(右图为沿晶断裂区域)

3.4　镍基高温合金微铸锻复合制造工艺及组织性能

高温合金是指以铁、镍、钴为基，能在 600℃以上的高温及一定应力作用下长期工作的一类金属材料。高温合金具有较高的高温强度、良好的抗氧化性和抗热腐蚀性能，以及良好的疲劳性能、断裂韧性、塑性等综合性能，广泛应用于航空、航天、石油、化工、舰船等行业领域。在航空发动机中，高温合金主要用于制造导向器、涡轮叶片、涡轮盘和燃烧室等热端部件，其用量占发动机总重的 40%～50%。GH4169 合金(美国牌号 Inconel 718 合金)是使用最广的一种镍基变形高温合金，在英美等国家又称为超合金(superalloy)(胡春东等, 2016; Cobaldi and Ghidini, 2002; Voznesenskaya et al., 2002)。

传统方法加工镍基高温合金难度大、成本高，微铸锻复合制造技术恰恰能够解决上述问题，具有更好的加工可行性和经济性(Ayer and Machmeier, 1998)。

3.4.1　镍基高温合金微铸锻增材成形工艺

微铸锻复合制造工艺是在熔敷的焊道凝固前的半固态下施加一个力，以提高熔敷材料的致密度，改善晶粒度，使其组织更致密，相当于一个锻打的过程，俗称轧制。轧制工艺参数主要包括轧制温度和变形量这两个方面。轧制温度是指焊道熔敷金属被施加外力时的温度，会影响材料内部相的析出及含量、组织的致密情况等。影响微铸锻复合制造工艺的另一个重要因素是变形量，轧制压力的大小影响焊道的变形量，而变形量的大小影响材料内部的晶粒形态，决定着枝晶破碎程度。微铸锻复合制造工艺中，焊枪和轧辊是一起运动的，枪辊距的大小决定了轧制温度的高低。枪辊距越小，轧辊离焊枪越近，轧制温度越高；枪辊距越大，轧辊离焊枪越远，轧制温度越低，因此调整轧制温度是通过调整枪辊距来实现的。轧制压力是指轧辊对焊道施加的压力，轧制压力的大小影响焊道形貌以及成形件的力学性能，变形量调整是通过调整轧制力来实现的。

3.4.2　工件微观组织及其演变

微铸锻复合制造工艺适用于复杂零件的无模快速成形。本节通过该工艺得到GH4169 高温合金(简称 GH4169 合金)工件，观察该镍基高温合金的微观组织形态与力学性能，分析其微观组织与力学性能的变化规律。

1. 未热处理态

GH4169 合金微铸锻复合成形试样未热处理态的金相组织如图 3.24 所示。从 *X* 向(*Y*-*Z* 截面)组织可以看出，微铸锻复合制造 GH4169 合金试样最明显的内部组织是沿堆积方向并略微倾斜于该方向的粗大柱状枝晶。这是因为在微铸锻复合制造过程中，熔池温度梯度大，冷却速度快。根据过冷理论可知，柱状晶沿着过冷度最大的方向生长，并相互竞争淘汰取向较差的晶粒，导致与沿堆积方向倾斜生长的晶粒生长方式占优先取向。从 *Y* 向(*X*-*Z* 截面)组织可以发现存在部分被截断的柱状晶。柱状晶的生长方向略微倾斜于成形堆积方向，因此在该方向金相图中能看到部分被截断的柱状晶。而 *Z* 向(*X*-*Y* 截面)组织呈现出等轴晶的形态，这是因为该方向金相组织截取自与柱状晶生长方向几乎垂直的方向，显示出柱状晶近似圆柱的轮廓，从而在显微镜下呈现等轴晶形貌。

从三个方向的金相组织还可以观察到明显的胞状偏析现象，这与 GH4169 合金中 Nb 等元素具有较强的晶间偏析倾向以及电弧熔积过程易形成柱状晶的特点有关。

(a) X向

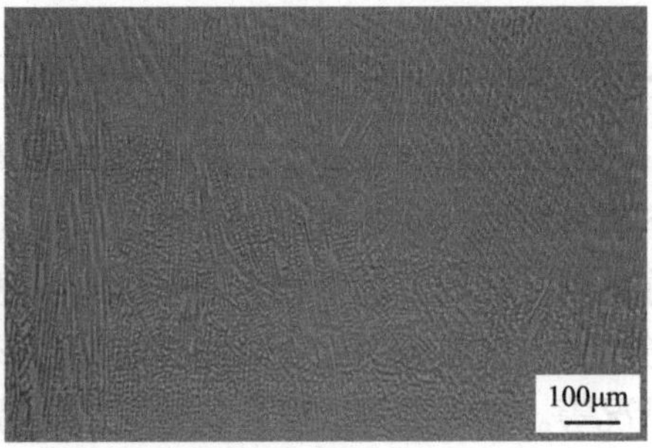

(b) Y向

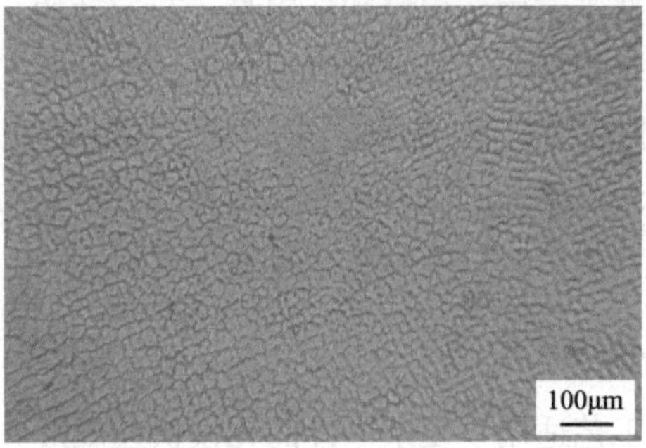

(c) Z向

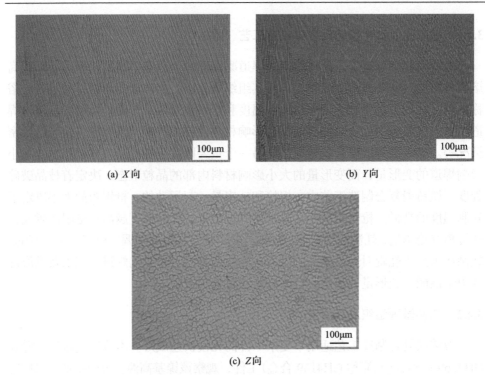

图 3.24　GH4169 合金微铸锻复合成形试样的未热处理态金相组织

2. 热处理态

图 3.25 为 GH4169 合金微铸锻复合成形试样热处理态 X、Y、Z 三向的金相微观组织。对比微铸锻复合制造未热处理态的金相组织不难发现，热处理后的合金试样内部微观组织形态产生了巨大变化，热处理前细长的柱状晶消失不见，组织由大小不一的等轴晶组成。这是因为去应力退火以及均匀化处理温度均高于 GH4169 合金动态再结晶温度 1020℃，合金试样内部微观组织发生动态再结晶。合金试样内部组织晶粒大小不一，主要是由于热处理前合金试样内部组织大小不均匀。另外，从图中还可以看出，热处理后，合金元素均匀扩散，原来微观组织不同的部分逐渐实现均匀化。

3. GH4169 合金相组成

GH4169 合金的凝固大致有几步过程：L→γ+L→(γ+NbC)+L→γ+L→γ+ Laves。因此，在 GH4169 高温合金的微铸锻复合制造过程中，其熔池的凝固过程相继会有 γ、NbC 以及 γ+Laves 共晶相产生。图 3.26 为 GH4169 合金微铸锻复合成形试样未热处理态的 SEM 组织。通过微观组织分析和 SEM 观察，能够得到如图 3.26(a)

(a) X向　(b) Y向　(c) Z向

图 3.25　GH4169 合金微铸锻复合成形试样热处理态金相组织

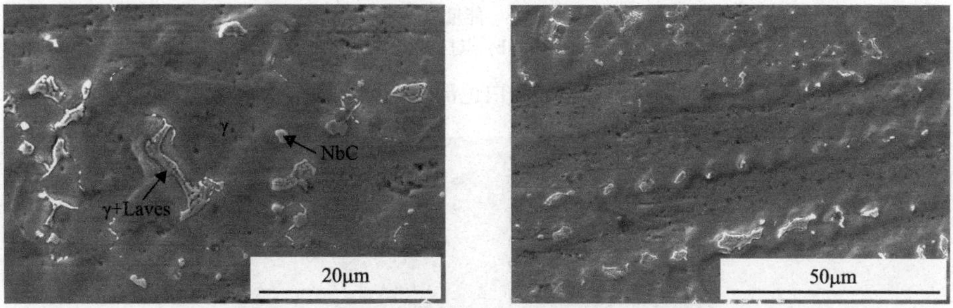

(a) 基本相组成　(b) 枝晶处Laves相

图 3.26　未热处理的 GH4169 合金微铸锻复合成形试样的 SEM 组织

所示的 γ 相、γ+Laves 共晶相以及 MC 型碳化物，图 3.26(b) 显示枝晶处存在大量的亮白色 Laves 相。由于微铸锻复合制造的特殊成形方式，熔池的凝固非常迅速，导致在凝固过程中析出的 NbC 颗粒尺寸相当细小。

取其枝晶间的亮白色部分和枝晶内块状白色区域进行 EDS 点扫描，其结果如图 3.27 和图 3.28 所示，各部位的元素成分含量如表 3.7 和表 3.8 所示。由表 3.7 可以看出，亮白色部位的 Nb、Fe、Cr 和 Ni 元素含量较高，从扫描部位组成元素含量推测，能够确定枝晶间的亮白色部分含有 Laves 相。由表 3.8 可以看出，枝晶内的块状部分 C、Nb 和 Ni 元素含量较多，表明合金组织中含有 MC 型碳化物。

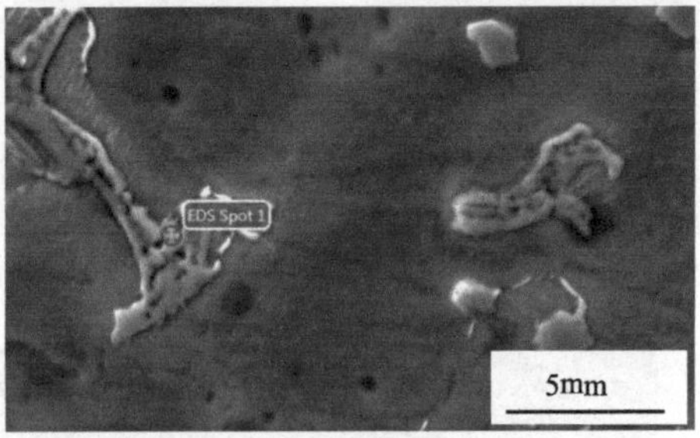

(a) 点扫描部位

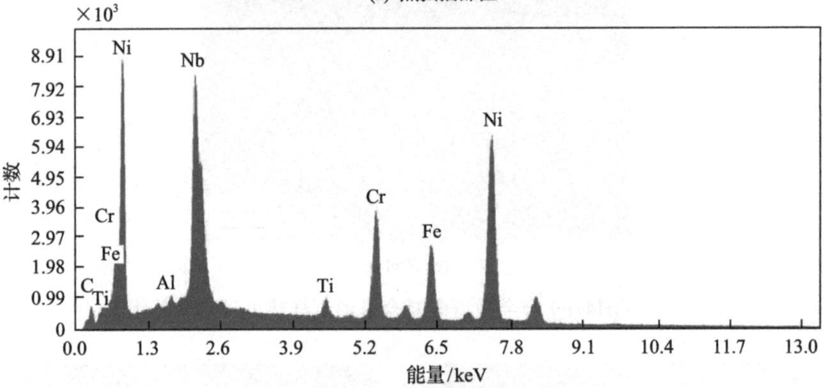

(b) 点扫描结果

图 3.27 枝晶间白色部位 EDS 点扫描

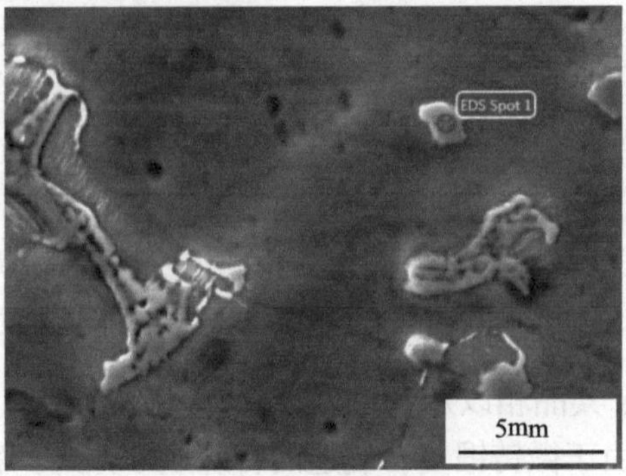

(a) 点扫描部位

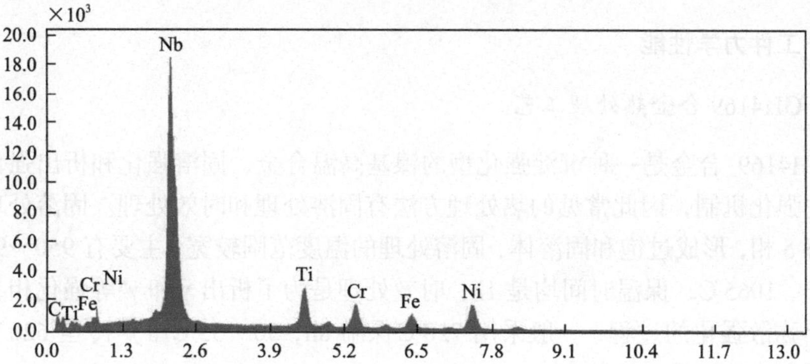

(b) 点扫描结果

图 3.28　枝晶内块状白色区域 EDS 点扫描

表 3.7　枝晶间白色部位元素成分含量

元素	质量分数/%	原子分数/%
C	3.82	16.88
Al	0.01	0.03
Nb	19.65	11.24
Ti	1.73	1.92
Cr	13.91	14.22
Fe	13.30	12.66
Ni	47.57	43.06

表 3.8　枝晶内块状部位元素成分含量

元素	质量分数/%	原子分数/%
C	7.03	30.66
Nb	51.67	29.14
Ti	10.39	11.36
Cr	8.19	8.26
Fe	6.93	6.50
Ni	15.79	14.09

除上述 γ 相、γ+Laves 共晶相以及 MC 碳化物以外，理论上 GH4169 合金组织还应该存在 δ 相、γ′和 γ″相，但是通过微观组织分析和 SEM 观察并未发现该三种合金相。究其原因可能有以下三方面因素：其一，这三种相非常细小并且含量太少以至于未能观察检测到；其二，由于该微观组织试样并未经过热处理，微铸锻复合制造的热过程难以析出这些相；其三，由于组织中含有一定量的 Laves 相，该相富集了大量的 Nb 元素，而该元素是 δ 等相的基本组成元素，使得 δ 等相很难析出。

3.4.3 工件力学性能

1. GH4169 合金热处理工艺

GH4169 合金是一种沉淀强化型的镍基高温合金，固溶强化和析出强化是其主要的强化机制，因此常见的热处理方法有固溶处理和时效处理。固溶处理是为了熔解 δ 相，形成过饱和固溶体，固溶处理的温度范围较宽，主要有 950～980℃、1010℃、1065℃，保温时间均是 1h；时效处理是为了析出 γ′和 γ″等强化相，是一个析出弥散强化的过程，一般采用 720℃保温 8h，50～55℃/h 炉冷至 620℃保温 8h，再空冷的二段时效制度。

GH4169 合金在制造过程中由于其化学成分和焊接中的凝固条件，会产生较严重的偏析，为减轻和改善此成分偏析，提高材质的均匀性，需要对其进行均匀化处理，均匀化温度一般为 1090℃。

具体热处理工艺为高温退火+均匀化+固溶+二段时效(二段时效也称为双时效)。其中，高温退火为 1050℃保温 2h，炉冷；均匀化为 1090℃保温 1～2h，空冷；固溶为 950℃保温 1h，空冷；二段时效为 720℃保温 8h，以 50℃/h 炉冷至 20℃，保温 8h。

从图 3.29 可以看出，试样经热处理后内部晶粒形态已经发生了较大的变化，由较粗大的等轴晶和细小的等轴晶组成，这主要是因为均匀化处理温度 1090℃已经超过了该合金的静态再结晶温度 1020℃，试样内部发生了重结晶，并伴有孪晶出现。另外，试样内部晶粒大小分布不均匀，这主要是因为热处理前轧制态下试样内部晶粒大小不均匀。

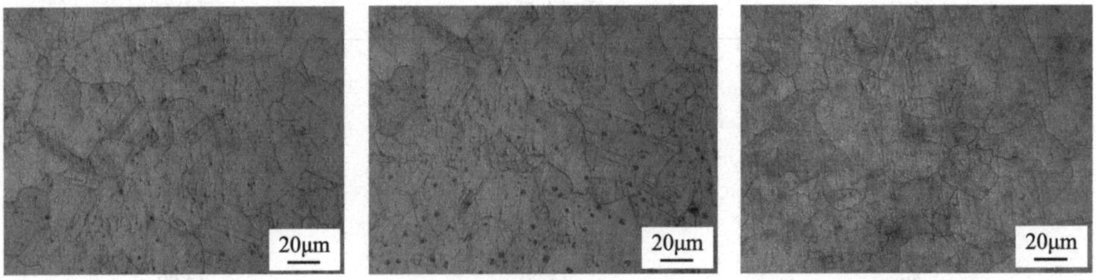

(a) *X*向　(b) *Y*向　(c) *Z*向

图 3.29　GH4169 合金微铸锻复合成形试样热处理后的微观组织

2. 力学性能

根据国标 GB/T 228.1—2021《金属材料　拉伸试验　第 1 部分：室温试验方法》，对经过热处理的试样进行 *X*、*Y*、*Z* 三向室温拉伸性能测试。

由图 3.30 和图 3.31 可见，经均匀化+固溶+双时效热处理后，GH4169 合金的

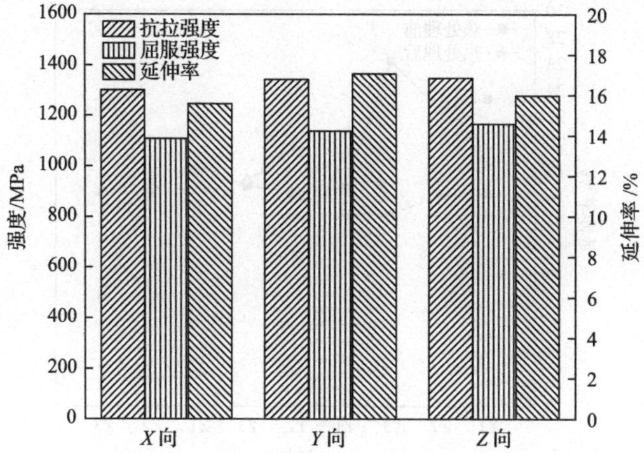

图 3.30　GH4169 合金微铸锻复合成形试样热处理后的室温拉伸性能

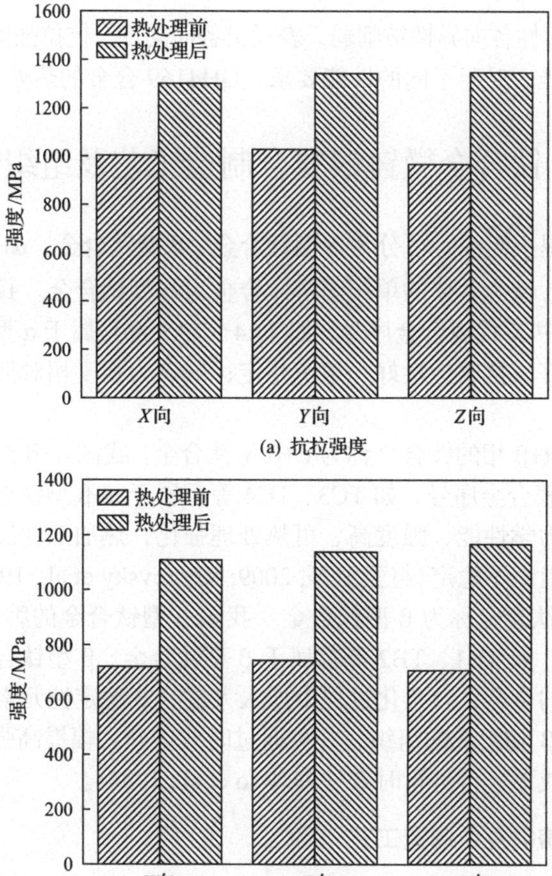

(a) 抗拉强度

(b) 屈服强度

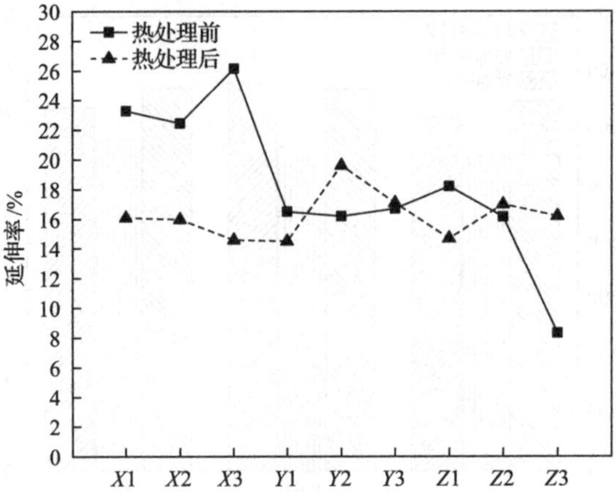

(c) 延伸率

图 3.31 GH4169 合金微铸锻复合成形试样热处理前后抗拉强度、屈服强度、延伸率对比

强度有所提高，塑性各向异性被削弱，表现出各向同性，抗拉强度、屈服强度和塑性均达到锻件标准。对于不同的性能要求，GH4169 合金的热处理工艺不尽相同。

3.5 钛合金微铸锻复合制造工艺及组织性能

钛合金按照退火组织，可分为 α 型钛合金、β 型钛合金、α+β 型钛合金。

退火组织以 α 钛为基体的单相固溶体合金为 α 型钛合金。我国 α 型钛合金的牌号为 TAX，其中 X 代表合金序号，如 TA4～TA8 都是属于 α 型钛合金。其主要优点是焊接性能好、抗腐蚀性好、组织稳定；缺点为强度相对低、变形抗力大、热加工性能差。

退火组织为 α+β 相的钛合金称为 α+β 型钛合金。我国 α+β 型钛合金的牌号为 TCX，其中 X 代表合金序号，如 TC3、TC4 等都属于 α+β 型钛合金。其主要优点是有较好的综合力学性能、强度高、可热处理强化，热加工性好、中等温度下耐热性好；缺点为组织不稳定(赵卫卫等, 2009; Knorovsky et al., 1989)。β 稳定元素含量大于 17%的钛合金称为 β 型钛合金。我国 β 型钛合金的牌号为 TBX，其中 X 代表合金序号，如 TB1、TB2 等都属于 β 型钛合金。β 型钛合金是发展高强度钛合金潜力最大的合金，合金化过程中加入大量的 β 稳定性元素，空冷或水冷在室温能得到全由 β 相组成的组织，并可通过时效处理大幅提高强度；β 型钛合金淬火可先进行冷成形，再进行时效处理(Rao et al., 1984)。

3.5.1 钛合金微铸锻复合制造工艺

钛合金对氧具有极高的亲和力，在很宽的浓度范围内都会与钛形成间隙固溶体，尤其是高温条件下，如果不加以保护，极易氧化导致严重脆化，致使金属硬度提高、塑形极大降低。氮与钛之间的作用机理与氧类似。此外，钛和氢也有很强的亲和力，形成氢化钛并易沿孪晶线和滑移面析出，使得韧性急剧下降，易于形成冷裂纹和延迟裂纹，增大缺口敏感性。因此，钛合金的焊接必须在真空环境或氩气保护气氛下进行(马英杰等,2008)。

钛合金加热时晶粒长大倾向大、速度快。当钛合金加热到高于 α→β 转变的临界温度时，晶粒在长大的瞬间会以晶界突跳式位移的方式进行，随着晶粒尺寸的增大，长大速度会减慢，但随着温度的进一步升高，晶粒长大的速度又重新加快。

钛合金微铸锻复合制造试样制作流程如下：①确定试样三维尺寸；②酸洗钛合金基板去除氧化皮，并用丙酮擦拭去除油污；准备钛合金基板的工装夹具；③确定工件坐标系，并编写机床 G 代码；④基于代码进行逐层堆积；⑤后续处理。

本节所研究的钛合金微铸锻复合制造试验全部在数控机床平台上完成，采用标准的数控代码(G 代码)来控制运动轨迹、行走速度，操作简单方便，精确可靠。

不同的焊接保护气氛对焊接过程的熔滴过渡、飞溅大小、焊道形貌等有很大的影响，因此焊接保护气体的选择至关重要。一般焊接钛合金的保护气体有高纯氩(Ar)、高纯氦(He)、Ar+He 混合气。采用高纯氩，钛合金焊接过程中电弧较长、较飘而不易控制，且焊接时飞溅比较大，焊道表面平整度较差，如图 3.32 所示。氦气可提高电弧的能量，也更易使熔滴过渡状态达到射流过渡而减少飞溅。使用含有一定比例的氦气可以有效提高钛合金的熔覆性能，使焊道成形性好，表面更均匀光滑，如图 3.33 所示。

图 3.32　送丝速度为 7.2m/min 时的高纯氩焊道

图 3.33　送丝速度为 7.2m/min 时的氦氩混合气焊道(氦气 15%+氩气 85%)

除此之外，由于氩气散热性能较差，会使熔池在高温阶段停留时间较长，虽然利于焊道内部气体的排出和夹渣的上浮，但同时也会使 TC4-DT 钛合金内部 β 晶粒更易长大，性能有所降低(Motyka and Sieniawski, 2010)。含有一定比例氦气的氦氩混合气在焊接钛合金时得到的电弧更稳定，飞溅更少，焊道表面均匀平滑，铺展良好，适用于多道多层堆焊，最终选用氦氩混合气(30%氦气+70%氩气)作为保护气体。采用的福尼斯焊机为一元化焊机，可供调节的模式有冷金属过渡

(CMT)模式、CMT+脉冲模式和脉冲模式。

(1)CMT 模式。CMT 模式与传统的过渡方式不同，短路信号系统与送丝系统成为一个整体。起弧后，熔滴过渡瞬间，检测系统得到一个短信号，送丝机会立即做出抽丝回应，熔滴与焊丝分离，该过程减小了热量输入，所以 CMT 模式的整个焊接过程都在冷热交替中进行。在 CMT 模式下，分别做了 v_s=7.2m/min 和 v_s=6.2m/min 单道试验。

(2)CMT+脉冲模式。该模式综合了 CMT 模式与脉冲模式的优点，在 CMT 模式的基础上复合了脉冲模式。与纯 CMT 模式相比，其热输入有所加大，但是总的热输入介于纯 CMT 与纯脉冲之间。CMT+脉冲模式电弧稳定性高，熔覆效率提高，焊道形貌均匀良好。但是由于 TC4 钛合金热导率小，散热慢，黏度较大而铺展不佳，所以焊道宽高比较小。在该模式下选用 v_s=7.2m/min 进行试验。

(3)脉冲模式。福尼斯焊机的脉冲模式与普通焊机脉冲模式原理相差不大，由基值电流和峰值电流两部分组成焊接电流，可调整脉冲频率直接改变熔滴过渡状态和电弧稳定性。在脉冲模式下，电弧呈钟罩型，能量较为集中，电弧稳定，焊接飞溅少，其热输入比普通焊机脉冲模式小。在该模式下选用 v_s=7.2m/min 进行试验。

图 3.34 为不同模式下的焊道形貌，相应的参数如表 3.9 所示。综合来看，在 CMT 模式中，由于特有的“送丝抽丝”过程，热输入非常小，而钛合金较黏稠，低热输入条件下难以摊开，极易出现大滴状的“驼峰”情况。因此，CMT 模式熔

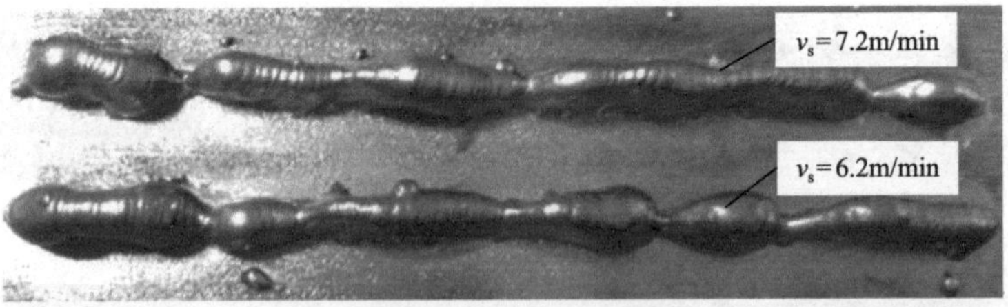

(a) CMT模式下的焊道形貌

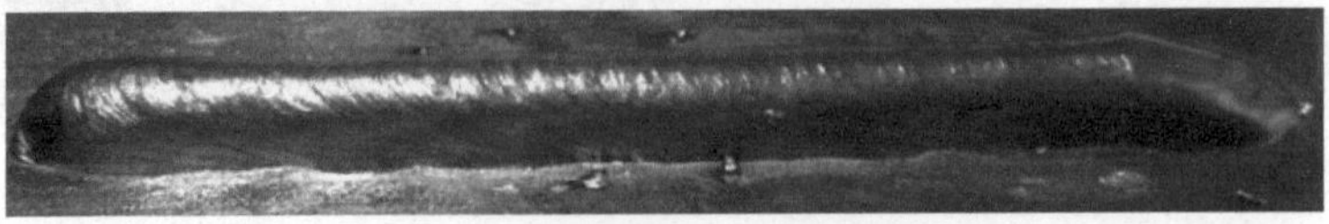

(b) CMT+脉冲模式下的焊道形貌

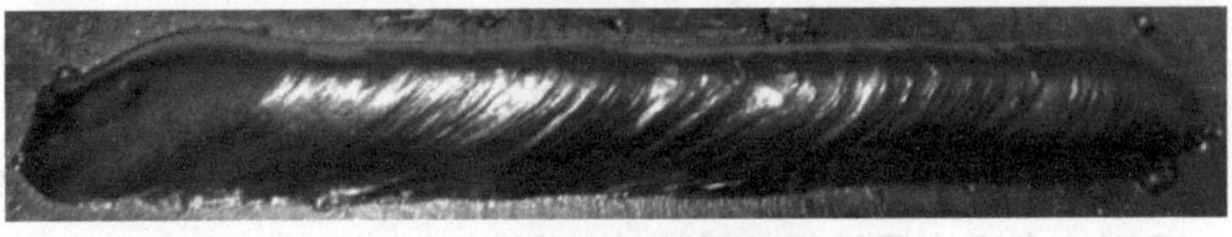

(c) 脉冲模式下的焊道形貌

图 3.34　不同模式下的焊道形貌

表 3.9　不同模式下的焊接参数

焊接模式	送丝速度/(m/min)	焊接速度/(mm/min)	焊接功率/kW
CMT	7.2/6.2	300	2.3/1.5
CMT+脉冲	7.2	300	1.8
脉冲	7.2	300	2.9

覆效率较低，易出现未熔合。在 CMT 模式的基础上复合脉冲模式，与纯 CMT 模式相比，热输入有所加大，熔覆效率提高，电弧稳定且焊道形貌均匀良好，但是由于 TC4-DT 钛合金热导率小，散热慢，黏度较大而铺展不佳；在脉冲模式下，能量较为集中，电弧稳定，焊接飞溅少，且福尼斯公司对其焊机脉冲模式进行优化后，其热输入比普通脉冲模式小，对于钛合金多道多层焊比较适用。

综合对比三种模式下焊道形貌的特点，CMT 模式由于其热输入小，熔覆效率较低，易出现未熔合，不适合堆焊；CMT+脉冲模式得到的焊道具有较小的宽高比，仅适合单道多层焊接，不适合多道多层增材制造；在脉冲模式下，宽高比增大，表面平整性较好，适合多道多层增材制造，所选择的焊接模式为脉冲模式。在多道多层堆焊过程中，合适的搭接率对成形质量影响较大。搭接过多，易导致表面不平整，会出现越堆越高的情况；搭接过少，易造成焊道间未熔合，同时该层表面会有由于搭接较少而形成的“沟壑”。大量试验表明，搭接率一般为焊道宽度的 40%～50%时，焊件表面较为平整，内部质量较好。另外，微铸锻复合制造初期冷速较快，焊道宽高比较小。随着堆焊的进行，热量逐渐积累，而钛合金热导率小，散热慢，焊道变宽(Ren et al., 2017)。为保证较好的焊接效果，每道之间停留时间为 2min，以保证每道都具有相近的宽高比。

通过对比不同热处理条件、不同轧制工艺条件下增材成形的力学性能差异，来探究微铸锻复合制造工艺，以实现微铸锻复合制造成形件性能的综合性能强化。钛合金自由熔积成形件与微铸锻复合制造成形件实物分别如图 3.35 和图 3.36 所示。

图 3.35　钛合金自由熔积成形件

图 3.36 钛合金微铸锻复合成形件

从宏观形貌上来看，钛合金自由熔积成形件的表面形貌焊接纹路非常明显，粗糙度较高；微铸锻复合制造成形件的表面被轧辊压实，较为光整。

3.5.2 工件微观组织及其演变

微铸锻复合制造不仅要得到符合形状要求的复杂零件，而且要得到组织性能较好的零件。金属成形工艺中，特定的成形参数如热输入、应变速率、成形速率、成形温度等都会影响金属的冶金质量；另外，合金的力学性能往往很大程度上受到微观组织的影响。所以，通过金属零件热成形工艺及成形后热处理工艺来控制晶粒形态、大小和分布，是提高合金力学性能的重要手段(胡春东等, 2016; 赵卫卫等, 2009; Cobaldi and Ghidini, 2002; Voznesenskaya et al., 2002; Ayer and Machmeier, 1998; Knorovsky et al., 1989)。钛合金的微观组织与热处理工艺、变形量及最初组织状态密切相关。钛合金的变形工艺一般分为两种：α+β 两相区变形工艺和 β 单相区变形工艺。本节在 α+β 两相区变形工艺下研究不同热处理工艺，从微观组织及相变的角度来解释加工工艺对力学性能的影响，找到最佳的复合成形工艺。

1. 自由熔积试样未热处理态微观组织形态

由图 3.37 可知，在未热处理自由熔积试样 β 晶粒中存在针状马氏体，而马氏体一半存在于每一道焊道的上部，这是由焊接后冷速过快造成的，在 *Z* 方向上含量最多。总体上看，未热处理自由熔积试样在 *X* 与 *Y* 方向均为自下而上生长的粗大的柱状 β 晶粒；而 *Z* 向具有等轴化趋势，主要是由于 *Z* 向为柱状 β 晶粒的横截面。

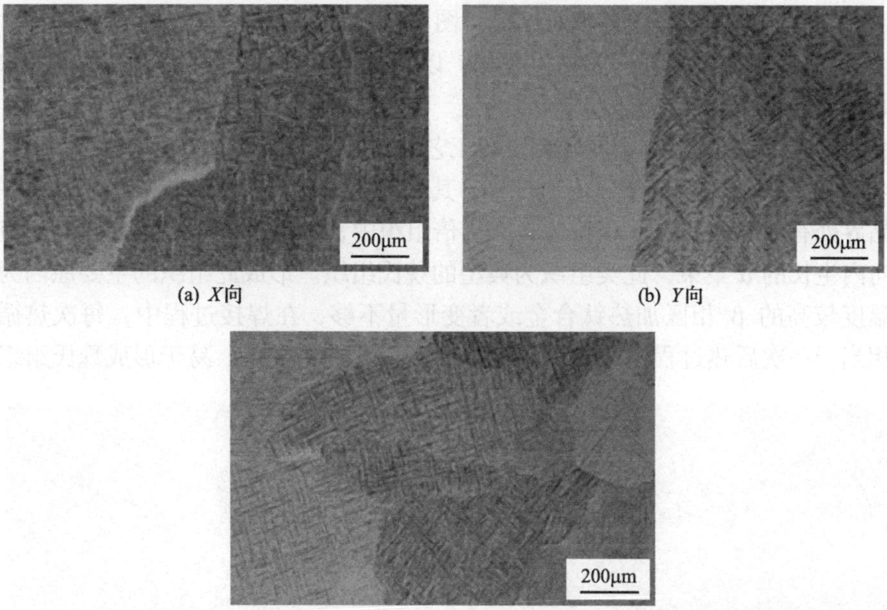

(a) X向　　(b) Y向

(c) Z向

图3.37　未热处理自由熔积试样的三向微观组织

2. 退火轧制工艺对微观组织的影响

对微铸锻复合制造来说，每次焊道都要受到焊接热循环的影响，易造成组织不均匀，所以合理的热处理以及变形量对组织均匀性有较大的影响。经过变形的钛合金内部会在进一步热处理中再次形核，细化晶粒。TC4-DT 钛合金的再结晶温度区间为750～850℃(Henlrick et al., 2001)。

1)800℃退火时50%变形后的试样微观组织

根据图3.38，经过50%变形后，粗大的树枝状β晶粒被破碎，并且晶粒发生

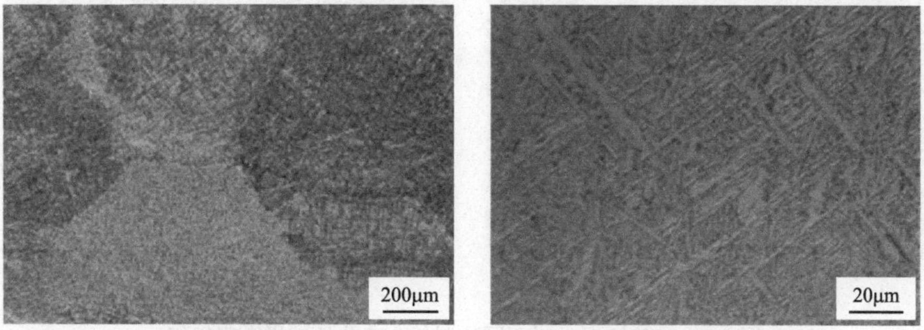

(a) 50%变形试样　　(b) 50%变形试样放大图

图3.38　800℃退火时50%变形试样的微观组织

变形，在随后退火过程中发生再结晶。图(a)中依然存在拉长的 β 晶粒且尺寸较大。图(b)中存在已经变形的初生 α 相，以及部分等轴 α 相。综合来看，800℃退火制度的再结晶过程不充分。

2)850℃退火时经过不同轧制复合工艺的试样微观组织

由图 3.39 可知，对于未变形试样，其低倍组织为粗大的柱状晶，并且在柱状晶晶界处有较厚的一层 α 相镶边，在高倍组织中，连续镶边的晶界 α 相内部有平行向内生长的 α 集束，此类组织为典型的魏氏组织。形成此组织的主要原因为：在温度较高的 β 相区加热钛合金或者变形量不够，在焊接过程中，每次热循环都相当于一次后热过程，焊缝区温度过高而超过 β 相变点，易于形成魏氏组织，

(a) 未变形试样

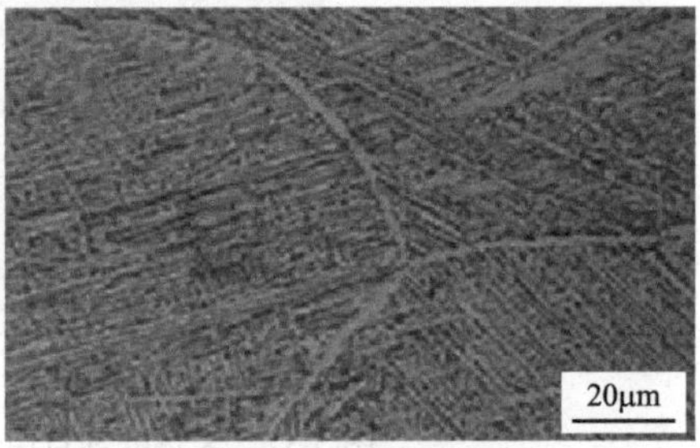

(b) 未变形试样放大图

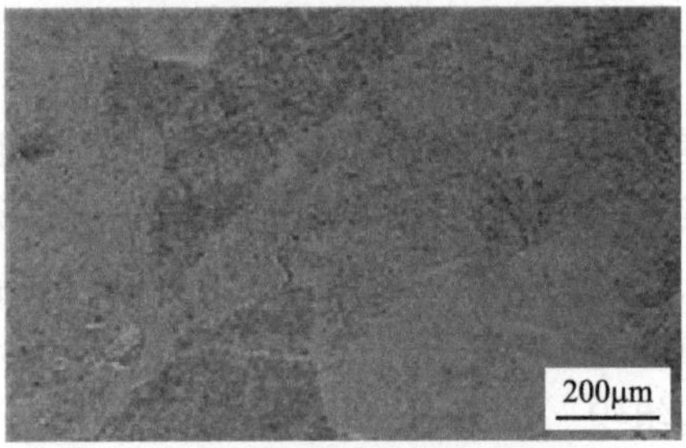

(c) 30%变形试样

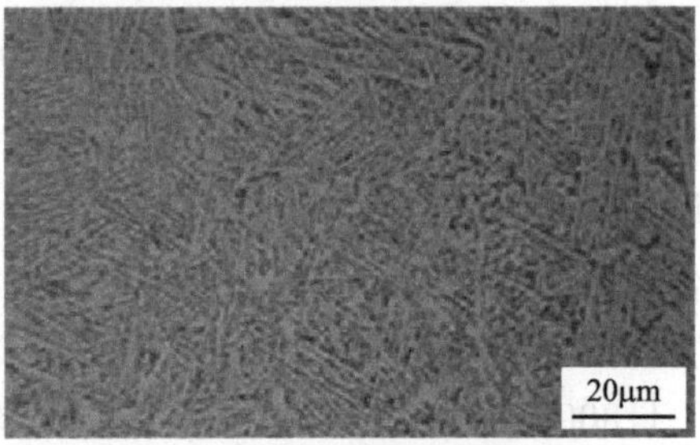

(d) 30%变形试样放大图

(e) 50%变形试样

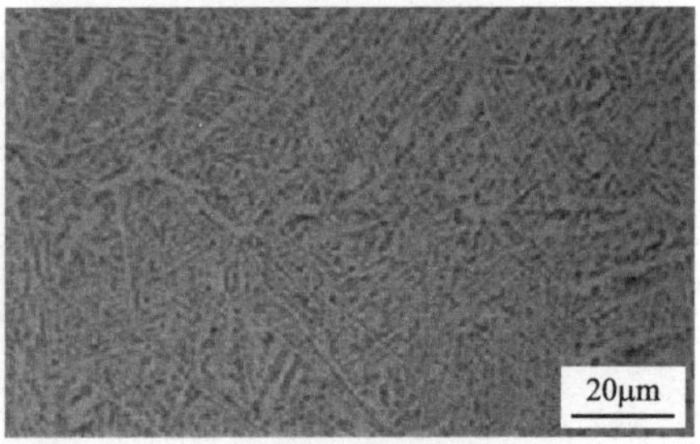

(f) 50%变形试样放大图

图 3.39　850℃退火时不同轧制复合工艺的试样微观组织

而热影响区则未超过相变点，只会使晶粒长大。所以未变形的试样并非所有的区域都是魏氏组织，通过 850℃退火，只能使组织均匀化，并不能消除自下而上的粗大 β 晶粒及魏氏组织。魏氏组织塑性较差，所以钛合金热加工应当避免此类组织。

经过 30%变形的试样，其低倍组织自下而上粗大的 β 晶粒被破碎，有等轴化趋势，连续的晶界 α 相也被截断；其高倍组织为少量等轴 α 相及 β 转变组织，内部仍然存在晶界 α 相，并且等轴 α 相数量较少且不均匀。经过 50%变形的试样，其低倍组织为更细小的等轴 β 晶粒，并无明显可见连续的晶界 α 相，其高倍组织为均匀的等轴 α 相、网篮组织及 β 转变组织，等轴 α 相数量相对于 30%变形较多，且 β 转变相层片间距相对于 30%变形较细小。总体上，经过 50%变形的试样组织为三态组织，此类组织综合等轴组织与网篮组织的优势，具有较好的塑性及强韧性。在 850℃退火时，试样再结晶程度较 800℃时更为充分。

3. 固溶时效轧制工艺对微观组织的影响

对于 920℃固溶(水冷)+550℃/4h 时效试样，其过程为：在两相区加热时，初生的 α 相部分转变为 β 相，然后迅速冷却，一方面，由于冷却速度较快，马氏体相变驱动力充足，过饱和的 β 相切变转变为马氏体相 α′；另一方面，亚稳定的 β 相不能完全转变为 α 相而被保留下来，在随后的时效过程中，马氏体相 α′分解且亚稳定的 β 相分解为弥散化的 α 相，达到强化效果。

由图 3.39 可知，对于未变形的试样，其低倍组织仍为粗大的 β 柱状晶体，与 850℃退火态相比并无明显区别，说明钛合金仅通过热处理强化并不能明显改变宏观的组织结构(β 晶粒的形态)，这一点与钢有所区别。由于固溶时效冷却速度较快，未变形试样的高倍组织 β 晶粒内部主要为针状 α 相，其针状形态长短不一，且针状较宽。

经过 30%变形试样的针状 α 相宽度明显变窄，长宽比增加，所以相对未变形的试样，强度有所增加，但是塑性降低。经过 50%变形试样的针状 α 相的宽度并无明显变化，但是长度有短化趋势，针状 α 相变多，并且出现了少量球化的等轴 α 相，相对于 30%变形的试样，其强度塑性会有所提高。

由图 3.40 可知，对于未变形的试样，在粗大的 β 晶粒的基体上，晶界处有较厚的晶界 α 相，紧邻晶界处有垂直于晶界向内生长的 α 集束组织，在集束组织之内，也有块状 αm 相，该组织为魏氏组织。由于加热温度过高，冷却速度较慢而马氏体相变驱动力不足，未变形或者变形量不够，该组织的塑形及强度均较差。

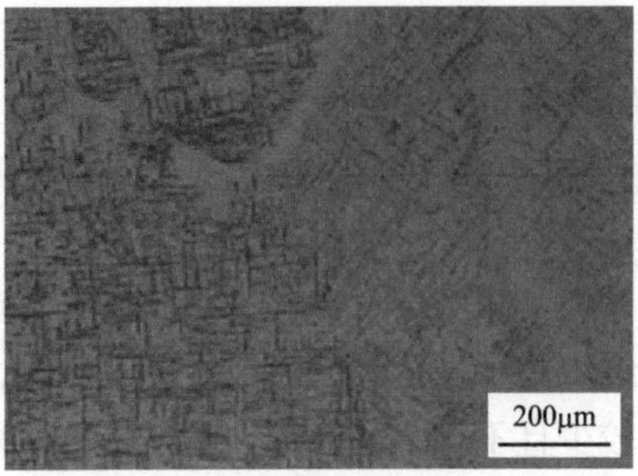

(a) 未变形试样

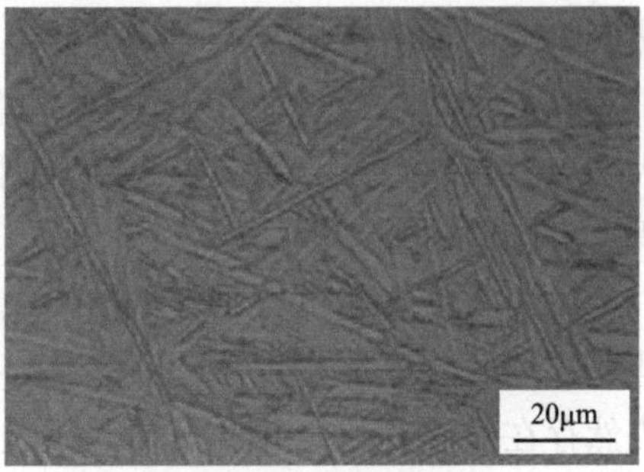

(b) 未变形试样放大图

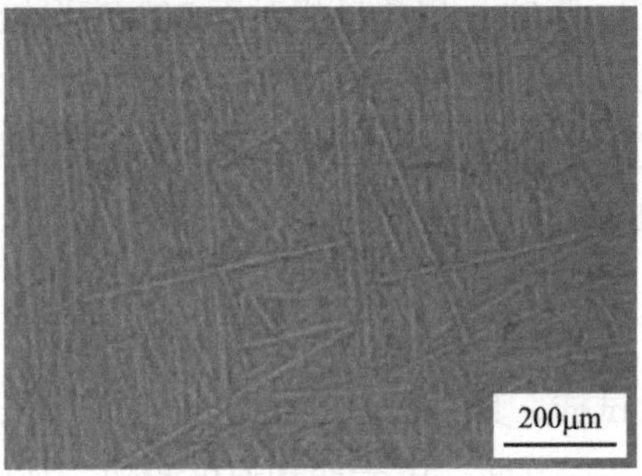

(c) 30%变形试样

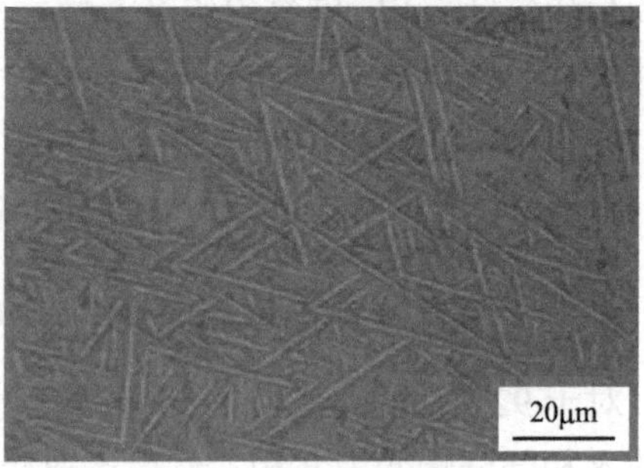

(d) 30%变形试样放大图

图 3.40　920℃固溶(水冷)+550℃/4h 时效下不同轧制复合工艺的试样微观组织

对于经过 30%变形的试样，粗大的 β 晶粒被碾碎，其低倍组织内部仍为块状 αm 相与 α 集束组织，部分晶界 α 相消失，高倍组织中，平行的 α 集束组织由于变形的原因而改变方向，并且出现了少量等轴 α 相，其组织为交叉的 α 相集束与少量等轴组织。

由图 3.41 可知，对于经过 50%变形的试样，镶嵌晶界 α 相的 β 晶界基本消失，其高倍组织中原来较长的集束组织部分由于变形量加大，平行状态被打乱，且针状 α 相短粗化，呈现出等轴组织、β 转变组织及短粗化针状组织的混合态，该组织具有较好的塑性与抗冲击变形能力，但是因为针状 α 相厚度变厚，所以强度较低。

(a) 未变形试样

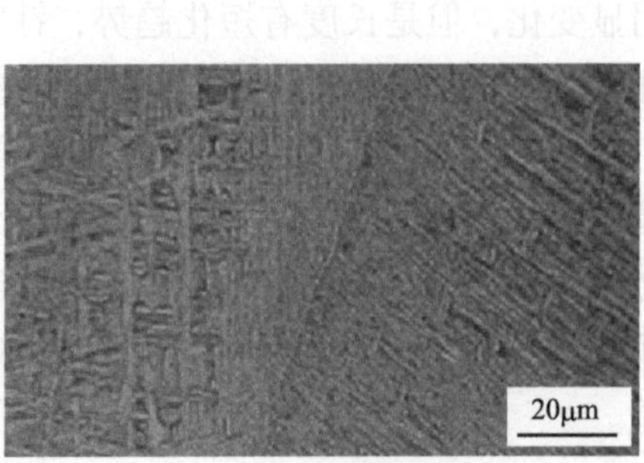

(b) 未变形试样放大图

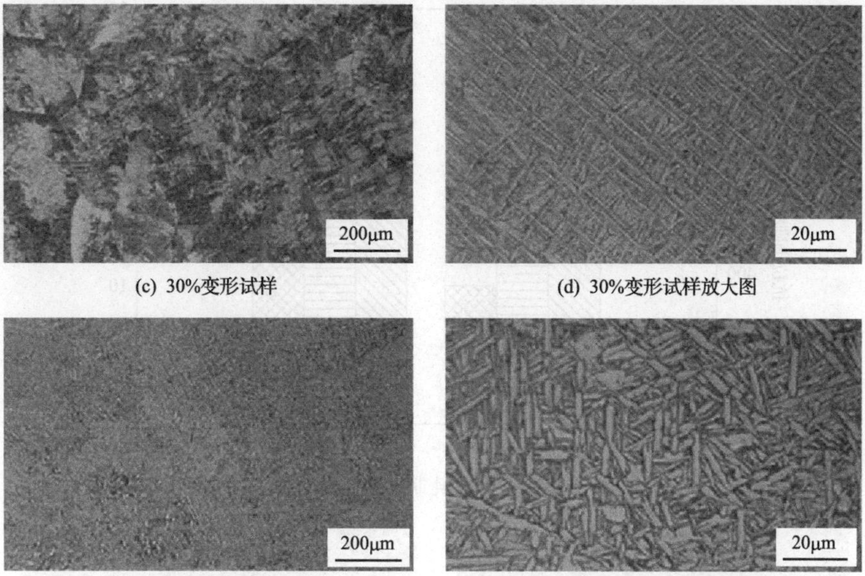

(c) 30%变形试样　(d) 30%变形试样放大图

(e) 50%变形试样　(f) 50%变形试样放大图

图 3.41　950℃固溶(空冷)+55℃/4h 时效下不同轧制复合工艺的试样微观组织

3.5.3　工件力学性能与断口

本节参照 GB/T 25137—2010《钛及钛合金锻件》规定进行测试，表 3.10 为 TC4 锻件的力学性能。

表 3.10　GB/T 25137—2010《钛及钛合金锻件》规定的 TC4 锻件的力学性能

参数	抗拉强度/MPa	屈服强度/MPa	延伸率/%	冲击韧性/(kJ/m^2)
数值	≥895	≥828	≥10	≥350

下面分析微铸锻复合制造过程中轧制工艺对 TC4 钛合金力学性能的影响。

1. 800℃退火

TC4-DT 钛合金的再结晶温度为 750～850℃。图 3.42 为 800℃退火时 50%变形轧制复合工艺试样的拉伸性能。由图可知，抗拉强度、屈服强度及延伸率均超过锻件水平，其中抗拉强度与屈服强度相对锻件分别提高了 8.3%与 9.5%，延伸率提高了 5.2 个百分点。图 3.43 为 800℃退火拉伸试样的 SEM 断口形貌，由大小不一的等轴韧窝组成，属韧性断裂。图 3.44 为 800℃退火时 50%变形轧制复合工艺试样的冲击韧性，相比锻件提高了 46%。通过增加轧制工艺，进一步提高了 TC4 钛合金的力学性能。

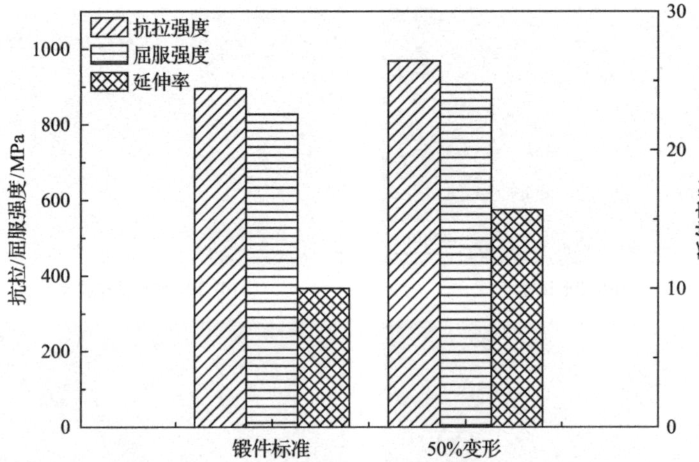

图 3.42　800℃退火时轧制工艺试样的拉伸性能

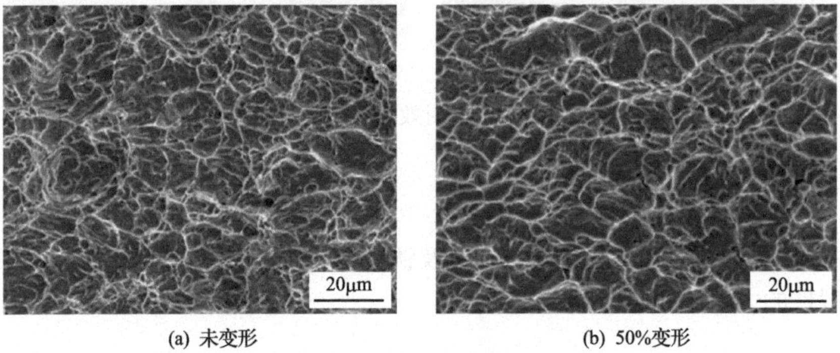

(a) 未变形　　　　(b) 50%变形

图 3.43　800℃退火时拉伸试样的 SEM 断口形貌

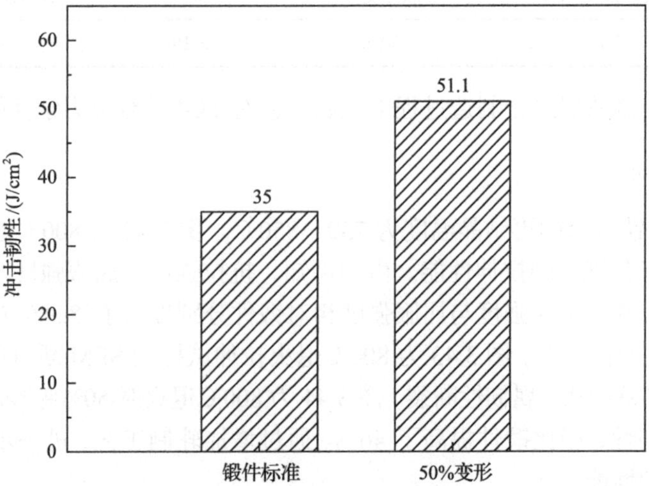

图 3.44　800℃退火时轧制工艺试样的冲击韧性

2. 850℃退火

图 3.45 为 850℃退火时不同轧制复合工艺试样的拉伸力学性能。由图 3.45 可知，试样抗拉强度和延伸率均随着轧制变形量的增加而增加。在抗拉强度方面，30%变形及 50%变形试样达到锻件标准；在屈服强度方面，未变形试样与锻件标准相当，30%变形及 50%变形试样较锻件标准分别提高了 7.49% 及 16.54%；在延伸率方面，未变形、30%变形及 50%变形试样均超过了锻件标准，其中经过 50%变形量轧制复合工艺的试样延伸率最高，为 15.7%。由以上数据可知，除未变形试样的屈服强度略低于锻件水平外，其余试样的力学性能均超过锻件标准。

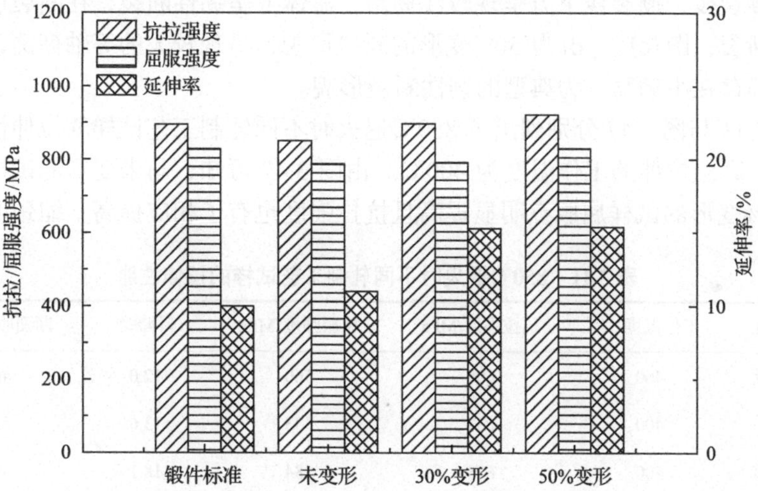

图 3.45　850℃退火时不同轧制工艺试样的拉伸性能

图 3.46 为 850℃退火时不同轧制工艺拉伸试样的 SEM 断口图像。其中，图(a)为未变形的断口形貌，其中有少量较小较浅的韧窝及较多由于切变变形拉长的韧窝，并同时存在一些解理平面，呈准解理断裂形貌；图(b)为 30%变形的断口形貌，其断口形貌呈现大小不一较浅的等轴韧窝状态，在图像右侧有明显的两条

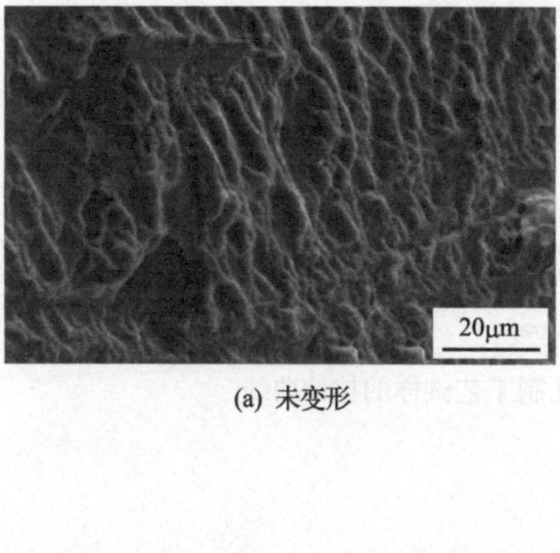

(a) 未变形

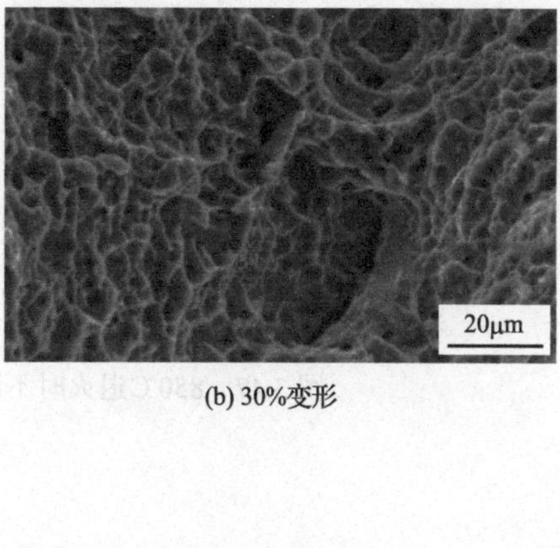

(b) 30%变形

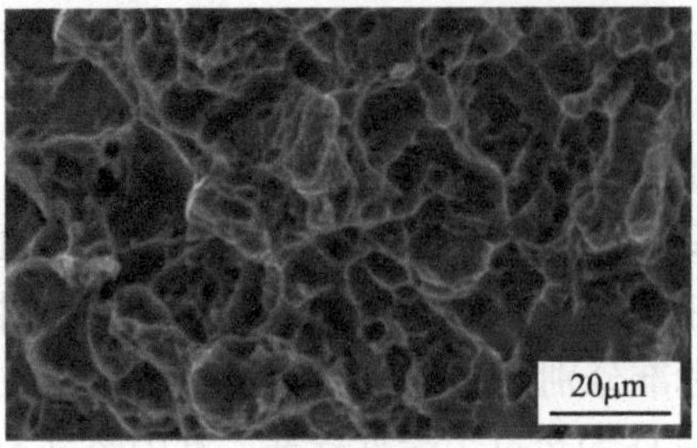

(c) 50%变形

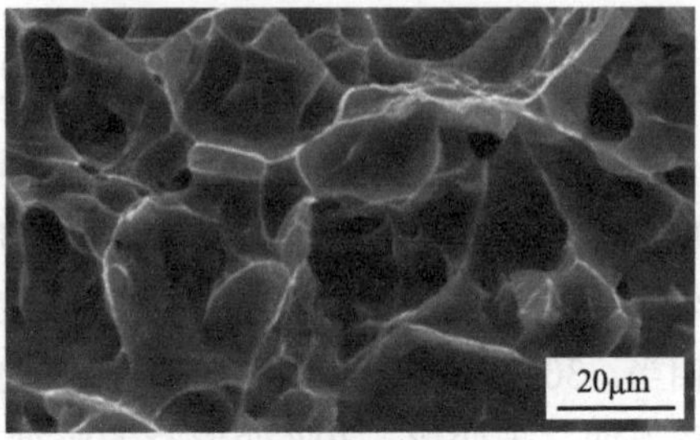

(d) 50%变形放大图

图 3.46 850℃退火时不同轧制工艺拉伸试样的 SEM 断口形貌

叉开的撕裂棱，撕裂棱下方呈现较浅韧窝，总体上呈韧性断裂，在断裂后期发生了解理断裂；图(c)、(d)为 50%变形的断口形貌，呈现较大的等轴韧窝，等轴大韧窝内部存在小韧窝，为典型的韧性断裂形貌。

表 3.11 与图 3.47 分别列出了 850℃退火时不同轧制工艺试样的拉伸性能及拉伸曲线，高温拉伸的工作温度为 400℃。由图 3.47 可知，与未变形的试样相比，经过 50%变形的试样屈服点明显提高且抗拉强度也有了相应提高，缩颈明显，表

表 3.11 850℃退火时不同轧制工艺试样的拉伸性能

试样类别	工作温度/℃	抗拉强度/MPa	屈服强度/MPa	延伸率/%	断面收缩率/%
锻件标准	400	600	560	12.0	40.0
未变形	400	637	533	13.6	55.9
50%变形	400	673	584	18.1	70.0

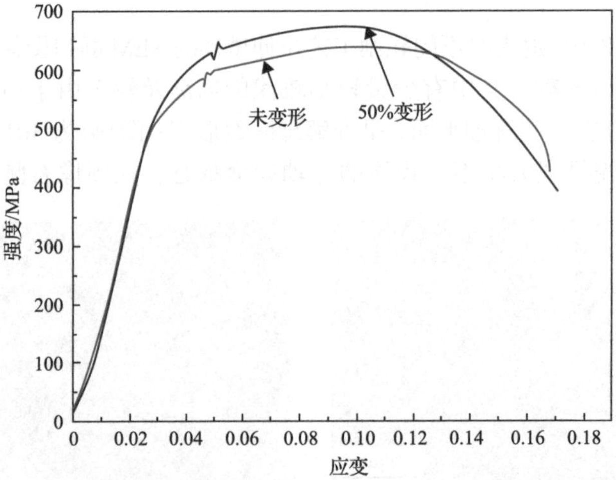

图 3.47 850℃退火时不同轧制工艺试样的拉伸曲线

明经过轧制变形的试样塑性较好。根据表 3.11 中的数据，在抗拉强度方面，未变形与 50%变形试样相对锻件标准分别提高了 6.2%与 12.2%；在屈服强度方面，未变形的试样未达到锻件标准，经过 50%变形的试样相对锻件提高了 4.3%；在延伸率方面，未变形与 50%变形试样相对锻件标准分别提高了 1.6 个百分点与 6.1 个百分点；在断面收缩率方面，未变形与 50% 变形试样相对锻件标准分别提高了 15.9 与 30 个百分点。

图 3.48 为 850℃退火时高温拉伸试样的 SEM 断口形貌，可见两种试样的韧窝尺寸大小并无明显变化，但是经过 50%变形试样的韧窝数量明显增多，韧窝深度较深，说明塑性较好。

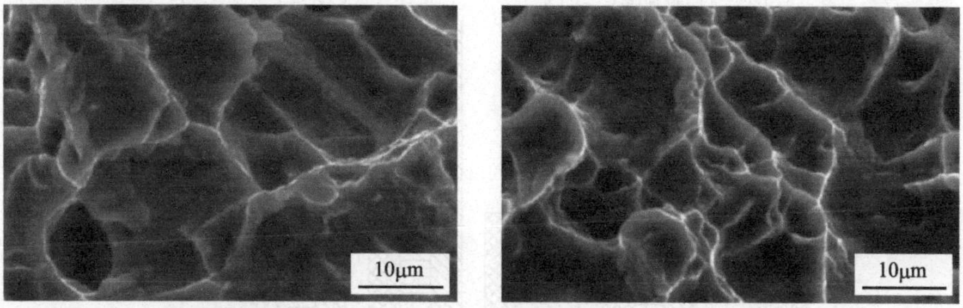

(a) 未变形　　(b) 50%变形

图 3.48　850℃退火时高温拉伸试样的 SEM 断口形貌

由图 3.49 可知，未变形试样及轧制复合工艺试样的冲击韧性均超过了锻件标准，未变形、30%变形及 50%变形试样较锻件标准分别提高了 15.7%、45.1%及 61.1%。综合来讲，微铸锻与 850℃退火工艺复合得到了三态组织，具有较好的综合性能，850℃退火相比 800℃再结晶更充分，性能更好。

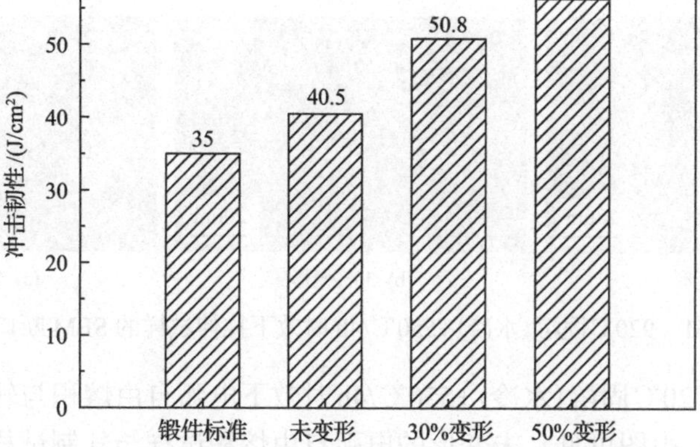

图 3.49　850℃退火时不同轧制工艺试样的冲击韧性

3. 920℃固溶(水冷)+550℃/4h 时效

由图 3.50 可知，在电弧自由熔积工艺以及电弧自由熔积与轧制复合成形工艺条件下，试样的力学性能均超过了锻件标准。在抗拉强度方面，未变形、30%变形及 50%变形试样较锻件标准分别提高了 9.16%、15.2%及 24%；在屈服强度方面，未变形、30%变形及 50%变形试样较锻件标准分别提高了 3.26%、12.3%及 18.4%；在延伸率方面，未变形、30%变形及 50%变形试样均超过了锻件标准，延伸率与轧制变形量并无正相关趋势。

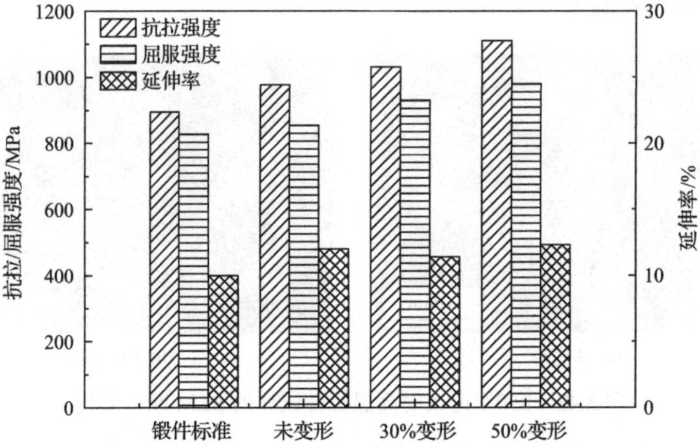

图 3.50　920℃固溶(水冷)+550℃/4h 时效下不同轧制工艺试样的拉伸性能

由图 3.51 可知，未变形试样由解离小台阶及少量韧窝组成，且韧窝相对较浅；30%变形试样为小尺寸等轴韧窝组织，数量相对较多且较浅；50%变形试样由大小不一的韧窝组成，形貌为准解离形貌。总体来看，三种轧制工艺所发生的塑性变形都不大，但 50%变形试样的撕裂棱相对较多而强度较大。

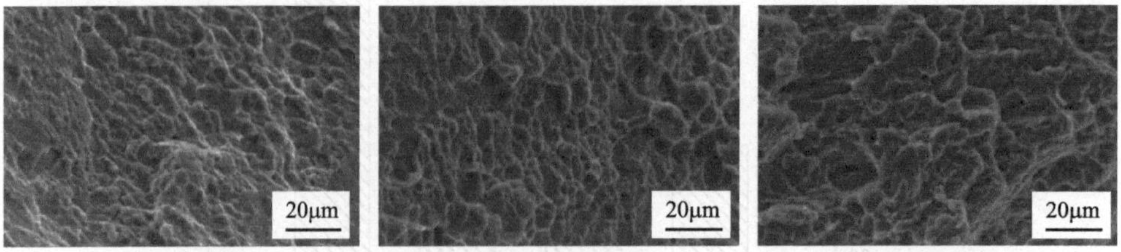

(a) 未变形　　(b) 30%变形　　(c) 50%变形

图 3.51　920℃固溶(水冷)+550℃/4h 时效下拉伸试样的 SEM 断口形貌

图 3.52 为 920℃固溶(水冷)+550℃/4h 时效下电弧自由熔积与轧制复合成形试样的冲击韧性。由图可见，未变形的电弧自由熔积试样与轧制试样较锻件标准冲击韧性有一定提高，且提高幅度基本相当。试样变形量为 50%时，其冲击韧性最

好，相对锻件标准提高了 28.6%。

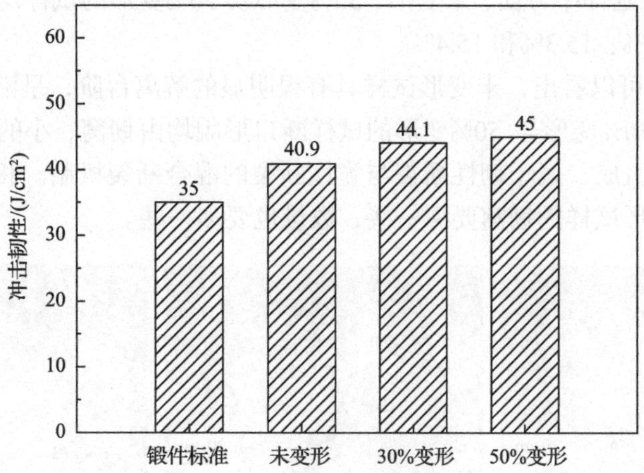

图 3.52　920℃固溶(水冷)+550℃/4h 时效下不同轧制工艺试样的冲击韧性

920℃固溶(水冷)+550℃/4h 时效处理时，因为冷却速度快，马氏体相变驱动力充足，所以试样微观组织为针状 α 相。由于固溶温度相对较低，强度仅有少量提高，受马氏体形态影响，其塑性与抗冲击变形能力相对较差。经过轧制变形后，较长的针状 α 相被轧断，数量变多且层片间距变小，所以轧制变形后试样的强度与韧性相对未变形的试样有了进一步提高。

4. 950℃固溶(空冷)+550℃/4h 时效

由图 3.53 可见，在抗拉强度与屈服强度方面，未变形的试样并未达到锻件标准；经过 30%变形的试样，屈服强度未达到锻件标准，抗拉强度与锻件标准相当；

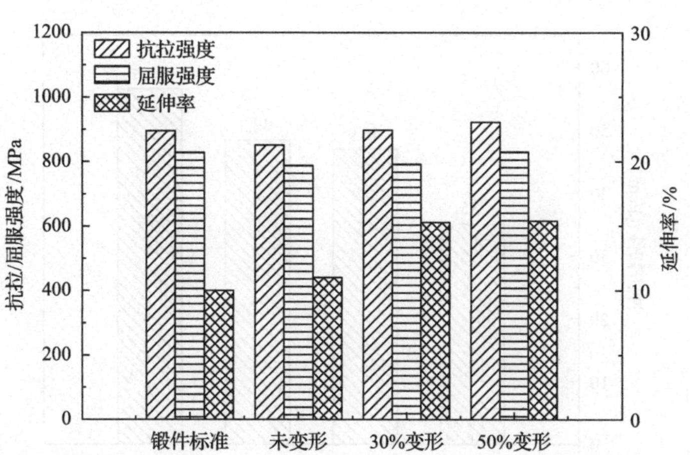

图 3.53　950℃固溶(空冷)+550℃/4h 时效下不同轧制工艺试样的拉伸性能

经过 50%变形的试样，抗拉强度与屈服强度均稍高于锻件标准，分别为 922MPa 和 830MPa。在延伸率方面，未变形、30%变形及 50%变形的试样均超过了锻件标准，分别为 11%、15.3%和 15.4%。

由图 3.54 可以看出，未变形试样具有很明显的解离台阶，呈沿晶解离状态，属脆性断裂；30%变形与 50%变形的试样断口形貌均由韧窝、小的晶体学解离小平面及撕裂棱组成，属于韧性断裂与脆性断裂的混合断裂机制。相对来讲，50%变形比 30%变形试样的韧窝要深一些，数量也要多一些。

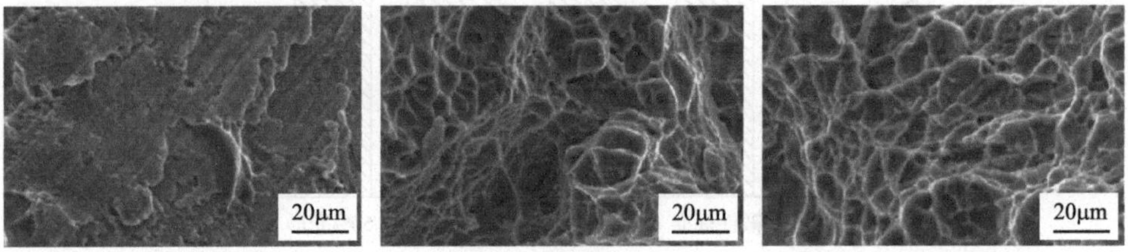

(a) 未变形　(b) 30%变形　(c) 50%变形

图 3.54　950℃固溶(空冷)+550℃/4h 时效下拉伸试样的 SEM 断口形貌

图 3.55 为 950℃固溶(空冷)+550℃/4h 时效下不同轧制工艺试样的冲击韧性。由图中数据可以看出，在抗冲击变形能力方面，随着轧制变形量的增加，冲击韧性有正相关趋势，未变形、30%变形及 50%变形的试样较之锻件标准分别提高了 34%、38%及 61.4%。从微观组织上来看，未经变形的试样，其组织为魏氏组织并且内部含块状 αm 相，该组织易于在晶界处引起裂纹生长，所以强度与冲击韧性均较差；经过 30%变形后，平行排列的 α 相集束一部分被改变方向，块状 αm 相经过变形后再结晶细化，所以塑性有了提升，但是冲击韧性仍然较低；经过 50%变形后，β 晶界与较长的平行的 α 相集束组织基本消失，块状 αm 相再结晶为等轴 α 相，

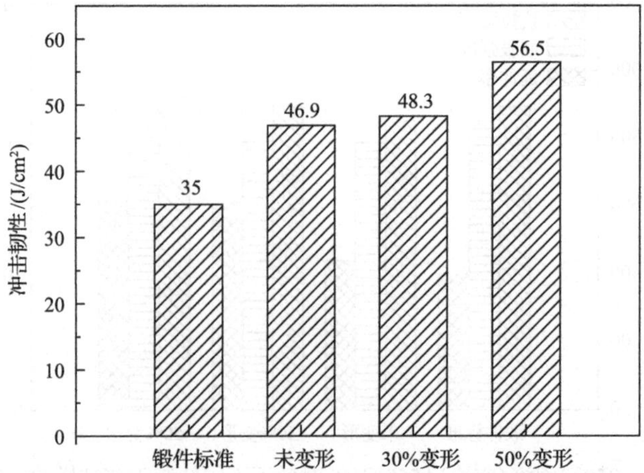

图 3.55　950℃固溶(空冷)+550℃/4h 时效下不同轧制复合工艺试样的冲击韧性

原本较长的针状 α 相有短粗化的趋势，亚稳定的 β 晶粒转变为层片组织，该组织具有塑性好、强度低的特点。

3.5.4　工件热处理工艺

1. 热处理工艺

热处理可以使钛合金组织均匀化，是提高和稳定钛合金性能的常用手段。一般来讲，钛合金热处理主要分为退火处理、固溶时效处理、形变热处理、化学热处理等。

(1)退火处理，其目的主要是去应力。去应力退火温度一般低于再结晶温度，为 450～650℃，热处理时间应根据工件截面尺寸及需要消除应力的程度而定；再结晶退火的温度在再结晶温度与相变温度之间，通过再结晶过程，可完全消除残余应力，稳定组织及提高强塑性；双重退火经历了两次退火，第一次退火温度接近再结晶最高温度，使得再结晶过程充分进行，第二次属于低温退火，退火温度低于再结晶温度，并且保温较长时间，使得亚稳 β 相充分分解，双重退火可以更好地改善组织均匀性，提高塑性。

(2)固溶时效处理，是钛合金强化的主要热处理工艺。首先将钛合金加热到较高的温度，大量室温 α 相转化为 β 相，经过较快的冷却速度，过饱和的亚稳定 β 相大部分切变转变为马氏体。在随后的时效过程中，一方面马氏体分解为针状 α 相，另一方面残余的亚稳定 β 相弥散析出第二项，从而强化钛合金。

钛合金的成分、性质及热处理工艺都会影响钛合金亚稳相的成分、形态以及亚稳相分解过程中析出相的性质。固溶温度的提高，冷却速度的加快，会使得时效强化的效果显著。

(3)形变热处理，是在热处理的同时复合轧制的工艺。它可以发挥轧制变形与热处理工艺的双重优势，得到复合的组织与优良的综合性能。

(4)化学热处理。为了改善钛合金性能，通过采用电镀及喷涂等化学方法进行热处理，可以明显提高合金的耐磨性能，改善在特殊环境中的耐腐蚀性能，但是这种方法一般会损失一部分塑性及疲劳性能。

热处理工艺对改善 TC4-DT 钛合金的综合力学性能是一种非常有效的手段，本节选用几种不同的热处理方式对微铸锻复合制造技术成形的试样进行焊后热处理，以比较不同热处理工艺对 TC4-DT 钛合金综合力学性能的影响。

由图 3.56 可见，800℃退火试样的抗拉强度与屈服强度分别为 969MPa 与 907MP，延伸率为 14.7%；850℃退火后性能有所提高，分别为 1059MPa、966MPa，延伸率为 15.7%；920℃固溶(水冷)+550℃/4h 时效(图中表示为 920℃固溶时效)

试样的抗拉强度相比 850℃退火时稍有提高，为 1110MPa，屈服强度相当，但是延伸率降低；950℃固溶(空冷)+550℃/4h 时效(图中表示为 950℃固溶时效)试样抗拉强度与屈服强度均较差，分别为 922MPa 和 830MPa，延伸率为 15.4%。

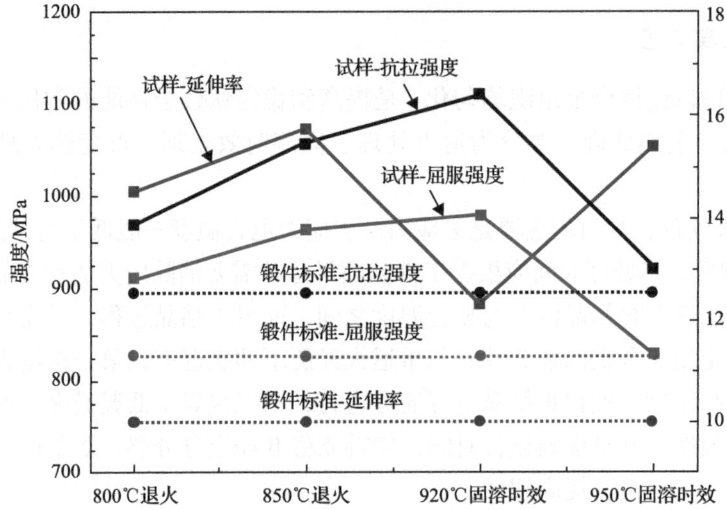

图 3.56　50%变形轧制工艺下拉伸性能

由图 3.57 可见，850℃退火与 950℃固溶(空冷)+550℃/4h 时效时具有较好的抗冲击变形能力，但 950℃固溶(空冷)+550℃/4h 时效时具有较低的抗拉强度。根据 3.5.2 节微观组织分析，在 850℃退火时，再结晶过程更为充分，β 晶粒尺寸更小，具有较好的综合力学性能，强韧性最好。

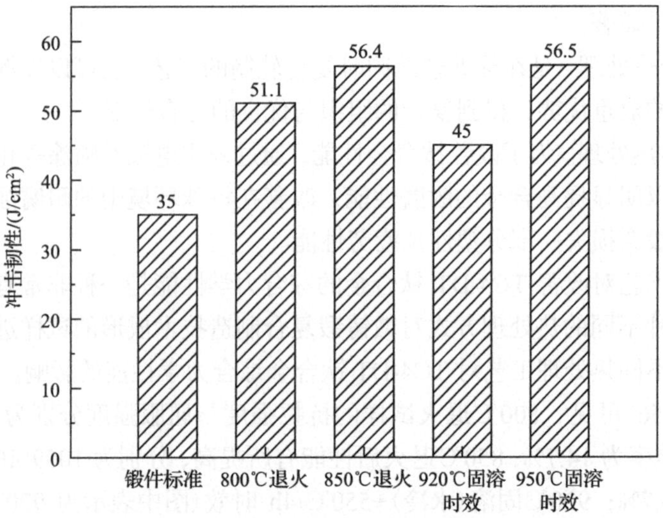

图 3.57　50%变形轧制工艺下冲击韧性

2. 轧制工艺与热处理工艺对不同方向力学性能的影响

由图 3.58 可见，对于未热处理未变形的试样，在抗拉强度方面，X、Y、Z 三向分别为 959MPa、960MPa、994MPa，Z 方向相对 X、Y 两向具有较高的强度，较 X 方向提高了 3.6%，其原因在于，多道多层堆积的过程中，每一道焊道的上部都会因为冷却速度较快而形成马氏体，后续热循环条件下马氏体并未全部分解，它具有较高的强度；在屈服强度方面，三个方向相当；在延伸率方面，X、Y、Z 方向分别为 11.7%、11%、10%，其中 Z 方向最差。总体来讲，未热处理未变形的试样具有较低的抗拉强度与屈服强度，尤其是具有较低的塑性。

经过 850℃退火未变形的试样，在抗拉强度方面，X、Y、Z 三向分别为 976MPa、999MPa、929MPa，X、Y 两向相比未热处理未变形的试样稍有提升，Z 方向的抗

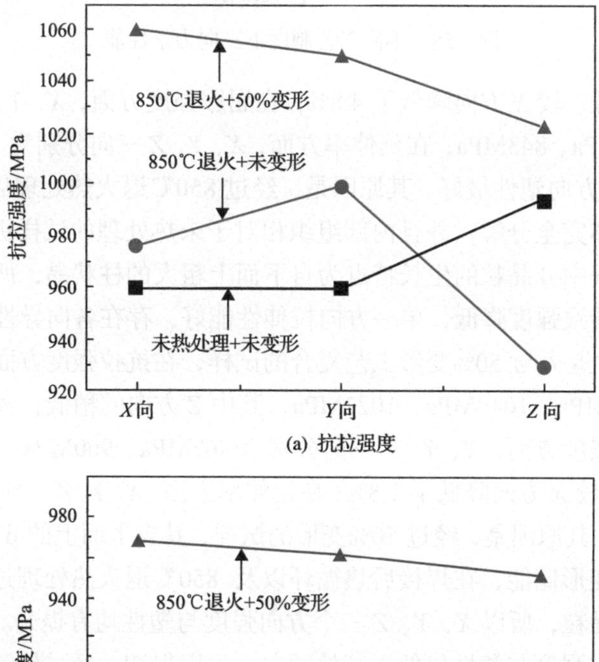

(a) 抗拉强度

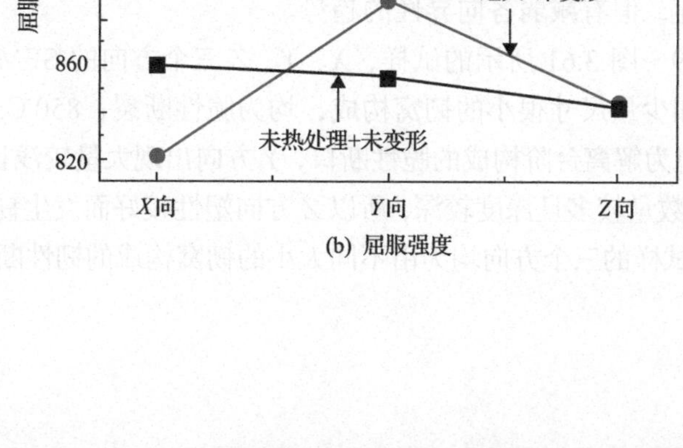

(b) 屈服强度

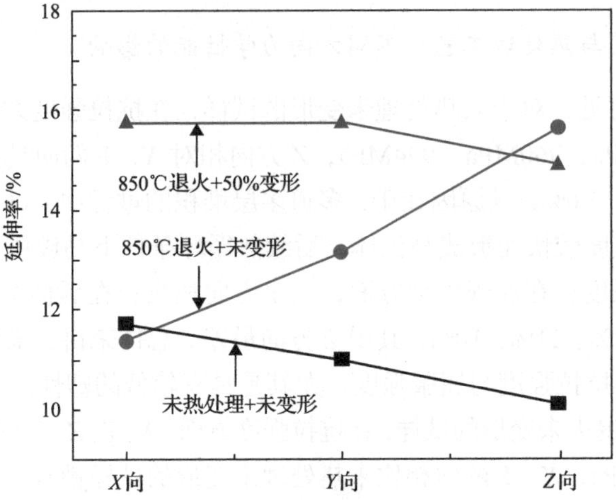

(c) 延伸率

图 3.58　不同工艺制度下三向力学性能

拉强度有所降低，较 X 方向降低了 4.8%；在屈服强度方面，X、Y、Z 三向分别为 820MPa、888MPa、843MPa；在延伸率方面，X、Y、Z 三向分别为 11.4%、13.1%、15.6%，其中 Z 方向塑性最好。其原因是，经过 850℃退火热处理后，由焊道冷却而形成的马氏体完全分解，并且内部组织相对于未热处理的试样更为均匀，由于钛合金堆焊过程中 β 晶粒的生长特点为自下而上粗大的柱状晶，所以 Z 方向的晶界密度减小而导致强度降低，单一方向拉伸性能好，存在各向异性。

经过 850℃退火与 50%变形工艺复合的试样，在抗拉强度方面，X、Y、Z 三向分别为 1059MPa、1049MPa、1022MPa，其中 Z 方向的稍低，较 X 方向降低了 3.5%；在屈服强度方面，X、Y、Z 三向分别为 967MPa、960MPa、950MPa，其中 Z 方向的稍低，较 X 方向降低了 1.8%；在延伸率方面，X、Y、Z 三向分别为 15.7%、15.7%、14.9%。其原因是，经过 50%变形的试样，其自下而上的 β 晶粒被“碾碎”，并存在一定的变形储能，在焊接后热循环以及 850℃退火热处理过程中，再结晶为较小的等轴晶粒，所以 X、Y、Z 三个方向强度与塑性均有提升。X、Y、Z 三个方向中，Z 方向强度与塑性仍低于其他两向，可以得知，经过轧制变形的试样并未消除各向异性，但有减弱各向异性的趋势。

对于图 3.59～图 3.61 所示的试样，X、Y、Z 三个方向的 SEM 断口形貌基本都由解离台阶和少量尺寸很小的韧窝构成，均为脆性断裂；850℃退火+未变形的试样，其 X 方向为解离台阶构成的脆性断口，Y 方向出现大量较浅且尺寸很小的韧窝，Z 方向韧窝数量较多且深度较深，所以 Z 方向塑性较好而发生韧性断裂；850℃退火+50%变形试样的三个方向均为由不同大小的韧窝构成的韧性断口形貌。

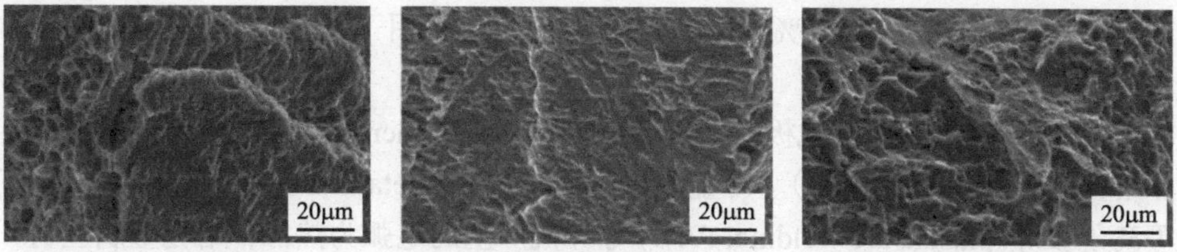

(a) X向　(b) Y向　(c) Z向

图 3.59　未热处理未变形试样的三向 SEM 拉伸断口形貌

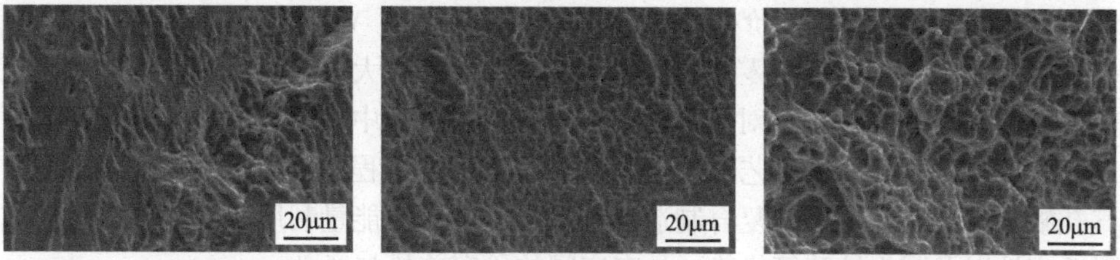

(a) X向　(b) Y向　(c) Z向

图 3.60　经过 850℃退火处理未变形试样的三向 SEM 拉伸断口形貌

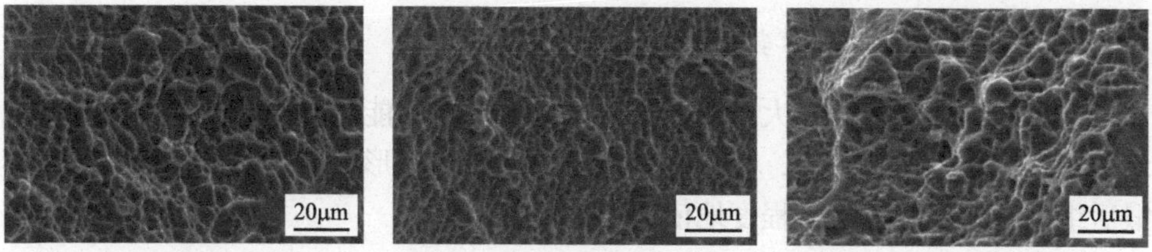

(a) X向　(b) Y向　(c) Z向

图 3.61　经过 850℃退火处理 50%变形试样的三向 SEM 拉伸断口形貌

3.6　铝合金微铸锻复合制造工艺及组织性能

铝合金作为一种银白色轻金属，通常由铝、铜、锌、锰、硅、镁等金属元素组成，在工业领域中，铝合金的产量非常高，仅次于钢铁的产量。铝合金的分类如下：按化学成分，分为 1～9 系铝合金；按加工方式，分为形变铝合金和铸造铝合金，而形变铝合金又分为不可热处理强化型铝合金和可热处理强化型铝合金，对于前者只能利用冷加工变形来达到强化的目的，而对于后者要提高其力学性能则可以通过淬火和时效等热处理方式来实现。铝合金作为一种典型的轻合金材料，具有非常优越的物理性能及力学性能，其具有密度低、强度高、抗腐蚀性及耐疲劳性好、导电导热性好、易于加工等特点，广泛地应用在军工、航空航天、核能、桥梁建筑、交通运输以及化学工业等现代制造领域。在轨道交通和航空航天领域，车辆及飞机主体框架使用铝合金材料能够显著减少主体自身重量。目前，铝合金在民用飞机上的用量占 60%～80%，在第四、五代军用飞机上的用量超过 20%(罗先甫等, 2018)。

WAAM 技术是以熔化极惰性气体保护焊(metal inert-gas arc welding, MIG)、非熔化极气体保护焊(TIG)、冷金属过渡焊接(cold metal transfer welding, CMT)、等离子弧焊(plasma arc welding, PAW)等焊机产生的电弧为热源，熔化金属丝材，逐层堆焊制造三维实体零件。WAAM 工艺具有熔积效率高(达到每小时几千克)，能量利用率高，原材料成本低、性能稳定，设备灵活度高等优点。相比于铝合金粉末，标准的铝合金焊丝价格低廉、更易获取，因此，WAAM 适用于快速制造复杂度较低的大中型铝合金零件，成形零件表面波动较大，表面质量较低，表面粗糙度一般大于 500μm。针对铝合金电弧增材制造过程中成形精度差、组织粗大等问题，微铸锻复合制造工艺可改善铝合金 WAAM 过程中晶粒粗大、组织不均、气孔缺陷等问题。微铸锻复合制造工艺具有提高热源能量利用率、改善铝合金成形适应性以及减少缺陷等优势，具有广阔的研究前景与意义。

3.6.1 铝合金微铸锻复合制造工艺

1. 电弧-微铸锻工艺参数

微铸锻成形工艺虽极大地降低了对设备的要求和能量损耗，但是仍然与传统增材制造有极大的相似性，变形温度、变形速率和变形量为主要过程参数，微铸锻后组织和力学性能极大程度地依赖于这些参数。

1) 变形温度

变形温度越高，则具有的热量就越大，金属原子的热振动就越剧烈，动态回复软化作用越明显，这将减弱原子间的结合强度，从而减小变形抗力。当变形温度低时，加工硬化明显，这提高了金属产生动态再结晶对变形力的要求，进而增加能耗并使晶粒大小不均匀，影响了力学性能。通常 5XXX 系铝合金的锻造温度为 400～500℃，5A56 铝合金再结晶开始温度为 235～240℃，终了温度为 270～275℃。

2) 变形速率

变形速率也称作应变速率，指应变程度对时间的变化率：

$$\dot{\varepsilon} = \frac{\mathrm{d}\varepsilon}{\mathrm{d}t}(s^{-1}) \tag{3.3}$$

轧制过程中金属内部硬化与软化竞争的结果将体现在变形速率对变形抗力的影响上。单位时间内发热率随着变形速率提高而增大，这对于软化的发生和发展是有利的，但是变形速率增大会缩短变形时间，导致位错没有足够的时间运动。图 3.62 为轧制变形速率与塑性之间的关系图。由图可知，钢材轧制过程中塑性随变形速率变化先下降后上升，延伸率最低值对应临界变形速率。

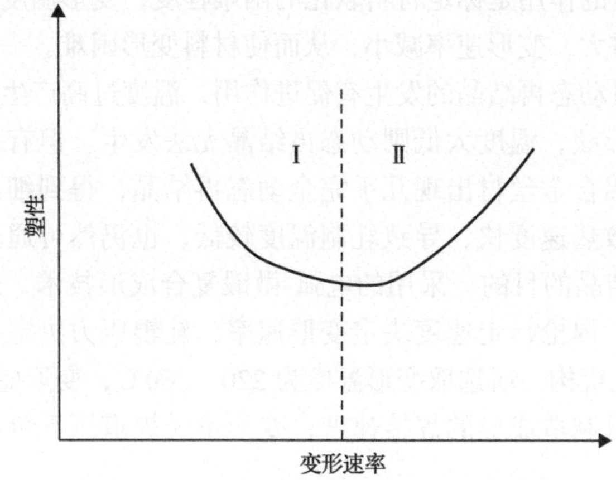

图 3.62　轧制变形速率对塑性的影响

3) 变形量

位错密度与变形量在室温变形时呈正相关关系，轧制导致位错再排列，晶界变得曲折，造成位错塞积，对加工软化起消除作用，从而增大了变形抗力。变形量增大到一定的程度后，位错因加工硬化与动态回复同时作用而持续增殖，大量位错的纠缠阻碍了位错运动，迅速提升应力水平后使金属中主要存在加工硬化，当变形量上升到一定界限后，更多位错因金属内部的动态再结晶与位错的交滑移和攀移而消失，使变形抗力急剧下降，最终实现金属中回复、加工硬化与动态再结晶三者的动态平衡。

2. *热变形方程与临界应变*

高温时，热激活过程控制着塑性变形的应变速率，Z 参数(Zener-Hollomon 参数)用来表示应力与应变速率的关系，Z 参数的一般公式为

$$Z=\dot{\varepsilon}\exp[Q/(RT)]=f(\sigma) \tag{3.4}$$

式中，$\dot{\varepsilon}$ 为变形速率；Q 为热过程表观激活能；R 为摩尔气体常数；T 为形变温度；$f(\sigma)$ 为应力函数。

就普通奥氏体钢而言，要使动态再结晶发生更容易，则需要 Z 参数越小。对铝合金来说，在热压时要达到完全动态再结晶状态，所需条件为

$$\ln Z \leqslant (1/b)\{1/[D_0(-\varepsilon)^{-a}]\} \tag{3.5}$$

式中，a、b 为 $d^{-1}=a+b\ln Z$ 中的常数；D_0 为原始晶粒尺寸；ε 为变形量。由式(3.5)可知，在一定条件下调整形变过程中的温度、速率和压下量可获得完全动态再结晶的组织。

热变形激活能的作用是标定材料软化的困难程度，变形温度恒定时，大的激活能使变形抗力增大，变形速率减小，从而使材料变形困难。一般来说，高温对原子扩散有利，对动态再结晶的发生有促进作用，温度过高产生的动态回复将影响动态再结晶的形核，温度太低则动态再结晶无法发生。但有研究表明，在室温下高拉拔率的铝合金丝材出现几乎完全动态再结晶，得到细小的等轴晶粒，因此即使铝合金散热速度快，导致轧制温度较低，也仍然可通过调整其他参量达到产生动态再结晶的目的。采用的电弧-微锻复合成形技术，焊枪与轧辊的距离决定变形温度，焊枪行走速度决定变形速率，轧辊压力决定变形量。受限于铝合金散热及微轧机构，所选取变形温度为 220～260℃，变形应力取为 8000N，变形速率则为增材制造成形的焊接速度，变形量为焊道压下量与下压前焊道余高的比值。

3. 电弧-微铸锻工艺形貌

图 3.63 为不同工艺条件下单道单层试样的截面形貌(基板温度 120℃)，电弧自由熔积与电弧-微铸锻焊道的截面在余高和焊宽上存在较大差异。以基板平面为基准，电弧自由熔积的焊道余高为 3.96mm，电弧-微锻工件余高为 3.36mm，相对于自由熔积，微锻后的单道余高变形率达到了 15.2%；在焊宽方面，经微锻后焊宽为 11.46mm，相比于自由熔积 10.58mm 的焊宽增加了 8.3%。这是由于轧制机构设计的特殊性，在进行微锻轧制时，铝合金熔覆金属还未完全凝固，轧辊提供的机械力远大于熔覆金属本身的重力对金属流动性的影响，并且在轧制过程中力也会进行机械能向热能的转变，减缓熔池的冷却速率，提升熔池金属的铺展性，导致两种工艺条件下的焊道在成形尺寸上存在不小的差异。

为了探究微锻工艺对单道多层与单道单层试样变形率的影响，进行了电弧自由熔积与电弧-微锻两种工艺的单道三层试样熔积试验，观察测量两种工艺状态下多层熔积后熔积层的高度，使用腐蚀后的金相试样中呈现出的层间轮廓作为参照进行测量。不同工艺条件下单道三层试样的截面形貌如图 3.64 所示。图中虚线为与基板结合处和层间结合处，自由熔积工艺下单道三层试样高度为 9.16mm，而微锻过的单道三层试样高度为 7.55mm，对比前者变形率约为 17.6%，相比于单层单道试样的变形率 15.2%提升了 2.4 个百分点，变形率略有提升，但是观察两种工艺状态下前两层的熔积层高度可发现，第一层熔积层的高度自由熔积态为 2.37mm，微锻态为 2.44mm，第二层熔积层的高度自由熔积态为 2.41mm，微锻态为 2.33mm，两种工艺状态下各个熔积层的高度相差甚微。造成这种现象的原因为增材制造是一个以前一道次为基础熔积后一道次的过程，后一道次进行熔积时对前一熔积层产生了重熔的效果，这导致微锻对前一道次产生的变形量几乎消失，因此两种工艺状态下的熔积层高度基本一致，轧制产生的变形量大部分集中在最顶层的道次，对前熔积金属产生的变形量甚微，由于熔积第三层时，散热相比于熔积第一层时的基板直接散热变差，这间接提高了第三层的熔池温度，加大了熔池的铺展性，使得在前两道次熔积层高度相近的情况下单道三层的变形率相比于单道单层有所提升，但是由表 3.12 中微锻态单道多层直壁试样的总变形量为 7.9%可知，随着熔积高度的不断增加，变形率实际上是呈下降的趋势。不同熔积层的高度基本保持一致，证明了所选择的熔积工艺参数的可靠性。

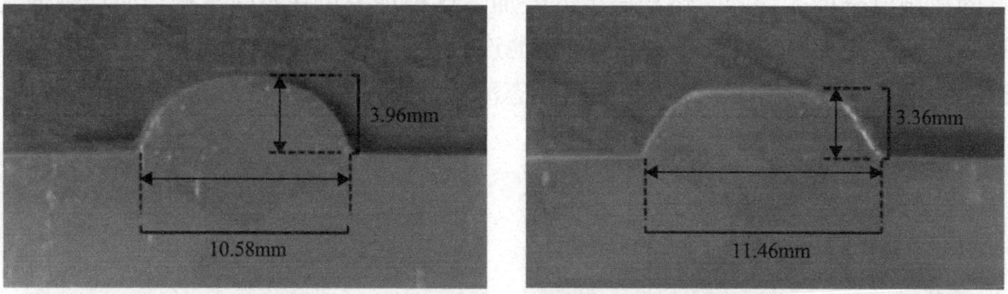

(a) 自由熔积态　(b) 微锻态

图 3.63　不同工艺条件下单道单层试样截面形貌

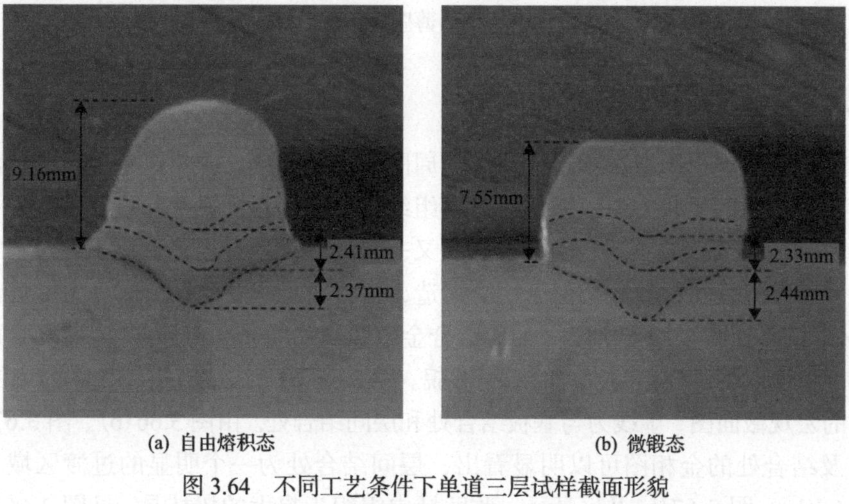

(a) 自由熔积态　(b) 微锻态

图 3.64　不同工艺条件下单道三层试样截面形貌

表 3.12　单道多层直壁试样的尺寸、层数和变形量

工艺	长度/mm	层数	总高度/mm	平均层高/mm	宽度/mm	总变形量/%
自由熔积	140	27	64.5	2.39	11.3	—
微锻		30	66.0	2.20	13.6	7.9

图 3.65 为成形薄壁件的正面形貌，可见两种工艺状态下的成形件平整度和垂

直度均较为良好，起弧端与收弧端形貌良好，没有明显的翘曲和塌陷存在，但是自由熔积工艺下表面波动较大。在试验过程中发现，在进行自由熔积时，电弧存在倾斜、左右摆动的现象。这说明在熔积过程中，阳极斑点和工件移动的均匀性是不一致的，阳极斑点存在波动跳跃的现象，这种现象在随着薄壁件的熔积高度增加时变得更加明显。通常熔池移动失稳是阳极斑点跳动的主要原因。自由熔积时，焊道表面为中间高两边低的圆弧状，这增加了熔池移动过程中的不稳定性和电弧左右摆动的风险，导致同一焊道的不同部位熔积焊宽不一致，造成大焊宽位置的流淌概率增大，随着熔积高度的叠加，这种现象也在不断累积；而经微锻轧制后，焊道表面为平整状态，熔积时熔池连续移动均匀，电弧稳定，不存在跳跃和摆动的现象，这就是微锻态比自由熔积态薄壁件表面更为平整、波动较小的原因。

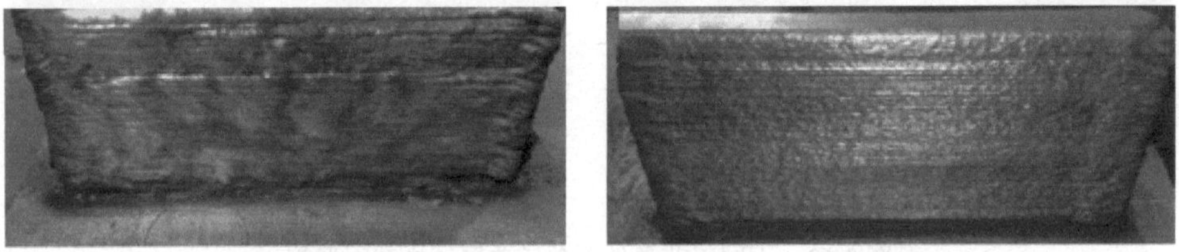

(a) 自由熔积态　　(b) 微锻态

图 3.65　成形薄壁件正面形貌

3.6.2　工件微观组织及其演变

焊道的微观组织取决于熔池与熔池周围的温度梯度、散热速率。其中，温度梯度影响组织的生长方向，散热速率对组织的最终形态、尺寸起重要作用，而对于增材制造，熔积层不断地叠加，一次又一次的热循环过程，造成了热过程在不同位置的差异性，微铸锻类似于小力锻造，也将对组织的生长造成重大影响。

图 3.66 和图 3.67 分别为 5A56 铝合金电弧自由熔积与电弧-微铸锻复合两种工艺下单道三层试样不同位置的组织形貌。图 3.66(a)、图 3.67(a)为试样金相样腐蚀后的宏观截面图，虚线为与基板结合处和层间结合处。由图 3.66(b)、图 3.67(b)层间及结合处的金相图可以明显看出，层间结合处为一个明显的过渡区域，如图 3.66(b)、图 3.67(b) Ⅱ 区所示。此区域中组织为粗大的树枝晶，见图 3.66(d)、图 3.67(d)，并且树枝晶的生长呈现明显的方向性，即垂直于成形方向，这是由于热流通过当前道次的熔池与前一道次的接触，迅速朝基板方向流去，所以该方向为熔积过程中具备最大过冷度的方向，组织朝热流方向的逆方向生长，形成与垂直于成形方向同向生长的树枝晶，且沉淀相在枝晶间和晶界处分布较稀疏，粗大的树枝晶和较少的沉淀相将使结合处成为较薄弱的区域，此为增材制造试样呈现性能各向异性的原因之一。通过图 3.66(b)、图 3.67(b) Ⅰ、Ⅲ区的

放大组织图 3.66(c)、(e)和图 3.67(c)、(e)可知，Ⅰ区为前一道次顶部近结合处，Ⅲ区为当前道次中部，两区域的等轴晶组织均较为细小且无方向性，但是通过比较可知，Ⅲ区的等轴晶相对于Ⅰ区要更为细小，原因是当前道次熔积时，将使前一道次顶部再次进行热循环，此前形成的细小等轴晶在热输入的驱动下再次进行非均匀形核，成为较为粗大的等轴晶，而当复杂的循环热作用在前道次中部不存在时，组织受热循环单一，以及熔池中心的散热较为困难，散热速率较低，具有较小的过冷度，晶粒生长速度小，形成的等轴晶组织相对来说更为细小。观察图 3.66(c)、(e)和图 3.67(c)、(e)的Ⅰ、Ⅲ放大组织可见，α(Al)基体上均散布着弥散的β相(Mg_5Al_8)，自由熔积工艺下β相(Mg_5Al_8)在α(Al)晶界上连续分布，呈骨骼状，这将使得此状态下的合金对应力腐蚀很敏感；而电弧-微锻复合工艺下，细小而致密的β相(Mg_5Al_8)在α(Al)基体上散布均匀，且β相在晶间的析出物为不连续的球状，这种分布状况有利于提升合金的耐应力腐蚀性和综合性能。微锻的作用造成了两种工艺下晶粒大小和β相(Mg_5Al_8)形态及分布的差异性，晶粒边界的位置转变是晶粒长大的实质，在粗大晶粒的晶界往外延展迁移的过程中，轧制带来的变形量使晶粒破碎，微观组织状态由小数量的大晶界转变成大数量的小晶界，而轧制的压力也为晶粒的生长增加了阻力，一定程度上减小了晶粒的长大速度，使得电弧-微铸锻复合工艺下形成了大量细小的等轴晶，大量细小的等轴晶也意味着密集的晶界，密集的晶界导致β相在晶间析出时由连续的骨骼状转变成不连续的球状。

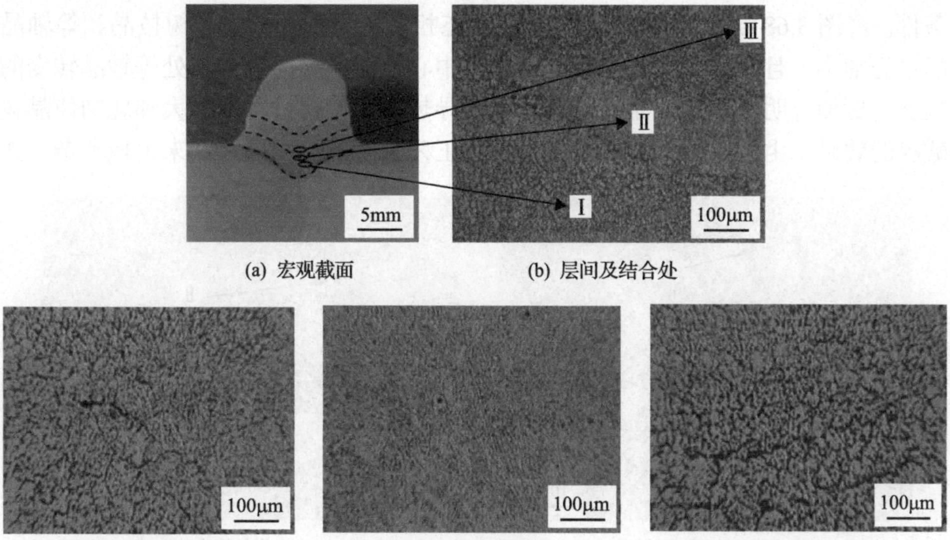

(a) 宏观截面　(b) 层间及结合处

(c) Ⅰ区放大组织　(d) Ⅱ区放大组织　(e) Ⅲ区放大组织

图 3.66　电弧自由熔积单道三层试样不同位置的组织形貌

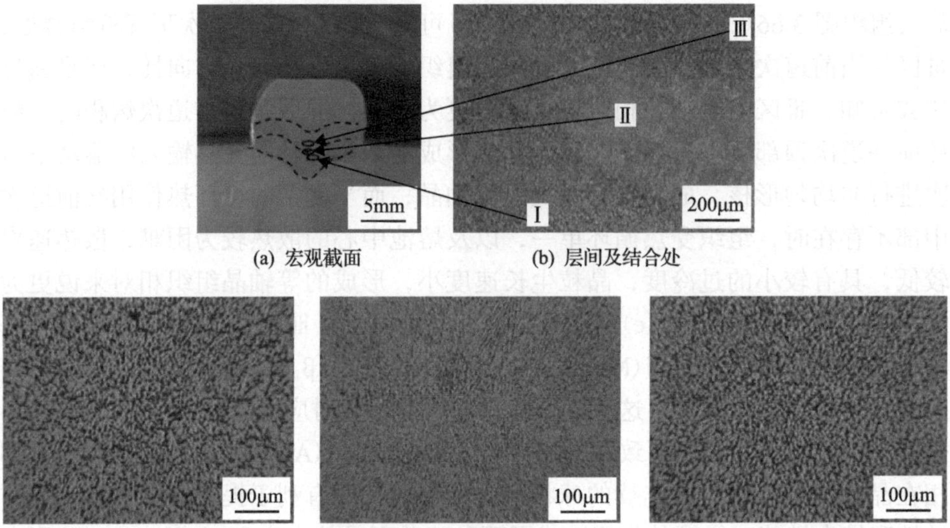

(a) 宏观截面　(b) 层间及结合处

(c) Ⅰ区放大组织　(d) Ⅱ区放大组织　(e) Ⅲ区放大组织

图 3.67　电弧-微铸锻复合单道三层试样不同位置的组织形貌

图 3.68 为 5A56 铝合金薄壁件顶部组织形貌，顶层的组织为细小的树枝晶(Ⅰ区)和细小的等轴晶(Ⅱ区)共存，且呈现一种顶部近中心处多为细小的树枝晶(Ⅰ区)，后经过转变，越靠近顶部近空气处细小的等轴晶(Ⅱ区)越多的状态，这是由于熔积时熔池上部铝液最邻近周围空气，空气相对于熔融态的金属铝液具有较好的散热能力，导致该处形成了较大的热温度梯度，为形成细小的等轴晶创造了良好的条件。经图 3.68(a)、(b)对比可知，微锻态相对于自由熔积态，树枝晶和等轴晶都更为细小，且两种晶粒的分布，以及近中心处树枝晶向近空气处等轴晶转变的状态均更加分明，这是轧制时金属轧辊的导热作用使得过冷度增大和轧制使晶粒破碎的效果。由所有的金相图可知，两种工艺状态下熔积层之间未出现夹杂、孔

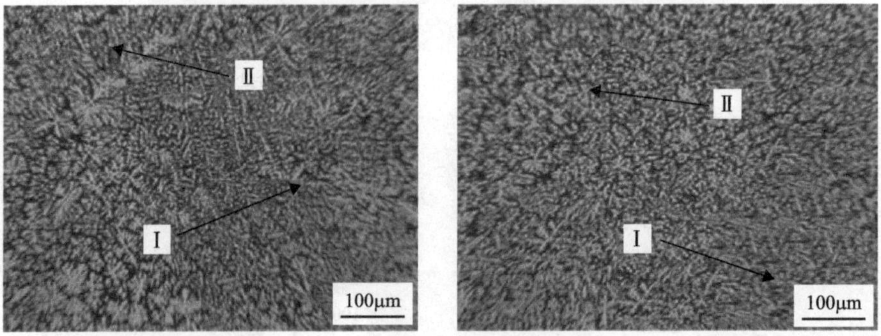

(a) 自由熔积态　(b) 微铸锻态

图 3.68　5A56 铝合金薄壁件顶部组织形貌

洞和裂纹等缺陷，表明冶金结合良好。

此外，还对 2319 铝合金材料进行了微铸锻试验。由图 3.69 可见，电弧自由熔积下微观组织为铸态组织和等轴晶粒共存，电弧-微铸锻复合成形工艺方案下的层内晶粒均为等轴晶粒，有别于传统铸态 2319 铝合金的组织，这是由于增材制造过程中金属液凝固的冷却过程为非平衡态，冷却速度快，溶质原子在固液界面扩散不充分，导致枝晶壁和胞晶界上存在大量的第二相，而微锻过程中，焊道的散热模式为基板导热和微锻轧辊表面传热的双重作用，金属凝固比自由熔积工艺下更快，因此胞晶界内的第二相密度更大，微锻轧辊的轧制作用使得粗大的第二相被破碎，在胞晶界内分布更加均匀，形态更加一致。

(a) 自由熔积态

(b) 微铸锻态

图 3.69　热处理前 2319 铝合金 Z 向微观组织

之后对电弧自由熔积和电弧-微铸锻复合工艺下的 2319 铝合金试样进行典型的 T6 热处理：固溶阶段为 535℃处理 60min，时效阶段为 175℃处理 9h。所得到的微观组织如图 3.70 所示，经热处理后，晶粒尺寸有所长大，均匀化程度有所提高，热处理前存在于晶内、晶间的第二相和树枝晶基本消失。经电弧-微铸锻复合工艺后晶粒形态大小和分布均匀性均优于自由熔积态，且晶内分布的第二相将更加密集和细小，这是轧制对粗大的第二相起到了破碎作用。

电弧自由熔积时，合金组织为部分细小再结晶晶粒和粗大原始晶粒共存，说明虽然发生了再结晶，但是不够完全，而经微锻工艺优化后，细小的再结晶晶粒数量减少，组织形态大小和均匀性优异，证明再结晶充分。这是因为试样在低温轧制时有容易储存变形能的趋势，铝合金热变形过程中，随着变形量的逐渐增加，微观组织会从任意分布的位错向亚晶组织转变，而亚晶组织的迁移合并及长大会引起动态再结晶，电弧-微铸锻复合时，变形速率较快，为了平衡变形，金属原子来不及扩散，形成了大量位错，而高变形速率意味着低变形时间，大部分位错之间来不及抵消，因此具有高的位错密度，提供了大批的再结晶形核点。在固溶处理过程中，微锻过程存储的变形能开始释放，试样内部再结晶开始发生，晶体内部的高密度位错开始缠绕产生相互作用，胞状组织也由此形成，由于位错在胞状组织内壁中交织，产生了由亚晶粒构成的亚晶界，热处理过程提供了晶粒的热力学驱动力，具有晶界钉扎作用的第二相也因为高温熔解，进一步减弱了钉扎作用，导致两者之间的平衡被打破，动态再结晶发动，亚晶界开始形核长大，最终形成晶粒形态大小和均匀性优异的再结晶晶粒。

(a) 自由熔积态　　(b) 微铸锻态

图 3.70　热处理态 Z 向微观组织

3.6.3　工件力学性能与断口

通常增材制造中垂直于成形方向(Z 向)的力学性能薄弱，因此试验对垂直于成形方向(Z 向)的取样进行室温拉伸性能测试，其结果见表 3.13。查阅美国焊接学会(American Welding Society, AWS)给定的室温拉伸力学性能标准可知，焊丝熔覆 5A56 铝合金的屈服强度 $\sigma_{0.2}$ 为 193MPa，抗拉强度 σ_b 为 300MPa，延伸率 $\delta \geqslant 5\%$。自由熔积态与微铸锻态薄壁件在垂直于成形方向(Z 向)的抗拉强度分别为 307.81MPa 和 348.67MPa，屈服强度分别为 173.63MPa 和 204.74MPa，延伸率 δ 分别为 10.27%和 20.38%，对比美国焊接学会的性能标准可知，自由熔积工艺试样除屈服强度略低于标准之外，其他方面都达到了标准要求，尤其是电弧-微铸锻复合工艺的抗拉强度及两种工艺下的延伸率，相比于美国焊接学会的标准有大幅提升，而电弧-微铸锻复合工艺的屈服强度仅略高于标准，这是由于熔积过程中对前一焊道的重熔作用消耗了小力轧制带来的变形量，导致样件整体因加工硬化提升的强度不多。

表 3.13　熔覆 5A56 铝合金及两种工艺成形件 Z 向的室温拉伸性能

工艺	拉伸方向	抗拉强度/MPa	屈服强度/MPa	延伸率/%
熔覆	—	300	193	≥5
自由熔积	Z	307.81	173.63	10.27
微铸锻	Z	348.67	204.74	20.38

由图 3.71 成形件在垂直方向(Z 向)的应力-应变曲线可知，5A56 铝合金在室温拉伸时只产生弹性变形和均匀变形，不存在明显的屈服点，自由熔积态的拉伸应变趋势和微铸锻态基本吻合，但是微铸锻态相比于自由熔积态抗拉强度 σ_b、屈服强度 $\sigma_{0.2}$ 分别提高了 13.3%、17.9%，延伸率 δ 提高了约 10 个百分点，这是微铸锻使晶粒细化、沉淀相均匀析出和在晶间不连续球化分布带来的强化效果。

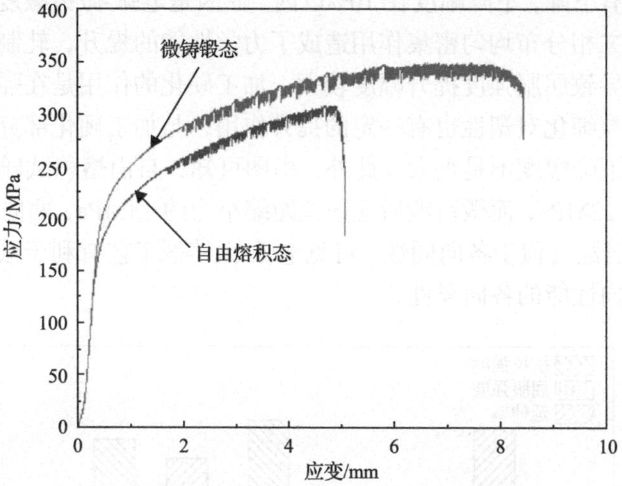

图 3.71　成形件在垂直方向(Z)的应力-应变曲线

图 3.72 为 5A56 铝合金在垂直方向(Z 向)的室温拉伸断口 SEM 形貌。两者的断口形貌相似，断口中还分布着显微孔洞，整体均表现出韧性断裂的特征，但是自由熔积态拉伸试样的断口相对于微铸锻态中韧窝大且深，分布也不规则，这很好地解释了自由熔积态的室温拉伸性能比微铸锻态低的现象。

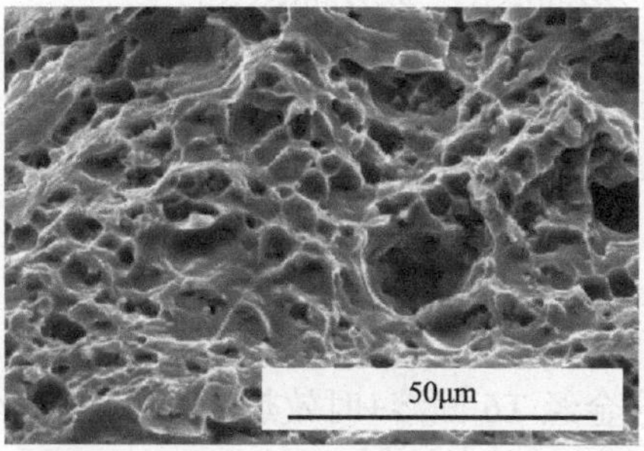

(a) 自由熔积态

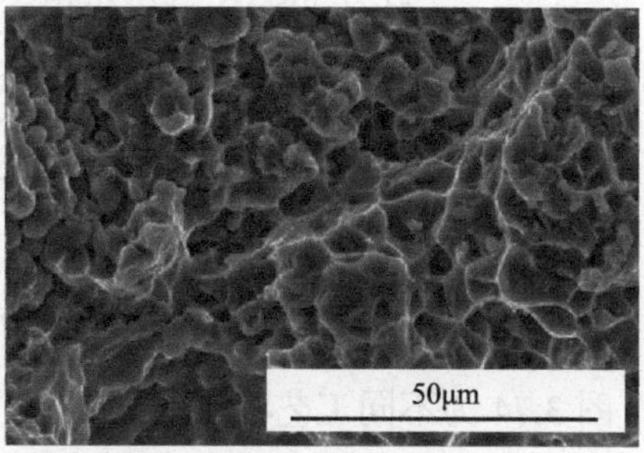

(b) 微铸锻态

图 3.72　5A56 铝合金的室温拉伸断口 SEM 形貌

图 3.73 为 2319 铝合金未热处理电弧-微铸锻复合成形件的力学性能，自由熔积态试样 X、Z 向的抗拉强度 σ_b 分别为 246MPa 和 224MPa，屈服强度 $\sigma_{0.2}$ 分别为

119MPa 和 114MPa，延伸率 δ 分别为 16.8%和 13.7%，微铸锻态工件 X、Z 向的抗拉强度 σ_b 分别为 298MPa 和 285MPa，屈服强度 $\sigma_{0.2}$ 分别为 192MPa 和 184MPa，延伸率 δ 分别为 15.6%和 13.1%，在经过电弧-微铸锻复合工艺优化后，2319 铝合金的抗拉强度和屈服强度相对于自由熔积态有了明显的提升。在微铸锻态下，合金的 X、Z 向抗拉强度提高了 21%和 27%，屈服强度提升了 61%和 61%，但是两向延伸率均略有下降，下降幅度在 10%以内。原因是电弧-微铸锻复合工艺带来的晶粒细化和第二相分布均匀密集作用造成了力学性能的提升，轧制后的变形量引起加工硬化，导致屈服强度提升幅度较大。加工硬化的作用是在强度提升的同时塑性变差，晶粒细化对塑性也有一定的提升作用，与加工硬化部分抵消，因此微锻轧制后塑性下降幅度不是很大。此外，由图可知，自由熔积试样 X 向抗拉强度与 Z 向相差约 22MPa，而微铸锻后这一差距缩小为约 13MPa，两向差距在 15MPa 以内，可认为已经近似于各向同性，可见电弧-微铸锻工艺有利于减小增材制造成形件横向与纵向性能的各向异性。

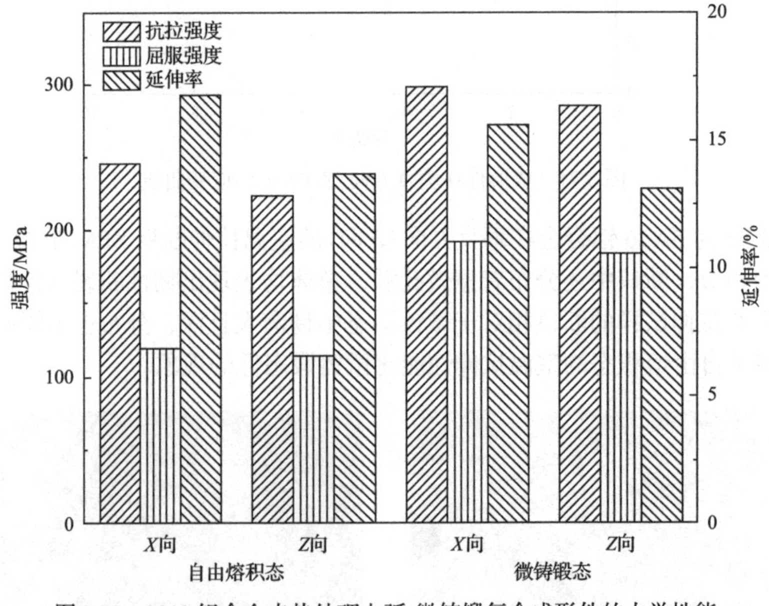

图 3.73　2319 铝合金未热处理电弧-微铸锻复合成形件的力学性能

图 3.74 为不同工艺状态下的 2319 铝合金经 T6 固溶+时效热处理后的力学性能与 ASTM B247M-2015《铝和铝合金模锻件，手锻件和轧制环锻件的标准规范》中相应牌号合金的力学性能对比。图中，自由熔积态工件 X、Z 向的抗拉强度 σ_b 分别为 446MPa 和 428MPa，屈服强度 $\sigma_{0.2}$ 分别为 285MPa 和 278MPa，延伸率 δ 分别为 8.3%和 5.5%，微铸锻态工件 X、Z 向的抗拉强度 σ_b 分别为 464MPa 和 453MPa，屈服强度 $\sigma_{0.2}$ 分别为 314MPa 和 302MPa，延伸率 δ 分别为 11.1%和 8.0%，自由熔

积态与微铸锻态试样的力学性能均达到了 ASTM B247M-2015 中模锻件的标准，原因可能是增材制造过程中的小熔池加快了凝固过程，减弱了铸造和其他工艺方法中的偏析缺陷，使固溶处理中强化相的析出效果更大。微铸锻态相比于自由熔积态，X 向抗拉强度 σ_b、屈服强度 $\sigma_{0.2}$ 分别提高了 4.0%、10.1%，Z 向抗拉强度 σ_b、屈服强度 $\sigma_{0.2}$ 分别提高了 5.8%、8.6%，延伸率分别提高了 2.8 个百分点和 2.5 个百分点；而相对于 ASTM B247M-2015 中的模锻件标准，微铸锻态成形件 X 向抗拉强度 σ_b、屈服强度 $\sigma_{0.2}$ 分别提高了 16.0%、19.8%，Z 向抗拉强度 σ_b、屈服强度 $\sigma_{0.2}$ 分别提高了 17.2%、21.9%，延伸率提升达 8 个百分点。微锻过程带来的变形量使得粗大的第二相受力破碎的同时也消除了原有的铸态组织，轧制的作用让大部分晶粒形成了纤维状的组织，择优取向的强化效果得以显现；与此同时，第二相在轧制的作用下破碎细小化后，在热处理中的析出强化效果有所增强；热处理后，储存在金属中的变形能释放使合金产生动态再结晶形成细小的等轴晶粒；微锻将给工件带来一定的预变形量，预变形将使合金差示扫描量热法(differential scanning calorimetry, DSC)曲线中主放热峰前的小放吸热峰减弱或消失，而主放热峰前的小峰与 θ″相的析出熔解和 GP 区相关(Elgallad et al., 2014)。

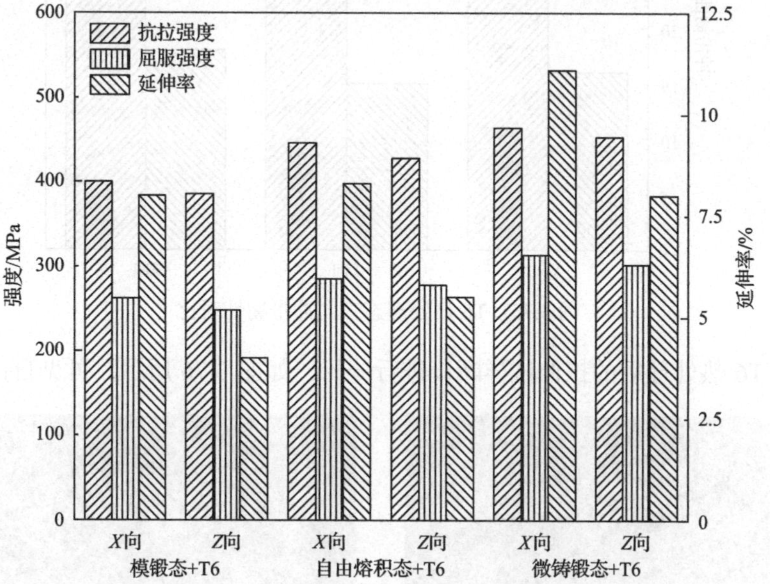

图 3.74　2319 铝合金热处理态电弧增材制造力学性能

2319 铝合金时效过程可总结为以下五步：过饱和固溶体，GP 区，θ″相，θ′相，θ 相。对于 θ″相和 GP 区，完全共格的是 Al 基体，θ′相只有半共格，而 θ 相则完全不共格。时效时相的析出由界面能和晶格畸变主导，界面能在共格与半共格相中较小，虽然基体与 θ″相和 GP 区共格，但是晶格系数存在差异，这将导致基体析出相时产生较大的晶格畸变，提升相析出所需的能量，从而稍微抑制 θ″相析出和 GP 区，以上综合作用达到了微锻后工件强度提升的效果。经微锻工艺处理后，*X* 与 *Z* 向的强度差在 11MPa 左右，而自由熔积态的差距为 18MPa 左右，由此可见微锻工艺有减弱增材制造力学性能各向异性的效果。

热处理态电弧自由熔积和电弧-微铸锻复合工艺三向冲击韧性对比见图 3.75，微铸锻态成形件相对于自由熔积态具有优良的抗冲击变形能力，三向冲击韧性约为自由熔积态的 2 倍；但是在两种工艺状态下，*X*、*Y*、*Z* 三向冲击韧性中最高值均为 *Z* 向，最低值均为 *Y* 向，这是因为在增材制造时，*Z* 向为散热最快的方向，晶粒沿此方向生长，导致 *Z* 向具有更多细小的等轴晶组织。

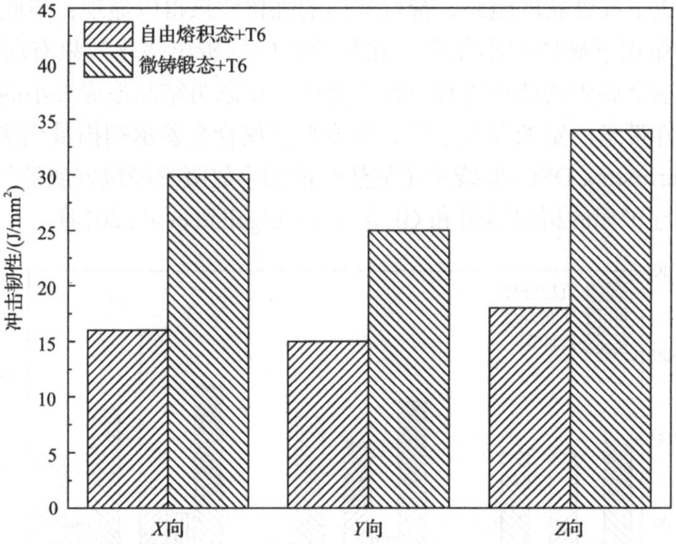

图 3.75　T6 热处理态三向冲击韧性对比

对 T6 热处理后的拉伸试样断口进行分析，如图 3.76 所示，可见自由熔积态

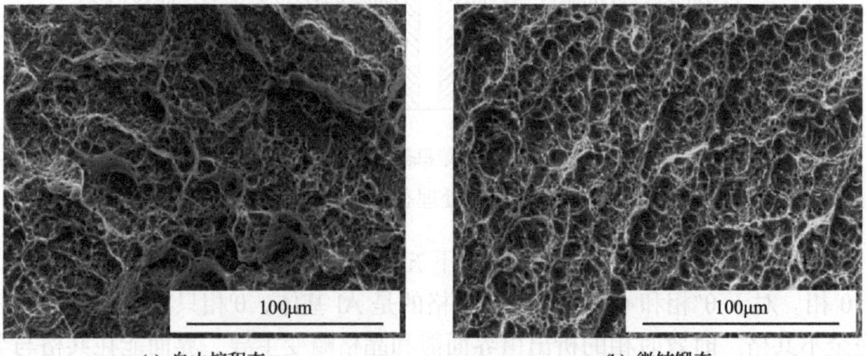

(a) 自由熔积态　　(b) 微铸锻态

图 3.76　T6 热处理态 *Z* 向拉伸试样断口

和微铸锻态具有相似的断口形貌，断裂机制相同，均为典型的韧性穿晶断裂。图中较大、较深的韧窝是未熔解的 θ 相而造成的撕裂，小而浅的韧窝是晶内沿细小析出相周边断裂产生的韧性断口。经电弧-微铸锻复合工艺优化后，可见断口中细小韧窝数量较多且分布均匀，极大地改善了断口形貌，此为微铸锻后材料高强高韧的原因。

3.6.4　工件热处理工艺

5XXX 系变形 Al-Mg 合金是典型的不可热处理铝合金，其主要合金元素为 Mg，通常晶粒细化、固溶强化和加工硬化为其主要的强化手段。5A56 铝合金主要靠加工硬化和晶粒细化来提升性能。细晶强化是指通过获得小的晶粒粒度来实现金属强度的提升，细晶粒意味着大的晶界面积，大晶界面积容易造成塑性变形时的位错塞积与运动路径的复杂化，晶界曲折将阻止裂纹的拓展，因此可达到材料塑韧性和强度双提升的目的。

2319 铝合金属于可热处理强化的变形铝合金，依据其热处理强化机理，热处理过程分为固溶与时效两个阶段，两个阶段可理解为 $CuAl_2$ 相与 S($CuMgAl_2$) 相的固溶与析出过程。针对电弧-微铸锻复合成形的 2319 铝合金的热处理方案如下。

(1)前处理。

①检查热处理设备、控制系统及仪表的状况。

②试样块装炉前干燥去油污、脏物。

③将形状易翘曲的试样块放在专用的底盘或者支架上，不允许有悬空的悬臂部分；

(2)固溶处理加热及保温：将试样块放入初始温度为室温的炉内，以 200℃/h 的速度匀速升温至 535℃，保温设定时间为 60min。

(3)淬火：试样块出炉，在 5s 内完全浸入冷却介质中进行淬火 5min(冷却介质为水，温度为 20℃)。

(4)时效处理：在固溶后淬火完 0.5h 内，进行时效处理，将试样块放入初始温度为室温的炉内，以 100℃/h 的速度加热至 175℃，保温设定时间为 9h，热处理炉断电，将试样块从炉内取出，置于木板上在空气中缓冷至室温。

热处理使用设备为 KSL-1200X-5L-UL 箱式电阻炉，热处理炉的最高使用温度为 1200℃(<30min)，连续使用温度为 1100℃，建议升温速率≤10℃/min，炉腔内的五个面(左侧、右侧、前侧、后侧和底部)都装有加热元，因此热处理炉温度场均匀性好，热处理炉的 PID 自动控温系统中包含一款 YD518P 型温度控制器，控温精度达到±1℃，满足热处理方案的使用需求。热处理过程参数汇总见表 3.14，热处理设备如图 3.77 所示。

表 3.14　热处理过程参数

参数		加热速率/(℃/h)	保温温度/℃	保温时间/h	出炉温度/℃	冷却方式
数值	固溶	200	535	1	535	水冷
	时效	100	175	9	175	炉冷

图 3.77　热处理设备

参 考 文 献

符友恒. 2016. 辙叉用贝氏体钢电弧增材制造工艺研究[D]. 武汉：华中科技大学.

胡春东，孟利，董瀚. 2016. 超高强度钢的研究进展[J]. 材料热处理学报, 7(11)：178-183.

刘宗昌，李雪峰，计云萍，等. 2013. 珠光体、贝氏体、M 等概念的形成和发展[J]. 金属热处理, 38(2)：15-20.

罗先甫，查小琴，夏申琳. 2018. 2XXX 系航空铝合金研究进展[J]. 轻合金加工技术, 46(9)：17-25.

马英杰，刘建荣，雷家峰，等. 2008. 三重热处理对 TC4 合金的组织和力学性能的影响[J]. 材料研究学报, 22(5)：555-560.

苏德达，李家俊. 2007. 钢的高温金相学——钢的相变过程原位观察[M]. 天津：天津大学出版社.

王桂兰，符友恒，梁立业，等. 2015. 电弧微铸轧复合增材新方法制造高强度钢零件[J]. 热加工工艺, (13)：24-26.

王有铭，李曼云，韦光. 1990. 钢材的控制轧制和控制冷却[M]. 北京：北京科技大学出版社.

赵卫卫, 林鑫, 刘奋成, 等. 2009. 热处理对激光立体成形 Inconel 718 高温合金组织和力学性能的影响[J]. 中国激光, 36(12): 3220-3225.

Ayer R, Machmeier P. 1998. On the characteristics of M_2C carbides in the peak hardening regime of AerMet100 steel[J]. Metallurgical and Materials Transactions A, 29(3): 903-905.

Cobaldi C, Ghidini A. 2002. Temperings influence on AISI H13 steel characteristics[J]. Metallurgia Italiana (Italy), 94(5): 49-55.

Cornwel L R. 1996. The equal channel angular extrusion process for materials processing[J]. Materials Characterization, (3): 295-299.

Elgallad E M, Zhang Z, Chen X G, et al. 2014. Effect of two-step aging on the mechanical properties of AA2219 DC cast alloy[J]. Materials Science & Engineering A, 625: 213-220.

Henlrick J G, Starr T L, Rosen D W. 2001. Release behavior for powder injection molding in stereo lithography molds[J]. Rapid Prototyping Journal, 7(2): 15-21.

Knorovsky G A, Cieslak M J, Headley T J, et al. 1989. Inconel 718: A solidification diagram[J]. Metallurgical and Materials Transactions A, 20(10): 2149-2158.

Motyka M, Sieniawski J. 2010. The influence of initial plastic deformation on microstructure and hot plasticity of α+β titanium alloys[J]. Archives of Materials Science & Engineering, 41(2): 95-103.

Rao K P, Gopinathan V, Doraivelu S M. 1984. Deformation behaviour of 18-4-1 alloy steel and Al-5Si alloy at very high forming speeds[J]. Transactions of the Indian Institute of Metals, 37: 477-484.

Ren Y M, Lin X, Fu X, et al. 2017. Microstructure and deformation behavior of Ti-6A1-4V alloy by high-power laser solid forming[J]. Acta Materialia, 132: 82-95.

Voznesenskaya N M, Kablov E N, Petrakov A F, et al. 2002. High-strength corrosion-resistant steels of the austenitic-martensitic class[J]. Metal Science & Heat Treatment, 44(7-8): 300-303.

Zhang H O, Wang X P. 2013. Hybrid direct manufacturing method of metallic parts using deposition and micro continuous rolling[J]. Rapid Prototyping Journal, 19(6): 1-11.

第 4 章　微铸锻复合制造多尺度数值模拟

微铸锻复合制造的本质是基于焊接的堆叠熔积和搭接熔积成形以及基于热轧制的塑性成形再结晶过程。从宏观上看，存在高温等离子弧的燃烧、金属的熔化、流动、凝固、工件变形等过程。从微观上看，有金属材料的组织演变过程，如液态金属的凝固结晶、固态相变等，其中涉及多种物理场，如热、力等的耦合作用。本章将从多能场数值模拟、路径规划、成形过程模拟、梯度功能零件设计等方面进行阐述，应用数值模拟方法揭示微铸锻复合制造过程中的宏、微观组织演变过程和内在机理，为进一步优化工艺提供理论依据。

4.1　多能场数值模拟

微铸锻复合制造技术变革了传统的机械加工减量成形和锻造等量成形模式，为制造难加工复杂高性能零件提供了新的思路。现有高能三束(激光、电子束、等离子束)金属零件自由增材制造技术存在成形效率不高、成本高、成形精度及性能可靠性不足的问题。要克服上述技术瓶颈，既保持增材制造技术的优势，又吸收传统技术的优点，需要研究探索新的复合制造新技术。

学者提出了一些辅助的工艺手段或者过程控制策略以提高熔积精度，减小成形件残余应力和变形，控制其组织形态以提高力学性能(Coules et al., 2012)。例如，引入受迫成形工艺，如采用随焊轧制的方法控制熔积层外形轮廓，提高熔积精度，减小残余应力；施加外加高频磁场预热或保温来减小电弧熔积成形件的残余应力和变形(Bai et al., 2015)；采用电弧增材与传统铣削复合的方法提高熔积层表面精度，实现一次成形(张海鸥等, 2005)。

电弧熔积过程的宏观尺度数值模拟主要包括两个方面：①热及热力耦合模拟。主要研究电弧熔积过程中的温度场分布以及温度变化所导致的热应力及残余应力分布对成形件变形、力学性能的影响，主要的数值理论是传热学、固体力学和材料学等，一般采用的数值方法为有限元法(FEM)。②电弧熔积过程中传热传质现象的数值模拟。主要研究的对象是电弧、金属过渡以及熔池中的传热传质现象，涉及的数值理论是计算流体动力学(computational fluid dynamics, CFD)以及电磁学的基本理论，主要采用的数值方法为有限差分法(finite difference method, FDM)和有限体积法(finite volume method, FVM)。

电弧熔积的热及热力耦合是电弧熔积过程最基本的物理现象，其作用结果对成形件残余应力和变形以及微观组织分布有直接的关系。在电弧熔积成形过程中的热、热力耦合模拟方面，Mughal 等(2006)在电弧焊直接成形过程数值仿真研究方面做了先导性的工作，先后建立了二维和三维热力耦合有限元仿真模型，计算了不同堆积模式下成形件的最终翘曲变形以及应力、应变分布。Bai 等(2013)基于 Goldak 提出的双椭球热源，运用红外摄像方法结合一维或多维的逆问题搜索算法对双椭球热源和对流辐射冷却模型进行参数校正，通过单道 15 层电弧熔积试验和有限元模拟验证了此热源和冷却模型参数的有效性，提高了电弧熔积热分析的精度。Zhao 等(2012; 2011)建立了电弧增材成形中单道多层薄壁零件的三维有限元模型，采用双椭球热源对成形过程中的热力耦合过程进行了分析，表明相邻层往返熔积的策略有利于减小成形件的温度梯度和残余应力。Ding 等(2014; 2011)基于高级稳态热分析提出了一种三维热-弹塑性有限元分析模型，此模型能够极大地提高电弧增材成形过程中的热力耦合分析效率，与传统的热力耦合瞬态分析方法相比，可以节省 99%的计算时间。

4.1.1　多能场模拟基础问题

早期应用于有限元计算的热源形式为高斯热源，是将焊接电弧的热流密度分布近似地用高斯数学模型来描述。Pavelic 等(1969)提出了一种比点热源更加切合实际的热源分布函数，即高斯面热源模型。高斯面热源模型参数较少，简单易用，但仅考虑了 x、y 方向上的热流分布，忽略了熔池厚度方向上的热流，并假设焊接热源分布具有前后对称的特点。当焊接速度较高时，热源的前后呈现不对称性，且焊速越高，不对称性越明显，此时若仍采用前后对称的高斯面热源模型会产生较大的误差。高斯面热源模型较多地用于低速焊接、电弧挺度较小或者薄板及单层厚度较小的多层焊接的数值模拟中。

Goldak 等(1984)基于空间功率密度高斯分布的焊接热源模型，提出半球热源、半椭球热源和双椭球热源模型以模拟电弧/电子束/深熔激光过程，其精度均高于高斯面热源分布，但三者相比，双椭球热源模型的精度最高。双椭球热源模型可准确地模拟实际焊接时的热流分布及熔池形状，在焊接数值模拟中得到了最为广泛的应用。然而，由于热源模型较为复杂，在使用双椭球热源模型时需要确定多个参数，且这些参数会对计算结果有一定程度的影响，这给双椭球热源模型的应用带来一些困难。

Bachorski 等(1999)采用高斯面热源和均匀柱状体热源模型来表征 MIG/MAG(熔化极惰性/活性气体保护焊)的电弧热流和熔滴热流。一些焊接过程中，在电弧和熔滴两个热源的共同作用下，会形成指状熔深焊缝，此时，单一的基础热源模型，如双椭球热源模型，并不能很好地满足熔池的形状特征。

蔡志鹏等(2001)通过分析焊接热源的特征要素，在高斯热源的基础上，根据输入热功率相当提出段热源模型，并与点热源结合，进一步提出更加灵活实用的串热源模型，可在保持精度的同时大幅度地缩短计算时间，从而使实际构件工艺的模拟与优化成为可行。

Montevecchi 等(2016)针对双椭球热源在 WAAM 中的失真现象，提出了一种新的基于热输入功率在增材和基材分布的热源模型，并提出了一种新的熔化潜热计算方法，试验结果验证了其准确性。

Kiyoshima 等(2009)提出了一种基于变长线热源的多道节点热机械性能分析方法。针对在实际工程结构中许多焊缝尺寸大、形状复杂，通常采用多道次焊接工艺进行制造的特点，研究了轴对称几何形状不同金属 T 型槽接头的焊接残余应力场，将模拟结果与实测数据及某移动热源的模拟结果进行了比较，同时讨论了热源模型(类型)对焊接残余应力和变形的影响。

Zheng 等(2006)在试验结果的基础上，建立了电弧高斯分布热源与液滴锥分布热源相结合的新型热源模型，并结合边界条件，采用有限埃勒曼法(Edmen's method)对气体熔焊温度场进行了数值模拟。试验结果与温度场模拟结果的比较表明，复合热源模型比高斯热源模型更精确、有效。

微铸锻复合制造热源模型可从熔积方法、熔积工艺参数、成形零件尺寸等因素出发，选择合理的模型参数。对于尺寸较小的零件，选择基础热源模型，即可保证数值模拟的精度；针对电弧冲击较小的种类，可以选择高斯面热源，当电弧冲击较大时，如熔化极气体保护焊及埋弧焊等，则需要考虑熔深方向的热流分布，双椭球热源模型更符合实际情况；而对于尺寸较大或复杂轨迹的工件，考虑实际计算能力，采用简化热源模型可以在保证计算精度的同时提高计算效率。复合热源提高了热源表征的灵活性，当单一热源无法满足深熔熔积成形焊缝的熔池形状时，复合热源具有更好的适应性，但参数增多时，其建模难度也大大提高。

4.1.2 电弧-轧制多能场模拟

在自由熔积成形过程中，金属零件要经历反复的快速加热和冷却过程，易导致成形零件的变形和开裂，降低制造精度，甚至使成形零件报废。通过对自由熔积的工艺条件(如成形路径、能量、成形速度和冷却方法)以及成形件的变形及开裂的影响研究得知，在合适的熔积条件下，自由熔积的成形能力可以得到改善，但是在难成形、复杂形状薄壁件成形时，零件的变形与开裂等问题还没有得到很好的解决。锻造、轧制之类的等量成形过程具有高的材料利用率，且成形件具有优异的性能及内部组织结构。连铸轧制技术在钢铁行业是一项革命性的先进制造技术，它改变了传统铸造和轧制过程分离的状况，实现了两者的集成。

基于上述考虑，张海鸥等(2015; 2010; 2006)提出并且研究了熔融沉积-连续轧制复合直接制造金属零件的方法，这是提高制造精度、效率、成形件组织性能的有效方法。该工艺是在半熔融区布置微型轧辊，对熔融材料做压缩加工，以防止材料流淌、坍塌，减少成形件表面的阶梯效应，实现自由熔积与连续轧制在一个制造单元的集成，并且实现了两者的同步，从而有效缩短了工艺流程，减少了后续加工余量，可获得组织和力学性能更好的零件(Zhang et al., 2013)；熔积过程中层高变为可控，从而大大提高了成形零件精度，为解决增量快速制造技术中理论成形高度与实际成形高度存在误差这一问题提供了新的思路；此外，成形零件表面均匀光整，侧壁阶梯效应有效降低，为成形零件满足工业应用标准以及零件的设计-材料制备-制造-检测一体化的数字化直接制造开辟了新途径。

Zhang 等(2013)应用以上技术，采用普碳钢丝材直接成形了大型飞机蒙皮零件(图 4.1)，该蒙皮零件高 1.2m，长 1.6m，上表面平整，侧壁光滑。然而，该工艺虽然可以一次性成形性能组织良好的复杂零件，但因尚未达到机械加工的制造精度而不能直接获得最终的金属零件，所以要得到一次性成形最终可以工业应用的金属零件，还需要探索复合铣削的工艺，实现熔积-轧制-铣削一体化的低成本短流程控形控性的航空用高组织性能、高形状复杂性的金属零件制造。

(a) 实体模型　(b) WAAM成形件

图 4.1　微铸锻复合制造成形的大型飞机蒙皮零件

轧制过程属于金属弹塑性成形过程，伴随着非线性塑性大变形，存在物理非线性和几何非线性特征，应力-应变关系必须用应力状态对变形影响的塑性增量理论来描述。对于与热有关的塑性成形过程，还要考虑温度、应力、变形三者之间的相互影响。由于复杂的初始条件及数值求解上的困难，传统的分析手段难以全面反映钢材热轧过程的多种物理量及其相互作用。随着有限元法的发展，利用有限元法对轧制过程进行模拟逐渐兴起，已成为轧件塑性变形分析的主要数值计算方法。日本早在 20 世纪 60 年代就开始对轧制过程进行模拟研究 (周旭东和刘香茹, 2003)。在我国，有限元模拟技术目前已经运用于钢材轧制的相关研究，揭示了轧制过程中板料内的应力、应变、温度分布规律和板料几何形状的变化，模拟辊系变形，从而成功控制板形。

朱启建等(2003)利用有限元分析软件 ANSYS 对中厚板轧后的控制冷却进行研究，模拟出冷却过程中的瞬态温度场的变化情况，并开发出多种优化控冷模型，成功应用于中厚板生产，在控制冷却方面为新品种、新工艺开发提供了重要的技术支持。周维海等(2001)采用塑性大变形有限元法研究了板带热轧过程，应用有限元软件 MARC 的二次开发技术建立了板带轧制模型，重点分析了轧制过程和变形区中轧件的温度分布和温度变化过程。张德丰等(2007)采用弹塑性大变形热力耦合有限元法研究了板材热连轧过程，实现了对国内唯一双机架紧凑式可逆炉卷机板材热连轧的温度有限元模拟。白金兰等(2006)将功率计算值与现场实际功率进行对比，计算出功率模型中的自适应学习系数，分析了轧制力、轧制速度和压下量对功率的影响。He 等(2006)利用 Abaqus 软件提出网格重构技术，基于建立的数学模型，对热轧 H 型钢的开坯过程进行了仿真，并对轧件内部温度场、应力场、微观组织演变和金属的流动情况进行了分析。杜凤山等(2004)进行了多道次可逆轧机工作辊温度场及热辊型的研究，对通用有限元软件 MARC 进行了二次开发，通过调用用户子程序 film 和 flux 对 70MN 强力高刚度轧机的工作辊温度场和热辊型进行了仿真预报。

作者团队在 2012 年运用热轧辅助作用于电弧直接成形过程，试验研究了热轧对堆焊件组织和性能的影响；在 2013 年提出了复合熔积-微连轧增材制造方法(王桂兰等, 2015)，研制了复合制造装置，提出的微铸锻复合制造技术在不削弱快速制造优势的前提下，引入轧制解决了现有金属增材制造技术缺乏锻造和轧制而导致成形件性能较差的问题(图 4.2)。

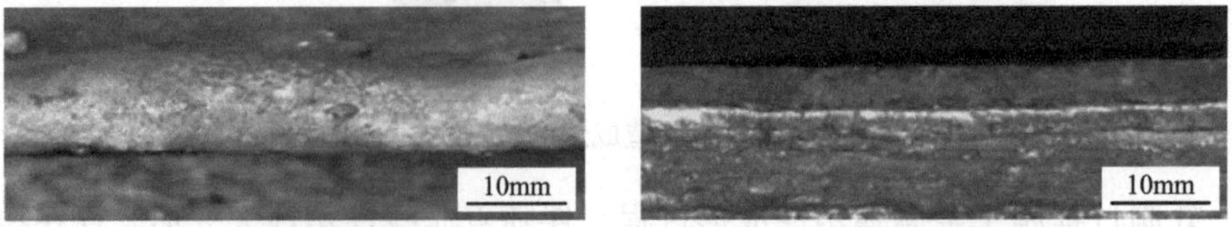

(a) 自由熔积件形貌　　(b) 微铸锻件形貌

图 4.2　自由熔积与微铸锻形貌对比

作者团队在 2015 年利用研究室自主研发的电弧微铸锻复合制造系统，无模直接成形出熔铸成形性和可焊性极低的 45 钢大壁厚差高强度零件，并在自由熔积和微铸锻复合制造两种工艺条件下进行对比试验和模拟，分析了 45 钢试样的组织特征和力学性能，与自由熔积成形相比，微铸锻复合制造工艺可以消除残余应力、细化晶粒，提高力学性能(Zhou et al., 2016)(图 4.3)；建立了二维元胞自动机和有限体积法耦合模型(王桂兰等, 2017)，模拟了电弧熔积-轧制复合成形过程中凝固组织演变和动态再结晶过程，探究了不同轧制压下量对动态再结晶率、再结晶晶粒平均当量半径和动态再结晶区面积的影响。结果表明，自由熔积凝固组织由完整的柱状树枝晶组成，轧制压下量对动态再结晶区面积和再结晶晶粒尺寸的确定起主导作用(图 4.4)。

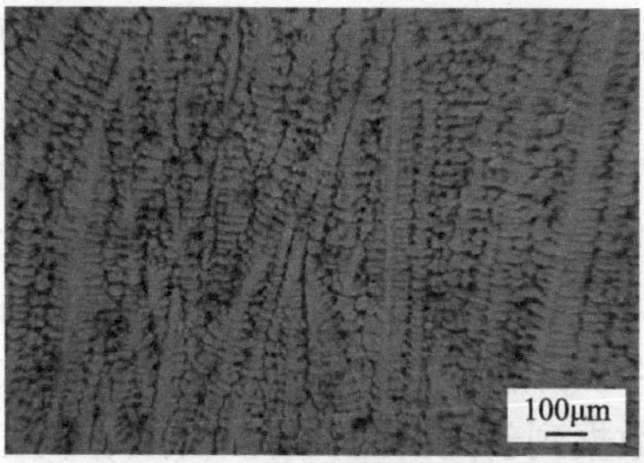

(a) 自由熔积

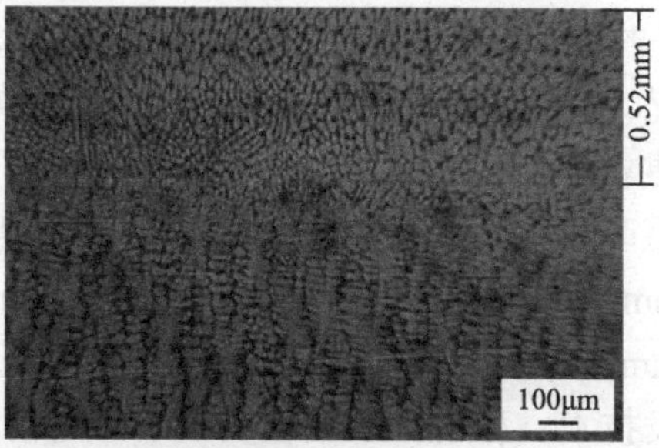

(b) 轧制压下量0.52mm

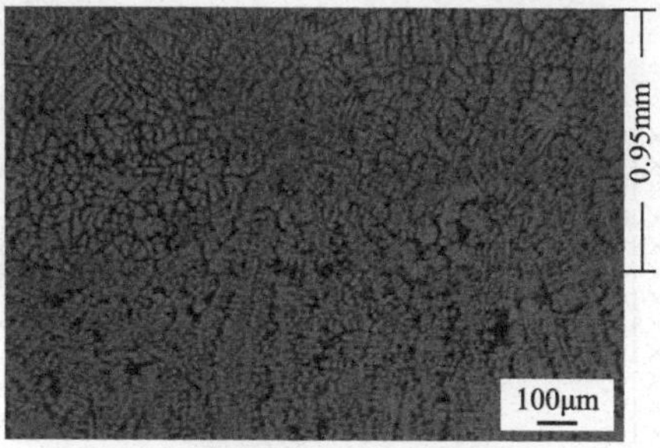

(c) 轧制压下量0.95mm

图 4.3　轧制细化晶粒效果

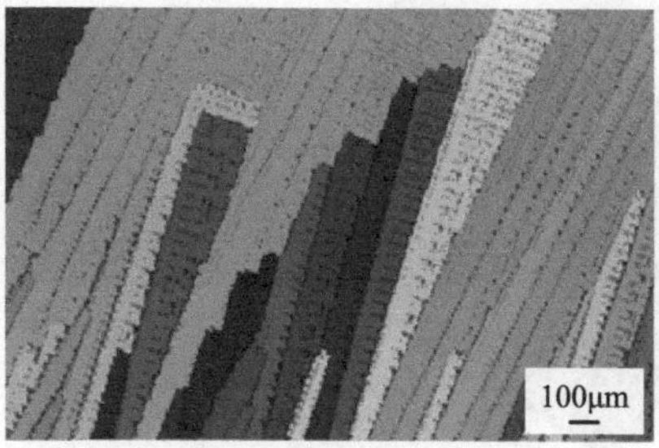

(a) 自由熔积

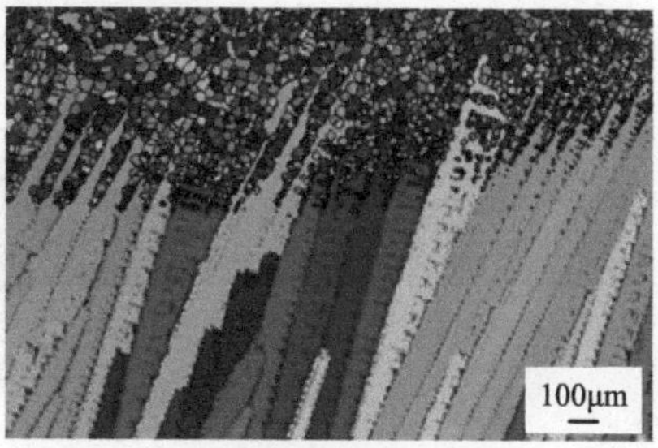

(b) 轧制压下量0.52mm

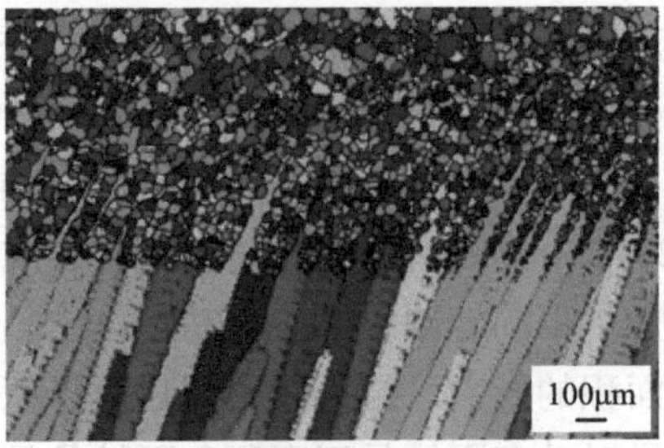

(c) 轧制压下量0.95mm

图 4.4　轧制细化晶粒效果模拟示意图

作者团队研究了单道多层电弧熔积-轧制复合成形工件温度场、应力和应变场情况，逐层建立单道五层有限元模型，如图 4.5～图 4.8 所示(付欣怡, 2017)。首先建立一层熔积层，轧制后上表面形成凹凸不平的焊道，为简化计算，将变形的焊道改成规则的长方体，然后在上面建立第二层焊道，以此类推。焊道尺寸为 80mm×10mm×2.5mm，基板尺寸为 100mm×40mm×15mm，轧辊尺寸为ϕ40mm×20mm。每层成形后间隔时间为 10s，成形终了自然冷却 100s。基于 Abaqus 二次开发技术，利用 C++编程实现了旧网格场数据到新网格的映射。模拟结果显示，多层轧制使得工件的熔积拉应力降低，大应力区域主要在工件下半部分中间区域。

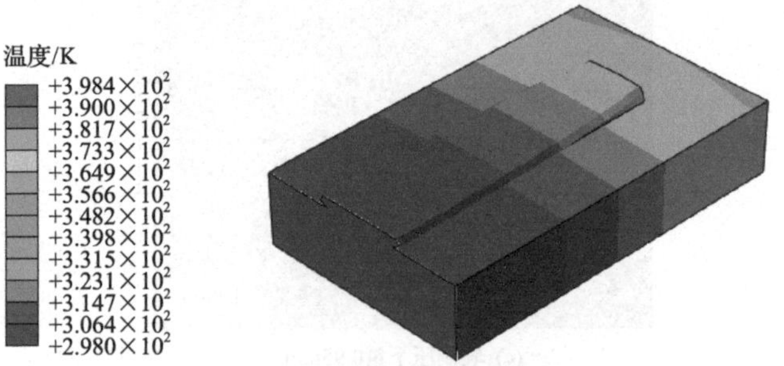

(a) 第一层轧制变形后的温度云图

(b) 插值后的第二层焊道初始温度云图

图 4.5　插值计算前后温度云图对比

(a) 第一层轧制变形后的等效塑性应变云图

(b) 第二层轧制变形前的等效塑性应变云图

图 4.6　插值计算前后等效塑性应变云图对比

(a) 等效塑性应变云图

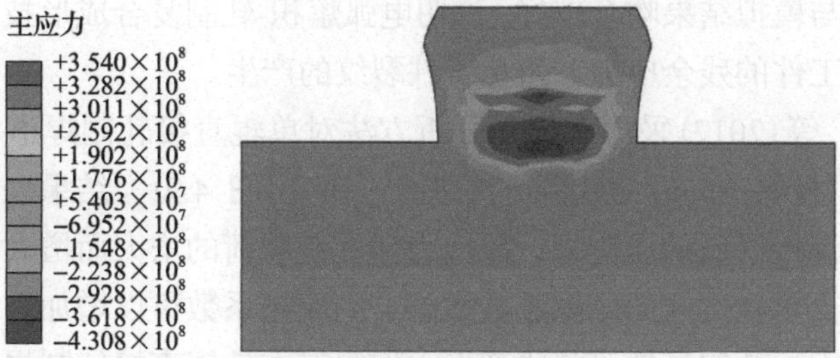

(b) 纵向应力云图

图 4.7　*Y-Z* 截面应力和应变云图

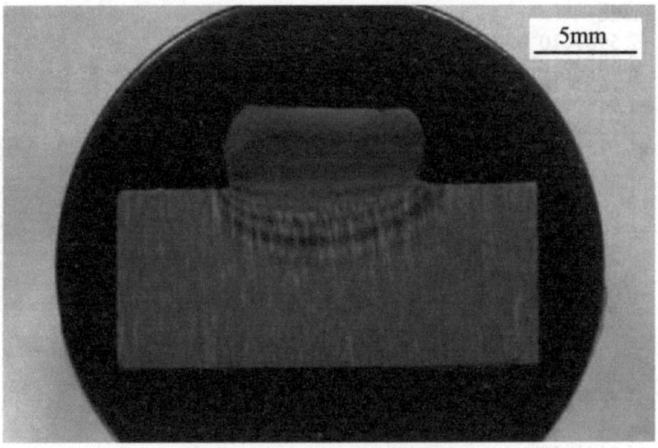

(a) 单道五层熔积-轧制试样

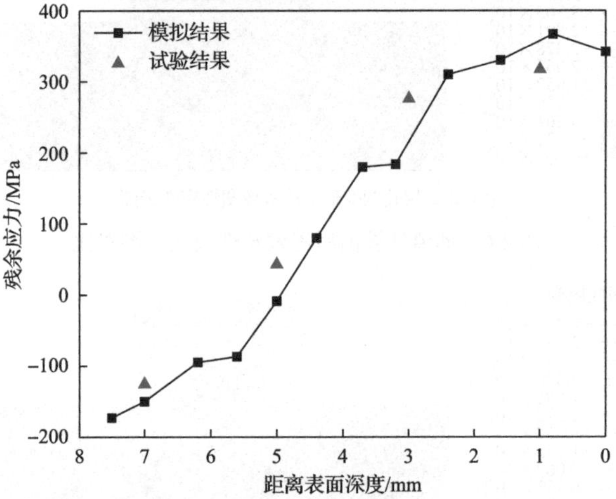

(b) 试验与模拟结果对比

图 4.8　试验和模拟结果对比

试验测试结果与模拟结果吻合较好，说明电弧熔积-轧制复合成形技术能有效减小电弧熔积制造工件的残余应力，避免工件裂纹的产生。

Cozzolino 等(2017)采用有限元分析方法对单辊直接轧制焊道和双平辊在焊道旁轧制焊道(材料 S355)的轧制方法进行了研究(图 4.9)。结果表明，两种轧制工艺均能诱导焊接区域的压应力，压应力随轧制载荷的增大而增大；应力分布对工件与托辊和支承杆之间的摩擦系数敏感，高摩擦系数可以增加焊缝中心的塑性变形和压缩应力。轧制虽然可消除变形，但只有在轧辊直接轧制焊道上顶面时才具有该效果。

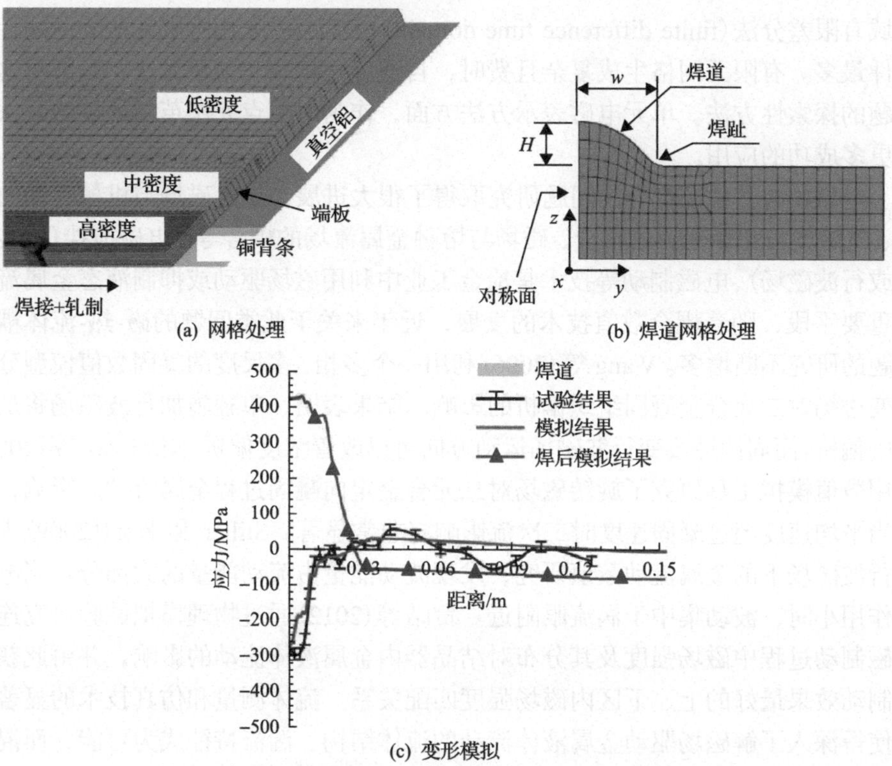

图 4.9 有限元模型及残余应力消除效果示意图

4.1.3 电弧-电磁多能场模拟

电磁技术在金属凝固过程中的应用一直是学术界的研究热点，如电磁振荡、电磁约束定向凝固等技术在控制凝固组织和提高材料性能方面已取得令人瞩目的成就。而在以局部金属迅速熔化和凝固为特点的增材制造领域中，电磁技术的应用研究仍处于起步阶段。

根据外加磁场的类型(恒定、交变或者脉冲)、焊接类型以及技术目的，归纳现有磁控焊接技术主要分为如下几个方面。

关于外加电磁场作用下的电弧熔积成形过程，数值研究工作主要包括三个方面：热-应力分析、电磁场分析和流体分析。这些分析在物理过程中是相互耦合的，而计算技术上却是相互独立的。热-应力分析是基于有限元技术，关于电弧焊接的大多数热-应力计算模型都可以用于电弧熔积成形过程；电磁场分析方法有多种，本节选择的是通用数值计算软件较多采用的有限元法；而流体分析主要是基于有限体积法，其难点在于磁-热-流体耦合。

计算电磁学的主流方法是矩量法(method of moments, MoM)、有限元法(FEM)、时域有限差分法(finite difference time domain, FDTD)，采用有限元法的通用计算软件最多。有限元网格生成复杂且费时，自适应网格和“无单元法”是解决这一问题的探索性方法。单元电磁表示方法方面，作为对节点元法革新的棱边元法得到更多成功的应用。

电磁场与其他场耦合的问题研究取得了很大进展，如电磁场与机械运动的耦合、电磁场与塑性变形的耦合、磁场与熔融金属流场的耦合等。电磁搅拌(旋转磁场或行波磁场)、电磁制动等技术是冶金工业中利用磁场驱动或抑制液态金属流动的重要手段，随着耦合数值技术的发展，近年来关于此类问题的磁-热-流体耦合问题的研究不断增多。Wang 等(2006)利用一个多相、多尺度的凝固数值模型分析交变磁场对二元合金凝固组织偏析的影响。结果表明，单独施加行波磁场将加重浓度偏析,而周期性改变行波磁场运动方向可以改善浓度偏析。Nikrityuk 等(2006)利用数值模拟工具研究了旋转磁场对二元合金定向凝固过程金属流动的影响，发现当平均速度超过凝固速度时二次流影响将非常显著。Stiller 和 Koal(2009)进行了行波磁场下的金属流动数值研究，发现波动能量占流动能量的大部分。当电磁力作用小时，波动集中于涡流眼附近。贾皓等(2012)通过物理模拟试验研究连铸电磁制动过程中磁场强度及其分布对结晶器内金属液体流动的影响，并由此获得了制动效果最好的上、下区内磁场强度匹配关系。流体测量和仿真技术的显著进步使得深入了解磁场驱动金属液体流动的流体结构、湍流特征成为可能，而混合磁场类型以及耦合相变的分析将是未来研究的趋势。

除了耦合技术方面的发展，智能技术与计算电磁技术的结合应用也获得了很大发展。遗传算法、模拟退火算法、禁忌搜索算法等不同领域发展起来的方法被应用于电磁分析逆问题的求解以及电磁装置的优化设计。例如，Park 和 Dang(2012)结合遗传算法和有限元分析优化高频感应系统的操作参数，类似的研究还有很多。

Cao 等(2004)使用商业软件 FLOW-3D 仿真了移动焊接三维瞬态熔池，其中考虑了熔滴对熔池的冲击。孙俊生和武传松(2002; 2001a; 2001b; 2000)根据熔池表面动态平衡控制方程，采用差分法和非正交贴体曲线坐标系相结合的方法求解熔池在熔滴冲击和弧压作用下的变形，利用此三维模型研究了焊接热输入、电磁力、电弧压等因素对熔池几何形状的影响，克服了复杂熔池表面形状描述的困难。Hu 等(2008)基于流体体积(volume of fluid, VOF)技术和连续介质模型建立三维 GMAW 移动焊接模型，VOF 技术处理由熔滴高速冲击和电弧压导致的熔池自由表面问题，而连续介质模型则处理熔化和凝固问题。利用三维 GHAW 移动焊接模型获得了熔池温度场、流体速度场以及熔池形状的瞬时变化，分析了焊头和焊尾弧坑的波浪纹形成过程。Xu 等(2009)将其前期建立的分离模型发展为统一模型，模型中包括等离子电弧、熔滴生成过渡和冲击熔池、熔池流体，模拟发现移动电弧是非对称的，弧顶偏向前进方向。

GMAW 熔池流体仿真面临的一个难题就是熔池自由表面的处理。电弧压致使熔池表面下凹，而熔滴冲击熔池导致的表面变形则更为复杂。运动界面的模拟技术主要分为两种类型：采用 Lagrange 方法的界面追踪(interface tracking)和采用 Euler 方法的界面捕捉(interface capturing)。GMAW 数值研究者 Kim 和 Na(1994)、Ushio 和 Wu(1997)以及 Ohring 和 Lugt(1999)等建立的三维移动焊接熔池流动模型都是采用贴体坐标系(boundary-fitted coordinate, BFC)方法来实现自由曲面的。BFC 方法将接近目标表面的单元节点移动到表面上，网格生成难度较大。由于自由表面即计算域边界，通过边界条件就可以施加电弧、熔滴在熔池表面产生的作用。Lagrange 方法对界面模拟有极高的精度，能够准确跟踪界面的变化，处理间断时无数值耗散，但是难于处理复杂界面形状的变化。Cao 等(2004)使用商业软件 FLOW-3D 仿真了移动焊接三维瞬态熔池，利用自由网格法(fractional area volume obstacle representation, FAVOR)功能模拟熔池的自由表面。FAVOR 使用固定的六面体结构网格，通过计算面积和体积的百分比定义网格中的障碍物，将流体计算限制在单元的开放区域，算法简单易实现。Hu 等(2008)使用 VOF 算法跟踪 GMAW 移动焊接熔池自由表面。VOF 算法是通过求解流体体积函数的守恒方程重建界面，物理概念清晰，体积守恒性好，但是成形容易破碎，界面重构复杂，很难获得精确的界面。流体体积函数在界面两侧是离散量，连续性不好导致其梯度计算误差很大，从而引起表面张力计算失真。为弥补这个缺陷，可以将 VOF 算法与另一种代表性界面捕捉方法——level-set 方法耦合使用(Nichita et al., 2010)。level-set 方法是利用等值面函数计算来实现界面捕捉，让等值面以适当的速度运动，其零等值面就是界面。等值面函数一般是确定界面的距离，函数梯度光滑性好，利用等值面函数的梯度代替 VOF 函数的梯度可以显著提高表面张力的计算精度。

焊接熔池仿真面临的另一个难题是如何将电磁力纳入流体计算。焊接电流 I 通过电弧及工件就会产生磁场，由此而产生的电磁力是熔池流动的重要驱动力。目前，许多数值研究将焊接自有电磁场近似为轴对称，基于各种简化条件在电弧柱坐标下求解电磁场获得电磁力的解析公式(Tsao and Wu, 1988; Kou and Sun, 1985)：

$$F_x = -\frac{\mu_{\mathrm{m}} I^2}{4\pi^2 \sigma_j^2} \exp\left(-\frac{r^2}{2\sigma_j^2}\right) \times \left[1 - \exp\left(-\frac{r^2}{2\sigma_j^2}\right)\right]\left(1 - \frac{z}{c}\right)^2 \frac{x}{r} \tag{4.1}$$

$$F_y = -\frac{\mu_{\mathrm{m}} I^2}{4\pi^2 \sigma_j^2} \exp\left(-\frac{r^2}{2\sigma_j^2}\right) \times \left[1 - \exp\left(-\frac{r^2}{2\sigma_j^2}\right)\right]\left(1 - \frac{z}{c}\right)^2 \frac{y}{r} \tag{4.2}$$

$$F_z = \frac{\mu_{\mathrm{m}} I^2}{4\pi^2 r^2 c} \left[1 - \exp\left(-\frac{r^2}{2\sigma_j^2}\right)\right]^2 \left(1 - \frac{z}{c}\right) \tag{4.3}$$

式中，σ_j 为电磁力分布参数；I 为电流；μ_m 为磁导率；r 为某点到焊枪中心的距离；c 为基板厚度。

Kumar 和 DebRoy (2003) 提出了更准确的数值计算模型，认为基于解析式公式将工件中的电流密度分布也看成是轴对称的，这与实际出入很大。通过研究各种形式的电磁场对焊接熔池的影响，发现除纵向磁场外，其他外加磁场形式都不具有轴对称性。

大多数 CFD 计算软件(如 Fluent)的核心模块都不具备电磁场计算功能。如果利用 Fluent 软件来求解流体-电磁耦合的问题，则需要利用 Fluent 二次开发的功能。Xue 等(2003)定义了两个用户自定义标量方程(user defined scalar, UDS)变量来存储磁矢势的实部和虚部，借用 Fluent 内置的求解器来求解电磁方程。这种方法简单易操作，但是有本质的缺陷，求解器只在流体域内求解电磁方程对于大多数电磁问题来说是不正确的。而 Bernardi 等(2003)利用用户自定义函数(user defined function, UDF)功能编制有限差分求解程序在另外一套结构化网格上求解电磁方程，电磁计算结构传递给 Fluent 求解器。这种方法实施难度大，不适合用于规模较大的三维流体-电磁耦合问题的求解。解决较大型的三维流体电磁耦合问题，一种可行的方案是利用有限元方法与有限体积方法的结合。田溪岩等(2012)采用有限元法求解电磁场，采用有限容积法求解流场和温度场，通过求解代数方程获得压力和速度的耦合，电磁场结果数据通过 FORTRAN 程序采用线性插值的方法耦合到流场和温度场的计算中。这种通过外部数据传递来连接有限元和有限体积计算程序的方法很好地解决了电磁分析和流体分析计算域不一致的矛盾，适用于复杂电磁流场耦合问题的求解，但是实施难度较大。如果计算中涉及影响电磁场分布的自由表面变形，则需要进行流场-电磁场双向耦合数据传递，外部数据传递导致的误差累积可能导致数值问题。

本章在分析熔积熔池流体流动及传热过程本质的基础上，应用 VOF 算法和焓-孔隙率模型建立了三维移动熔池的流动和传热的数值模型。模型考虑了熔滴对熔池的冲击，球形熔滴以特殊边界条件的方式进入计算域并坠入熔池中(图 4.10)。熔滴尺寸、过渡频率、射入速度及加速度与焊接工艺参数有关，取值均由试验观察决定。模型同时还考虑了熔池自由表面变形和材料的熔化及凝固过程，计算了表面张力、电磁力、电弧热及电弧压对熔池的作用。考虑到有限体积法在电磁场分析上的局限性，采用有限元模型计算电磁场，然后将电磁力结果耦合到 CFD 计算中。这种 FEM-CFD 耦合的方法具有更强的灵活性，既能分析焊接自有磁场的作用，又能分析各种外加磁场的作用，适用性强、计算效率高。该方法以低计算消耗获得外加各种电磁作用下电弧熔积成形熔池中的电磁力和电磁热分布。由此，建立有限元电磁分析和有限体积流体仿真的耦合计算框架，实现了电磁力、电磁热和熔池表面形状等结果数据的双向传递。利用该计算框架分析无外加磁场的电弧熔积成形熔池流体和传热行为，所得流动和温度分布结果与试验结果以及已有研究结论基本一致(图 4.11)。

恒定纵向磁场驱动了熔池周向旋转流动，增大了流动速度，搅拌流携带熔池中心的高温金属冲击结晶前沿，熔断或破碎枝晶，具有细化晶粒、成分均匀化、消除裂纹气孔等有利作用。特定方向和强度的恒定横向磁场推动高温熔体向熔池后方输运，也具有一定改善组织的效果，同时提高了熔池接纳熔滴的能力，消除了飞溅现象。

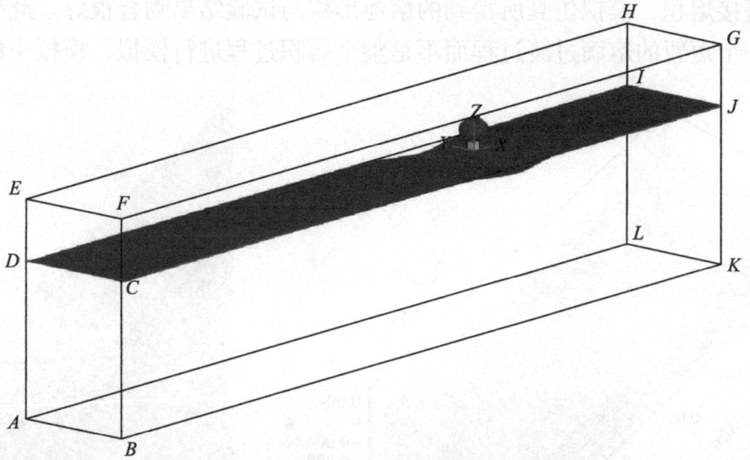

图 4.10　原始模型与熔滴坠入熔池的动态过程

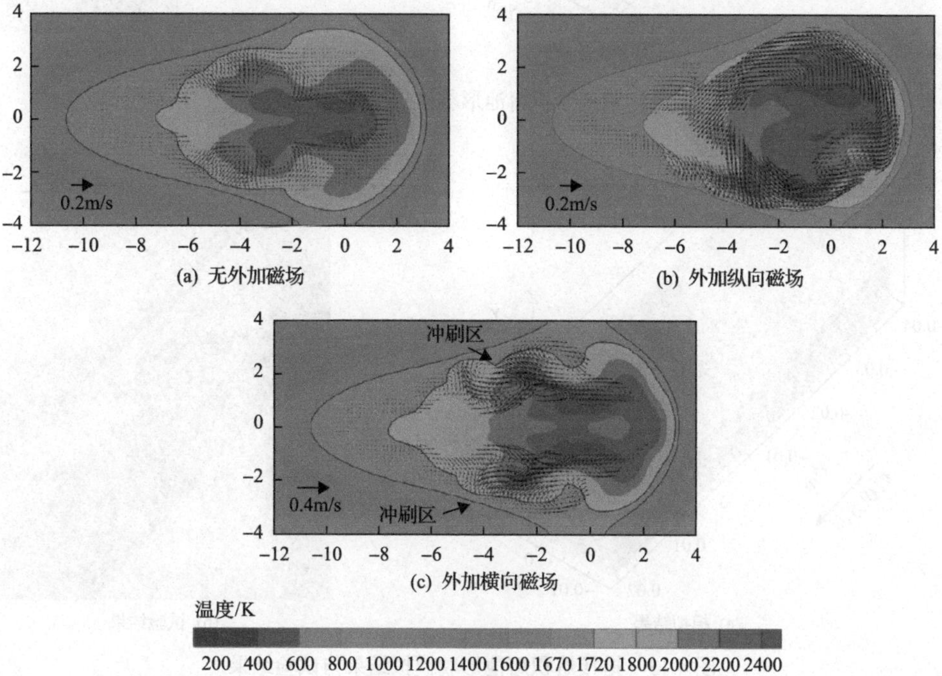

图 4.11　温度场对比

Zhou 等(2016)基于 Fluent 软件的多相流和熔化凝固仿真功能，提出了一种电弧与金属熔池弱耦合的建模方法，建立了电弧熔积过程中单道熔积和搭接熔积过程中的电弧和熔池金属输运三维仿真模型，模拟了这两种熔积过程中的传热传质现象。

通过图 4.12 和图 4.13 模拟结果与试验结果的对比可以看到，无论是单道熔积还是搭接熔积，模拟仿真所得到的熔池形貌与试验结果吻合很好。此外，仅对熔池某一个短暂的熔滴过渡过程而不是整个熔积过程进行模拟，模拟中的焊道形

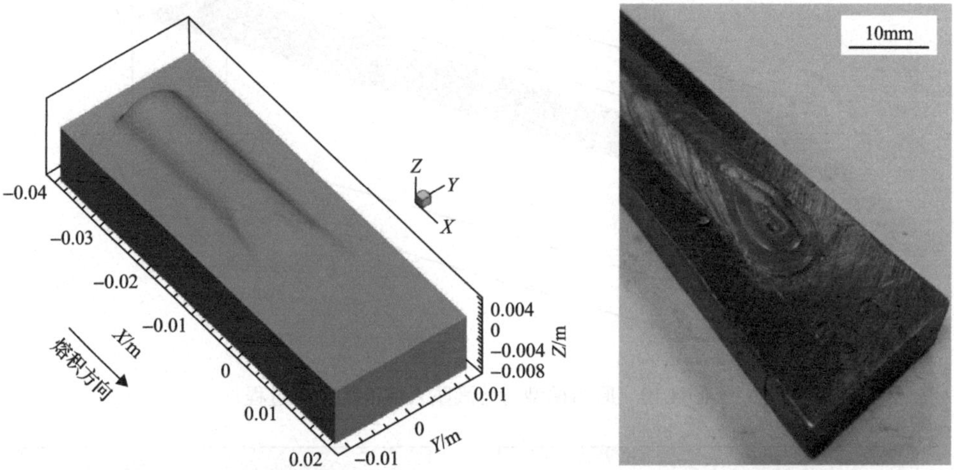

(a) 模拟结果　　(b) 试验结果

图 4.12　单道熔积熔池形貌模拟结果与试验结果

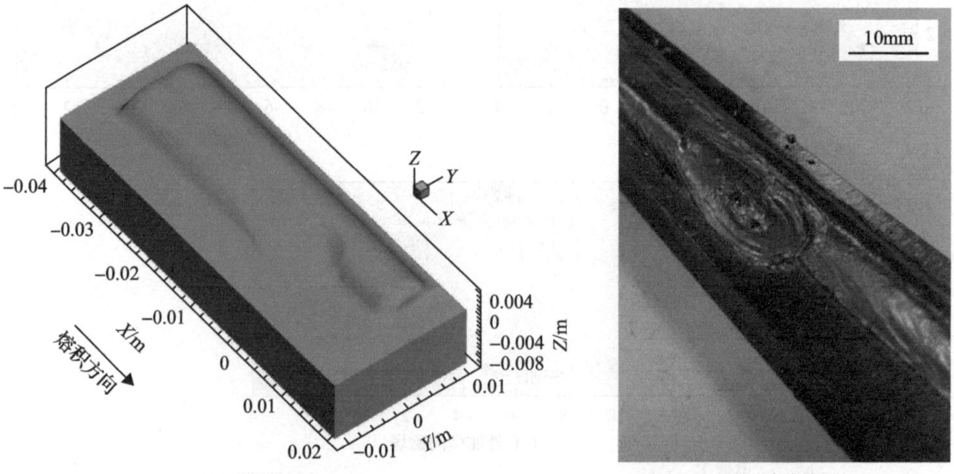

(a) 模拟结果　　(b) 试验结果

图 4.13　搭接熔积熔池形貌模拟结果与试验结果

貌是通过初始化形成的，因此图中模拟结果中焊道表面并没有所谓的“鱼鳞纹”形成。

4.2　混相流成形过程的计算机模拟

微铸锻复合制造是极其复杂的增等减材过程，存在液、固、气多相混合，同时还存在温度场、应力场、电场、磁场相互作用，因此必须建立三维移动熔池的混相流体和传热的数值模型，并给出边界条件。

4.2.1　熔池流体数学模型

1. 熔池流体行为与 VOF 算法

微铸锻复合制造过程中，熔池中复杂的输运现象以及表面变形反映了电场、磁场、热场和流场的交互作用，熔滴冲击、重力(浮力)、电磁力、等离子电弧压力和表面张力是决定熔池流体流动和表面形状的主要因素。

图 4.14 给出了电弧熔积成形示意图。电弧以恒定焊接速度 v_s 沿 x 正方向运动，焊丝以一定速度 v_w 熔化填入焊接熔池。其等效情况是，焊枪及电弧固定不动，工件以 $-v_s$ 速度相对焊枪运动。由于多数情况下电磁发生装置(线圈或其他)相对于焊枪是固定位置的，故研究中采用焊枪坐标系以方便进行数学描述。电弧坐标系 *O-xyz* 随电弧移动，原点 *O* 始终位于电弧轴线与工件顶面的交点上。

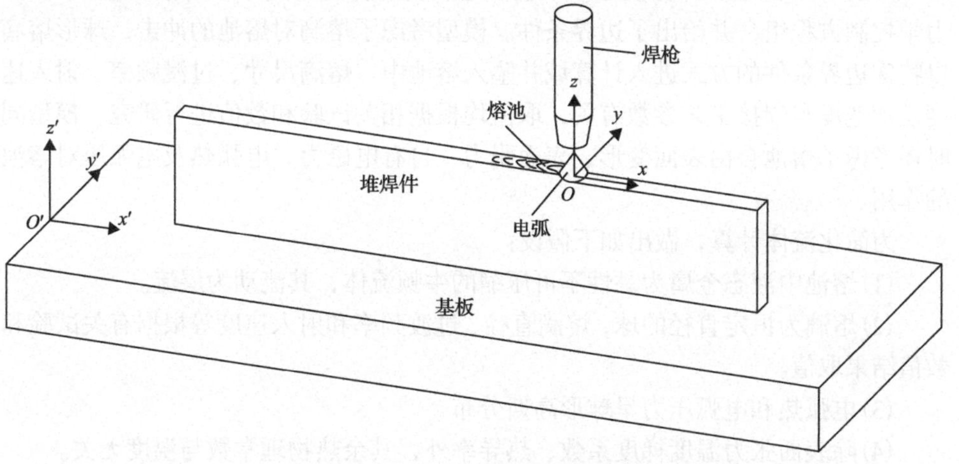

图 4.14　电弧熔积成形示意图

熔池流动受多方面作用影响：温度分布不均匀将产生自然对流(浮力)；焊接电流通过斑点进入熔池形成发散电流场，该电流场在焊接自有磁场下受到电磁力；电弧压力作用于熔池表面使其产生变形；熔池温度梯度引起熔池表面张力梯度。

焊接电弧使焊丝不断熔化形成熔滴并过渡到熔池，熔滴过渡包括熔滴生成、脱离、飞行和坠落等过程，是一个通过离散熔滴向熔池传输能量、动量及质量的过程。熔滴到达熔池后，不仅将其本身的质量传输给熔池，使熔池液态金属的体积增加，凝固后形成焊缝余高，同时也将其本身所携带的热量传递给焊接熔池。焊接熔池获得的这一额外热量输入与焊接电弧热量输入共同作用的结果是决定焊接熔池及热影响区温度分布的重要因素。另外，具有一定质量的熔滴在到达熔池时已具有较高的速度，携带一定的动量，熔滴通过焊接熔池动态过程及电弧能量分布的数值模拟对熔池的冲击，将其携带的动量传递给焊接熔池。这种冲击与电弧压力共同作用使熔池表面发生较大的变形。

熔积过程中，熔滴冲击熔池产生了复杂形状界面，只有采用 VOF 算法（Dai et al., 2018）耗费的计算成本才是合理的。鉴于 VOF 算法获得的界面精度不高，通过耦合 level-set 方法提高界面位置和表面张力计算精度，防止界面扩散导致的虚假流动。当然，不利的方面是需要更细的网格和更小的时间步长。另外，VOF 算法中熔池自由表面并不是计算域外部边界，而是内部边界，因此电弧对熔池的作用（弧压、弧热等）不能通过边界条件的方式施加，只能将其转化为等效的连续分布的体积源项施加到相应位置。转化过程必然导致与网格疏密相关的转化误差产生，如何补偿转化误差仍是正在研究的问题。

2. 控制方程

如图 4.10 所示，计算模型中未包括电弧或熔滴生成，只针对熔池建立了流体力学控制方程组，并给出了边界条件。模型考虑了熔滴对熔池的冲击，球形熔滴以特殊边界条件的方式进入计算域并坠入熔池中。熔滴尺寸、过渡频率、射入速度及加速度与焊接工艺参数有关，取值均根据相关试验和数值进行研究。模型同时还考虑了熔池自由表面变形、表面张力、自有电磁力、电弧热及电弧压对熔池的作用。

为简化流体计算，做出如下假设：

(1)熔池中液态金属为黏性不可压缩的牛顿流体，其流动为层流。

(2)熔滴为恒定直径的球，熔滴直径、过渡频率和射入速度等根据有关试验和数值结果取值。

(3)电弧热和电弧压力呈球形高斯分布。

(4)除表面张力温度梯度系数、热导率外，其余热物理常数与温度无关。

(5)不考虑熔池金属的蒸发。

对于不可压缩流体的层流及传热过程，其控制方程组如下。

连续性方程：

$$\frac{\partial}{\partial t}\rho + \nabla\cdot(\rho V) = 0 \tag{4.4}$$

动量守恒方程：

$$\frac{\partial}{\partial t}(\rho V) + \nabla\cdot(\rho VV) = -\nabla p + \nabla\cdot(\nu\nabla V) + F_{\mathrm{s}} \tag{4.5}$$

写成直角坐标系 xyz 分量方程组如下：

$$\begin{aligned}\frac{\partial}{\partial t}(\rho u) + \nabla\cdot(\rho Vu) = &-\frac{\partial p}{\partial x} + \frac{\partial}{\partial x}\left[\nu\left(\frac{\partial u}{\partial x} + \frac{\partial u}{\partial x}\right)\right] \\ &+\frac{\partial}{\partial x}\left[\nu\left(\frac{\partial v}{\partial x} + \frac{\partial u}{\partial y}\right)\right] + \frac{\partial}{\partial z}\left[\nu\left(\frac{\partial v}{\partial z} + \frac{\partial w}{\partial y}\right)\right] + F_{\mathrm{sx}}\end{aligned} \tag{4.6}$$

$$\begin{aligned}\frac{\partial}{\partial t}(\rho v) + \nabla\cdot(\rho Vv) = &-\frac{\partial p}{\partial y} + \frac{\partial}{\partial y}\left[\nu\left(\frac{\partial v}{\partial y} + \frac{\partial v}{\partial y}\right)\right] + \frac{\partial}{\partial x}\left[\nu\left(\frac{\partial v}{\partial x} + \frac{\partial u}{\partial y}\right)\right] \\ &+\frac{\partial}{\partial z}\left[\nu\left(\frac{\partial v}{\partial z} + \frac{\partial w}{\partial y}\right)\right] + F_{\mathrm{sy}}\end{aligned} \tag{4.7}$$

$$\begin{aligned}\frac{\partial}{\partial t}(\rho w) + \nabla\cdot(\rho Vw) = &-\frac{\partial p}{\partial z} + \frac{\partial}{\partial z}\left[\nu\left(\frac{\partial w}{\partial z} + \frac{\partial w}{\partial z}\right)\right] + \frac{\partial}{\partial x}\left[\nu\left(\frac{\partial w}{\partial x} + \frac{\partial u}{\partial z}\right)\right] \\ &+\frac{\partial}{\partial y}\left[\nu\left(\frac{\partial w}{\partial y} + \frac{\partial v}{\partial z}\right)\right] + F_{\mathrm{sz}}\end{aligned} \tag{4.8}$$

能量守恒方程如下：

$$\frac{\partial}{\partial t}(\rho h) + \nabla\cdot(V\rho h) = \nabla\cdot(k\nabla T) + S_{\mathrm{h}} \tag{4.9}$$

式中，∇ 为哈密顿算子；ρ 为密度；u、v、w 分别代表 x、y、z 方向的速度；ν 为黏度；p 为压力；k 为热导率；F_{s} 和 S_{h} 分别为动量守恒方程和能量守恒方程的源项；F_{sx}、F_{sy}、F_{sz} 分别为 x、y、z 方向上动量守恒方程的源项。

金属区(熔滴区和熔池区)动量守恒方程计算考虑的源项有表面张力 F_{st}、电弧压力 F_{arc}、电磁力($J\times B$)、等离子拉拽力 F_{drag}、熔滴冲量 F_{drop} 和凝固熔化模型附加源项 F_{ms}，即

$$F_{\mathrm{s}} = F_{\mathrm{st}} + F_{\mathrm{arc}} + J\times B + F_{\mathrm{drag}} + F_{\mathrm{drop}} + F_{\mathrm{ms}} \tag{4.10}$$

金属区能量守恒方程考虑的生热率源项则包括电弧热输入和熔滴热焓：

$$S_h = q_{arc} + q_{drop} \tag{4.11}$$

3. 外部边界条件和初始化

控制方程在整个计算域的外边界条件如表 4.1 所示。

表 4.1 边界条件列表

边界	边界条件类型	u	v	w	VOF	h
ABCD	速度出口	v_s	0	0	1	T=300K
CDEF	速度出口	v_s	0	0	0	T=300K
EFGH	速度入口	v_s	0	0	0	T=300K
GHIJ	速度入口	v_s	0	0	0	T=300K
IJKL	速度入口	v_s	0	0	1	T=300K
ABKL	墙	v_s	0	0	1	
CFJG	压力出口，p=0	未指定	未指定	未指定	0	T=300K
DEHI	压力出口，p=0	未指定	未指定	未指定	0	T=300K
BCJK	墙	v_s	0	0	1	
ADIL	墙	v_s	0	0	1	

注：VOF=1 表示为液体，VOF=0 表示为气体。

计算中采用了电弧固定、工件移动的坐标系建模方式。初始化时，*XY* 面以上为空气，以下为金属，金属从 *IJKL* 面进入，沿焊接反方向运动，从 *ABCD* 面流出计算域。计算域中的金属大多数其实为固体状态，Fluent 软件可以给固体域指定速度(抽拉速度)，这一功能实现了电弧坐标系下的熔池模拟。

EFGH 是计算域顶面，保护气体从此进入，保护气体的速度与气流量和气嘴管径有关，饶政华(2010)给出了保护气体速度的计算公式：

$$v_z(r) = \frac{2Q}{\pi} \frac{\left[R_n^2 - r^2 + (R_n^2 - R_2^2)\dfrac{\ln(r/R_n)}{\ln(R_n/R_n)}\right]}{R_n^4 - R_w^4 + \dfrac{(R_n^2 - R_2^2)^2}{\ln(R_n/R_w)}} + V_w \frac{\ln\dfrac{R_n}{r}}{\ln\dfrac{R_n}{R_w}}, \quad r = \sqrt{x^2 + y^2} \leqslant R_n \tag{4.12}$$

式中，Q 为保护气体流量；R_w 为焊丝半径；R_n 为喷嘴内径；V_w 为送丝速度。

ABKL、*BCJK*、*ADIL* 三个面实为金属区与外部空气的接触面，进口温度和出口回流温度都设置为室温 300K，计算中作为移动墙边界条件。能量方程计算时施

加对流和辐射边界条件，如下所示为热交换边界条件：

$$k\frac{\partial T}{\partial n}=-h_{\mathrm{c}}(T-T_{\mathrm{h}})-\kappa\delta(T^4-T_{\mathrm{h}}^4) \tag{4.13}$$

式中，h 是复合传热系数；δ 是辐射系数(本书中取 0.8)；h_c 是对流传热系数；κ 是斯特藩-玻尔兹曼常数；T_h 是环境温度；k 为热导率。

4. 自由表面上的作用力和热输入

使用 VOF 算法(Torrey et al., 1987)捕捉熔池的自由表面。VOF 是一种多相流算法模型，运用流体体积分数 $F(x,y,z,t)$ 代表单位体积内相流体的体积。VOF 模型是应用于固定 Euler 网格上的两种或多种互不相溶流体的界面追踪技术。VOF 模型中，各相流体共享一个方程组，每一相的体积分数在整个计算域内分别追踪。

$F(x,y,z,t)$ 满足如下守恒方程：

$$\frac{\mathrm{d}F}{\mathrm{d}t}=\frac{\partial F}{\partial t}+(V\cdot\nabla)F=0 \tag{4.14}$$

式中，V 为速度矢量，计算中第一相为空气，第二相为金属流体。如果单元格中 $F=1$，则表示单元格内充满了金属；$F=0$ 表示充满了空气；而当 F 介于 0 和 1 之间时，则意味着单元位于相交界的自由表面上，F 的梯度方向即是自由表面的法线方向。

计算域中的自由表面包括熔滴和熔池的表面，在实际过程中，这些自由表面上要受到各种作用力，包括等离子体电弧切向力、电弧压力、表面张力、Marangoni 力；同时，电弧还对熔滴及熔池进行加热。

根据 VOF 算法，自由表面并不位于计算域的边界上，所以这些作用力和热输入不能作为普通的边界条件施加，需要运用散度定量或其他方式转化为体积源项。

1)表面张力

表面张力是液体表面层因分子引力不均衡而产生的沿表面作用于任一界线上的张力。表面张力垂直于自由表面，可以表示为

$$p_{\mathrm{s}}=\gamma\kappa' \tag{4.15}$$

式中，γ 为表面张力系数；κ' 为曲率。

VOF 算法中，自由表面的法向 n 可以表示为流体体积分数的梯度 ∇F：

$$n=\nabla F \tag{4.16}$$

曲率 κ' 可以表示为单位法向的散度：

$$\kappa' = \nabla \cdot \frac{n}{|n|} \tag{4.17}$$

VOF模型中可以采用Brackbill等(1992)提出的连续表面力(continuum surface force, CSF)模型将表面力解释为一个在界面附近连续的体积力。基于CSF模型，表面张力可以转化为体积力 F_{st}：

$$F_{\mathrm{st}} = \gamma \kappa' \frac{\nabla \tilde{c}}{c} \tag{4.18}$$

式中，$\tilde{c}$ 为在横跨边界的一个过渡区内平滑变化的修正颜色函数；矩阵 $c = c_2 - c_1$ 为边界两侧的颜色函数跳变。$\nabla \tilde{c}$ 只有在过渡区非0，故 F_{st} 也只有在过渡区内非0。

由表面张力梯度造成的Marangoni力沿自由表面的切线方向，计算公式为

$$\tau = -\frac{\partial \gamma}{\partial T}\frac{\partial T}{\partial S} \tag{4.19}$$

温度沿切向方向的梯度矢量可由温度梯度及温度沿法向方向的梯度矢量计算得到：

$$\frac{\partial T}{\partial S} = \nabla T - \frac{\partial T}{\partial n} \tag{4.20}$$

根据Sahoo等(1988)的研究，Fe-S二元液态合金的表面张力系数 γ 可以表示为温度 T 和硫浓度 f^{α} 的函数：

$$\gamma = 1.943 - 4.3\times10^{-4}(T-1723) - T_{\mathrm{r}}\times1.3\times10^{-8}\ln\left[1+0.00318 f^{\alpha}\exp\left(\frac{1.66\times10^{8}}{T_{\mathrm{r}}}\right)\right] \tag{4.21}$$

式中，T_{r} 为室温。

2)电弧作用力

等离子电弧切向力和电弧压力导致熔滴加速下落，使熔池中心形成凹陷。为节省计算量，将全瞬态的等离子体流体纳入计算。研究中使用一个经验等离子拉力公式来近似飞行中的熔滴所受到的弧压及等离子拉拽作用。在计算中，用动量源项来实现熔滴所受的经验拉力：

$$F_{\mathrm{drag}} = C_{\mathrm{ds}}\frac{1}{2}\rho_{\mathrm{g}} w_{\mathrm{g}}^{2}\left(\frac{\pi D_{\mathrm{d}}^{2}}{4}\right) \tag{4.22}$$

式中，C_{ds} 为球的拉拽系数；ρ_g 和 w_g 分别为等离子体气体的密度和速度；D_d 为熔滴直径。

熔池表面的电弧压力被认为关于电弧中心呈轴对称高斯分布，计算公式如下：

$$p_a = P_{max} \exp\left(-\frac{r^2}{2\sigma_p^2}\right) = \frac{F}{2\pi\sigma_p^2} \exp\left(-\frac{r^2}{2\sigma_p^2}\right) \tag{4.23}$$

式中，P_{max} 为电弧中心弧压；r 为距离电弧中心的距离；σ_p 为电弧压力分布系数。电弧压力沿熔池自由表面的法向方向，同样可以采用 CSF 方法转化为体积力源项：

$$F_{arc} = p_a \frac{\rho \nabla F}{\frac{1}{2}(\rho_1 + \rho_2)} \tag{4.24}$$

式中，ρ_0 为空气相密度；ρ_1 为金属相密度；ρ_2 为当前单元密度；∇F 为 VOF 梯度。

3）熔池表面的电弧热输入

焊接熔池的能量输入来自熔池表面的电弧热输入以及熔滴带来的热焓。电弧热很集中，焊接数值研究中常认为稳定的电弧热流垂直进入金属，呈现与弧压一样的轴对称的平面高斯分布：

$$q_a = Q_{max} \exp\left(-\frac{r^2}{2\sigma_q^2}\right) \tag{4.25}$$

式中，Q_{max} 为热输入面密度最大值；r 为到电弧中心的距离；σ_q 为电弧热流分布系数。

为保证计算的收敛，研究中同样将表面的电弧热流输入沿金属深度方向扩展为体积热源。仿照 Goldak 双椭球热源公式将电弧热输入写成

$$q_{arc}(x,y,z) = \frac{3\sqrt{3}\eta(1-\eta_d)UI}{\sigma_q^2 c\pi\sqrt{\pi}} e^{\frac{-3x^2}{\sigma_q^2}} e^{\frac{-3y^2}{\sigma_q^2}} e^{\frac{-3z^2}{c^2}} \tag{4.26}$$

式中，U 为焊接电压；I 为焊接电流；c 为热源深度；η 为电弧热效率；η_d 为熔滴热占比。采用的是电弧坐标系，该体热源是双椭球热源的变体，将双椭球的前后长半轴以及宽度均取为电弧热流分布系数 σ_q。这个单椭球热源在全计算域内连续，并保持了轴对称性质。

4）熔滴冲击和热焓

如上所述，模型中并没有包括等离子电弧、熔滴脱离等物理过程，而是基于试验观察结果，采用经验化模型模拟了熔滴的生成及过渡。数值研究和试验结果

表明，熔滴尺寸、过渡频率、熔滴温度和射入速度等是由焊接电流、焊接电压、焊丝直径和送丝速度等参数决定的。

(1)熔滴温度的估算。

假设焊接能量输入使得熔滴金属温度升高 ΔT ，则有

$$\eta\eta_{\mathrm{d}}UI = \rho V_{\mathrm{V}}(\overline{c}_{\mathrm{P}}\Delta T + \Delta H_{\mathrm{fus}}) \tag{4.27}$$

式中，$\overline{c}_{\mathrm{P}}$ 为金属平均比热容；ΔH_{fus} 为熔化潜热；V_{V} 为单位时间内焊接熔化的金属体积，忽略金属蒸发和飞溅，可以写为

$$V_{\mathrm{V}} = \frac{1}{4}\pi D_{\mathrm{w}}^{2} v_{\mathrm{w}} \tag{4.28}$$

其中，v_{w} 为送丝速度，D_{w} 为焊丝直径。由以上两式可以得到估算熔滴温度升高的公式：

$$\Delta T = \frac{1}{\overline{c}_{\mathrm{P}}}\left(\frac{\eta\eta_{\mathrm{d}}UI}{\frac{1}{4}\rho\pi D_{\mathrm{w}}^{2}} - \Delta H_{\mathrm{fus}}\right) \tag{4.29}$$

(2)熔滴直径的估算。

假设熔滴都是大小不变的金属球，熔滴直径可以根据下式估算：

$$\Delta V = \frac{1}{6}\pi D_{\mathrm{d}}^{3} = \frac{\rho_{\mathrm{s}} V_{\mathrm{V}}}{\rho_{\mathrm{l}} F_{\mathrm{d}}} \tag{4.30}$$

式中，F_{d} 为熔滴过渡频率；D_{d} 为熔滴直径；ρ_{l} 为液体密度；ρ_{s} 为金属固态密度。

(3)熔滴质量源、动量源和能量源。

假设进入计算域时熔滴的直径是恒定的，估算如式(4.30)。熔滴速度 v_0 可估算为 $g(3I/\pi D_{\mathrm{d}})(\mu_0/\rho_{\mathrm{d}})$，其中 g 为重力加速度，I 为焊接电流，μ_0 为真空磁导率。在模型中，可以使用质量源的方式实现熔滴的生成，同时添加熔滴动量和能量源项以保证其速度和温度。

如果在时间 Δt 内生成一个熔滴，则熔滴位置上施加的质量源应为

$$S_{\mathrm{mass}} = \frac{\rho_{\mathrm{l}}}{\Delta t} \tag{4.31}$$

为保持熔滴以一定速度下落，熔滴动量源项为

$$F_{\mathrm{drop}} = -\frac{v_{\mathrm{drop}}\rho_{\mathrm{l}}}{\Delta t} e_{z} \tag{4.32}$$

式中，e_z为 z 向单位矢量。

而生成的熔滴的温度为 $T_{\text{drop}} = T_{\text{h}} + \Delta T$，则熔滴携带的能量项为

$$q_{\text{drop}} = \frac{\rho_1}{\Delta t}(\overline{c}_{\text{p}} T_{\text{drop}} + \Delta H_{\text{fus}}) \tag{4.33}$$

式中，ρ_1 为液体密度；ΔH_{fus} 为熔化潜热；T_{drop} 为熔滴的温度。

(4) 固液界面跟踪。

研究中采用 Fluent 软件自带的焓-孔隙率模型处理金属的凝固，利用液态分数隐式追踪固液交界。液态分数表示单元内液体体积比例，0 表示固体，1 表示液体，0 到 1 之间表示固液双相区（糊状区）。糊状区被当成多孔区处理，孔隙度等于液态分数，并添加适当的动量下降项到动量方程：

$$F_{\text{ms}} = \frac{(1-\beta^2)}{(\beta^3 + \mu)} A_{\text{mush}} (v - v_{\text{p}}) \tag{4.34}$$

式中，β 为液态分数；v 为熔池域液体速度；μ 为一个防止出现 0 值的小数；v_{p} 为抽拉速度，即固体区域最终可以保留的速度；A_{mush} 为糊状区常数，其值越大，则糊状区内速度下降越快。

4.2.2　电磁-流体耦合和数据传递

利用轴对称简化模型来处理电弧，而金属工件以及熔池中的电磁场分析则是与形状和温度相关的。针对各种磁场形式作用下的电弧熔积过程，采用有限元法建立了三维电磁分析模型，模型考虑了熔积温度场对材料电磁属性的影响，对于电弧则采用简化的电磁学模型。采用外部数据传递的方式将电磁分析获得的电磁力及电磁生热等结果单向耦合至有限体积流体计算，从而获得电磁作用对熔池流动的改变（图 4.15）。

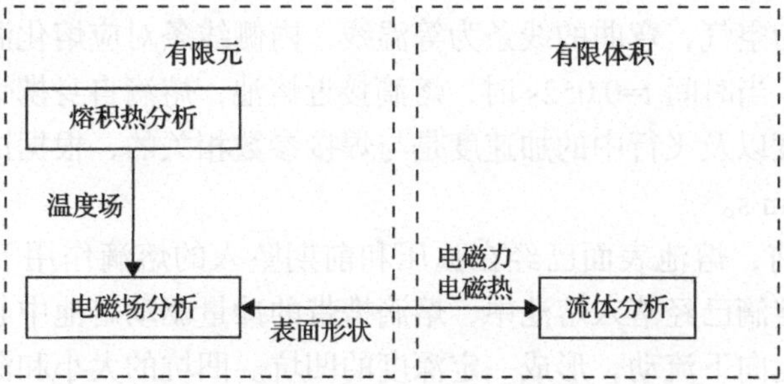

图 4.15　有限元电磁分析与有限体积流体分析的耦合

由于有限元电磁分析和有限体积流体分析要求的计算域并不相同，电磁计算域包括线圈以及更大空间的空气域，而流体计算收敛需要更细的网格和节点，因此两者使用的网格往往不能直接对应，电磁力、电磁热以及表面形状等数据的传递需要通过基于几何坐标的插值计算实现，研究中使用的是质心插值公式。如图 4.16 所示，若插值节点 $p(x',y',z')$ 与周围最邻近的 8 个节点的函数值为 p_1～p_8，则三维质心插值计算公式(Sahoo et al., 1988)为

$$
\begin{aligned}
p(x',y',z') = & \frac{1}{(x_1+x_2)(y_1+y_2)(z_1+z_2)}(x_2y_2z_2\cdot p_1 + x_2y_2z_2\cdot p_1 + x_2y_2z_2\cdot p_1 \\
& + x_1y_2z_2\cdot p_2 + x_1y_2z_1\cdot p_3 + x_2y_2z_1\cdot p_4 + x_2y_1z_2\cdot p_5 + x_1y_1z_2\cdot p_6 \\
& + x_1y_1z_1\cdot p_7 + x_2y_1z_1\cdot p_8)
\end{aligned}
\tag{4.35}
$$

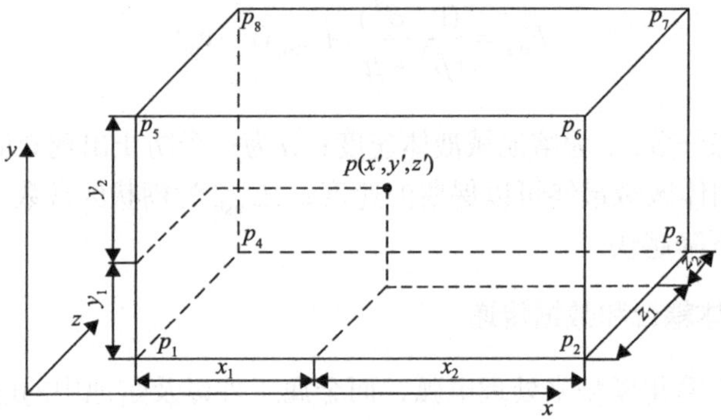

图 4.16　三维质心插值节点

4.2.3　电弧熔积熔池仿真结果

为展示一个冲击周期内熔滴坠入熔池的动态过程，图 4.17 给出了 *X-Z* 截面 (*Y*=0) 上 VOF 相和速度矢量的分布情况演变。VOF 云图中，下方浅色区域为金属，上方深色区域为空气，弯曲的线条为等温线，内侧线条对应熔化温度，外侧线条对应凝固温度。当时间 t=0.052s 时，熔滴接近熔池，熔滴自身携带热量和动量。熔滴的下落速度以及飞行中的加速度是与焊接参数相关的，根据试验，熔滴下落速度大约为 0.6m/s。

熔滴落入前，熔池表面已经在弧压和前期坠入的熔滴作用下向下凹陷。当 t=0.054s 时，熔滴已经落入熔池中，熔滴携带的冲量驱动熔池中心区域的高温金属以较大的速度向下流动，形成一定深度的凹坑。凹坑的大小和深度是熔滴冲量与金属液体静压、表面张力共同作用的结果。当 t=0.056s 时，在表面张力和重力

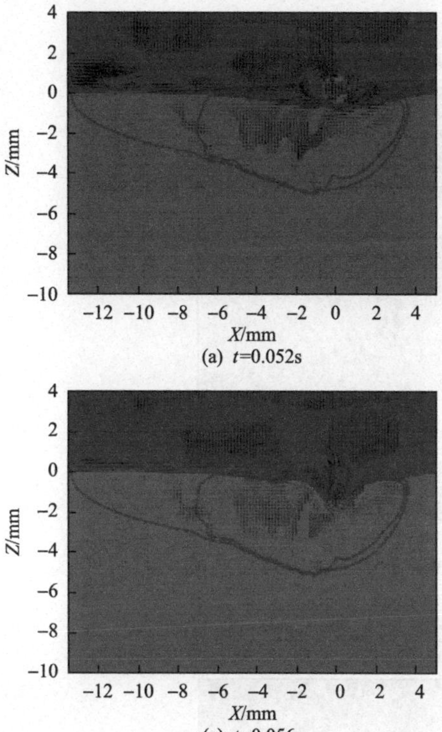

(a) t=0.052s
(b) t=0.054s
(c) t=0.056s
(d) t=0.058s

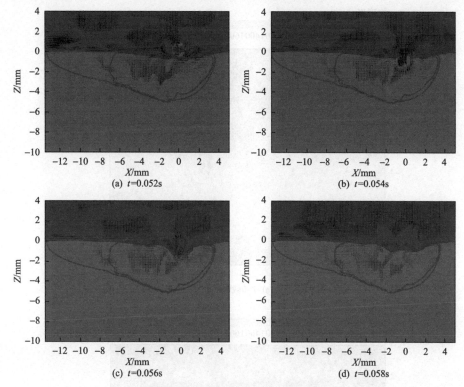

图 4.17　熔滴坠入熔池的动态过程

的作用下熔池两侧的流体开始向中心回填，到 t=0.058s 时，熔池中心已经升高到与两侧相当的高度。由 VOF 云图可以明显看出，熔滴的冲击导致了熔池表面的振荡，熔池表面形成了波浪，持续的表面振荡在凝固后成为焊道波浪纹。

图 4.18 给出了无外加磁场情况下 t=0.05s 时，金属流体在不同 X-Z 截面上的温度和速度分布情况，两条弯曲的线分别对应凝固温度和熔化温度的等温线。如图 4.18(a)所示，在焊道 Y=0 的对称截面上，表面张力(温度系数为正)和电磁力的共同作用驱动了熔池中心区域高温金属的下沉流动，同时外围(主要是熔池后部)的低温金属向熔池中心回填。总体来说，熔池的流体流动是内聚下沉流模式。在固液两相区内，金属几乎没有发生流动。由于液态区域的流动，等温线形状不规则，特别是在液态区域，等温线完全不是双椭球曲线形状。由于熔池后部表面金属向前回填，熔池后部表面有较长一段距离处于固液两相区。图 4.18(b)给出了 Y=−2mm 截面上的温度和速度分布，根据对称性，在 Y=2mm 截面上的分布与 Y=−2mm 截面相同。与 Y=0 中心截面相比，Y=−2mm 截面上金属流体区更小，而两者的温度分布类似。

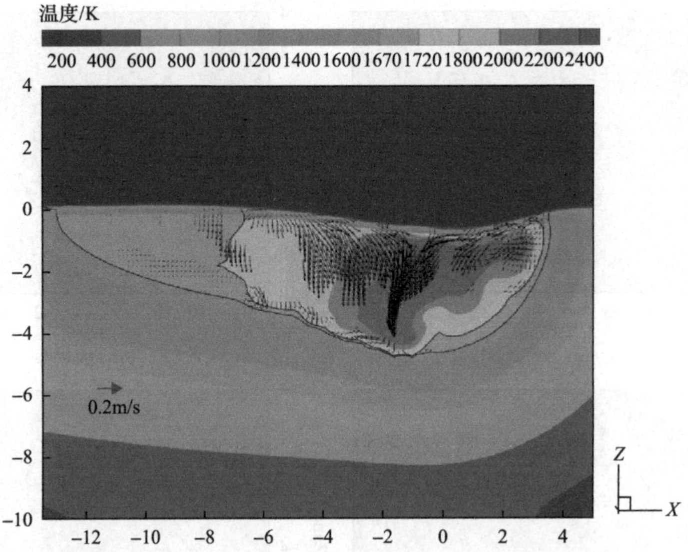

(a) Y=0截面

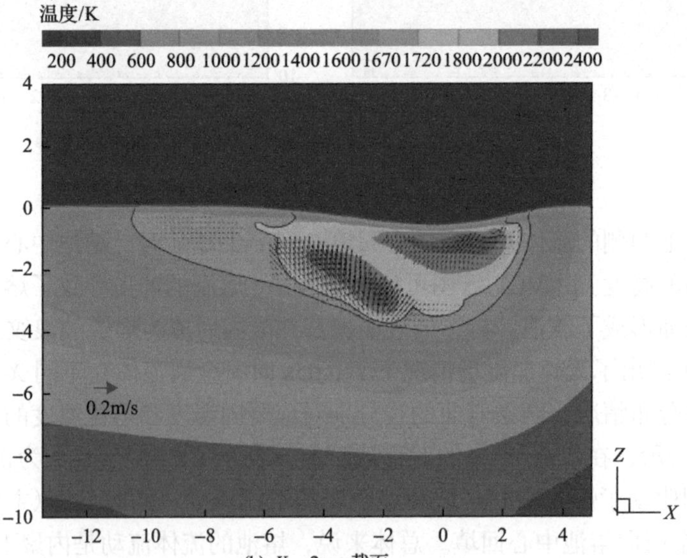

(b) Y=−2mm截面

图 4.18　t=0.05s 时不同 X-Z 截面的温度和速度分布

图 4.19 给出了无外加磁场情况下 t=0.05s 时，金属流体在不同 Y-Z 截面上的速度矢量分布情况，曲线对应金属和空气的交界。在图 4.19(c)所示 X=0 截面上，表面张力驱动了表面金属由外侧向中心的流动，电磁力驱动金属向内收缩并下沉，复杂的作用力以及凝固金属对流动的阻碍和反弹导致截面上有多个旋涡中心。流体最大速度不超过 0.2m/s，速度场分布关于 XZ 面对称。图 4.19(b)为电弧中心前

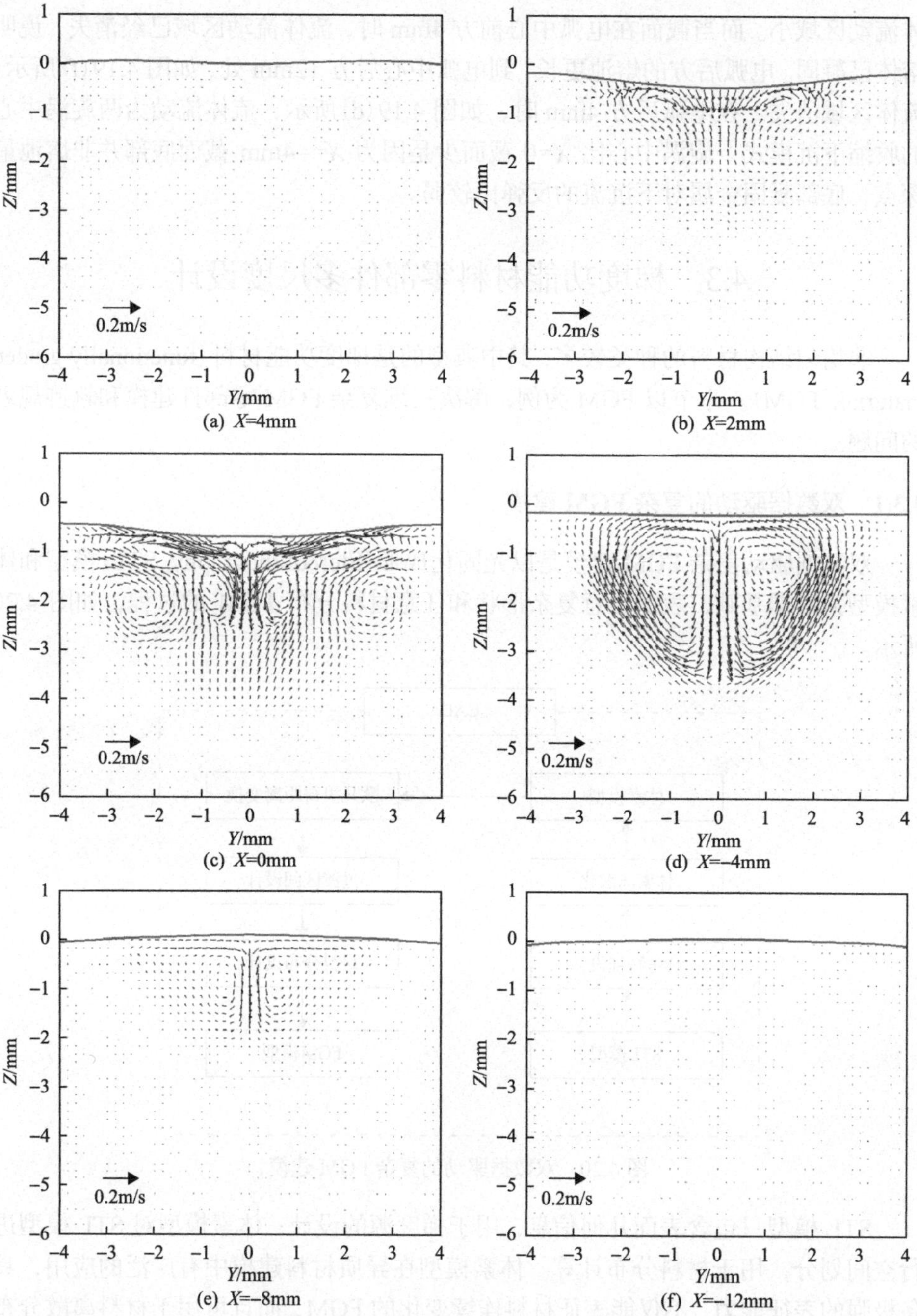

图 4.19 t=0.05s 时金属流体在不同 Y-Z 截面的速度矢量分布

方 2mm 的 Y-Z 截面分布，由于受弧压作用表面是凹陷变形的，温度比中心低，流体流动区域小。而当截面在电弧中心前方 4mm 时，流体流动区域已经消失，说明熔体已凝固。电弧后方的熔池更长，到电弧中心后方 12mm 处，如图 4.19(f)所示，流体区域消失。在电弧后方 4mm 时，如图 4.19(d)所示，流体流动为两旋涡中心的收缩下沉模式，旋涡中心比 X=0 截面少是因为 X=−4mm 截面底部并非熔池最深点，底部凝固金属对下沉流的反弹比较弱。

4.3 梯度功能材料零部件多尺度设计

非均匀结构材料的种类较多，其中典型的是梯度功能材料(functionally graded material, FGM)。本节以 FGM 为例，解决三维复杂 FGM 零部件建模和轨迹规划的问题。

4.3.1 双数据驱动的复杂 FGM 建模

双数据驱动复杂 FGM 建模是以光固化成形(Stereolithography, STL)模型和体素模型为数据基础，表征任意复杂形状和任意材料分布 FGM 的过程，如图 4.20 所示。

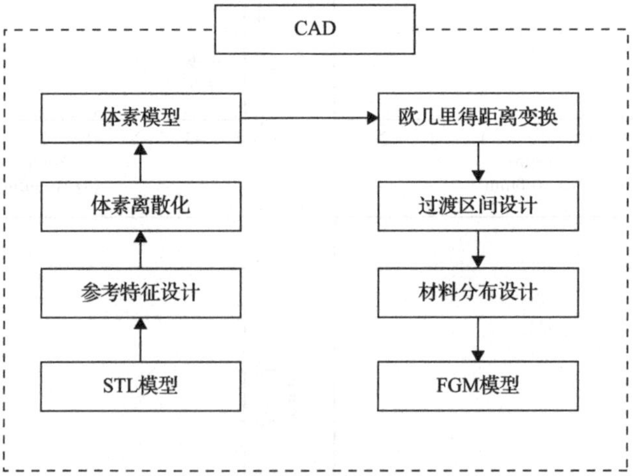

图 4.20 双数据驱动的复杂 FGM 建模

STL 模型只包含表面几何信息，用于梯度源的设计；体素模型对 STL 模型进行空间划分，用于材料分布计算。体素模型在异质材料建模中有广泛的应用，具备极强的表征能力，不仅能表征材料连续变化的 FGM，而且可用于材料离散分布的异质材料建模。控制特征为已知或预定好材料成分的几何对象，又称梯度源(Fabbri et al., 2008; Siu and Tan, 2002)。采用基于离散梯度源的体素模型(Kou and

Tan, 2007; Saito and Toriwaki, 1994）来表征复杂 FGM 模型，以相对于梯度源的距离作为各体素单元材料成分设计的依据。不同于解析表达式或参数化方程描述的连续梯度源，离散梯度源直接作用于 STL 模型，为连续或离散分布三角面片的集合，可描述任意复杂形状的控制特征。体素为二维像素在三维空间的扩展，即立方体单元。相比于有限元网格模型，体素模型具有更高的距离计算精度和更快的材料查询效率。基于离散梯度源的体素建模具体步骤如下。

步骤 1 参考特征设计。在 STL 模型中，选取感兴趣的表面或局部表面作为梯度源，其材料为 100%的特征相，与之相对的材料称为非特征相。

步骤 2 体素离散化。设定分辨率，对 STL 模型进行体素化，同时继承参考特征，区分特征和非特征体素，生成体素模型。

步骤 3 欧几里得距离变换（Euclidean distance transformation, EDT）（Chandru et al., 1995）。在体素模型中，以特征体素为参考，计算非特征体素到最近特征体素的欧几里得距离，生成三维距离场。

步骤 4 过渡区间设计。在三维距离场中，设定梯度材料过渡区间，采用式（4.36）对距离进行归一化处理。

步骤 5 材料分布设计。以归一化距离为自变量，采用合适的材料分布函数，对过渡区间组分材料体积分数进行设计，生成 FGM 模型。

对于任意体素单元，其特征相（f）和非特征相（$\bar{\text{f}}$）材料的体积分数必须满足式（4.37）。为方便选择，提供多种不同的材料分布函数，包括幂函数和指数函数（式（4.38）和式（4.39）），两者分别用于断裂力学研究和应力分析（Joha et al., 2013; Wu et al., 2008）。

$$d'_p=\begin{cases}1, & d_p\in(d_{\max},\infty)\\ \dfrac{d_p-d_{\min}}{d_{\max}-d_{\min}}, & d_p\in(d_{\min},d_{\max})\\ 0, & d_p\in(0,d_{\min})\end{cases} \tag{4.36}$$

$$w_p^{\text{f}}+w_p^{\bar{\text{f}}}=1 \tag{4.37}$$

$$w_p^{\text{f}}=(1-d'_p)^k \tag{4.38}$$

$$w_p^{\text{f}}=1-\frac{\lambda^{d'_p}-1}{\lambda-1},\quad \lambda>1 \tag{4.39}$$

式中，$[d_{\min}, d_{\max}]$为梯度材料过渡区间；d_p、d'_p、w_p^{f}、$w_p^{\bar{\text{f}}}$分别为体素 p 的欧几里得距离、归一化距离、特征相与非特征相的体积分数；k 和 λ 分别为幂函数和

指数函数的材料梯度因子。

1. 材料参考特征交互设计

在 FGM 设计中，参考特征为已知或预定义好材料成分的参考特征，又称为梯度源，是几何与材料信息交换和沟通的桥梁。采用人机交互的方式，在 STL 网格中拾取面片集形成局部表面作为参考特征。三角网格的特征交互设计有三种方式，即点拾取、矩形区域拾取和最短路径环拾取，其中前者用于单个面片的精确拾取，后两者用于面片集的模糊拾取。通过三者的合理组合，能够实现任意复杂表面的快速拾取。图 4.21 展示了特征交互设计，3 条最短路径环通过少量地拾取顶点(4 个)进行控制，将叶片与中间的圆柱体分解开，同时赋予每个叶片不同的材料属性。

图 4.21　STL 模型参考特征交互设计

2. 体素化与特征映射

体素化是指对 STL 模型进行离散细分，继承边界特征信息，生成体素模型的过程。首先根据离散分辨率，对 STL 网格进行 Z 向分层切片，然后对每层切片进行像素化，每个像素与一个体素相对应，同时区分内部、边界和特征体素，赋予每个体素相应的属性，完成体素化。为减小内存开销，离散分辨率作用于网格体包围盒的最长轴，其他轴的分辨率与之相比维持体包围盒形状不发生畸变。在二维切片层像素化过程中，一种易得的算法是扫描线填充算法，扫描线数量与 X/Y 向离散分辨率相关。分层切片的投影包括轮廓投影和内部投影，前者用于边界像素的识别，后者用于内部(不透明)像素和外部像素(透明)的区分。由于 OpenGL 仅支持凸多边形的绘制，为实现任意复杂切片的内部投影，对切片进行三角剖分。在像素化的过程中，仅仅继承了二维轮廓的特征信息。分层切片是一个离散化的过程，分层切片及像素化继承的特征信息通常表现为不连续和不致密。为实现三维表面特征信息的传递，通过特征映射，将可视的 STL 特征信息投影到体素模型上，得到特征体素，即已知或预定义好材料成分的体素单元。表 4.2 列出了体素化控制参数及其功能，其中放大系数 s 用于对 STL 模型的体包围盒进行等比例放大，以避免边界像素取舍问题，其值应大于 1.0；离散分辨率 R 作用于体包围盒的最长轴，以确定体素单元的大小，其取值建议为 64 的整数倍；另外两个参数为孔填充和反走样选项，分别用于切片内部孔填充和切片边界反走样。

表 4.2 体素化控制参数及其功能描述

控制参数	功能描述
离散分辨率 R	作用于体包围盒最长轴
放大系数 s	体包围盒等比例放大系数
孔填充选项 h	确定切片内部空填充与否
反走样选项 a	确定切片边界反走样处理与否

图 4.22 展示了凹模的体素化和特征映射过程。其中，图(b)为继承 STL 表面特征信息的平面分层切片，图(c)为分层切片对应的三角化结果，用于 OpenGL 重绘和内部像素识别，图(d)、(e)展示边界轮廓投影和内部三角化投影过程及其生成的体素模型。图 4.23 为特征映射及其生成体素模型。对比图 4.22(e)和图 4.23 的体素模型，可以发现前者是不连续和不致密的，后者表现为聚集是连续和致密的。

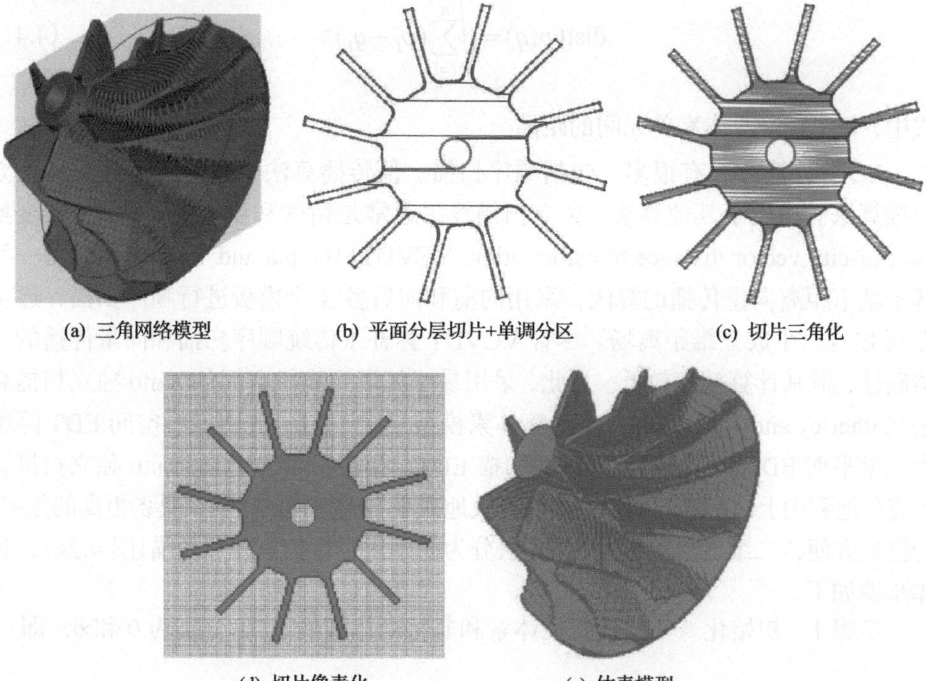

(a) 三角网络模型 (b) 平面分层切片+单调分区 (c) 切片三角化

(d) 切片像素化 (e) 体素模型

图 4.22 凹模的体素化的过程

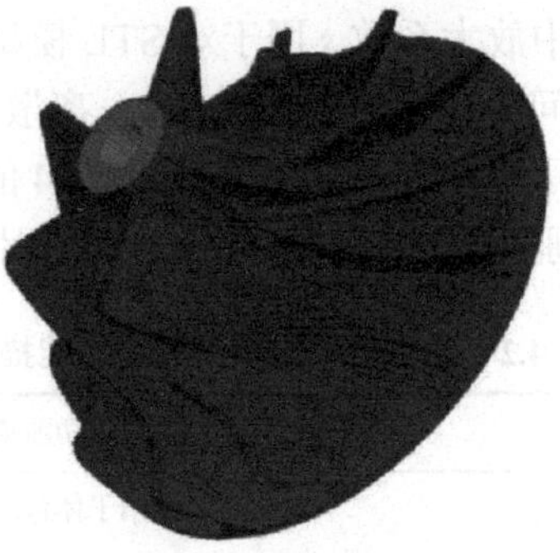

图 4.23　特征映射

3. 三维欧几里得距离变换

给定体素集 $G=(F, F')$，其中 F 和 F' 分别表示特征体素集和非特征体素集，EDT 是以特征体素为参考，计算非特征体素到特征体素最小欧几里得距离的过程。EDT 可以表示为

$$\mathrm{EDT}(p,F)=\min_{q\in F}\mathrm{dist}(p,q) \tag{4.40}$$

$$\mathrm{dist}(p,q)=\sqrt{\sum_{i=1}^{n}(p_i-q_i)^2} \tag{4.41}$$

式中，dist 表示两体素单元间的距离。

EDT 计算方法有很多，包括顺序扫描、值传播算法、向量传播算法和独立扫描算法。相比于其他算法，独立扫描算法通常是精确和快速的。矢量距离变换(vector-city vector distance transformation, VCVDT)(Gupta and Talha, 2015)是一类基于城市距离向量传播的算法，采用向前和向后各 4 个模板进行顺序扫描，逐步更新 EDT，生成三维距离场。尽管 VCVDT 弥补了传统顺序扫描和向量传播的不精确性，但其计算效率较低。为此，采用易于拓展到高维空间的 Saito 独立扫描算法(Satherley and Jones, 2001)来计算体素模型三维 EDT，先将三维空间 EDT 降维为二维平面 EDT，再降维为一维线扫描 EDT。相比于 VCVDT，Saito 独立扫描算法充分地利用上次扫描的结果，能够有效地减小本次扫描的次数，具备更高的效率。为描述方便，二维 Saito 独立扫描算法分为初始化、行扫描和列扫描(图 4.24)，具体步骤如下。

步骤 1　初始化。初始化特征体素和非特征体素的 EDT 分别为 0 和∞，即

$$\mathrm{EDT}(p,F)=\begin{cases}0, & p\in F\\ \infty, & p\in \overline{F}\end{cases} \tag{4.42}$$

步骤 2　行扫描。依次采用模板(0,1)和(1,0)逐行前后扫描，更新 EDT，即

$$\mathrm{EDT}(i,j)=\min_{0\leqslant i\leqslant n-1}\{\mathrm{EDT}(i,j),\mathrm{EDT}(i+1,j)+1\} \tag{4.43}$$

$$\mathrm{EDT}(i,j)=\min_{1\leqslant i\leqslant n}\{\mathrm{EDT}(i,j),\mathrm{EDT}(i-1,j)+1\} \tag{4.44}$$

图 4.24　Saito 独立扫描算法

步骤 3　列扫描。以当前体素为参考，先计算列扫描的距离，再结合行扫描的结果，两次距离平方和最小值即为当前体素的 EDT，即

$$\mathrm{EDT}(i,j)^2=\min_{0\leqslant i\leqslant n}\{\mathrm{EDT}(i,j)^2+(j-y)^2\} \tag{4.45}$$

4.3.2　双数据模型驱动的复杂 FGM 轨迹规划

体素模型具备极强的表征能力，是一种与分辨率关联且不精确的 FGM 建模方法。由于几何离散台阶效应(Xiong et al., 2012)，直接对 FGM 模型进行轨迹规划可能会出现边缘不连续的现象。此外，体素模型是一种密集型数据模型，频繁的相交运算导致效率低下，大量的轨迹点浪费数据内存空间。为避免上述问题，采用双数据模型驱动的 CAM 轨迹规划策略(图 4.25)，双数据模型是指 STL 模型和 FGM 模型，其中前者用于二维切片几何轨迹的产生，后者为二维切片提供材料数据库，具体步骤如下。

(1)分层切片。分别对 STL 模型和 FGM 模型进行平面分层切片，产生二维几何切片和二维切片材料数据库。

(2)几何轨迹规划。采用合适的扫描策略(如平行直线扫描、平行轮廓扫描或复合扫描等)对几何切片进行扫描填充，产生几何轨迹。

(3)几何轨迹离散。采用合适的分辨率(与制造系统的分辨率、材料和工艺相关)对几何轨迹进行分段离散。

(4)材料信息查询。查询二维切片材料数据库，确定每个轨迹点的材料组分信息，产生融合材料信息的成形轨迹。

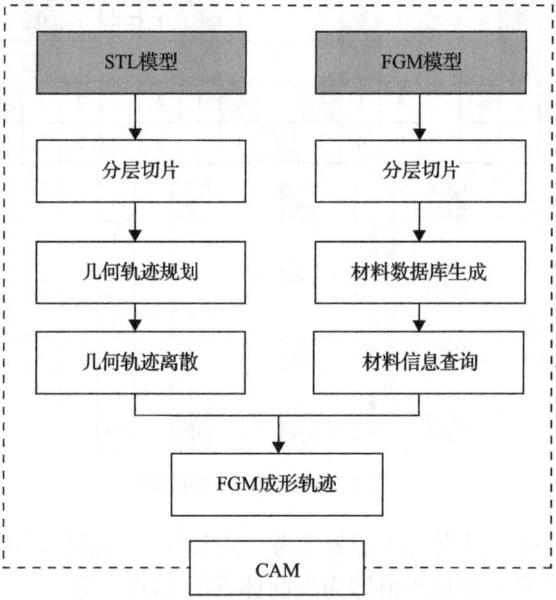

图 4.25　双数据模型驱动的复杂 CAM 轨迹规划

1. 材料信息动态创建

在对 STL 模型进行分层切片时，同步地实现 FGM 模型的分层切片，创建二维切片的材料数据库，并记录相应的几何属性(内部、外部或边界)和各组分材料的体积分数。理论上，材料数据库为像素集，其大小为 FGM 模型体包围盒的 *XOY* 截面尺寸，每个像素对应 FGM 模型中的一个体素。事实上，为避免巨大的数据存储空间开销，材料数据库并未静态地创建，只提供动态创建和检索功能。

在 STL 模型空间中，对于切片高度为 h 的二维切片，其材料数据库动态创建的具体步骤如下。

(1)坐标变换。对 h 进行 STL 模型到 FGM 模型的坐标变换，得到 FGM 模型

切片高度 h'。

(2)几何属性查询。以 h'的整数部分为层索引，查询体素模型的当前层，确定每个像素的几何属性。

(3)距离线性插值。查询每个内部或边界像素及其上面像素的距离值，以 h' 的小数部分为插值因子，线性插值计算像素的距离值。

(4)材料信息计算。根据距离值，调用设计的材料分布函数，计算每个像素的组分材料体积分数。

2. 材料信息检索

在 STL 模型空间中，对于任意点 p，其材料信息检索的具体步骤如下：

(1)坐标变换。对点 p 进行 STL 模型到 FGM 模型的坐标变换，得到点 p'。

(2)几何属性查询。以点 p'各坐标分量的整数部分为索引，确定其所在的体素单元 v，查询和判断 v 的几何属性，如果 v 为外部单元，结束返回；否则，进入下一步。

(3)距离线性插值。检索 v 八个顶点的距离值，以点 p'各坐标分量的小数部分为插值因子，进行三线性插值，得到 p'的距离值。

(4)材料信息计算。根据距离值，调用设计的材料分布函数，计算 p'的组分材料体积分数，结束返回。

4.3.3 数据结构与实现

采用 C++和 OpenGL 在 Visual Studio 2010 平台对上述 FGM 建模和轨迹规划系统进行实现。图 4.26 描述了二维切片材料数据库 R2FGMSlice 的数据结构，它由三维 FGM 模型 R3FGMModel 对象及其切片高度的整数部分和小数部分组成。R3FGMModel 由三维距离变换 R3DistanceTransform 对象和材料分布函数 RNMaterialDist 对象共同构成，分别提供距离和材料分布信息。在 R3Distance Transform 中有一个体素模型 R3Voxel 对象，提供几何/特征属性和坐标变换信息。

采用上述基于离散梯度源的体素建模和双数据模型驱动的轨迹规划新方法，可解决现有梯度源局限于解析/参数化几何或全局曲面的问题，以及体素模型成形轨迹几何不精确的问题。非均匀梯度源直接作用于 STL 模型，具备多个局部复杂参考特征同时描述的能力，成形轨迹的几何部分来源于 STL 模型，材料部分来源于 FGM 体素模型，使得任意复杂形状的非均匀梯度建模和等离子熔积制造轨迹的产生成为可能。图 4.27 展示了单层切片内部材料成分分布设计及其相应填充轨迹规划的结果。梯度材料分布应用了常用对数分布类型，填充轨迹采用径向为由内向外、周向为逆时针方向的规划策略，相邻轨迹间隔为 1mm。

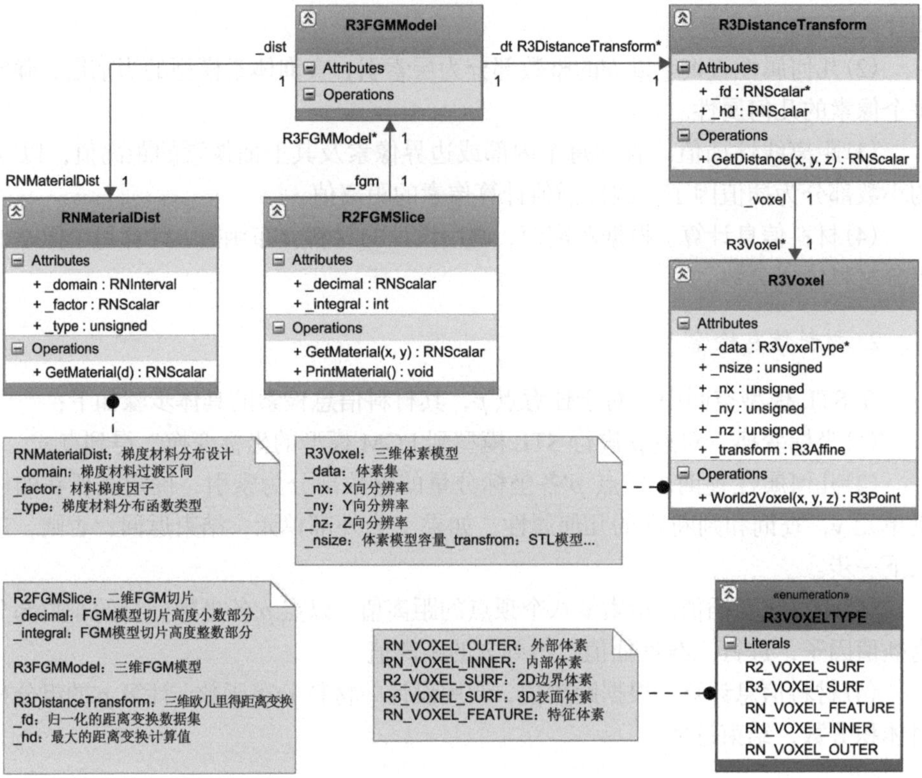

图 4.26 二维 FGM 切片数据库的数据结构

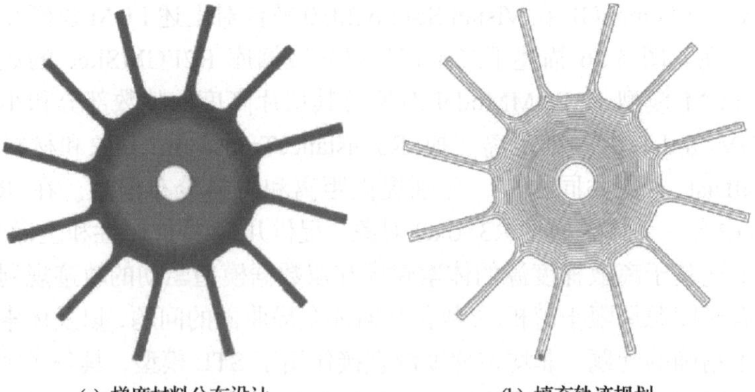

(a) 梯度材料分布设计 (b) 填充轨迹规划

图 4.27 梯度材料分布设计及轨迹规划

4.4 成形过程的多尺度耦合计算机模拟

金属微铸锻复合制造过程中，金属材料经历了快速加热和冷却的温度变化，同时伴随着熔化、凝固以及固态相变等冶金学现象。温度分布的不均匀导致材料多相共存，亦不可避免地在堆积工件中造成热致缺陷，如残余应力、变形和裂纹。降低热致缺陷的有效方法之一是在堆积过程中或堆积完成后利用其他热源进行额外的热干预，例如，外加高频电磁场作用于电弧熔积成形过程，对工件指定位置进行迅速的感应加热。引入适当的电磁热将使温度场一定程度上均匀化，减小温度梯度，从而抑制残余应力和变形。

为了探讨外加电磁热对电弧熔积过程中温度和应力演变的影响机理，本节建立电弧熔积过程的三维瞬态热-应力分析模型，并对温度场和应力场进行耦合模拟，同时进行相应的堆积试验和应力测量以验证仿真结果。

4.4.1　基本模型与算法

1. 有限元几何模型

对于电弧熔积成形薄壁零件，仿真中采用的有限元网格模型如图 4.28 所示，零件表面采用接近实际的圆柱形表面。X 方向是焊接方向(纵向)，Y 方向是厚度方向(横向)，Z 方向是堆积方向(高度方向)。堆积件与基板几乎全由六面体网格构成，小部分疏密过渡区采用四面体网格。

仿真中采用单元技术来模拟材料堆积过程，每一层堆积的体积的网格在 Z 方向上至少要对应一个单元。由于电弧熔积过程中温度和应力分布是与堆积路径和零件形状密切相关的，所以仿真必须遵循与试验一样的堆积时间顺序和路径，以保证再现准确的温度历史。每一层以及一层内的不同单元都要按照实际时间顺序被激活。如果一个时间步内激活一列 Y 坐标相同的单元，则时间步长 Δt 应等于单元 X 向边长 L_x 除以焊接速度 v_s：

$$\Delta t = \frac{L_x}{v_s} \tag{4.46}$$

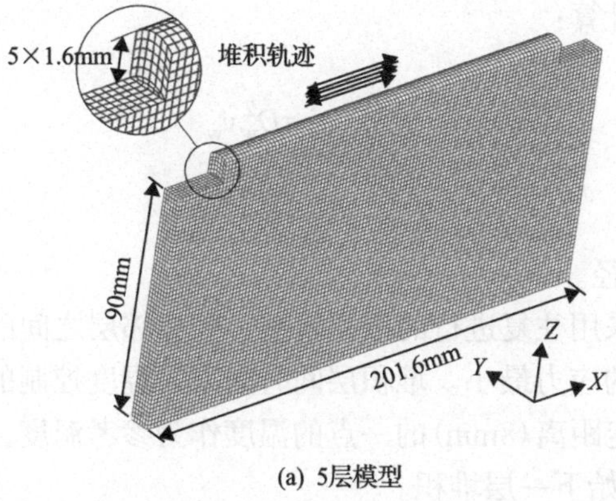

(a) 5层模型

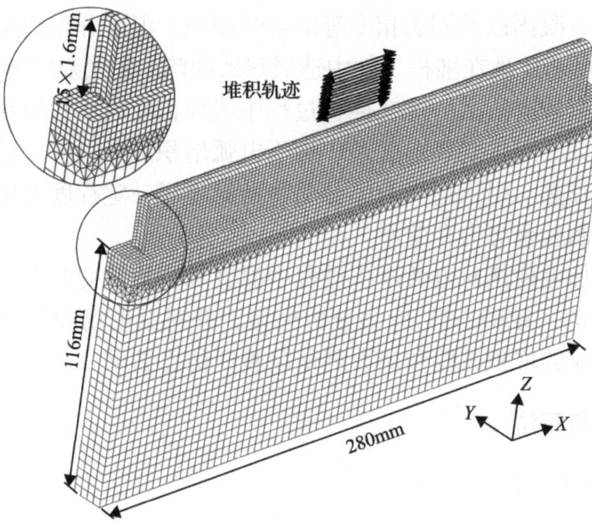

(b) 15层模型

图 4.28　单道多层电弧熔积成形有限元分析三维网格模型

在建立几何模型的过程中，焊道的两个重要尺寸需要通过试验获得，分别是焊道厚度 W 和焊道平均层高 Δh。研究证明(Son et al., 2007)，这两个尺寸取决于四个独立焊接参数：送丝速度 v_{w}，焊接速度 v_{s}，弧压 U，枪板距离 D_{gp}，焊接电流一般是与送丝速度联动的。少量组别的焊接参数对应的尺寸可以通过试验获得，更系统的方法是基于试验数据的数学回归模型或者神经网络算法(Goldak et al., 1984)。这里采用了 Abid 和 Siddique(2005)提出的回归计算公式：

$$\begin{aligned}W=&8.9462+1.8088v_{\mathrm{w}}-0.3621v_{\mathrm{s}}+0.1739U-0.5008D_{\mathrm{gp}}\\&+0.003556v_{\mathrm{s}}D_{\mathrm{gp}}+0.01667UD_{\mathrm{gp}}-0.1169v_{\mathrm{w}}^2+0.003137v_{\mathrm{s}}^2\end{aligned}\tag{4.47}$$

如果飞溅率很小，且忽略金属蒸发，则可以假设焊接前后金属体积不变，平均层高可以按下式计算：

$$\Delta H=\frac{\frac{1}{4}\pi D_{\mathrm{w}}^2v_{\mathrm{w}}}{v_{\mathrm{s}}W}\tag{4.48}$$

式中，D_{w} 为焊丝直径。

试验和仿真中采用往复进行的堆积轨迹，即相邻层之间的堆积方向相反，这样的堆积模式产生的应力最小。堆积层间时间采用温度控制的方式，选择中线上距离零件上表面一定距离(8mm)的一点的温度作为参考温度，温度冷却至指定阈值(250℃)则立即开始下一层堆积。

2. 热分析模型

在只关注热-应力行为的有限元计算中，电弧与熔池之间的复杂热传输可以简单地表示为一个工件上的数值热源模型，以便在耗费合理计算成本的条件下计算获得瞬时温度历史。对电弧熔积成形来说，最合适的热源模型是双椭球热源，如图 4.29 所示。

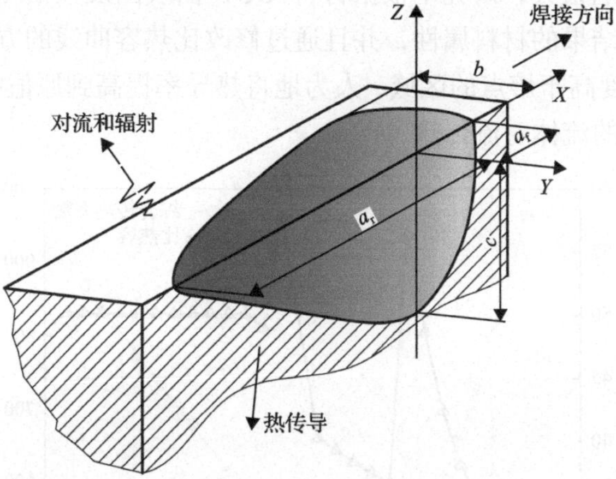

图 4.29　双椭球热源模型

双椭球热源包含前后两个半椭球，在模拟实际形状非对称的热源形式时具有很好的灵活性。双椭球的热源模型中，任意一点 (x, y, z) 的热流密度计算公式为

$$q_r(x,y,z,t)=\frac{6\sqrt{3}f_rQ}{a_rbc\pi\sqrt{\pi}}e^{\frac{-3x^2}{a_r^2}}e^{\frac{-3y^2}{b^2}}e^{\frac{-3z^2}{c^2}},\quad x<0 \tag{4.49}$$

$$q_f(x,y,z,t)=\frac{6\sqrt{3}f_fQ}{a_fbc\pi\sqrt{\pi}}e^{\frac{-3x^2}{a_f^2}}e^{\frac{-3y^2}{b^2}}e^{\frac{-3z^2}{c^2}},\quad x\geqslant 0 \tag{4.50}$$

$$Q=\eta UI \tag{4.51}$$

$$f_r+f_f=2 \tag{4.52}$$

式中，Q 为热输入；U 和 I 分别为电弧输入电压和电流；η 为电弧热效率；a_f 为前椭球半轴长；a_r 为后椭球半轴长；b 为半宽；c 为深度；f_f 为前半椭球热占比；f_r 为后半椭球热占比。

堆积和冷却过程中，金属材料主要通过辐射和对流向周围空气消散热量。高温区域辐射占主导地位，低温区域以对流为主。为了简化计算，仍采用综合传热系数以综合考虑对流和辐射导致的热扩散(见式(2.71))：

$$h = \frac{\delta\kappa(T^4 - T_h^4)}{T - T_h} + h_c$$

热分析中使用了随温度变化的、均匀的、各向同性的热物理材料属性，仿真中使用的综合传热系数和比热容随温度变化，如图 4.30 所示。对于铁素体钢，相变对材料属性影响很大，研究中根据材料 CCT 曲线图及预估冷却速度预测了相变，采用了相应结果的材料属性，并且通过修改比热容曲线的方法考虑了相变潜热。另外，在温度高于熔点的区域，人为地将热导率提高到原值的 10 倍，这是为了模拟熔池区域的流体对流传热。

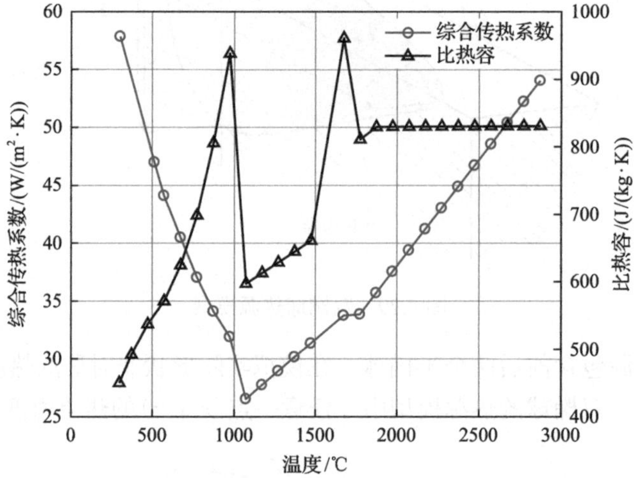

图 4.30　仿真中使用的低碳钢材料综合传热系数和比热容随温度的变化

3. 结构分析模型

非线性结构分析中的非弹性应变包括率变弹性应变和热应变，热应变包括热膨胀应变和相变应变。研究中忽略了率变弹性应变和相变应变。材料弹塑性模型使用基于米泽斯屈服准则的随动硬化模型，随动硬化模型计算结果一般比各向同性硬化模型更准确。使用的弹塑性材料参数如图 4.31 所示。

4.4.2　电磁-热-应力耦合分析

1. 电磁感应热模拟方法

图 4.32 给出了仿真的全流程。左边部分是耦合分析。耦合分析通过热分析和电磁分析顺序反复迭代的方法来逼近实际的多场作用。首先进行瞬时热分析获取

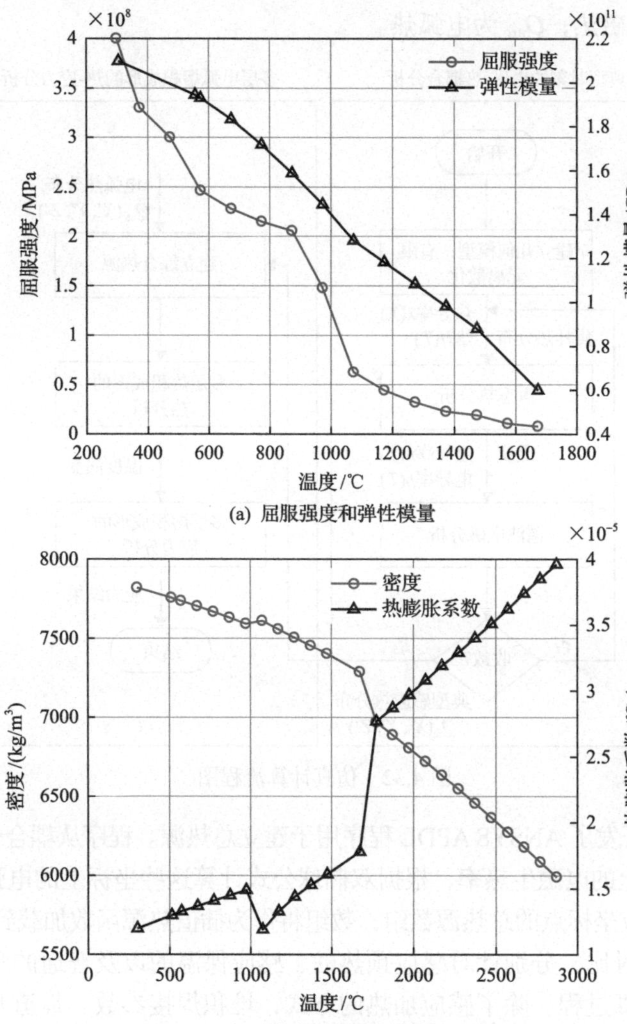

图 4.31　仿真中使用的材料属性值

初始温度场，然后刷新材料属性和耦合迭代，直至收敛准则得到满足。收敛准则是基于前后迭代步的温度差别。左边迭代完成后将输出移动坐标系下的电磁热分布作为右边部分的多层堆积的顺序热-应力分析的第二热源。右边部分是热-应力分析，将会计算得到感应热辅助多层堆积过程中的温度历史、应力历史以及残余应力。

如果感应生热在移动坐标系 (X', Y', Z') 中不随时间变化，则电弧热和电磁热的总和也可以表示为空间坐标的函数：

$$Q(x',y',z') = Q_{jh}(x',y',z') + Q_{arc}(x',y',z') \tag{4.53}$$

式中，Q_{jh}为电磁热；Q_{arc}为电弧热。

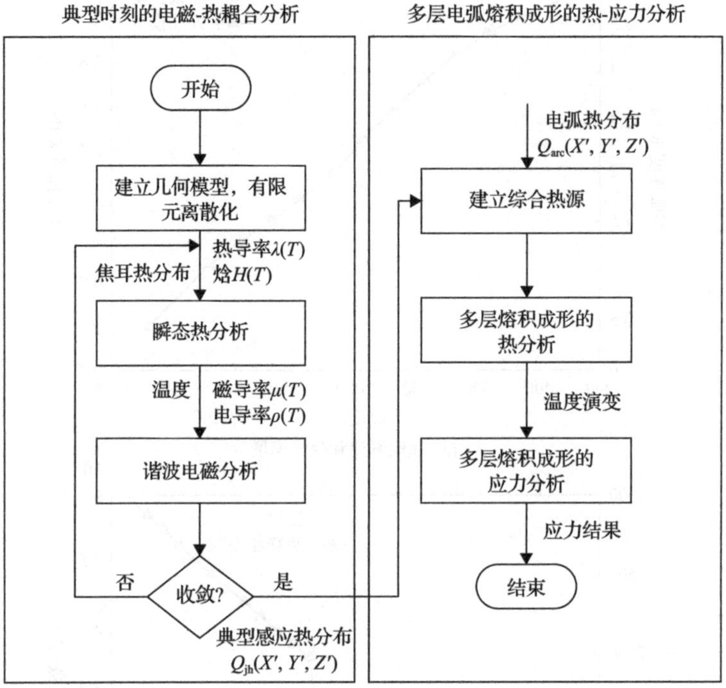

图 4.32　仿真计算流程图

实践中，开发了 ANSYS APDL 程序用于建立总热源。程序从耦合分析结果中提取一系列坐标上的电磁生热率，根据双椭球公式计算这些坐标上的电弧热，两者求和就得到了对应坐标点的总热源数组，数组将作为插值热源函数加载到模型中。

为了进行对比，分别针对感应预热的、感应保温的以及普通的多层堆积过程重复了整个仿真过程。除了感应加热的方式，堆积焊接参数、焊道基板几何尺寸等所有其他方面都是相同的。而预热和保温两种情况下使用一致的感应器配置和励磁电流，不同的仅是感应器相对电弧的位置。

2. 电磁感应热的分布特点

在感应器和励磁电流确定的条件下，感应器的位置是影响感应生热的主要因素。感应器离电弧越近，感应作用区与熔池重叠部分越多，高温金属的导电性越差，感应生热越少，图 4.33 所示的耦合计算结果证实了这一结论。图 4.33(a)显示计算时刻所加载的温度分布，这是由不包含感应热的瞬时热分析获得的。当感应器在电弧前预热工件时，感应生热几乎不受电弧热的影响；而当感应器置于电弧后方时，感应热受到电弧热的显著影响，在高温熔池区域几乎没有感应生热；

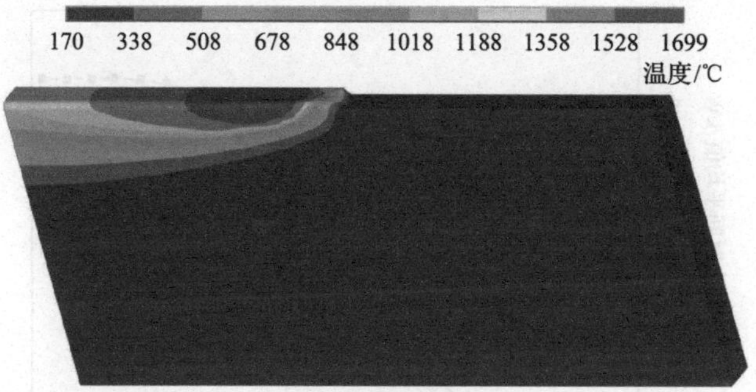

(a) 初始温度场

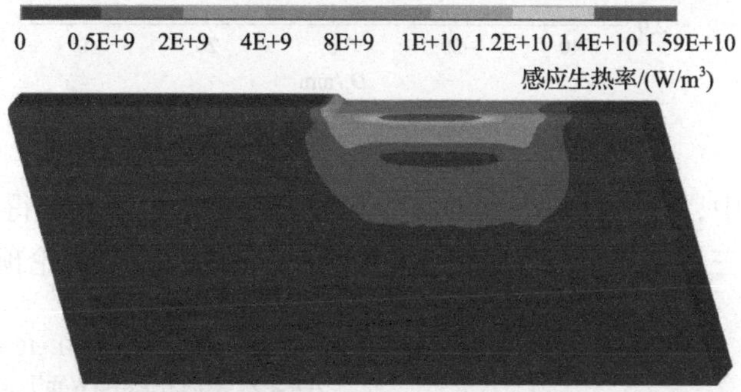

(b) 感应预热, D_x=32mm, D_y=6mm, D_z=9mm

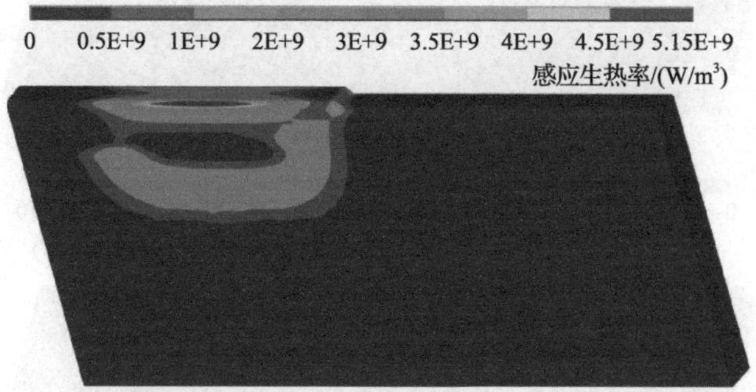

(c) 感应保温, D_x=−32mm, D_y=6mm, D_z=9mm

图 4.33　磁热耦合计算加载的初始温度场和电磁热计算结果

预热情况下感应生热率比保温情况下要大，而两种情况下电磁热都集中分布于工件表面和边沿，这是由高频电磁感应的趋肤效应导致的。

进一步参数分析计算了感应器在不同位置下工件中产生的总电磁热(焦耳热功率时间平均值)P_{jh}，结果如图 4.34 所示。横坐标 D_x 表示感应器相对电弧位置，正值表示处于前方，负值表示处在后方。结果同样表明，P_{jh} 在预热情况下远高于保温情况。当感应器在电弧前方超过 20mm 时，感应热就不受到电弧热的影响而保持稳定。当 D_x 等于−36mm 时，P_{jh} 有最小值，显然此时感应加热区与熔池区正好重合。

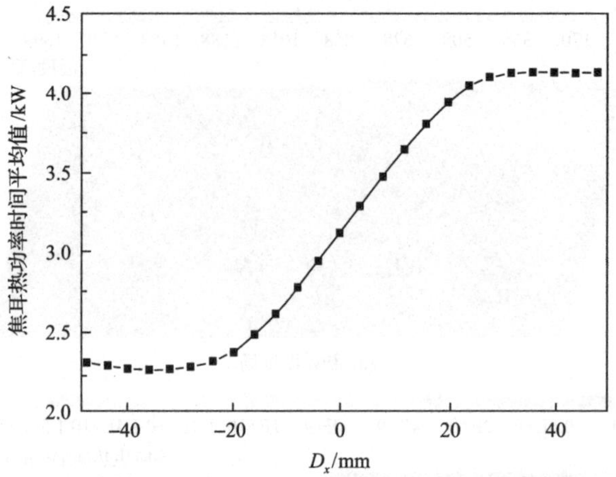

图 4.34　焦耳热功率时间平均值随 D_x 的变化

移动坐标中，耦合计算得到的感应热加上双椭球电弧热则得到了总热源。图 4.35 给出了三种不同情况下的综合热源分布。结果显示，无论预热还是保温的

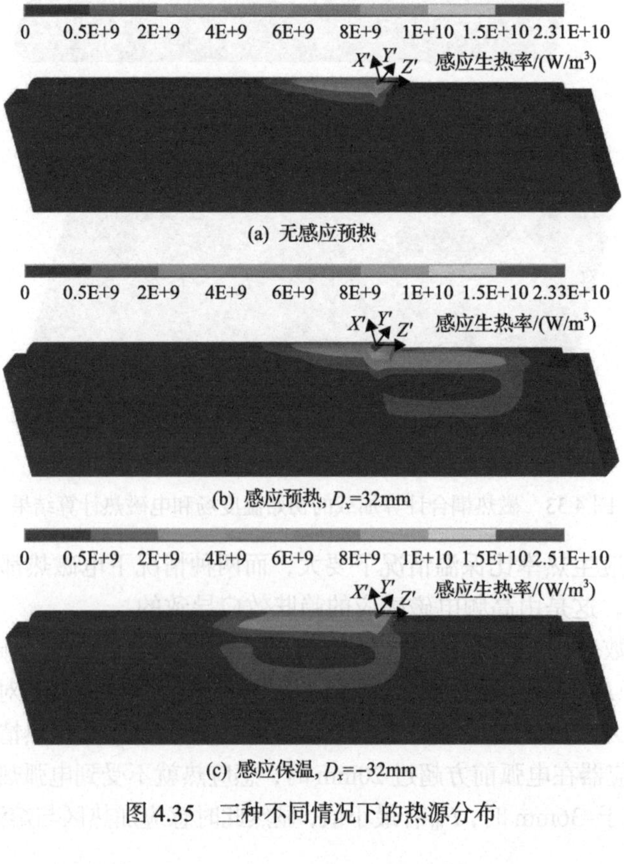

图 4.35　三种不同情况下的热源分布

情况，都比仅有电弧热的普通多层堆积的热源要强。感应预热在电弧前方扩展了加热区域，而感应保温则在电弧后方扩展了加热区域，两者在增加热输入总量的同时还显著扩大了加热体积，使得热输入的空间分布趋于均匀化。

取工件垂直于 *Y-Z* 截面上一点，当移动综合热源完全通过该点时，计算该点累积获得的热量输入，即热流密度，记为 Q_{cum}(J/m^3)。在 *Y-Z* 截面上，Q_{cum}的分布如图 4.36 所示。未施加感应热时，Q_{cum}呈半椭球分布。而感应热的加入显然减小了 Q_{cum}的空间梯度，特别是在 *Y* 方向上的梯度。这是由于电弧热和感应热在空间分布上的互补性，电弧热在中间区域较高，而感应热由于趋肤效应在外部表面较高。

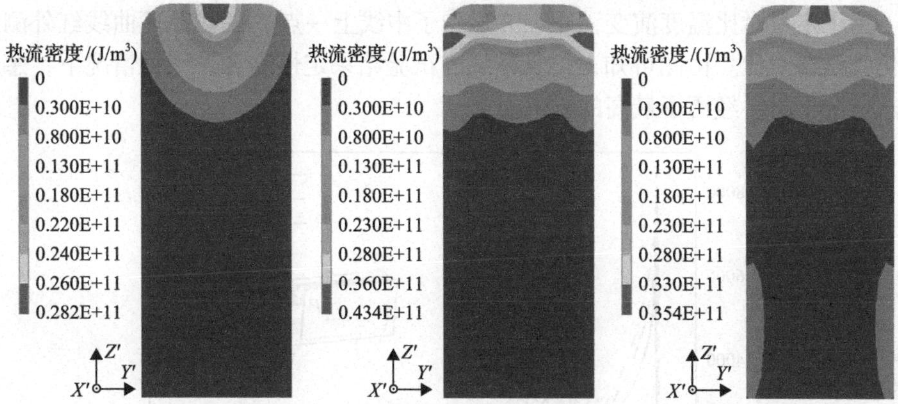

(a) 无感应加热　(b) 感应预热，D_x=32mm　(c) 感应保温，D_x=−32mm

图 4.36　累积热输入 Q_{cum} 在 *Y-Z* 截面的分布(单位：J/m^3)

3. 计算结果和试验验证

使用三种不同的综合热源分别进行了两层堆积的热-应力分析，图 4.37 给出了

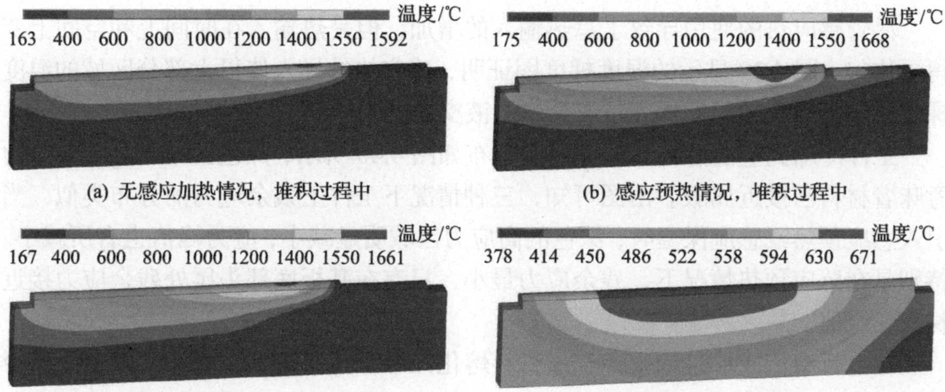

(a) 无感应加热情况，堆积过程中　(b) 感应预热情况，堆积过程中

(c) 感应保温情况，堆积过程中　(d) 无感应加热情况，堆积完成后40s

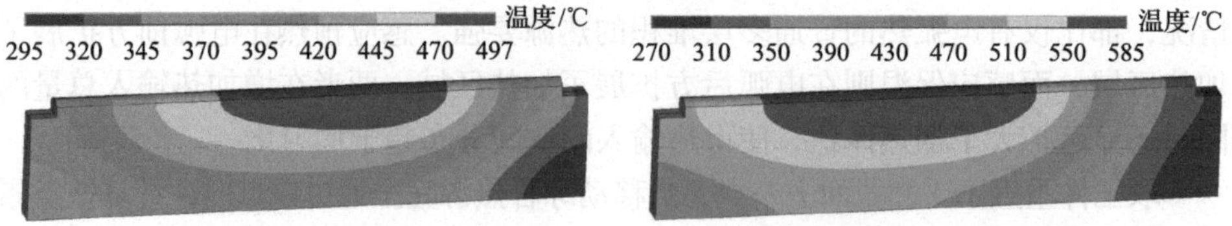

(e) 感应预热情况，堆积完成后40s　(f) 感应保温情况，堆积完成后40s

图 4.37　电弧熔积成形过程温度场演变

工件表面温度场的演变。三种情况下温度场演变比较相似，但是温度峰值不一致。施加感应热的情况下，温度明显高于未施加感应热的情况。

为了定量对比温度演变，图 4.38 显示了中线上一点 P 的热循环曲线红外测量和仿真结果对比。由图可知，仿真结果与试验结果定性吻合，三种情况下，感应预热情况下材料经历了最高的峰值温度。

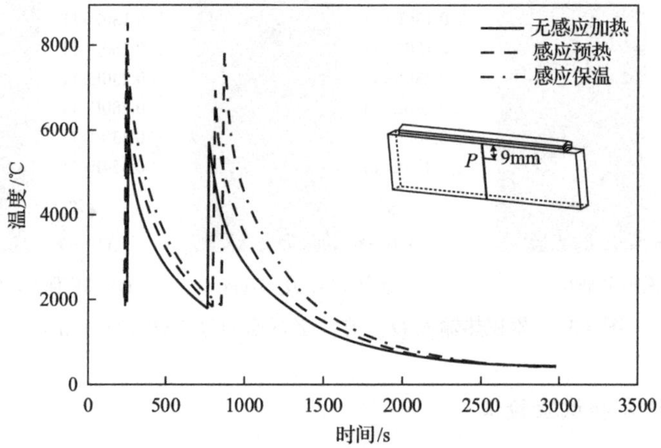

图 4.38　工件表面 P 点的热循环曲线对比

尽管感应热的使用导致了总热输入的增加，但是热输入在时间上和空间上变得更均匀。图 4.39 显示的温度梯度图证明，感应热的导入使得大部分区域的温度梯度减小，最大的温度梯度位于金属固液交界处。

工件冷却到室温后的米泽斯应力分布如图 4.40 所示，深色区域的高等效应力意味着材料已接近屈服。由图可知，三种情况下工件上残余应力的分布类似，当引入感应预热或感应保温时，深色的高应力区域明显减小，应力峰值也有所减小。特别是在感应预热情况下，残余应力最小，只有在基板底部头尾处残余应力接近材料屈服值。

在电弧熔积成形过程中，金属材料熔化并堆积在基板上，基板实际上充当冷源并提供机械约束。当被加热材料的冷却收缩受到周围更冷的材料阻碍时，拉应

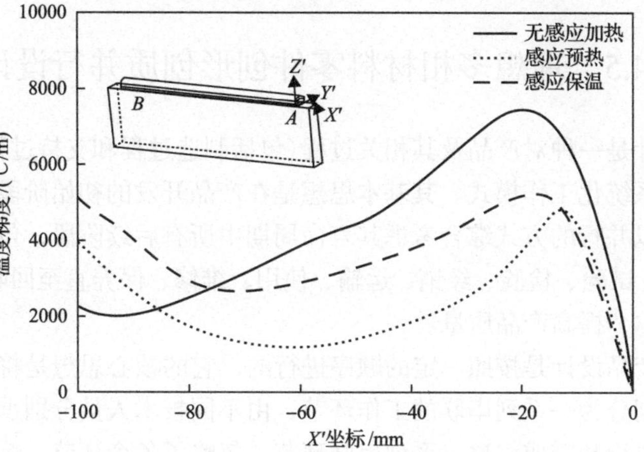

图 4.39　电弧中心从 A 点到达 B 点时沿 X' 轴的温度梯度

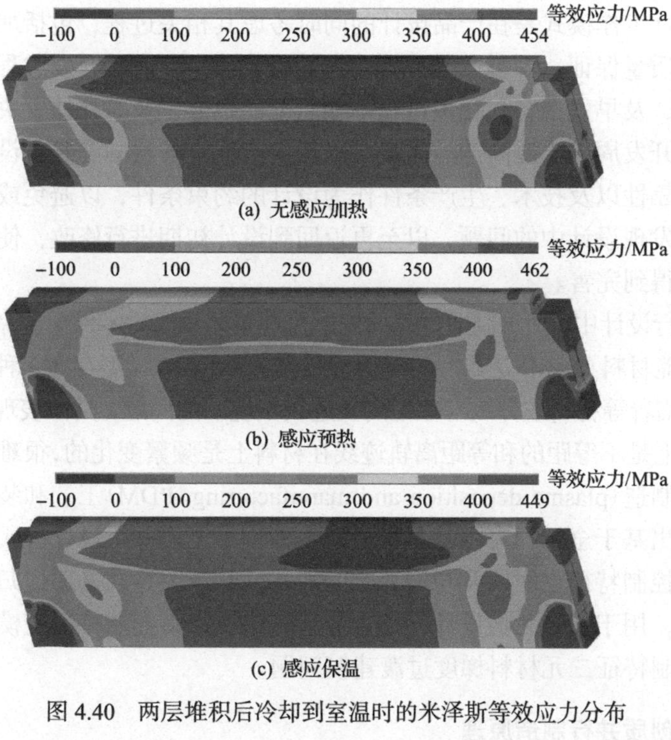

图 4.40　两层堆积后冷却到室温时的米泽斯等效应力分布

力就在其中产生了。金属材料冷却收缩量是由热膨胀规律和温度差别决定的，所以最终的残余应力与温度梯度相关。图 4.36 和图 4.39 所示结果表明感应预热和感应保温形成更均匀的热量输入和更小的温度梯度，减少了材料中应变不匹配的状况。此外，预热引入了事先体积膨胀且减小了材料的有效屈服强度，这是感应预热减小应力效果比感应保温更好的原因。

4.5 理想多相材料零件创形创质并行设计

并行设计是一种对产品及其相关过程(包括制造过程和支持过程)进行并行和集成设计的系统化工作模式。其基本思想是在产品开发的初始阶段，即规划和设计阶段，就以并行的方式综合考虑其寿命周期中所有后续阶段，包括工艺规划、制造、装配、试验、检验、经销、运输、使用、维修、保养直至回收处理等环节，降低产品成本，提高产品质量。

传统的产品设计是按照一定的顺序进行的，它的核心思想是将产品开发过程尽可能细地划分为一系列串联的工作环节，由不同技术人员分别承担不同环节的任务，依次执行和完成。这一系列串联环节，忽略了各个环节，特别是不相邻环节之间的交流和协调，从而导致设计周期冗长。

并行设计工作模式是在产品设计的同时考虑其相关过程，包括加工工艺、装配、检测、质量保证、销售、维护等。在并行设计中，产品开发过程的各阶段工作交叉进行，及早发现与其相关过程不相匹配的地方，及时评估、决策，以达到缩短新产品开发周期、提高产品质量、降低生产成本的目的。并行设计将下游设计环节的可靠性以及技术、生产条件作为设计的约束条件，以避免或减少产品开发到后期才发现设计中的问题，以至再返回到设计初期进行修改，使得设计在全过程中逐步得到完善。

产品并行设计中，加工制造过程的控形控性工艺手段对零件全生命周期至关重要。梯度功能材料(FGM)是典型的多相材料。由于FGM模型存在多种不同的材料梯度源，面临着等材料成分线与等距离轨迹线不统一的问题，具体表现为等材料成分线在几何上是不等距的和等距离轨迹线在材料上是频繁变化的，很难满足现有等离子弧熔积制造(plasma deposition and manufacturing, PDM)工艺和装备要求。因此，本节提出基于全局约束图的多相材料零件创形创质并行设计模式。全局约束图描述多个控制特征之间以及与边界之间的几何约束关系，采用递归逐步更新算法进行求解，用于指导几何设计，结合分治策略，将多控制特征建模问题转化为若干个单控制特征二元材料梯度过渡建模问题。

4.5.1 创形创质并行制造原理

创形创质就是为获得所需工件的形状和尺寸，通过成形过程改变材料内部组织结构和应力状态，从而实现制造过程控形控性，大幅度改善和提高材料性能。

创形创质并行制造是指工件成形过程中在改变工件形状和尺寸的同时改变材料内部组织形态和应力状态，大幅度改善和提高工件性能的同时获得制造所需的精度和形状。以使用性能/服役性能为第一要求，采用性能驱动的数字化制造新原理和新方法，强调创形创质一体化，并在数字化环境下实现整个制造过程各个环节的并行处理。

传统的切削加工、铸、锻、焊及增材制造等加工环节，除成形之外，也都在不同程度上改变材料的组织，影响材料的性能。创形创质并行制造基于数据驱动建模和模拟仿真，在掌握成形过程材料组织与缺陷演化规律的基础上优化加工工艺，实现控形与控性一体化。结合智能制造与热处理在数字化环境下并行处理，实现产品制造全流程的优化。

由于材料内部的组织转变无法实时测量与感知，以致材料改性控性成为装备制造业信息化的一个盲区和智能制造的死角。采取基于模拟仿真的智能预报决策路径，发展具有自动生成优化的改性控性工艺和随机智能补偿过程偏差等功能的数字化智能改性控性技术，综合应用计算机模拟、试验、大数据技术等研究手段研发先进的材料改性控性工艺和装备，实现各成形制造环节和热处理控性技术的紧密结合，提高工件内在质量、使用寿命和可靠性。

微铸锻铣复合制造指在增材制造过程中将微区锻造等材加工与预热及后保温/冷却同步复合，实现增材成形过程中的同步等轴细晶化，提高零件的强度和韧性，并且交替进行铣削加工或热处理，以节省温控等待与热处理时间、降低增材成形件内部的残余应力。该一体化制造方法综合发挥自由增量成形、受迫等量成形与控制形变热处理三种工艺的优势，提高大型构件制造效率，同时兼顾性能质量控制与成形精度。此方法可变革大型高端锻件传统制造铸-锻-焊-热处理工序分离、长流程、重污染、高成本的制造模式，突破成形与热处理超大重型装备匮乏的瓶颈，开拓绿色超短流程智能制造的新途径。

4.5.2　多控制特征 FGM 模型

多控制特征 FGM 模型是一种同时存在两个及以上控制特征的模型，其材料分布通常采用多方向过渡，即任意特征同时向其他特征梯度过渡。与前面提及的梯度源相同，控制特征为预定义或已知材料成分的几何参考。基于距离的计算，对于模型上任意点 p，其材料成分 $M(P)$ 估算如下：

$$M(P)=\sum_{i=1}^{n}w_i(d_i)\cdot M_i \tag{4.54}$$

$$\sum_{i=1}^{n}w_i(d_i)=1 \tag{4.55}$$

$$d_i=\mathrm{dist}(P,S_i) \tag{4.56}$$

式中，S_i 为第 i 个控制特征；M_i 为其对应的材料成分；d_i 为 P 到 S_i 的欧几里得距离；$w_i(d_i)$ 为 S_i 的权重，即体积分数；P 为点的集合。

根据权重函数的不同，存在多种不同的建模方法，包括常权重、线性权重、反 R 函数权重和反距离权重等。其中反距离权重最为流行，可表示为

$$w_i(d_i) = \frac{\prod_{j=1, j\neq i}^{n} d_j}{\sum_{i=1}^{n} \prod_{j=1, j\neq i}^{n} d_j} \tag{4.57}$$

含义为 S_i 到 P 的距离越近，其影响越大。特别地，当 P 位于 S_i 上时，$w_i(d_i)=1$，$M(P)=M_i$。

图 4.41 展示了两种不同的反距离权重多特征 FGM 模型。其中，图(a)中所有轮廓均为控制特征，且材料成分各不相同；图(b)中所有内轮廓均为控制特征，但两两一组，因为它们的材料成分相同。

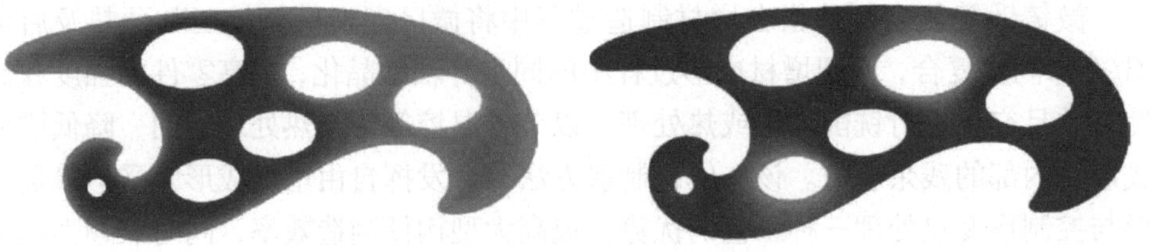

(a) (b)

图 4.41 多轮廓控制特征 FGM 模型

各控制特征的材料分布如图 4.42 所示。图 4.42(a)为所有轮廓均为控制特征的 FGM 模型，三条轮廓分别对应三种不同的材料成分；图 4.42(b)～(d)的高度方向表示各特征材料在几何上的分布。可以看出，反距离权重 FGM 模型的各特征材料在几何上是连续分布的。

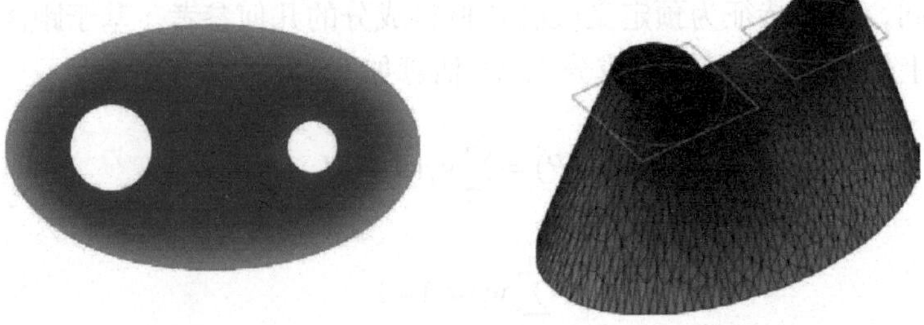

(a) FGM模型 (b) M_1材料分布

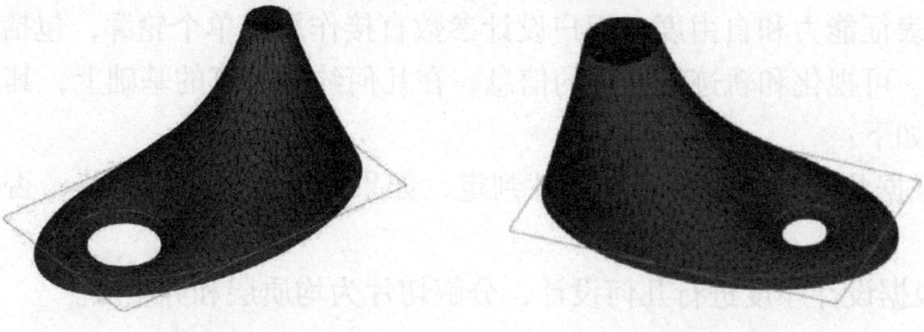

(c) M_2材料分布　　(d) M_3材料分布

图 4.42 各控制特征的材料分布

4.5.3 基于全局约束图的多控制特征 FGM 建模

1. FGM 建模概述

给定一个二维多边形切片，其轮廓可分为特征和非特征两类，其中前者为几何和材料设计的共同参考源，后者为共同约束边界，分别记特征和非特征轮廓集为 F 和 F'。将切片分解为若干单轮廓控制特征，基于可制造性和材料梯度各向同性的考虑，对特征切片做如下假设：

(1)同时存在特征和非特征轮廓。

(2)特征轮廓的均质层和异质层均是等厚度的。

(3)特征轮廓的材料可以相同也可以不同，但所有的非特征轮廓必须具备相同的材料。

首先构造多边形切片的轮廓 Voronoi 图，提取骨架线，结合特征轮廓交互设计，计算全局几何约束；然后进行可制造性几何设计和材料设计；最后结合材料等值线提取，产生可视化表征和制造轨迹，如图 4.43 所示。

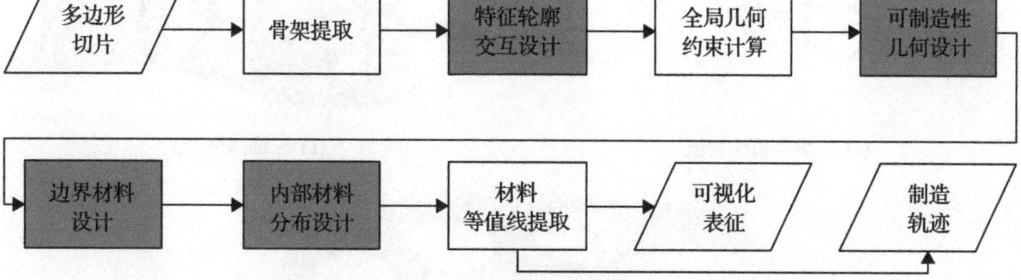

图 4.43 FGM 建模流程

采用图 4.44 所示的设计模型，几何约束是指 P 的最大许可设计厚度。根据作用源的不同，分为特征和非特征几何约束两类，分别对应 F-$\{P\}$和 F'，记作 $W_{\mathrm{f}}(P)$和 $W_{\bar{\mathrm{f}}}(P)$。不同的是，特征几何约束是双向的，非特征几何约束是单向的。为提高模型的表征能力和自由度，用户设计参数直接作用于单个轮廓，包括特征、几何、材料、可视化和轨迹等方面的信息。在几何约束计算的基础上，其 FGM 的建模步骤如下：

(1)根据几何约束进行可制造性判定，如果可行，进入下一步；否则，设计结束。

(2)根据设计厚度进行几何设计，分解切片为均质层和异质层。

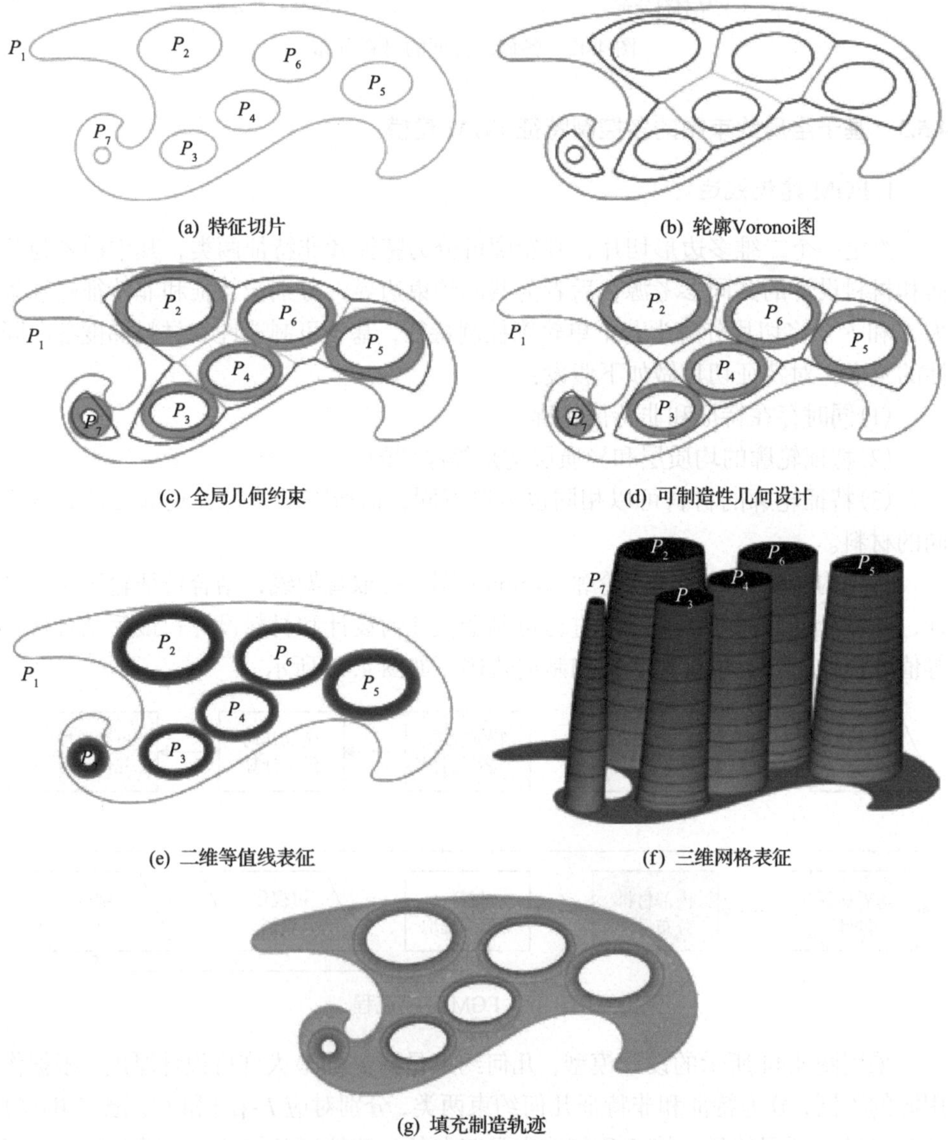

(a) 特征切片　(b) 轮廓Voronoi图

(c) 全局几何约束　(d) 可制造性几何设计

(e) 二维等值线表征　(f) 三维网格表征

(g) 填充制造轨迹

图 4.44　多轮廓控制特征 FGM 模型

(3) 根据材料参数进行边界材料元和内部材料分布函数的设计。

(4) 根据离散分辨率，在异质层中提取材料等值线，产生可视化表征。

(5) 根据轨迹间距，在均质层和异质层中分别提取材料等值线，产生制造轨迹。

2. 全局几何约束的递归计算

在骨架图的基础上，几何约束采用方向图进行描述，其节点表示轮廓，方向边及其权重分别表示约束关系及相应的最大许可设计厚度。

维持非特征轮廓不动，对特征轮廓进行偏移操作。根据假设，G 中的任意特征轮廓 P 的偏移对象不是与其他特征轮廓 C 的偏移对象相切就是与非特征轮廓 C 相切，分别称作双向特征相切和单向非特征相切，记作 $P \leftrightarrow C$ 和 $P \to C$。通过相切关系的检测，触发状态转移事件，即由特征状态转移为非特征状态，逐步地减小 F 中特征轮廓的数量，当数量减至零时，G 的递归构造结束，具体算法如下：

(1) 对于任意 $P \in F$，计算特征和非特征几何约束 $G_{\mathrm{f}}(P)$ 和 $G_{\bar{\mathrm{f}}}(P)$。

(2) 对于任意 $P \in F$，计算疑似几何约束 $\tilde{G}(P)$ 和关联轮廓 C，构造有向边 $P \to C$。

(3) 对于任意 $P \in F$，如果其关联轮廓满足 $C \leftrightarrow P$ 或 $C \in \overline{F}$，那么触发状态转移事件，将 P 置为非特征状态，$\tilde{G}(P)$ 为实际几何约束 $G(P)$；否则，释放有向边 $P \to C$。

(4) 如果 $F = \varnothing$，则程序结束；否则，进入下一步。

(5) 对于任意 $P \in F$，更新 $G_{\mathrm{f}}(P)$ 和 $G_{\bar{\mathrm{f}}}(P)$，转入步骤(2)。

给定一个轮廓，对于任意 $P \in F$，当两者可见时，记 M 为 P 与 C 间的特征骨架线。M 划分平面为两个不同的区域，一个到 P 的距离更近，一个到 C 的距离更近；对于任意 $P \in F$，它到 P 与 C 的距离是相等的。对 M 进行距离统计分析，记录最小值，得到两轮廓间的几何约束：

$$G(P,C)=\begin{cases} d_{\min}, & C \in F-\{P\} \\ 2d_{\min}, & C \in \overline{F} \end{cases} \tag{4.58}$$

当两者互不可见，即 $M=\varnothing$ 时，约定其值为

$$G(P,C)=\begin{cases} \infty, & C \in F-\{P\} \\ 0, & C \in \overline{F} \end{cases} \tag{4.59}$$

当发生状态转移时，对于与之关联的任意特征轮廓，其几何约束的更新计算为

$$G(P,C)=2\cdot G(P,C)-G(C) \tag{4.60}$$

综上所述，有

$$
\begin{aligned}
&G_{\mathrm{f}}(P)=\min_{C\in F-\{P\}}\{G_{\mathrm{f}}(P,C)\}\\
&G_{\overline{\mathrm{f}}}(P)=\min_{C\in \overline{F}}\{G_{\overline{\mathrm{f}}}(P,C)\}\\
&\tilde{G}(P)=\min\{G_{\mathrm{f}}(P),G_{\overline{\mathrm{f}}}(P)\}
\end{aligned}
\tag{4.61}
$$

3. 基于距离图的骨架线模糊提取

基于全局几何约束的可制造性 FGM 模型如图 4.45 所示。首先对特征切片进行三角化；然后应用图形硬件加速技术，通过轮廓和内部光栅化，同时继承几何和特征信息，产生特征切片的像素化表征；接着通过二维快速精确 EDT，产生距离图表征；最后结合几何和特征信息，对像素的属性进行识别和标识，得到几何和特征骨架线。

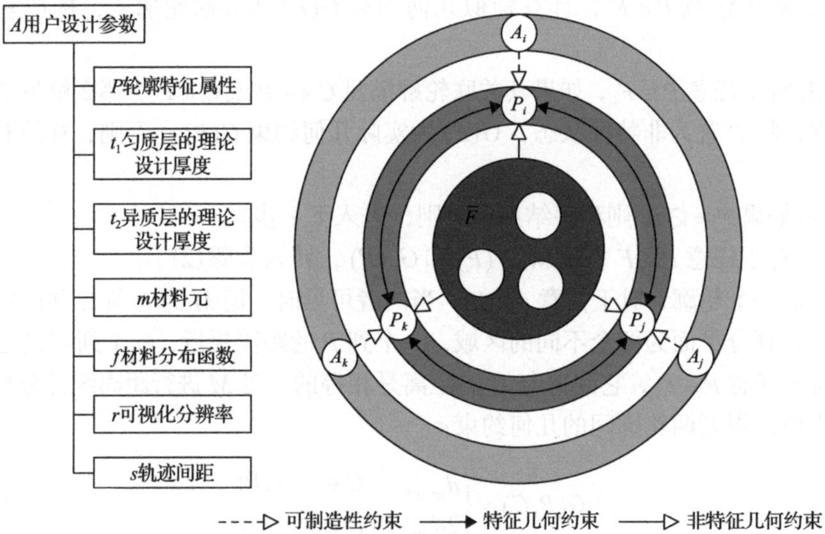

图 4.45　基于全局几何约束的可制造性 FGM 模型

参 考 文 献

白金兰, 李东辉, 王国栋, 等. 2006. 可逆冷轧机过程控制功率计算及其自适应学习[J]. 冶金设备, (3): 1-4.

蔡志鹏, 赵海燕, 吴甦, 等. 2001. 串热源模型及其在焊接数值模拟中的应用[J]. 机械工程学报, 37(4): 26-43.

杜风山，郭振宇，朱光明．2004．多道次可逆轧机工作辊温度场及热辊型的研究[J]．冶金设备，(2)：12-15.

付欣怡．2017．轧制对电弧增材成形工件应力场及微观组织影响的数值模拟[D]．武汉：华中科技大学.

贾皓，张振强，于湛，等．2012．FC Mold Ⅱ电磁制动中磁场匹配对金属液流影响[J]．金属学报，48(9)：1049-1056.

饶政华．2010．熔化极气体保护焊传热与传质过程的数值研究[D]．长沙：中南大学.

孙俊生，武传松．2000．熔池表面形状对电弧电流密度分布的影响[J]．物理学报，49(12)：2427-2432.

孙俊生，武传松．2001a．电弧压力对 MIG 焊接熔池几何形状的影响[J]．金属学报，37(4)：434-438.

孙俊生，武传松．2001b．电磁力及其对 MIG 焊接熔池流场的影响[J]．物理学报，50(2)：209-216.

孙俊生，武传松．2002．焊接热输入对 MIG 焊接熔池行为的影响[J]．中国科学 E 辑：技术科学，32(4)：465-471.

田溪岩，李本文，邹芳，等．2012．新型电磁制动漏斗形结晶器内复杂行为的数值模拟[J]．东北大学学报(自然科学版)，33(3)：397-400，443.

王桂兰，符友恒，梁立业，等．2015．电弧微铸轧复合增材新方法制造高强度钢零件[J]．热加工工艺，(13)：36-40.

王桂兰，付欣怡，李小波，等．2017．电弧熔积-微轧复合成形枝晶形态演变模拟[J]．新技术新工艺，(8)：7-10.

张德丰，陆建生，宋鹏，等．2007．双机架紧凑式可逆炉卷轧机板材热连轧的温度场有限元研究[J]．特钢技术，(2)：34-37.

张海鸥，王桂兰．2010．零件与模具的熔积成形复合制造方法及其辅助装置[P]：中国，201010147632.2.

张海鸥，熊新红，王桂兰，等．2005．等离子熔积成形与铣削光整复合直接制造金属零件技术[J]．中国机械工程，16(20)：1863-1866.

张海鸥，钱应平，王桂兰，等．2006．等离子体激光复合直接成形的弧柱形态与成形特性[J]．中国科学 E 辑：技术科学，36(5)：497-506.

张海鸥，向鹏洋，芮道满，等．2015．金属零件增量复合制造技术[J]．航空制造技术，(10)：29-34.

周旭东，刘香茹．2003．热连轧过程直接法动态仿真[J]．河南科技大学学报(自然科学版)，24(2)：13-15.

周维海，臧新良，杜凤山，等．2001．板带热轧过程中温度场的三维热力耦合有限元模拟[J]．钢铁研究学报，13(3)：24-26.

朱启建，金永春，孙凤花．2003．中厚板高密度管层流淬火过程多物理场耦合数值模拟[C]．中国工程热物理学会传热传质学学术会议，北京：154-159.

Abid M, Siddique M. 2005. Numerical simulation to study the effect of tack welds and root gap on welding deformations and residual stresses of a pipe-flange joint[J]. International Journal of Pressure Vessels and Piping, 82(11): 860-871.

Bachorski A, Painter M J, Smailes A J, et al. 1999. Finite-element prediction of distortion during gas metal arc welding using the shrinkage volume approach[J]. Journal of Materials Processing Technology, 92-93: 405-409.

Bai X, Zhang H, Wang G. 2013. Improving prediction accuracy of thermal analysis for weld-based additive manufacturing by calibrating input parameters using IR imaging[J]. The International Journal of Advanced Manufacturing Technology, 69(5-8): 1087-1095.

Bai X, Zhang H, Wang G. 2015. Modeling of the moving induction heating used as secondary heat source in weld-based additive manufacturing[J]. The International Journal of Advanced Manufacturing Technology, 77(1-4): 717-727.

Bernardi D, Colombo V, Ghedini E, et al. 2003. Comparison of different techniques for the Fluent-based treatment of the electromagnetic field in inductively coupled plasma torches[J]. The European Physical Journal D: Atomic, Molecular and Optical Physics, 27(1): 55-72.

Brackbill J, Kothe D B, Zemach C. 1992. A continuum method for modeling surface tension[J]. Journal of Computational Physics, 100(2): 335-354.

Cao Z, Yang Z, Chen X. 2004. Three-dimensional simulation of transient GMA weld pool with free surface[J]. Welding Journal, 83(6): 169-176.

Chandru V, Manohar S, Prakash C E, et al. 1995. Voxel-based modeling for layered manufacturing[J]. IEEE Computer Graphics and Applications, 15(6): 42-47.

Coules H E, Cozzolino L D, Colegrove P, et al. 2012. Residual strain measurement for arc welding and localised high-pressure rolling using resistance strain gauges and neutron diffraction[J]. The Journal of Strain Analysis for Engineering Design, 47(8): 576-586.

Cozzolino L D, Coules H E, Colegrove P A, et al. 2017. Investigation of post-weld rolling methods to reduce residual stress and distortion[J]. Journal of Materials Processing Technology, 247:243-256.

Dai C K, Wang C, Wu C M, et al. 2018. Support-free volume printing by multi-axis motion[J]. ACM Transactions on Graphics (TOG), 37(4): 134-142.

Ding J, Colegrove P, Mehnen J, et al. 2011. Thermo-mechanical analysis of wire and arc additive layer manufacturing process on large multi-layer parts[J]. Computational Materials Science, 50(12): 3315-3322.

Ding J, Colegrove P, Mehnen J, et al. 2014. A computationally efficient finite element model of wire and arc additive manufacture[J]. The International Journal of Advanced Manufacturing Technology, 70(1-4): 227-236.

Fabbri R, Costa L D, Torelli J C, et al. 2008. 2D Euclidean distance transform algorithms: A comparative survey[J]. ACM Computing Surveys, 40(1): 1-44.

Fan H, Kovacevic R. 2004. A unified model of transport phenomena in gas metal arc welding including electrode, arc plasma and molten pool[J]. Journal of Physics D: Applied Physics, 37(18): 2531.

Goldak J, Chakravarti A, Bibby M. 1984. A new finite element model for welding heat sources[J]. Metallurgical and Materials Transactions B, 15(2): 299-305.

Gupta A, Talha M. 2015. Recent development in modeling and analysis of functionally graded materials and structures [J]. Progress in Aerospace Sciences, 79: 1-14.

He Q, Zhang Q, Liu K, et al. 2006. Temperature-displacement simulation of shape metal 9-pass-cogging process[C]. International Technology and Innovation Conference, Hangzhou: 1136-1140.

Heinze C, Schwenk C, Rethmeier M. 2012. Effect of heat source configuration on the result quality of numerical calculation of welding-induced distortion[J]. Simulation Modelling Practice and Theory, 20(1): 112-123.

Hu J, Tsai H L. 2007. Heat and mass transfer in gas metal arc welding. Part II: The metal[J]. International Journal of Heat and Mass Transfer, 50(5): 808-820.

Hu J, Guo H, Tsai H. 2008. Weld pool dynamics and the formation of ripples in 3D gas metal arc welding[J]. International Journal of Heat and Mass Transfer, 51(9): 2537-2552.

Joha D K, Kant T, Singh R K. 2013. A critical review of recent research on functionally graded plates[J]. Composite Structures, 96(4): 833-849.

Jönsson P, Szekely J, Choo R, et al. 1994. Mathematical models of transport phenomena associated with arc-welding processes: A survey[J]. Modelling and Simulation in Materials Science and Engineering, 2(5): 995.

Kim J W, Na S J. 1994. A study on the three-dimensional analysis of heat and fluid flow in gas metal arc welding using boundary-fitted coordinates[J]. Journal of Engineering for industry, 116(1): 78-85.

Kiyoshima S, Deng D, Ogawa K, et al. 2009. Influences of heat source model on welding residual stress and distortion in a multi-pass J-groove joint[J]. Computational Materials Science, 46(4): 987-995.

Kou S, Sun D. 1985. Fluid flow and weld penetration in stationary arc welds[J]. Metallurgical Transactions A, 16(2): 203-213.

Kou X Y, Tan S. 2007. Heterogeneous object modeling: A review[J]. Computer-Aided Design, 39(4): 284-301.

Kumar A, DebRoy T. 2003. Calculation of three-dimensional electromagnetic force field during arc welding[J]. Journal of Applied Physics, 94 (2): 1267-1277.

Montevecchi F, Venturini G, Scippa A, et al. 2016. Finite element modelling of wire-arc-additive-manufacturing process[J]. Procedia CIRP, 55: 109-114.

Mughal M P, Fawad H, Mufti R. 2006. Three-dimensional finite-element modelling of deformation in weld-based rapid prototyping[J]. Proceedings of the Institution of Mechanical Engineers, Part C: Journal of Mechanical Engineering Science, 220 (6): 875-885.

Muránsky O, Hamelin C J, Smith M C, et al. 2012. The effect of plasticity theory on predicted residual stress fields in numerical weld analyses[J]. Computational Materials Science, 54: 125-134.

Nichita B A, Zun I, Thome J R. 2010. A level set method coupled with a volume of fluid method for modeling of gas-liquid interface in bubbly flow[J]. Journal of Fluids Engineering, 132 (8): 081302.

Nikrityuk P, Eckert K, Grundmann R. 2006. A numerical study of unidirectional solidification of a binary metal alloy under influence of a rotating magnetic field[J]. International Journal of Heat and Mass Transfer, 49 (7): 1501-1515.

Ohring S, Lugt H. 1999. Numerical simulation of a time-dependent 3-D GMA weld pool due to a moving arc[J]. Welding Journal, 78 (12): 416-424.

Oreper G, Eagar T, Szekely J. 1983. Convection in arc weld pools[J]. Welding Journal, 62 (11): 307-312.

Park H S, Dang X P. 2012. Optimization of the in-line induction heating process for hot forging in terms of saving operating energy[J]. International Journal of Precision Engineering and Manufacturing, 13 (7): 1085-1093.

Pavelic V, Tanbakuchi R, Uyehara O A, et al. 1969. Experimental and computed temperature histories in gas tungsten-arc welding of thin plates[J]. Welding Journal, 48 (7): 295-310.

Sahoo P, DebRoy T, McNallan M. 1988. Surface tension of binary metal-surface active solute systems under conditions relevant to welding metallurgy[J]. Metallurgical and Materials Transactions B, 19 (3): 483-491.

Saito T, Toriwaki J. 1994. New algorithms for euclidean distance transformation of an *n*-dimensional digitized picture with applications[J]. Pattern Recognition, 27 (11): 1551-1565.

Satherley R, Jones M W. 2001. Vector-city vector distance transform[J]. Computer Vision and Image Understanding, 82 (3): 238-254.

Schnick M, Fuessel U, Hertel M, et al. 2010. Modelling of gas-metal arc welding taking into account metal vapour[J]. Journal of Physics D: Applied Physics, 43 (43): 434008.

Siu Y K, Tan S T. 2002. Source-based heterogeneous solid modeling[J]. Computer-Aided Design, 34 (1): 41-55.

Son J S, Kim I S, Kim H H, et al. 2007. A study on the prediction of bead geometry in the robotic welding system[J]. Journal of Mechanical Science and Technology, 21(10): 1726-1731.

Stiller J, Koal K. 2009. A numerical study of the turbulent flow driven by rotating and travelling magnetic fields in a cylindrical cavity[J]. Journal of Turbulence, (10): 200-208.

Torrey M D, Mjolsness R C, Stein L R. 1987. NASA-VOF3D: A three-dimensional computer program for incompressible flows with free surfaces[J]. NASA STI/Recon Technical Report N, 88(10): 1-192.

Tsao K C, Wu C S. 1988. Fluid flow and heat transfer in GMA weld pools[J]. Welding Journal, 67(3): 70-75.

Ushio M, Wu C. 1997. Mathematical modeling of three-dimensional heat and fluid flow in a moving gas metal arc weld pool[J]. Metallurgical and Materials Transactions B, 28(3): 509-516.

Wang X D, Ciobanas A, Baltaretu F, et al. 2006. Control of the macrosegregations during solidification of a binary alloy by means of a AC magnetic field[J]. Materials Science Forum, 508: 163-168.

Wang Y, Tsai H. 2001. Impingement of filler droplets and weld pool dynamics during gas metal arc welding process[J]. International Journal of Heat and Mass Transfer, 44(11): 2067-2080.

Wu X, Liu W, Wang M Y, et al. 2008. A CAD modeling system for heterogeneous object[J]. Advances in Engineering Software, 39(5): 444-453.

Xiong J, Zhang G, Hu J, et al. 2012. Bead geometry prediction for robotic GMAW-based rapid manufacturing through a neural network and a second-order regression analysis[J]. Journal of Intelligent Manufacturing, 25(1): 157-163.

Xu G, Hu J, Tsai H L. 2009. Three-dimensional modeling of arc plasma and metal transfer in gas metal arc welding[J]. International Journal of Heat and Mass Transfer, 2009, 52(7): 1709-1724.

Xue S, Proulx P, Boulos M I. 2003. Effect of the coil angle in an inductively coupled plasma torch: A novel two-dimensional model[J]. Plasma Chemistry and Plasma Processing, 23(2): 245-263.

Zacharia T, Eraslan A, Aidun D. 1988. Modeling of non-autogenous welding[J]. Welding Journal, 67(1): 18-27.

Zacharia T, David S, Vitek J, et al. 1991a. Computational modeling of stationary gas-tungsten-arc weld pools and comparison to stainless steel 304 experimental results[J]. Metallurgical and Materials Transactions B, 22(2): 243-257.

Zacharia T, David S, Vitek J. 1991b. Effect of evaporation and temperature-dependent material properties on weld pool development[J]. Metallurgical transactions B, 22(2): 233-241.

Zhang H O, Wang X P, Wang G L, et al. 2013. Hybrid direct manufacturing method of metallic parts using deposition and micro continuous rolling[J]. Rapid Prototyping Journal, 19(6): 387-394.

Zhao H H, Zhang G J, Yin Z Q, et al. 2011. A 3D dynamic analysis of thermal behavior during single-pass multi-layer weld-based rapid prototyping[J]. Journal of Materials Processing Technology, 211 (3): 488-495.

Zhao H H, Zhang G J, Yin Z Q, et al. 2012. Three-dimensional finite element analysis of thermal stress in single-pass multi-layer weld-based rapid prototyping[J]. Journal of Materials Processing Technology, 212 (1): 276-285.

Zheng Z T, Shan P, Hu S, et al. 2006. Numerical simulation of gas metal arc welding temperature field[J]. China Welding, 15 (4): 55-58.

Zhou X M, Zhang H O, Wang G, et al. 2016. Simulation of microstructure evolution during hybrid deposition and micro-rolling process[J]. Journal of Materials Science, 51 (14): 6735-6749.

第 5 章　微铸锻铣复合制造精度控制

成形质量、成形精度和成形效率一直是影响快速成形技术持续发展的重要因素，对快速成形技术本身的研究也始终围绕着这三方面展开。纵观快速成形技术的发展历程，每一次技术的进步，如新型的制作工艺、成形材料和软硬件的出现，都伴随着成形精度和成形效率的提高，进一步拓展快速成形技术在新领域的应用。与传统的加工方法相比，快速成形技术在制作效率、通用性和柔性等方面具有很大的优势。但单纯就精度而言，它的优势并不是十分明显，甚至与传统加工方法还有一定的差距，因此成形精度一直是快速成形技术研究的重点(洪军, 2000; 马雷, 2000; 赵万华, 1998)。

本章以等离子弧溶熔积制造(PDM)工艺为例，深入剖析微铸锻铣复合制造影响其成形质量和效率的因素及其影响机理，针对各种因素提出提高成形精度的措施。

5.1　等离子弧/电弧微铸锻铣复合制造的误差产生原因

华中科技大学张海鸥团队自主研发的专利技术——等离子弧/电弧微铸锻复合制造技术(Kong et al., 2009; Zhang et al., 2003; Zhang et al., 2006)，基于三轴或多轴数控机床平台开发，以金属粉末为原材料，在堆积成形过程中，配备多材料精确控制送粉器，同时供给两种及两种以上粉末，使得零件近净成形成为可能。等离子弧/电弧微铸锻复合制造是一种以压缩等离子弧或自由电弧为移动热源，按照工艺规划预先生成数控代码，驱动焊枪高效熔化同步供给金属丝材或金属粉末，在基板上逐层堆积近净成形零件或模具的直接能量熔积(direct energy deposition, DED)技术。

基于五轴数控机床的产品数据管理(product data management, PDM)系统由CAD/CAM 系统、工艺过程检测与控制系统、运动控制系统、等离子电源系统、粉末传输系统和气体输送系统等组成。其中，CAD/CAM 系统对给定的 CAD 模型进行分层切片、轨迹规划和优化及后处理，生成设备关联的成形数控代码；工艺过程检测与控制系统负责对工作电流、粉末进给量和气体流量进行实时检测和调节；运动控制系统采用以可编程多轴运动控制器(programmable multi-axis controller, PMAC)为核心自主开发的数控系统，支持变工位定轴和五轴联动制造，以满足复杂结构零件直接成形的需要；等离子电源系统采用非转移弧与转移弧并存的联合型等离子弧。其中前者用作辅助热源引导后者的产生，后者为堆积成形的主热源。PDM 系统通过将金属粉末输送到等离子弧与基材形成的熔池中，实现粉末材料的增材制造。PDM 系统主要执行如下工艺过程，可分为数据处理阶段和制作成形阶段，如图 5.1 所示。

图 5.1　PDM 系统运行原理

在数据处理阶段，利用 CAD 软件(如 Pro/Engineer、I-DEAS、SolidWorks、UG、Catia 等)直接构建，或对产品实体利用反求工程的方法来构造三维 CAD 模型，根据制作需要设定适当转换精度将 CAD 模型转换成 STL 模型；结合被加工模型的特征综合考虑制作的时间、精度等因素，选择合适的加工位向；根据成形设备的性能指标(激光器的功率、光斑大小、焦平面位置、金属粉末的材质特性等)进行制作工艺参数的设定(扫描速度、空跳速度、送粉速度等)，进而确定分层、扫描路径规划的基本参数，如分层厚度、扫描间距、光斑补偿半径、送粉速度以及扫描方式等；根据层厚信息用一系列平面沿加工位向切割三维模型，获得一系列有序的二维层片；提取截面的轮廓信息，进行实体内部的扫描路径规划；对模型的待支撑区域进行支撑的设计添加；将模型支撑和实体的扫描路径转换为数控加工文件。

在制作成形阶段，按照设定的成形工艺参数，根据数控加工文件进行每一层的制作；工件成形后进行支撑的去除、零件表面的打磨、切削以及抛光等后处理，实现完整的制作工艺过程。

制造精度是指加工后的成形件与三维 CAD 设计模型之间的误差，主要有表面误差、形状误差和几何尺寸误差。为减小和消除各种误差，应从等离子弧微铸锻复合制造的基本工艺过程入手，因为在上述等离子弧微铸锻复合制造过程中每个环节对最终的成形件精度都会产生影响，按不同加工环节可分为数据处理对成形精度的影响、设备条件和成形工艺对成形精度的影响(刘伟军, 2004)。鉴于此，按误差的来源来划分，成形误差可分为以下几大类：数据处理误差、设备误差、成形工艺误差等。

5.2　微铸锻复合制造 CAD/CAM 数据处理误差分析

5.2.1　模型表面三角网格化引起的零件形状误差

STL 文件是将三维 CAD 模型表面三角网格化获得的文件形式，目前已成为

CAD 系统与快速成形制造(rapid prototyping manufacturing, RPM)系统之间的数据交换标准。STL 文件是原设计 CAD 模型表面三角化后的一种近似表示，这种用小三角形面片来逼近模型表面的处理方法，便于后续分层处理，但降低了分层获取的截面轮廓精度，由此导致成形零件表面出现形状误差，并且曲面曲率越大时，误差越明显。为减小或消除这种误差，可采取如下方法。

(1) CAD 模型的直接切片。消除上述误差的根本途径是直接从 CAD 模型切片而产生制造数据，而不经过三角网格化的处理。由于直接切片获得的截面轮廓数据多为模型曲面与截平面的截交曲线(如 NUBRS)，精确地表述了截面的轮廓，所以在直接切片过程中数据精度没有下降(Bertoldi et al., 1998)，但它需要复杂的 CAD 软件环境，并难以对模型进行分割、自动加支撑等操作，故目前并没有广泛采用。

(2) 在对 CAD 模型进行 STL 格式转换时，通过恰当选取近似精度参数值，可减小这种表面形状误差，这往往依赖于经验。大多数三维造型软件通常选定曲面到三角形面的距离或者曲面到三角形边的弦高差来作为逼近的精度参数(图 5.2)。对于一个模型，在软件中给定一个选取范围，一般情况下这个范围可以满足工程要求。如果误差越小，那么曲面越不规则，所需的三角形面片就越多，STL 文件就越大；如果误差较大，生成的三角片太少则会产生较大的表面形状误差，因此必须根据零件加工的需要来设定误差。

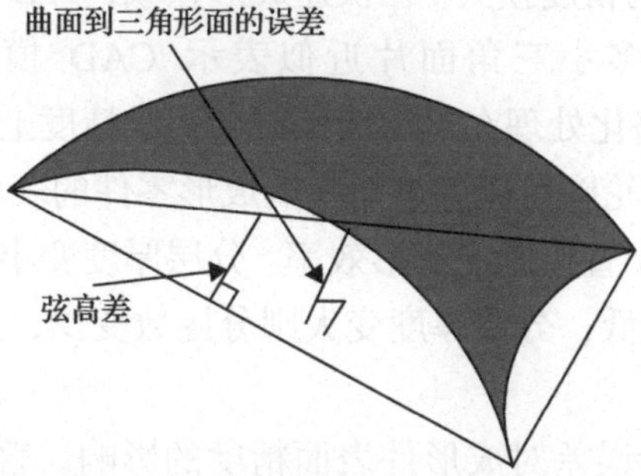

图 5.2　自由曲面的三角形网格逼近

(3) STL 文件分层截面的曲线拟合。STL 文件本身的近似性给分层轮廓带来了不可避免的误差，为此 Dwivedi 和 Kovacevic(2004)提出了截面多边形边界拟合方案，并应用于分层实体制造(LOM)系统中，实际加工的工件精度明显提高，失真变形显著降低，表面更加光滑。

5.2.2　分层制造的原理性台阶误差

对于基于分层叠加制造思想发展起来的微铸锻复合制造技术，在实际加工时每一层面都为一柱体。因此，在成形零件的斜面处，层与层之间产生的台阶误差属于原理性误差，是不可避免的。模型的分层对成形制造的影响如下。

(1)台阶效应引起成形零件的形状误差。在成形制造过程中，当模型表面与零件的制作方向呈一定的倾斜角度时，成形工件表面就会产生台阶效应，这是由快速成形技术自身的分层叠加制造原理所决定的，是无法避免的原理性误差。传统的分层方法采用单一的底面切片或顶面切片获取截面轮廓，成形后台阶效应在零件表面不同部分的表现不同，有些表面是体积缺损，而另一些表面表现为体积增大，这就会造成零件形状的变形(图 5.3)，这种情况通常称为容积问题(containment problem)。

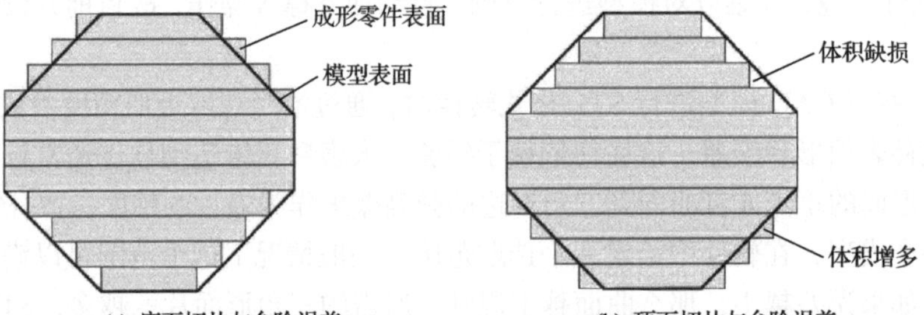

图 5.3　传统切片方式与台阶误差

(2)数据模型引起的精度损失。在快速成形领域，STL 文件格式已成为事实上的标准接口，它用许多小三角面片近似表示 CAD 模型表面，称为网格化(tessellation)。这种网格化处理在逼近曲面时会造成精度上的损失，在此基础上进行分层会直接影响分层轮廓精度，进而影响成形零件的表面精度。

(3)分层厚度的大小直接影响成形效率。分层厚度变小则分层数变多，可减小台阶效应，但成形效率低；分层厚度变大则分层数变少，成形效率高，但台阶效应明显。

为减少原理性台阶误差对成形件表面精度的影响，普遍采取如下方法(刘伟军, 2004)。

(1)在适当兼顾成形效率的基础上，尽量减小分层厚度，这样可以直接减小台阶误差。

(2)分层时采用变厚分层的方法或优选分层的方向，在一定程度上可以减轻台阶误差的影响。

5.2.3　分层切片引起的误差

在现有平面分层切片中，只关注切片轮廓信息，存在信息丢失问题。为此，开展了信息完备的平面分层切片研究，以解决现有平面分层切片系统引起的误差。

平面分层切片是指一组平行平面与三维网格模型相交计算，生成一系列二维平面切片的过程。作为一种简单的分层切片方法，平面分层切片是其他类型分层切片如柱面分层切片和变方向平面分层切片等的基础。不同于现有的平面分层切片仅关注二维平面切片轮廓的生成，本章研究的平面分层切片将完备地记录分层切片过程中所产生的信息，包括如下几个方面的内容：①平面切片轮廓的生成；②平面切片轮廓顶点法向量/切向量的估算；③三维网格表面特征的继承；④平面切片轮廓的三角化；⑤三维网格分解。

平面切片拓扑构造的流程如图 5.4 所示，具体如下：

步骤 1　计算切片平面与三角网格的相交轮廓，排序连接构造切片链；

步骤 2　识别冗余信息顶点，对切片链进行顶点过滤；

步骤 3　识别切片链的属性，区分内外链和父子链；

步骤 4　根据外链逆时针、内链顺时针的规则，对切片链进行方向规范化处理；

步骤 5　根据父链及其子链形成一个切片块的规则生成切片块，同时更新切片链与切片块间的拓扑关系；

步骤 6　所有的切片块共同形成切片层，同时更新切片块与切片层间的拓扑关系；

步骤 7　改变切片高度，重复步骤 1～步骤 6，直至生成所有的切片层，形成平面切片。

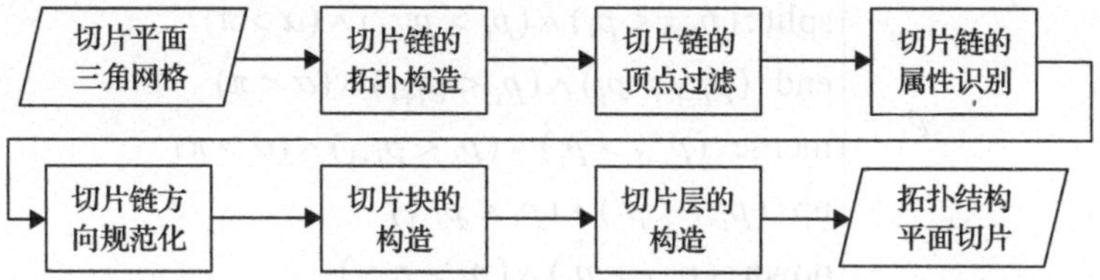

图 5.4　平面切片拓扑构造的流程

1. 平面切片三角化

平面切片三角化是指根据切片的多边形轮廓，对其内部进行三角划分，生成三角网格的过程，其实质是多边形三角化。多边形三角化的方法有很多，包括 Delaunay 三角化（王湘平, 2017）和单调三角化（Kim and Choi, 2000）等。在此采用后者来实现平面切片的三角化。给定一个多边形 P，如果任一垂直于 l 的直线与 P 的交集是连通的，即空集、点或单线段，那么称 P 为 l 向单调多边形。特别地，当 l 为 y 轴时，P 称作 y 向单调多边形（图 5.5）。图中，top、sgement、bottom 分别表示平面切片的顶部、线段和底部区域。

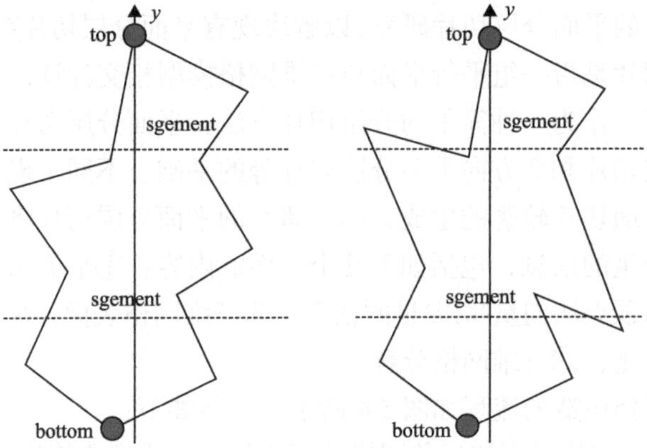

图 5.5　y 向单调与非单调多边形

对于 y 向单调多边形，从最高点向最低点运动，其方向不是水平就是向下，从不向上。对于 y 向非单调多边形，如果在某点处的移动方向发生改变，由向上(下)变为向下(上)，那么称该点为换向点。给定两个点 p 和 q，相对位置关系可描述如下。

$$\begin{aligned} &p\text{ 位于 }q\text{ 的上方：}\ p>q:(p_y>q_y)\vee(p_y=q_y\wedge p_x<q_x) \\ &p\text{ 位于 }q\text{ 的下方：}\ p<q:(p_y<q_y)\vee(p_y=q_y\wedge p_x>q_x) \end{aligned} \tag{5.1}$$

根据换向与内角的大小，多边形顶点 p_i 可分为 6 类，具体为

$$p_i=\begin{cases} \text{start}:(p_{i-1}<p_i)\wedge(p_i>p_{i+1})\wedge(\alpha<\pi) \\ \text{split}:(p_{i-1}<p_i)\wedge(p_i>p_{i+1})\wedge(\alpha>\pi) \\ \text{end}:(p_{i-1}>p_i)\wedge(p_i<p_{i+1})\wedge(\alpha<\pi) \\ \text{merge}:(p_{i-1}>p_i)\wedge(p_i<p_{i+1})\wedge(\alpha>\pi) \\ \text{up}:(p_{i-1}<p_i)\wedge(p_i<p_{i+1}) \\ \text{down}:(p_{i-1}>p_i)\wedge(p_i>p_{i+1}) \end{cases} \tag{5.2}$$

式中，start、split、end、merge、up、down 分别表示平面切片的起始点、分割点、终止点、合并点、上行点和下行点。

Split 和 Merge 顶点是局部非单调性的根源。不同于现有的顶点分类，区分非换向点为向上类和向下类，单调三角化的详细算法请参看相关文献(Kim and Choi, 2000)。

2. 切片链的拓扑构造

切片链的拓扑算法主要有两类：基于拓扑网格和拓扑重构。前者利用网格的拓扑信息，首先计算平面与网格边的交点集，然后利用网格中边-面的拓扑信息进行交点排序连接，产生切片链；后者不涉及网格的拓扑信息，首先计算平面与网

格面片的交线段集，然后通过重复端点的识别和移除，进行交线段的排序连接，拓扑重构产生切片链。由于前者的效率较高，本节介绍采用基于拓扑网格的算法构造切片链。

3. 切片链的顶点过滤

切片链的顶点过滤是指移除冗余信息顶点简化切片链的过程，有利于后续操作的高效执行，具体包括：①对于曲面网格，切片链可直接用作成形轨迹，顶点的过滤能够避免频繁的加减速运动，有利于提高成形质量；②对于实体网格，后续需要进行填充轨迹规划，无论是平行直线还是平行轮廓轨迹，顶点的过滤都能够降低相交计算量和避免拓扑错误(如多边形图(Voronoi diagram))的产生，有利于稳定高效地生成填充轨迹；③对于平面切片的三角化，顶点过滤能够减小问题规模，提高计算效率。为有效地度量和识别冗余信息顶点，引入直线度和弦高。对于切片链上的任一顶点 p_i，分别定义 $\Delta p_{i-1}p_ip_{i+1}$ 的 2 倍面积和 p_i 到射线 $p_{i-1}p_{i+1}$ 的距离为 p_t 的直线度和弦高：

$$\mathrm{st}(p_i)=\begin{vmatrix} p_{i-1}^x & p_{i-1}^y & 1 \\ p_{i+1}^x & p_{i+1}^y & 1 \\ p_i^x & p_i^y & 1 \end{vmatrix}=\begin{vmatrix} p_{i-1}^x-p_i^x & p_{i-1}^y-p_i^y \\ p_{i+1}^x-p_i^x & p_{i+1}^y-p_i^y \end{vmatrix} \tag{5.3}$$

$$\mathrm{ch}(p_i)=\mathrm{dist}(p_i,p_{i-1}p_{i+1}) \tag{5.4}$$

式中，p_{i-1}^x、p_{i-1}^y、p_{i+1}^x、p_{i+1}^y、p_i^x、p_i^y 分别为顶点 p_{i-1}、p_{i+1}、p_i 的 x、y 坐标。

当直线度或弦高小于给定的阈值 ε 和 δ 时，p_i 为冗余信息顶点，将被移除。阈值大小直接决定切片链的几何精度，随着阈值的增大，移除顶点数越来越大，剩余顶点数越来越小，切片链越简单(图 5.6)。阈值的选择与三角网格的最大包围球半径 r 正相关，当 $r=1$ 时，ε 和 δ 的值分别为 log6 和 log3。

4. 切片链的属性识别

切片链的属性标识如图 5.7 所示。图中，a、b、c、d、e、f、g 表示切片链，父链和子链是指所有链条的包围与被包围关系。外层闭合链 a 包围了两条子链 b 和 c，a 是 b 和 c 的父链。如表 5.1 所示，a 是最外层的闭合链，深度是 0，为逆时针，因此分别是 F(false)和 T(true)。给定任意两个切片链 C_1 和 C_2，对任意 $p\in C_2$，如果 p 处于以 C_1 为边界的区域内部，那么称 C_1 包容 C_2。在切片链集中，包容链的数量称为链深度。根据链深度的奇偶性，切片链可分为内链和外链。在包容链集中，最接近内链的外链称为父链，它包容的内链称为子链。对于开链，不存在父链，其深度为 0。根据上述定义和分析，可得到以下属性：①开链为外链，内链为闭链，外链为父链，内链为子链；②外链没有父链，但有零个或多个子链；③内链没有子链，但有且仅有一个父链。

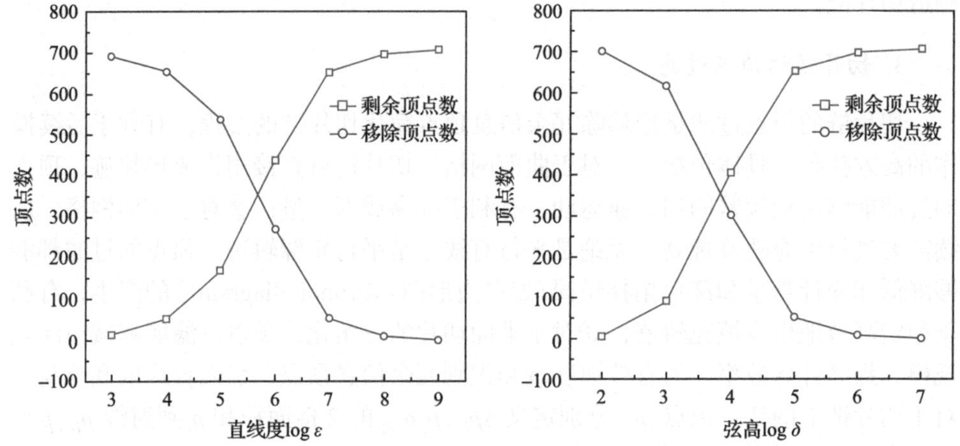

图 5.6　切片链在不同阈值下的顶点过滤

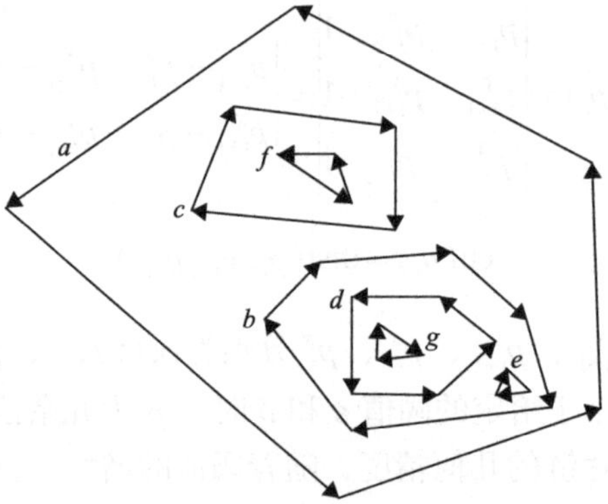

图 5.7　切片链的属性标识

表 5.1　切片链的属性标识

切片链	深度	内链	逆时针	父链	子链
a	0	F	T	—	*b*, *c*
b	1	T	F	*a*	—
c	1	T	F	*a*	—
d	2	F	T	—	*g*
e	2	F	T	—	—
f	2	F	T	—	—
g	3	T	F	*d*	—

5. 切片链方向规范化

在属性标识的基础上，对切片链方向进行规范化处理，如图 5.8 所示。对于闭链，位于链左侧的区域为内部，即外链和内链的方向分别为逆时针和顺时针；对于开链，通过首尾点的虚拟连接，可转化为闭链的处理，具体方向根据实际需要(如制造方向)来确定。

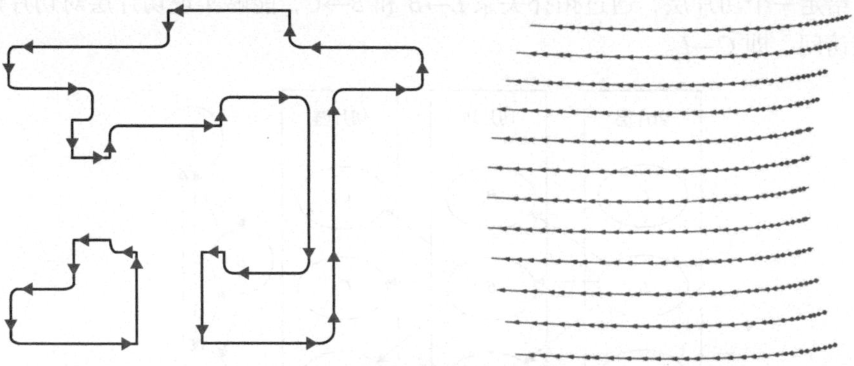

图 5.8　切片链方向的规范化

6. 平面切片轮廓的拓扑

对于平面切片轮廓的生成，平面切片由切片层 L(layer)、切片块 B(block)、切片链 C(chain)三层元素组成。其中，不同的切片层对应不同高度的切片平面，每个切片层由若干切片块组成；切片块是由若干切片链围成的封闭区域，为填充制造的基本单元；切片链是相交计算生成的轮廓，为有序切片顶点的集合。对于曲面网格，不存在填充单元，切片块退化为切片链，即一个切片链独立形成一个切片块。对于实体网格或封闭曲面网格，切片链为封闭的，称为闭链；对于有界曲面网格，切片链为开放的，称为开链，如图 5.9 所示。

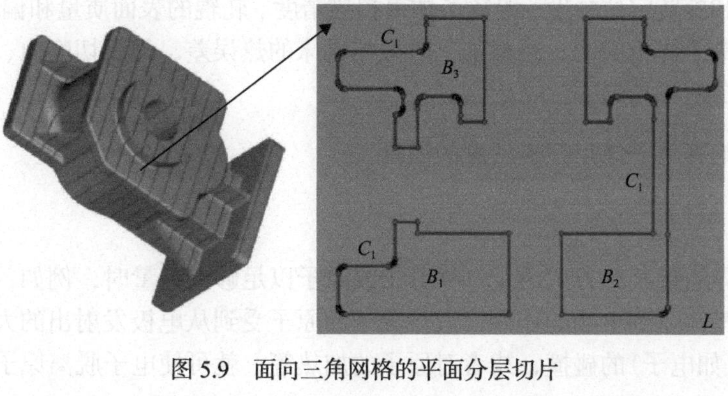

图 5.9　面向三角网格的平面分层切片

为快速、便携地实现各元素间的相互访问，建立以切片块为核心的拓扑结构，如图 5.10 所示。切片为一系列切片层的集合，每个切片层包含一个或多个切片块，每个切片块由一个或多个切片链组成，而切片块和切片链又分别记录了其父切片层和父切片块的信息。在该拓扑结构中，两两元素间的 6 种拓扑关系有 4 种得到了直接表征，仅切片链-切片层间未建立联系，即 $C \leftrightarrow L$。给定一个切片链，通过拓扑关系 $C \to B$ 和 $B \to L$，能够实现切片链对切片层的间接访问，即 $C \to L$。相应地，给定一个切片层，通过拓扑关系 $L \to B$ 和 $B \to C$，能够实现切片层对切片链的间接访问，即 $C \to L$。

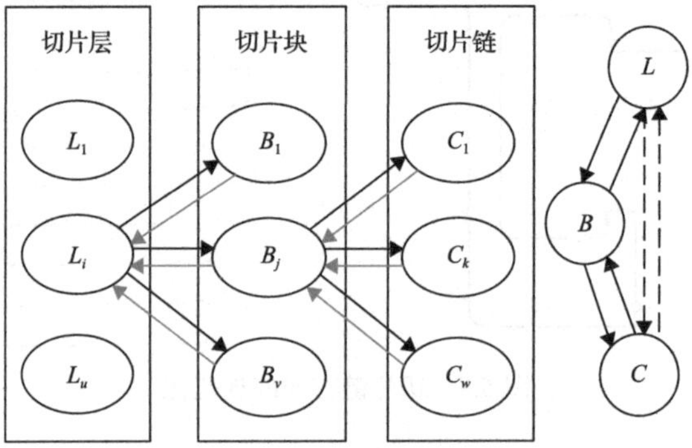

图 5.10 平面切片轮廓的拓扑结构

5.3 微铸锻复合制造设备误差分析

等离子弧微铸锻复合制造是基于增材制造原理和塑性轧制工艺的一种成形方法，与直接制造技术相比，其材料的致密性、力学性能得到极大的提高，而且制造的零件可直接达到工业应用水平。

单纯就成形设备本身而言，其精度技术指标主要包括五轴机床系统运动时的往复定位和旋转定位精度、等离子体束扫描精度、轧辊的表面质量和偏心、磨损、轧辊与等离子焊枪间距、减材加工时数控机床的热误差、刀具切削力、切削温度以及切削深度不均匀等。

5.3.1 影响等离子体束扫描精度的因素

1. 等离子弧

当外界通过某种方式给予气体分子或原子以足够的能量时，例如，处于两电极之间的气体受到电场的作用，气体分子和原子受到从电极发射出的大量高速运动的粒子(如电子)的碰撞，或者对原子的加热等，就可使电子脱离原子和分子成为带负电的自由电子，而失去电子的原子或分子则成为带正电的阳离子，这就是气体的电离现象。在电场的作用下，维持气体持续强烈的电离，形成弧光放电，即产生电弧。被充分电离的、充满带正电的阳离子和带负电的电子、阴离子的气体称为等离子体或等离子态。

利用等离子弧焊枪，在阴极和水冷紫铜喷嘴之间或阴极和基体之间，使气体电离形成电弧。此电弧通过孔径较小的喷嘴孔道，弧柱的直径受到限制，使弧柱受到强行压缩。这种电弧通常称为压缩电弧。电弧被压缩后，弧柱直径变细，弧柱电流密度显著地提高。流经喷嘴孔道的气体受到剧烈的碰撞和热作用，使气体能充分电离，产生阳、阴离子相等的等离子弧柱，因此把这种压缩、电离充分的电弧称为等离子弧。

等离子弧产生过程中具有热收缩效应、机械压缩效应、自磁压缩效应，这三种效应对等离子弧工作效果产生很大影响，因此等离子弧焊枪喷嘴压缩孔道的形状和几何尺寸、孔道壁面的冷却效果、工作气流量的大小和气流形态，是影响电弧压缩效果的主要因素(周祥曼, 2016)。

2. 等离子弧弧压特性

等离子弧弧压与弧电流之间的关系称为等离子伏安特性，也称等离子弧的静压特性。它是等离子弧的重要特性之一，反映了影响等离子弧热电离的各种因素，如焊枪的结构、钨极内缩长度、工作气体流量和喷嘴端面距工件的高度(起弧高度)等，体现了等离子弧发生器(焊枪)的工作性能和特点，决定了等离子弧柱对熔积层的影响效果。因此测定等离子弧的伏安特性，研究其变化规律，是控制工艺规范的基础(周祥曼, 2016)。

在焊枪结构确定的情况下，影响等离子弧伏安特性的主要因素只有工作气体流量和喷嘴端面距工件的高度(起弧高度)。

(1) 起弧高度对等离子伏安特性的影响。起弧高度是弧长的一部分。研究表明(周火金, 2012)，随着起弧高度的增加，等离子弧弧压升高，焊枪输出功率增加，温度升高，熔化能力增大，同时弧柱不稳定，直接影响熔积层形貌的表面质量。

(2) 工作气体流量对等离子伏安特性的影响。在其他参数保持不变的情况下，随着工作气体流量的增加，流过喷嘴的气流密度相应增加，气体对弧柱的冷却作用加剧，增强了对电弧的热收缩效应，一方面促使弧柱截面变细，使弧柱电流密度升高，另一方面使弧柱单位体积散热增多，这都使弧压升高。

(3) 等离子弧工作气体的选择。不同的焊接保护气体对焊接过程的熔滴过渡、飞溅大小、焊道形貌等有很大的影响(Xiong et al., 2013)，因此，焊接保护气体的选择至关重要。一般焊接钛合金的保护气体有高纯氩(Ar)、高纯氦(He)、Ar+He 混合气体。采用高纯氩，钛合金焊接过程中电弧较长、较飘而不易控制，且焊接时飞溅比较大，焊道表面平整度较差，氦气会提高电弧的能量，也会更容易使熔滴过渡状态达到射流过渡而减小飞溅。使用含有一定比例的氦气可以有效提升钛合金的熔覆性能，使焊道成形性好，表面更均匀光滑。

3. 由运动机构加减速度引起的误差

在熔覆层搭接路径的拐角处，机器人或加工平台的运动机构并不能保持匀速移动。在拐角处的结构体积增大现象是热量积累和激光扫描速度因运动机构加速度限制而减速造成的(王军杰等, 1997)。对于机器人的运动，其到达指定位置点的过程比普通平移运动机构更复杂，一般存在点附近圆滑过渡和精确到点两种运动求解方式。所以，对于其他路径的薄壁墙堆积成形，会出现其他的由实际工艺参数和设定工艺参数不一致导致的局部结构形状不均匀的问题。

5.3.2 轧辊轧制阶段误差分析

轧辊轧制阶段的误差主要包括以下三个方面：

(1) 轧辊辊隙的影响。辊隙指两辊中心线间的最小缝隙，即吻合点处间隙。为保证熔覆层表面质量和组织均匀，辊面宽度方向上的辊隙要均匀一致，因此应防止轧辊的偏心及移动。

(2) 轧辊轧制力的影响。轧辊轧制力需要均匀稳定地作用于熔覆层。轧制力太大会使熔覆层变薄，太小则起不到轧制作用。轧辊轧制力不稳定会导致熔覆层表面产生波纹，内部组织不均匀。

(3) 轧辊铸辊的影响。熔覆层必须具有良好的表面质量，目前使用的大多是内部水冷的钢辊、铜辊或镀镍的铜辊，造价高，并且寿命低。而轧辊的磨损提高了成本及铸带的表面粗糙度。轧辊表面与凝固壳间的气隙导致不均匀分布热应力的产生，从而使凝固壳的枝晶尖部形成裂纹，裂纹沿初生枝晶间液膜扩展，最后形成缺陷。

黏着是滚轧过程中普遍存在的问题。常用的解决方法是在轧辊表面上喷涂分离层，主要是润滑剂。

5.4 微铸锻铣复合制造工艺误差分析

等离子弧微铸锻铣复合制造过程中，等离子体先将固体焊丝加热，达到固体相变温度后逐渐熔化，发生组织转变。当热源离开后，焊道又冷却，出现硬化作用。在热源后方的轧辊对软化的焊道进行滚压，使得材料组织致密、力学性能得到提高。焊道经过滚压后，表面平整，宽度和层高稳定均匀。这样得到的零件侧壁有阶梯效应(张海鸥和王桂兰, 2010)，为此在熔积若干层后转换工位，对零件进行铣削加工。微铸锻铣复合制造技术将传统的快速成形技术、塑性加工技术与铣削加工技术相结合，综合发挥了各部分的技术优势，而且零件的制造精度和质量高。实践证明，该技术对零件的组织形态、力学性能、表面质量等有显著的提高。

5.4.1　熔积成形阶段工艺参数对精度的影响

等离子熔积是一个非常复杂的快速加热、快速冷却的过程。由于熔池内存在温度梯度和浓度梯度共同作用而形成的表面张力梯度，表面张力的大小决定了熔池凝固后熔积层的宏观截面形貌。

由于各因素的改变都会对熔积层产生直接的影响，一定的熔积参数对应一定形状的熔积层形貌。在等离子熔积成形过程中存在的主要问题有焊道侧壁结珠、焊道表面凹凸不平、金属液沿侧壁流淌和焊道两头出现“过堆积”等现象，这些缺陷严重影响成形精度，甚至导致不能继续成形。如何合理选择工艺参数或者以最佳途径调整工艺参数，以获得一定形状的熔积层，这就必须了解各因素对熔积层形貌和熔积过程的影响程度。

1. 转移弧电流对熔积层形貌的影响

转移弧是等离子弧微铸锻铣复合制造的主要热源，其电压和电流是决定制造过程稳定性和制造质量的主要因素。等离子弧微铸锻铣复合制造过程中，在焊枪和其他参数确定的情况下，转移弧电流在较大范围内变动时，转移弧电压的变化量不大，因此转移弧输入熔池的能量主要取决于电流的变化，通过调节电流来控制等离子弧的热功率。而转弧电流是热源功率大小的主要表征参数，反映了等离子弧熔化金属铁粉的能量大小，它是等离子弧微铸锻铣复合制造中最重要的工艺参数之一。电弧输出的线能量密度为

$$Q = UI/v \tag{5.5}$$

式中，Q 为线能量(J/mm)；U 为电弧电压(V)；I 为电弧电流(A)；v 为进给速度(mm/s)。

试验表明，焊道的宽度和高度与电流的大小有直接关系。在扫描速度和送粉量一定时，随着转移弧电流的增加，焊道宽度和高度增加。这是因为电流增大，在其他条件不变的情况下，等离子弧能量密度高，熔化能力增大，熔池吸收的热量多，所吸收的这部分能量使熔池金属液温度升高，黏度小，流动性好，从而使焊道宽度增加；同时粉末得到更多的能量，使因熔化不充分而损失的粉末减少，焊道高度增加。但是，不能为了得到比较窄的焊道而减小转移弧电流，这是因为随着转移弧电流的减小，等离子弧能量输出减小，熔池的温度便降低，金属液黏度增大，流动性变差，难以形成连续的熔池，导致焊道表面凹凸不平，如果电流

继续减小，则可能出现金属粉末熔化不充分，甚至不能起弧。

在试验中还发现，单道单层的焊道整体上小于单道多层的焊道宽度，而层高却整体上大于单道多层的平均层高。这主要是由焊道的形状特征和多层堆积过程中的热效应造成的。

多层堆积时，当电流较大且连续堆积了几层后，已成形的焊道整体温度已经很高，又由于高温熔融金属的加入，当前焊层的大量残余热量被导入前一层，使得前一层焊道金属发生二次熔化，在自身重力、电弧吹力等作用下，前一层焊道的熔融金属将向两边流动，从而焊道变平变宽。如此反复，多层堆积成形的平均层高比单层堆积的层高要低，而宽度则要比单层堆积的宽度要大。

2. 扫描速度对熔积层形貌的影响

扫描速度是指导轨的合成速度，即 *XY* 方向工作台运动的合成线速度。它也是等离子弧微铸锻铣复合制造最重要的工艺参数之一。

在送粉速度和转移弧电流不变的情况下，随着扫描速度的增加，熔积层的高度和宽度减小。这是因为随着熔积速度的增加，扫描相同长度的焊道时输入的能量和熔积粉末量减小，从而造成焊道高度和宽度降低；同时，由电弧输出的线能量密度计算公式可知，随着扫描速度的增加，等离子弧柱对焊道的作用时间及该点附近区域的热影响时间缩短，导致熔池温度有所降低，金属液流动性减弱，同时冷却速度加快，减小了金属液在电弧吹力和自身重力作用下向焊道两侧流淌的可能性，因此可以得到随着堆积层数的增加而焊道宽度不变的直壁焊道。而制造宽度不变的直壁焊道是实现该工艺直接制造金属零件的前提，为后续的铣削加工、设置加工余量提供可靠的依据。

3. 分层厚度对熔积层形貌的影响

分层厚度也是最重要的工艺参数之一，它决定成形件的成形质量、成形效率。而分层厚度的确定要综合考虑成形质量要求、加工时间和加工成本。薄的熔积层可以减少零件侧壁的台阶效应，提高表面精度，但成形效率低，加工时间变长。

分层厚度是由分层软件设置的，而实际的熔积层层高是由送粉速度和扫描速度共同决定的。如果实际层高小于设定的分层厚度，随着堆积层数的增加，喷嘴距成形件表面的距离将越来越大，弧压升高，等离子枪功率输出增大，电弧熔化能力增强，同时导致电弧挺度减弱，容易出现漂移。如果实际层高大于分层厚度，随着堆积层数的增加，喷嘴与成形件表面的距离将越来越小，直至喷嘴接触熔融金属，造成喷嘴烧损，等离子弧微铸锻铣复合制造过程被中断。并且如果实际的层厚与设定的层厚不一致，那么实际成形的零件与零件原型在分层方向上存在一定的高度差，制造出的零件出现畸形。所以分层厚度确定后，必须调整好送粉量和扫描速度之间的关系，以实现实际微铸锻铣复合成形出来的层高与分层厚度相等，这样在等离子弧微铸锻铣复合制造过程中，喷嘴距成形件当前堆积层表面的距离才能保持不变，从而可以保证等离子弧的稳定和熔积的连续进行。另外，扫描速度大，成形件受热影响的时间缩短，成形件整体温升较小，从而有效避免热影响区碳化物的析出和奥氏体晶粒的长大，防止裂纹的长大。

4. 起弧高度对熔积层形貌的影响

在熔积过程中，如果选择的起弧高度超出($H\pm h/2$)范围，那么焊枪底部送出的粉末就有一部分被吹到焊道的两侧，并被金属液黏附，不能得到充分的熔化而最终以颗粒状黏结在焊道的两侧，造成焊道侧壁结珠，且粉末的利用率降低。从焊枪喷出的等离子弧呈发散状，即随着与喷嘴的距离的增加，弧柱直径增加，它所对应成形的焊道的宽度增加；等离子弧弧压升高，熔化能力增大，导致熔池温度升高，金属液黏度降低，流动性能好；等离子弧吹力增大，则加剧金属液向两侧流，弧柱不稳定，容易产生偏移，直接影响熔积层形貌的质量。因此，为了提高熔积层形貌的质量和熔积粉末的利用率，起弧高度的确定必须结合熔积直接成形焊道宽度的要求和所使用枪的结构尺寸来综合考虑。

5. 成形路径对熔积层形貌的影响

熔积成形过程中，熔积路径的优化也很重要。路径不合理，成形焊道可能出现明显的缺陷，“过堆积”现象就是路径的不合理造成的。从原熔积路径可以看到，在焊道的两端存在焊枪沿 Z 方向上升而沿 X 和 Y 方向没有移动的过程，从而在焊道两端的熔积时间长，熔池温度高，金属液流动性好，最终出现“过堆积”的现象，直接影响焊道的形貌，给后续的铣削加工带来太多的加工余量，严重影响加工效率。对此，可以考虑将焊枪沿 Z 方向上升的过程平均分布到焊道熔积路径上从而减小过堆积现象。

6. 工作气体流量对熔积过程的影响

工作气体流量是指送粉气、保护气体和离子气流量以及氩气流量，对熔积层的质量也有重要影响。离子气流量对等离子弧的能量和弧力有一定的影响。离子气流量增大，电弧挺度大，能量较为集中，弧压升高，等离子枪的能量输出增大，电弧对熔池的热作用增加，等离子弧熔化能力增大。在其他条件不变时，为了获得良好的成形效果，必须要有足够大的离子气流量。但是离子气流量过大，使等离子弧吹力增大，熔池温度升高，熔融金属流淌加剧，焊道宽度增加，影响微铸锻铣复合制造成形的质量。

送粉气主要起输送合金粉末的作用，使粉末在气流的吹力下顺利地通过管道和枪体吹入电弧，保持送粉的顺畅；同时起到保护熔池、防止氧化的作用。如果送粉气流量过小，金属粉末在输送时容易出现堵粉现象；过大则容易改变流动状态，对电弧产生干扰。

等离子弧微铸锻铣复合制造过程中的保护气氛非常重要。不仅要对熔池周围采取气体保护，对已成形的部分也要采用气体保护。因为已成形的部分有的温度仍然很高，一旦让这些金属暴露在空气中，则金属表面会很快氧化，形成氧化膜或氧化皮，这种氧化膜或氧化皮对后续堆焊层的熔合会起到阻碍作用，使零件发生分层，并且在成形零件中产生夹杂，成为零件产生裂纹的来源。

等离子弧微铸锻铣复合制造过程中保护气体是通过气路从焊枪喷嘴中喷出来的。保护气体从喷嘴喷出的较厚层流有较大的有效保护范围和较好的保护作用。因此，为了得到层流的保护气流，加强保护效果，需采用合适的气体流量。气体流量过大或过小皆会造成紊流。如果保护不良，成形件表面便会起皱纹，颜色发黑，极大地影响金属零件的表面质量和美观性，力学性能也大为降低，因此直接金属成形工艺对熔池的保护要求较高。

保护气体流量应与离子气流量有一个适当的比例，离子气流量不大而保护气体流量太大时会导致气体的紊乱，将影响电弧稳定性和保护效果。保护气体流量的确定一般可以通过熔焊层冷却后的表面颜色来判断，银白色表示保护效果最好，其次为金黄色，灰色较差，黑色最差。应尽量避免灰黑色的熔焊表面出现，一旦出现，必须马上加大保护气体的供给流量。

华南理工大学王志坚(2011)提出，熔积成形阶段提高成形开环控制精度的途径有两个：一是提高实际成形路径的位置精确性，二是提高局部成形结构的几何精度。而路径的精确性由软件系统和机器人控制实现，局部几何精度结构成形由几何特征研究结果和工艺参数与结构关联特征来实现。他对其进行理论分析认为，熔池能量输入、粉末材料输入和物理约束界面形状的不均匀是结构形状不均匀的主要原因。基于对成形结构形状不均匀的局部进行特殊工艺处理，在成形中采用变工艺参数的方法和辅助工艺措施是结构非均匀现象的解决途径，而工艺参数的调整量与结构尺寸变化量的定量关系是该方法的关键依据。

可见要达到“控形”的目的，在了解工艺参数对熔覆层几何特征影响机制的前提下，必须建立灵活敏锐的闭环监控反馈系统，以便于在线对工艺参数以及扫描方式等指标进行实时调控。

5.4.2 等材阶段工艺参数对成形精度的影响

微铸锻铣复合制造工艺的等材成形阶段是微锻即辊轴轧制阶段。这一阶段对成形精度影响的主要参数有轧制温度和轧制力。

1. 轧制温度

在等离子弧微铸锻铣复合制造过程中，轧制的意义就相当于对半固态的焊道金属进行了一次锻打，因此可以借鉴锻造理论和轧制理论来确定轧制温度，以达到细化晶粒的目的。以 GH4169 合金为例，一般来说，随着变形量的增加和终锻温度的降低，晶粒度有逐渐细化的趋势；但大量研究表明，GH4169 合金中的 δ 相也是影响合金组织和性能的主要因素，适量的 δ 相可以提高合金的塑性，改善缺口敏感性；δ 相析出过多，会导致 γ″ 相数量减少，降低强度，同时也会导致冲击性能、持久性能和蠕变性能降低，因此轧制温度的制定还要考虑 δ 相的析出熔解。δ 相开始析出温度是 700℃，析出峰温度是 940℃，980℃开始熔解，完全熔解温度是 1020℃，因此终锻温度低，有利于 δ 相的析出，终锻温度高，抑制 δ 相的析出(张华等,1992)。GH4169 合金为单相奥氏体基体，根据奥氏体再结晶型控制轧制理论，选择在奥氏体变形过程中和变形后自发产生奥氏体再结晶的温度区域进行轧制，有试验结果表明(王珊, 2017)：在 950～1100℃轧制，变形量大于 15%～20%，奥氏体晶粒的均匀性较好。综合考虑控制 δ 相析出和细化晶粒两个因素，并考虑 GH4169 合金在 980℃以下较硬，很难变形，故最终将 GH4169 合金轧制温度定为 980℃。

2. 轧制力

变形量与变形温度相辅相成，共同决定成形件的质量。在前面确定了轧制温度为 980℃，为获得较细的晶粒，变形程度可以控制在 40%～65%，由于所用的轧辊为恒高模式，通过控制轧制前后焊道高度的变化来确认其变形量，所用公式如下：

$$R=\frac{t_i-t_f}{t_i} \tag{5.6}$$

式中，R 为变形量；t_i 为电弧自由熔积的焊道平均高度；t_f 为轧制后的焊道高度。

经过多次试验和测量，按照前文中给定的工艺参数，GH4169 合金电弧熔积的焊道平均高度为 1.7mm。为达到至少有 40%变形量，设定辊子的最低处与基板的距离为 1mm；经试验观察记录，在这种工艺参数和压下量的条件下，轧制压力稳定在 70kN 左右，故轧制力为 70kN。

5.4.3　减材阶段工艺参数对成形精度的影响

1. 铣削工艺参数

步长、行距、刀轴向量与刀轴控制方式是决定铣削加工精度的重要因素。

1) 步长

同一刀位轨迹上两相邻刀位点的距离称为步长(L)。步长越小，曲面加工精度越高，但同时编程效率和加工效率会降低。因此，应在满足加工精度的条件下取较大的步长和行距。采用由离散刀位点构成的折线逼近理想曲线。逼近误差 $\delta \approx \dfrac{L^2}{8\rho}$，其中 ρ 为曲面在刀位轨迹线垂直的平面上的平均曲率半径。走刀步长的计算方法主要有等步长法、等参数法和等误差法。等参数法是通过已知的刀位轨迹参数方程，采用参数递增的方式计算刀位点数据。等步长法是根据设定的步距值计算刀位点，得到的每相邻两刀位点距离相等。等误差法是根据设定的允许误差值计算走刀步长，使得每段内的误差都小于等于允许误差。

2) 行距

行距指两相邻加工路径间的距离。如图 5.11 所示，球头刀的加工区域为球面，因此相邻路径间会存在残余高度 h，影响表面加工质量。行距 d 越小，残余高度 h 越小，加工表面质量提高但加工效率降低。行距的计算方法主要有等参数法、等弧长法、截平面法和等残余高度法。等参数法中行距方向的参数增量为定值，计算简单，但加工精度难以保证(Zhang et al., 2013)；等弧长法中在弧长为定值(Huang and Oliver, 1994)；截平面法根据等距离的约束平面计算行距(刘槐光等, 2002)。等参数法、等弧长法和截平面法均不能保证残余高度为定值。而等残余高度法按照残余高度等于运行加工误差的方法计算行距，加工效率较高且加工面的光滑度较好，因此应用较为广泛，其计算方法如下。已知允许残余高度 h(即允许加工误差)，则行距 d 可按下式计算(贾高国, 2009；Seo et al., 2009)：

$$d = \frac{|\rho|\{4(\rho+h)^2+[(\rho+R)^2-(\rho+h)^2]-R^2\}^{1/2}}{(\rho+R)(\rho+h)} \tag{5.7}$$

式中，曲面为凹面时 R 取“-”，凸面时 R 取“+”。

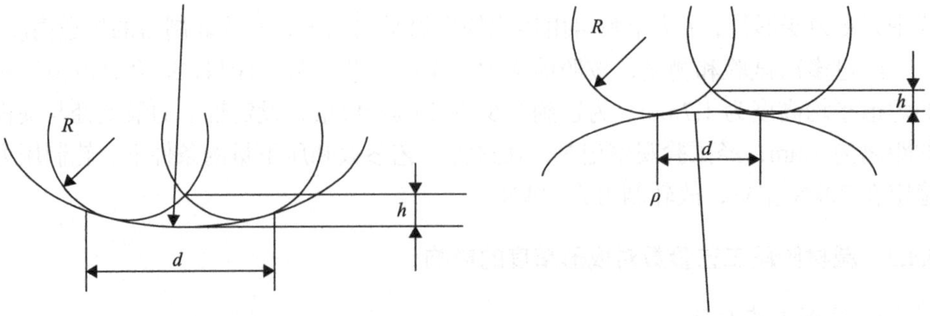

图 5.11　残余高度计算

3) 刀轴向量与刀轴控制方式

五轴加工与三轴加工的本质区别在于刀轴的方向相对于工件坐标系是不断变化的。刀轴向量决定了刀具的切削角度，从而影响表面加工质量。刀轴控制方式是指走刀过程中刀轴向量的控制规律。UG 多轴数控编程中常用的刀轴控制方式有相对于曲面方式、侧倾于曲面方式和插补方式。

相对于曲面方式是通过设置前倾角 α 和侧倾角 γ 控制刀轴的方向，使刀轴与曲面间呈一定角度，如图 5.12 所示。由于叶面常为自由曲面，相对于曲面控制方式易发生干涉。

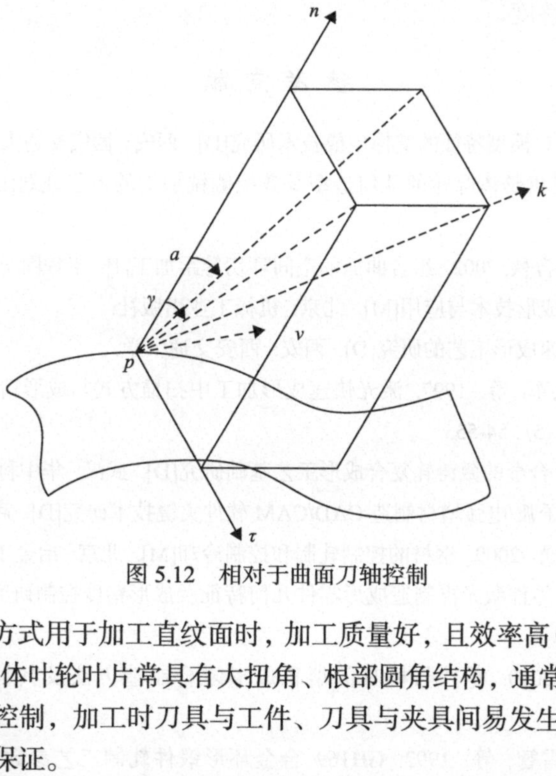

图 5.12　相对于曲面刀轴控制

侧倾于曲面方式用于加工直纹面时，加工质量好，且效率高 (Elber and Cohen, 1994)。然而，整体叶轮叶片常具有大扭角、根部圆角结构，通常为自由曲面，若采用侧倾于曲面控制，加工时刀具与工件、刀具与夹具间易发生干涉，且叶片表面加工精度难以保证。

插补方式根据插补点及插补点处的刀轴向量进行插补运算得到各刀位点的刀轴向量，能有效避免干涉，实现复杂自由曲面的加工。插补方式的应用关键在于插补点的选择及插补向量设置。插补点的选择原则是，选取曲面边缘处易发生干涉处或曲面曲率变化较大处的点为插补点。插补点数量也应合理：点数太少，无法有效避免干涉，并且曲率变化较大处可能发生过切；反之，插补效率降低。

2. 铣削工艺参数影响分析

通过上述试验，得出熔积材料的加工有以下主要特点。

（1）切削力较大。熔积成形过程产生的固溶体组织有晶格滑移缺陷，加上高温合金材料本身的塑性，加工时易产生塑性变形，导致切削力较大。

（2）铣削温度较高。成形件加工铣削力大，且不能用切削液冷却，因此铣削温度也较高。加工时宜采用小切削厚度大进给速度的方法，以降低铣削温度，保护刀具。

（3）切削深度不均匀。由于熔积成形的阶梯效应，成形件厚度和高度存在较大波动，所以加工时铣刀的切削量随之变化，刀具使用条件恶化，会降低刀具的使用寿命。当成形件表面波动过大时，可采用大直径平头铣刀进行粗铣加工，增大成形件表面的平整度。

参考文献

洪军. 2000. 面向 STL 模型特征的支撑生成技术研究[D]. 西安：西安交通大学.

贾国高. 2009. 鼓风机整体叶轮的几何造型及数控侧铣加工的刀位规划[D]. 大连：大连交通大学.

刘槐光, 闫光荣, 陈言秋. 2002. 组合曲面的空间环切等距加工[J]. 工程图学学报, 23(1): 1-8.

刘伟军. 2004. 快速成形技术与应用[M]. 北京：机械工业出版社.

马雷. 2000. 激光快速成形工艺的研究[D]. 西安：西安交通大学.

王军杰, 郭九生, 洪军, 等. 1997. 激光快速成形加工中扫描方式与成形精度的研究与实验[J]. 中国机械工程, 8(5): 54-55.

王珊. 2017. GH4169 合金的微铸轧复合成形工艺基础研究[D]. 武汉：华中科技大学.

王湘平. 2017. 等离子弧/电弧增材制造 CAD/CAM 软件关键技术研究[D]. 武汉：华中科技大学.

王有铭, 李曼云, 韦光. 2009. 钢材的控制轧制和控制冷却[M]. 北京：冶金工业出版社.

王志坚. 2011. 装备零件激光再制造成形零件几何特征及成形精度控制研究[D]. 广州：华南理工大学.

张海鸥, 王桂兰. 2010. 零件与模具的熔积成形复合制造方法及其辅助装置[P]: 中国, 201010147632.2.

张华, 应志毅, 常雪智, 等. 1992. GH169 合金环形锻件轧制工艺参数探索[J]. 材料工程, 1992(增刊 1): 131-133.

赵万华. 1998. 激光固化快速成形的精度研究[D]. 西安：西安交通大学.

周火金. 2012. 复杂叶轮零件的熔积-铣削复合制造研究[D]. 武汉：华中科技大学.

周祥曼. 2016. 多场复合电弧增材成形过程中宏微观数值模拟研究[D]. 武汉：华中科技大学.

Bertoldi M, Yardimci M A, Pistor C M, et al. 1998. Domain decomposition and space filling curves in toolpath planning and generation[C]. Proceedings of the Solid Freeform Fabrication Symposium, Austin: 267-274.

Dwivedi R, Kovacevic R. 2004. Automated torch path planning using polygon subdivision for solid freeform fabrication based on welding[J]. Journal of Manufacturing Systems, 23(4): 278-291.

Elber G, Cohen E. 1994. Tool path generation for free form surface models[J]. Computer-Aided Design, 26(6): 490-496.

Huang Y, Oliver J H. 1994. Non-constant parameter NC tool path generation on sculptured surfaces[J]. The International Journal of Advanced Manufacturing Technology, 9(5): 281-290.

Kim B H, Choi B K. 2000. Guide surface based tool path generation in 3-axis milling: An extension of the guide plane method[J]. Computer-Aided Design, 32(3): 191-199.

Kong F, Zhang H, Wang G. 2009. Modeling of heat transfer, fluid flow and solute diffusion in the plasma deposition manufacturing functionally gradient material[C]. Proceedings of Progress in Electromagnetics Research Symposium, Moscow: 18-21.

Seo W, Ok S, Ahn J, et al. 2009. An efficient hardware architecture of the A-star algorithm for the shortest path search engine[C]. Fifth International Joint Conference on INC, IMS and IDC, Seoul: 1499-1502.

Xiong J, Zhang G, Gao H, et al. 2013. Modeling of bead section profile and overlapping beads with experimental validation for robotic GMAW-based rapid manufacturing[J]. Robotics and Computer-Integrated Manufacturing, 29(2): 417-423.

Zhang H O, Xu J, Wang G L. 2003. Fundamental study on plasma deposition manufacturing[J]. Surface & Coatings Technology, 171(1/3): 112-118.

Zhang H O, Kong F, Wang G L, et al. 2006. Numerical simulation of multiphase transient field during plasma deposition manufacturing[J]. Journal of Applied Physics, 100(12): 123522.

Zhang H O, Wang X P, Wang G L, et al. 2013. Hybrid direct manufacturing method of metallic parts using deposition and micro continuous rolling[J]. Rapid Prototyping Journal, 19(6): 387-394.

第 6 章　微铸锻铣复合制造质量检测与控制

金属微铸锻铣复合制造是一个多物理场耦合的过程，其特点是非线性、时变、强耦合和多变量，成形过程中存在各种不稳定因素，温度变化剧烈，熔池凝固速率较大，导致成形零件精度较低、表面质量较差、应力残留、变形，存在裂纹、气孔、夹渣等焊接缺陷，以及驼峰、偏移、流淌等形貌缺陷。因此，加强过程质量控制、实时检测缺陷并处理、避免完工检测出现废品，是当前微铸锻铣复合制造迫切需要解决的问题。

无损检测以不损害被检验对象的使用性能为前提，应用多种物理原理和化学现象，对各种工程材料、零部件、结构件进行有效的检验和测试，借以评价它们的连续性、完整性、安全可靠性及某些物理性能。

常用的检测手段有超声检测、电磁振动检测、视觉检测、X 射线检测、涡流检测、中子检测等，这些方法各有所长，也各有其局限性，仅用一种方法检测所得的结果往往是不全面的。因此，如何充分利用各种无损检测方法的长处，相互结合，取长补短，提高无损检测的全面性、可靠性和灵敏度，建立多传感器耦合系统，一直是人们关注的课题。

本书作者团队多年来致力于金属微铸锻铣复合制造，开发了微铸锻铣复合制造的过程质量检测系统，可对成形零件表面形貌质量、浅表面、下表面及内部缺陷进行高效、在线的无损检测，对残余应力、组织性能进行调控，采用多种在线、离线检测方式进行多传感器融合检测。

6.1　常用无损检测技术及原理

6.1.1　超声检测

超声检测(Bamberg et al., 2014; Waller et al., 2014)是利用超声波的透射、反射、衍射等特性，通过采集超声波在被测构件中的传播波形、回波、声速、衰减以及频谱特性的变化来判定构件内部是否存在缺陷或者是否连续等。常规超声检测已经广泛应用于金属构件内部及表面缺陷的检测，但是常规超声对激光微铸锻铣复合制造金属构件的检测存在较大困难，一方面，由于激光微铸锻铣复合制造金属构件的组织性能，堆积层界面及晶粒对超声波存在严重的散射信号，影响缺陷的判别；另一方面，从超声波可达性角度讲，对于复杂结构的激光微铸锻铣复合制造金属构件，常规超声检测技术对特殊部位的缺陷无法检测，存在漏检情况。

1. *超声波检测原理*

超声检测中使用的超声波探头的主要部件是压电晶片，在压电晶片的两表面涂有导电银层作为电极，致使晶片表面上具有相同的电位。将晶片接于高频电源时，晶片两面便以相同的相位产生拉伸或压缩效应，发射超声波的晶片恰如活塞做往复运动一样辐射出声能，一般当作圆形活塞声源处理。

声场因晶片大小、振动频率和传播介质的不同而使声压和声能产生不同的分布状况。圆形活塞声源轴线上的声压是声程 x 的正弦函数。因为正弦函数最大值为 1，所以声压最大值为 $2p$。正弦函数最小值为 0，声压最小值也为 0。最后一个声压最大值至声源的距离 N 称为近场长度。在声场中，$x<N$ 的区域称为声源的近场区，$x>N$ 的区域为远场区。在远场区，声压随距离增加而减小。

在近场区内，由于声源表面上各点辐射至被考察点的波程差大，所引起的声压振幅差和相位差也大，且它们彼此互相干涉，结果使近场区的声压分布十分复杂，出现很多极大值与极小值，因此在近场区内如果有缺陷存在，那么其反射波极不规则，对缺陷的判断十分困难，如图 6.1 所示。

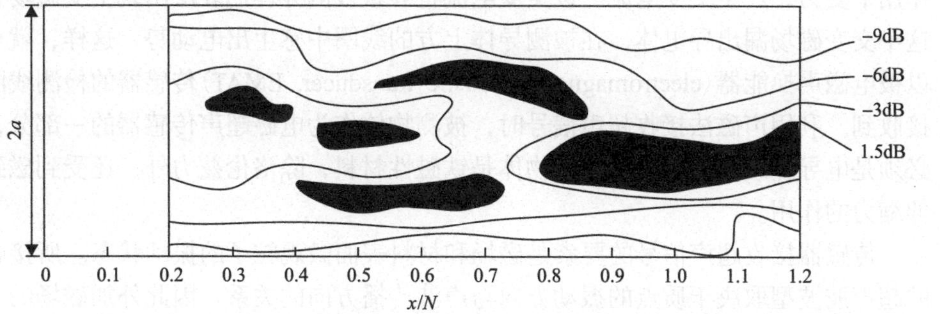

图 6.1　近场区截面声压分布(黑色部分为波峰)

在声场中沿中心轴线声压最大，形成声场的主瓣，即主声束。在近场区声压交替出现极大值与极小值，形成声束的副瓣。当声源为圆形活塞声源且直径为 D、半径为 a 时，用指向角来描述主声束宽度(或称半扩散角)，如图 6.2 所示。

超声波探伤仪是超声波检测的主体设备，它的作用是产生电振荡并加于换能器——探头，激励探头发射超声波，同时将探头送回的电信号放大，通过一定方式显示出来，从而得到被检工件内部有无缺陷及缺陷位置和大小的信息。

2. *激光-电磁超声检测技术*

激光-电磁超声检测使用传感器利用电磁效应来接收金属材料中的超声波信

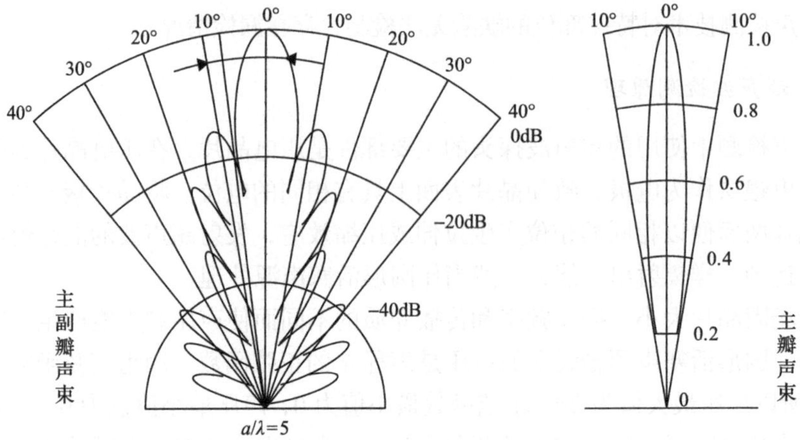

图 6.2　近场区声束

号(刘小刚, 2018; 孙继华等, 2017)，其能量转换是在被测工件表面的集肤层内直接进行的，所以不需要与工件接触并且不需要任何耦合介质。该类型传感器对被测物体表面要求不高，而且可对高温物体和表面粗糙的物体进行直接检测。当被测物体表面有超声自内部投射时，质点发生位移，带正电荷的晶格在偏置磁场的作用下受力，产生交变电流。该交变电流将导致被测导体的表层出现交变磁场，这个交变磁场漏出导电体，在被测导体上方的线圈中感生出电动势。这样，就可以被电磁声换能器(electromagnetic acoustic transducer, EMAT)传感器的检测线圈接收到。利用声磁法接收超声信号时，被测物体作为电磁超声传感器的一部分，必须是电导体或磁导体。若被测物体是铁磁性材料，除洛伦兹力外，还受到磁致伸缩力的作用。

传感器接收超声信号的要素是磁场和材料表面微观粒子的振动状态。所接收的超声波波型取决于质点的振动方向与声波传播方向的关系，因此外加磁场的方向、线圈的几何形状以及电磁场的频率是设计不同波型传感器的主要考虑因素。下面给出瑞利波、纵波及横波的接收原理。

瑞利波：当激光激励出瑞利波时，质点发生位移 U，带正电荷的晶格阵点具有速度 U'。当外磁场方向 B 与被检材料表面垂直时(图 6.3)，晶格将受力 $U'\times B$，从而产生电流密度为 I 的交变电流。交变电流将导致被测试样的表层出现磁场，若采用回折式线圈构成的传感器(线圈间距等于瑞利波长的 1/2)，根据电磁感应原理则可以接收到该磁场引起的电动势变化，进而获得瑞利信号。

纵波：当被检材料中激励出超声纵波且外磁场方向 B 与被检材料表面平行时，会产生图 6.4 所示的交变电流 I，导致被测试样的表层出现磁场，则可由检测线圈获得该磁场引起的电动势变化，进而获得该纵波信号。

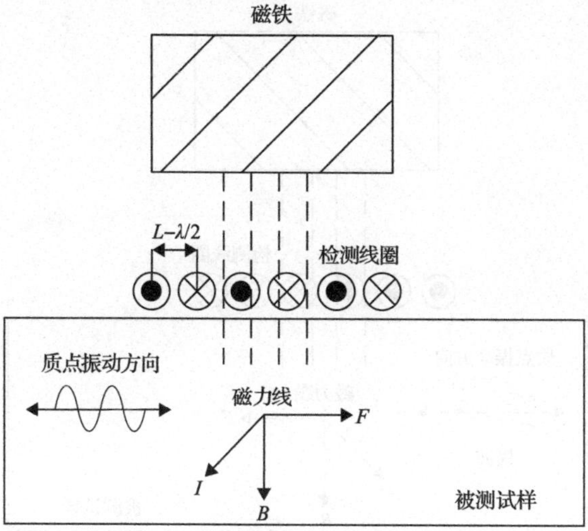

图 6.3　传感器接收瑞利波示意图

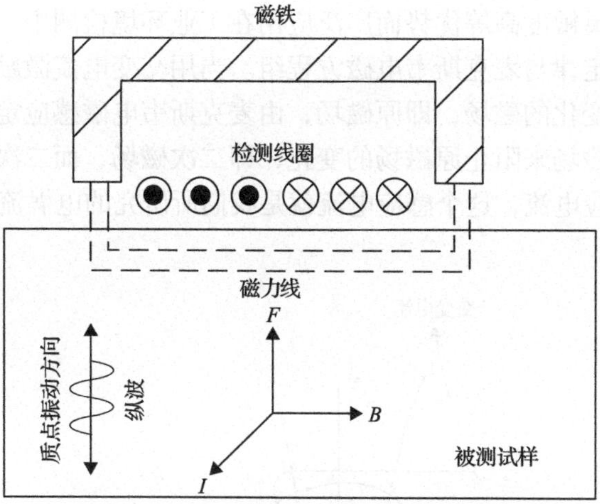

图 6.4　传感器接收超声纵波示意图

横波：横波与纵波的接收方式相似，所不同的是需使外磁场方向 B 与被检材料表面呈垂直关系，此时所产生的交变电流 I 如图 6.5 所示，则可由检测线圈获得该被测试样表面感生磁场引起的电动势变化，进而获得该横波信号。

6.1.2　涡流检测

1. 涡流检测原理

涡流检测技术(张荣华等, 2018; 巩德兴, 2016; Uchimoto et al., 2014)是传统五大无损检测技术之一，适合对导电材料近表层与表层缺陷的检测，因不污染被

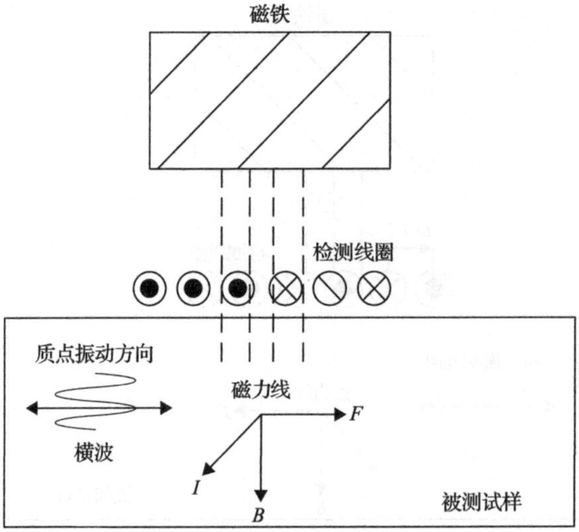

图 6.5　传感器接收超声横波示意图

测试样以及检测灵敏度高等优势而广泛应用在工业环境检测中，其研究出发点是法拉第电磁感应定律与麦克斯韦电磁方程组。当用交变电流激励线圈组时，在线圈组周围会产生变化的磁场，即原磁场，由麦克斯韦电磁感应定律可知，在线圈周围会产生一个磁场来阻止原磁场的变化，即二次磁场，而二次磁场就会在导电材料表面产生感应电流，这个感应电流就是我们所研究的电涡流，图 6.6 为电涡流产生的示意图。

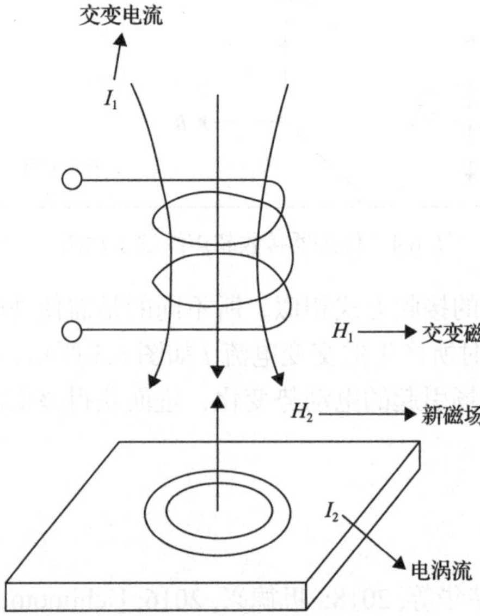

图 6.6　电涡流产生示意图

当导电体靠近变化着的磁场或导体做切割磁力线运动时，导电体内感应出呈涡状流动的电流，这就是涡流的产生。一旦导电材料的结构特性(尺寸、形状)或物理特性(电导率、磁导率)发生变化，就会影响其涡流场的分布，最终通过二次磁场、原磁场、激励电流的逐层反馈来影响线圈的阻抗特性。

一个简单的涡流检测系统包括一个高频的交变电压发生器、一个检测线圈和一个指示器，高频的交变电压发生器(或称为旋振荡器)供给检测线圈以激励电流，从而在试样周围形成一个激励磁场，这个磁场在试样中感应出涡流，涡流又产生自己的磁场，涡流磁场的作用是削弱和抵消激励磁场的变化，而涡流磁场中就包含了试样好坏的信息。

2. 电磁超声/涡流复合检测技术

涡流检测适合对表层和近表层缺陷进行检测，对试样内部缺陷和下表面缺陷有着天然的劣势。电磁超声可以通过不同的线圈和偏置磁场的组合激发出不同类型的超声波，如横波和纵波就适合对内部缺陷和下表面缺陷进行检测，但是由于检测盲区的存在不适合对表层和近表层缺陷进行检测。因此，可以把这两种检测方法有机地组合起来(刘素贞等, 2018)，充分发挥各自检测的优势，以提高检测范围和检测灵敏度，其复合检测原理如图 6.7 所示。

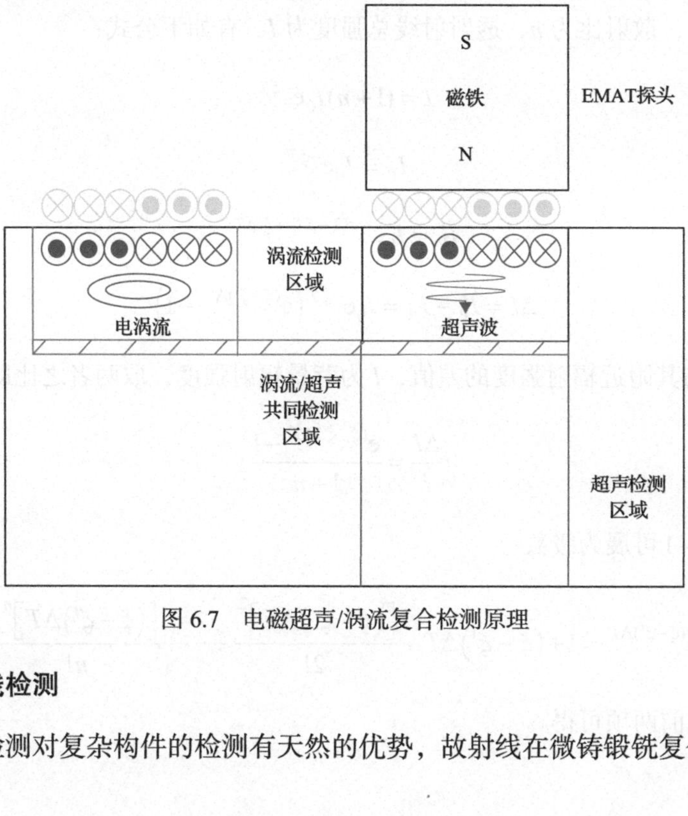

图 6.7　电磁超声/涡流复合检测原理

6.1.3　射线检测

射线检测对复杂构件的检测有天然的优势，故射线在微铸锻铣复合制造制品的检测上将承担重要的角色。射线检测在具有检测结果显示直观化突出优势的同时，还融入边缘增强或平滑技术以改善影像的细节，并能进行图片降噪、灰阶对比度调整、伪彩色处理等，可提高制品内部不连续性的检出率。

1. 射线检测原理

射线在穿透物体过程中会与物质发生相互作用，因吸收和散射而使其强度减弱(姜万军, 2018; 吴玉俊等, 2016)。强度衰减程度取决于物质的衰减系数和射线在物质中穿越的厚度。如果被透照物体(试样)的局部存在缺陷，则该局部区域的透过射线强度就会与周围产生差异，把胶片放在适当位置使其在透过射线的作用下感光，经暗室处理后得到底片。底片上各点的黑化程度取决于射线照射量(又称曝光量，等于射线强度乘以照射时间)，由于缺陷部位和完好部位的透射射线强度不同，底片上相应部位就会出现黑度差异。底片上相邻区域的黑度差定义为“对比度”，把底片放在观片灯光屏上借助透过光线观察，可以看到由对比度构成的不同形状的影像，据此判断缺陷情况并评价试样质量。

对缺陷引起的射线强度变化情况可进行定量分析，假设某试样内部有一小缺陷，该试样厚度为 T，线衰减系数为 ξ ，缺陷在射线透过方向的尺寸为ΔT，缺陷线衰减系数为 ξ' ，入射射线强度为I_0，一次透射射线强度分别是I_{P}(完好部位)和I'_{P}(缺陷部位)，散射比为 n，透射射线总强度为 I，有如下公式：

$$I=(1+n)I_0\mathrm{e}^{-\xi T} \tag{6.1}$$

$$I_{\mathrm{P}}=I_0\mathrm{e}^{-\xi T} \tag{6.2}$$

$$I'_{\mathrm{P}}=I_0\mathrm{e}^{-\xi(T-\Delta T)-\xi'\Delta T} \tag{6.3}$$

$$\Delta I=I'_{\mathrm{P}}-I_{\mathrm{P}}=I_0\mathrm{e}^{-\xi T}\left(\mathrm{e}^{(\xi-\xi')\Delta T}-1\right) \tag{6.4}$$

ΔI 为缺陷与其附近辐射强度的差值，I 为背景辐射强度，取两者之比即

$$\frac{\Delta I}{I}=\frac{\mathrm{e}^{(\xi-\xi')\Delta T}-1}{1+n} \tag{6.5}$$

而 $\mathrm{e}^{(\xi-\xi')\Delta T}-1$ 可展为级数

$$\mathrm{e}^{(\xi-\xi')\Delta T}=1+\left(\xi-\xi'\right)\Delta T+\frac{\left[\left(\xi-\xi'\right)\Delta T\right]^2}{2!}+\cdots+\frac{\left[\left(\xi-\xi'\right)\Delta T\right]^n}{n!} \tag{6.6}$$

近似取级数前两项可得

$$\frac{\Delta T}{I}=\frac{(\xi-\xi')\Delta T}{1+n} \tag{6.7}$$

如果缺陷介质的ξ'与ξ相比极小，则ξ'可以忽略，可写为

$$\frac{\Delta I}{I}=\frac{\xi\Delta T}{1+n} \tag{6.8}$$

因为射线强度差异是底片产生对比度的根本原因，所以把$\Delta I/I$ 称为主因对比度。由式(6.8)可看出，影响主因对比度的因素是透照厚度、线衰减系数和散射比。

2. X 射线检测

X 射线检测是利用 X 射线衍射进行分析。X 射线衍射法的测量原理(何飞等, 2018)是利用残余应力的存在使得各晶面间距随之改变，衍射峰的位置也会随之移动，测定晶面族的面间距变化便可得出应力值。检测残余应力的方法是直接利用 X 射线检测晶格结构的应变，根据线弹性假设将应变转换为应力，当被测晶体材料表面满足射线检测条件时，该方法的检测精度很高(高达±5MPa)，检测的是微观残余应力。X 射线检测示意图见图 6.8，其中$\theta_{\Phi x}$为材料在应力作用下 X 射线的衍射角，材料表面某一方向残余应力可由下式计算：

$$\sigma=\frac{E}{2(1+\mu)}\times\cot\theta_0\times\frac{\pi}{180}\times\frac{\partial(2\theta)}{\partial(\sin^2\theta)}=km \tag{6.9}$$

式中，E 为弹性模量；μ为泊松比；θ_0为无应力时的布拉格角；θ 为有应力时的布拉格角；k为应力常数；m为应力因子。

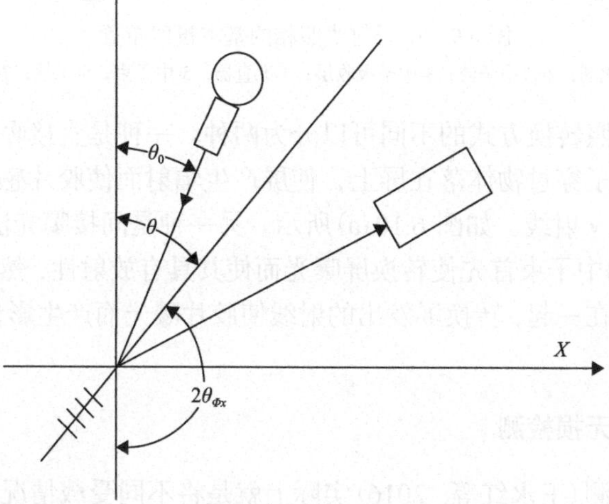

图 6.8　X 射线检测原理示意图(唐华溢, 2014)

3. 中子射线检测

中子是一种不带电荷的基本粒子，具有很强的穿透物质的能力。中子穿过物质时主要是与物质的原子核发生作用，与核外电子几乎没有作用，因此中子的吸收概率主要决定于核的性质。

中子与物质相互作用的强度减弱服从指挥衰减规律，即

$$I = I_0 e^{\xi T} \tag{6.10}$$

式中，ξ 为衰减系数；T 为物质的厚度。

衰减系数大小是由该元素的中子截面决定的，中子在某些较轻的元素中具有很大的截面，而在某些较重的元素中截面却很小。

中子射线照相与 X 射线和 γ 射线照相原理十分相近。如图 6.9 所示，中子源发出的中子束射向被检测的工件，由于物体的吸收和散射，中子的能量被衰减，衰减的程度则取决于物体的成分，穿过物体的中子束被影像记录仪所接收而形成物体的射线照片。

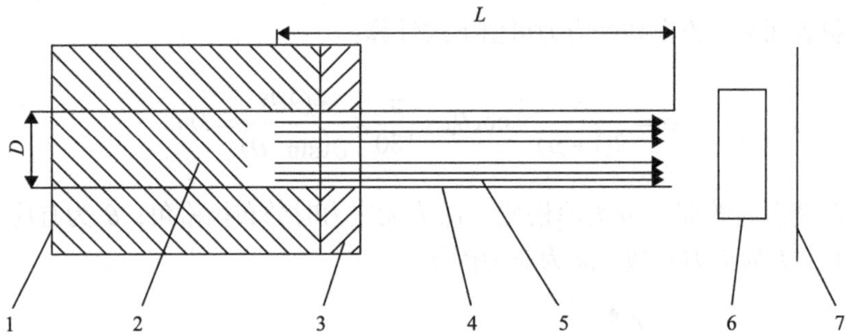

图 6.9　中子射线照相的基本投射布置

1-慢化剂；2-快中子源；3-中子吸收层；4-准直器；5-中子束；6-工件；7-胶片

中子照相按照转换方式的不同可以分为两种。一种是直接曝光法，胶片夹在两层屏之间，中子穿过物体落在屏上，使屏产生辐射而使胶片感光，产生的辐射通常是 β 射线和 γ 射线，如图 6.10(a)所示。另一种是间接曝光法(又称转换曝光法)，穿过物体的中子束首先使转换屏曝光而使其具有放射性，然后将转换屏与胶片紧密接触地放在一起，转换屏发出的射线使胶片曝光而产生影像，如图 6.10(b)所示。

6.1.4　激光视觉无损检测

激光全息检测(王永红等，2016)实际上就是将不同受载情况下的物体表面状态用激光全息照相的方法记录下来，进行比较和分析，从而评价被检物体的质量。

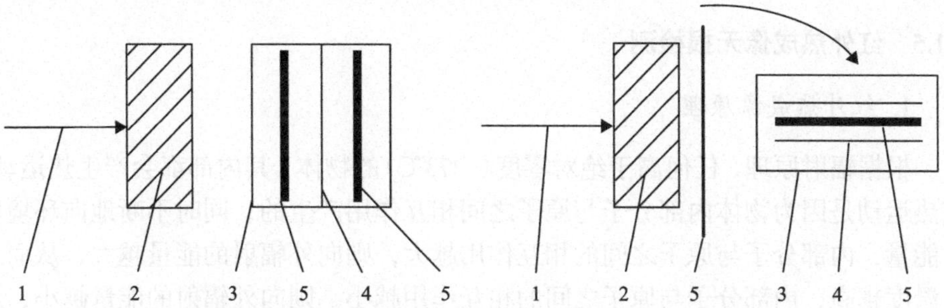

图 6.10　热中子射线照相检验方法

1-中子束；2-工件；3-暗盒；4-胶片；5-转换屏

激光全息检测是利用激光全息照相来检测物体表面和内部缺陷的。物体在受到外界载荷作用时会产生变形，这种变形与物体是否含有缺陷直接相关。在不同的外界载荷作用下，物体表面变形的程度是不相同的。激光全息照相是将物体表面和内部的缺陷，通过外界加载的方法，在相应的物体表面造成局部的变形，用全息照相来观察和比较这种变形，并记录不同外界载荷作用下的物体表面的变形情况，进行观察和分析，然后判断物体内部是否存在缺陷。

由于激光全息检测是一种干涉计量技术，其干涉计量的精度与波长同数量级，所以极微小的变形都能检测出来，检测的灵敏度高。激光的相干长度很大，因此可以检测大尺寸物体，只要激光能够充分照射到的物体表面，都能一次检测完毕。激光全息检测对被检对象没有特殊要求，可以对任何材料、任意粗糙的表面进行检测。可借助干涉条纹的数量和分布状态来确定缺陷的大小、部位和深度，便于对缺陷进行定量分析。

激光全息检测具有非接触性、直观、结果便于保存等特点。但是，物体内部检测灵敏度取决于物体内部的缺陷在外力作用下能否造成物体表面的相应变形。如果物体内部的缺陷过深或过于微小，那么激光全息照相这种检测方法就无能为力了。对于叠层胶接结构，检测其脱黏缺陷的灵敏度取决于脱黏面积和深度比值。近表面的脱黏缺陷面积，即使很小也能够检测出来；而埋藏较深的脱黏缺陷，只有在脱黏面积相当大时才能够被检测出来。激光全息检测目前多在暗室中进行，并需要采用严格的隔振措施，因此不利于现场检测。

根据电磁波理论，表示光波中电场 E 的波动方程为

$$E = A_0 \cos(\omega t) \tag{6.11}$$

式中，A_0 为光波的振幅；ωt 为相位。

6.1.5 红外热成像无损检测

1. 红外热成像原理

根据辐射原理，任何高于绝对零度（−273℃）的物体，其内部都会产生热运动。该热运动是因为物体内部分子与原子之间相互作用产生的，同时不断地向环境辐射能量，内部分子与原子之间的相互作用越大，则向外辐射的能量越大，从而表面温度越高；内部分子与原子之间的相互作用越小，则向外辐射的能量越小，从而表面温度越低。红外线波谱在电磁波谱中的分布如图 6.11 所示，波长范围为 0.78～1000μm。

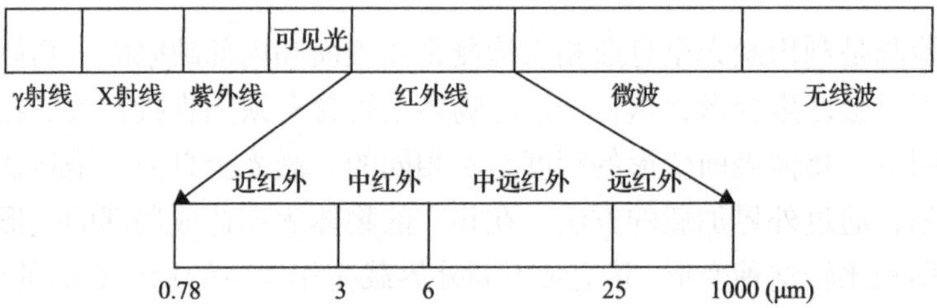

图 6.11　红外线波谱在电磁波谱中的分布示意图

红外热像仪是一种将物体向外辐射的红外线信号转换为温度数值，并通过伪彩色图像显示出来的设备，主要用来检测 2～5μm、8～13μm 波段内的红外线信号。红外热像仪系统的主要组成如图 6.12 所示，红外光学系统采集物体向外辐射能量分布，通过光学扫描仪进行滤波和聚焦，从而能量被红外探测仪的光敏元件吸收。采用制冷机对红外探测仪进行制冷，保证正常工作。接着通过信号处理将辐射能量转换为电信号，再将电信号转换为伪彩色热图像的形式进行输出显示，方便进行观察。

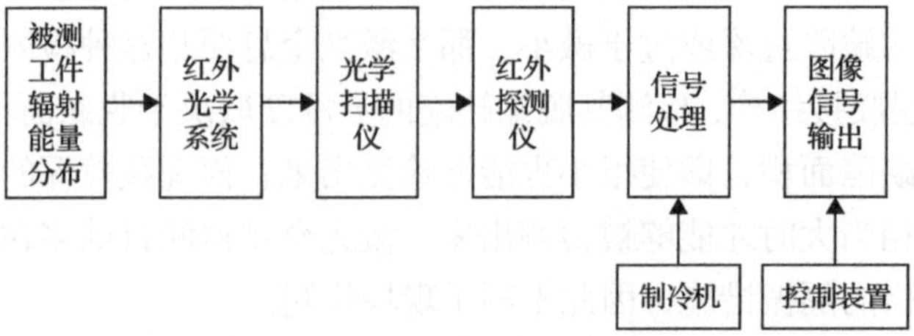

图 6.12　红外热像仪系统主要组成

2. 红外热成像无损检测方法

红外热成像检测技术主要利用红外设备获得物体表面温度场分布，再通过相应的辅助设备及分析手段，检测物体表面及内部的缺陷。当物体内部或表面有缺陷时，会影响物体材料的均匀性及连续性，进而影响热量传输过程，最终反映物体向外辐射的能量分布情况。因为向外辐射的能量与物体表面温度场具有对应关系，故缺陷会影响物体表面温度场分布，通过其他辅助工具及分析方法，发现温度场中缺陷的位置会出现所谓的“热区”和“冷区”，以及温度的不连续不均匀变化，通过提取这样的温度异常特征就可对物体的缺陷进行检测诊断。红外热成像无损检测技术根据是否使用外加热源，分为主动式红外热成像无损检测和被动式红外热成像无损检测。

1) 主动式红外热成像无损检测技术

物体表面未有较大的明显热源，无法形成较为明显的温差变化，仅依靠热像仪较难获得缺陷的信息。而大部分被测试样自身的结构在常态下无法引起试样自身温度改变，此时需要外加热源以打破物体的热平衡。因此，通过外加热源，热量传输到被检物体表面，再采用热像仪获取表面温度场的变化，从而检测物体的内外缺陷，此技术为主动式红外热成像缺陷检测技术。

计算机数字信号处理技术的不断发展，以及红外热像仪越来越高速、灵敏度高、像元高，国内外学者在提高主动式红外热成像无损检测精度领域取得了较好成果，一些极具创新实用价值的主动式红外热成像无损检测技术被不断提出，如锁相红外热成像无损检测技术、超声激励红外热成像无损检测技术。

2) 被动式红外热成像无损检测技术

通过热像仪等红外设备对不外加载热源的物体进行缺陷检测的技术称为被动式红外热成像无损检测技术。不对被检测物加载热源，因为物体自身具有较大的热量，从而向外辐射大量能量，因此能形成较好的热量梯度差，此时物体本身的热辐射能量能达到外加热源同等的检测效果。根据被测物体红外温度场的异常变化，如“热区”、“冷区”以及温度的不连续不均匀变化来检测诊断缺陷，主要为定性的判断。

微铸锻铣复合制造过程中，通过等离子电弧将焊丝熔化，并堆积成熔积层，通过一道道熔积层的堆积，成形最终的零件。而电弧熔丝的过程具有较大的能量变化，能量传递到每一道正在熔积的液态熔池及固态熔积层，因此每一道正在熔积或刚刚熔积完的熔积层都具有足够的热量，并不断地向外辐射能量。此时，熔积层的这种热辐射可达到外加外部热源再进行红外缺陷检测的效果。而温度变化能较好地反映熔积过程中的能量变化，当熔积过程中出现缺陷时，会反馈在热能量的变化上。

6.2 零件质量在线监控系统

微铸锻铣复合制造是一种近净成形工艺，辅以微锻技术塑性变形控制可实现表面形貌的平整，但增材制造工件表面和内部不可避免地存在裂纹、气孔、夹渣等焊接缺陷。因此，在加强成形质量控制的同时，还需实时在线监控成形缺陷、校对成形尺寸、监测应力大小，避免完工检测出现废品。

6.2.1 缺陷在线检测系统总体设计

为保证高端零件成形工件的性能质量稳定可靠，必须在微铸锻铣复合制造成形过程中对焊道表面形貌、焊道内部缺陷进行在线实时无损检测。在微铸锻铣复合制造过程中，表面和近表面存在裂纹、未熔合、气孔、夹渣等缺陷，可以利用电磁超声/涡流复合检测模块、红外热波成像检测模块、相干干涉成像复合检测模块，对缺陷的大小、位置、性质和数量等信息进行判定。通过红外热像仪、多通道 HP-1 型数据采集系统测量成形件的温度场和热循环曲线，分析内部未熔合、气孔等缺陷；通过相干干涉成像复合检测模块与计算机图形分析诊断系统，监测熔池形态；通过电磁超声/涡流复合检测模块检测表面及内部裂纹等缺陷；用作者团队自行研制的成形过程参数实时数据自动采集系统，监测电弧电流、电压、工具/工件的运动轨迹和速度、送丝速度等，建立数据层多传感器融合系统，全面监测工件表面及内部质量。系统总体设计结构示意图如图 6.13 所示。

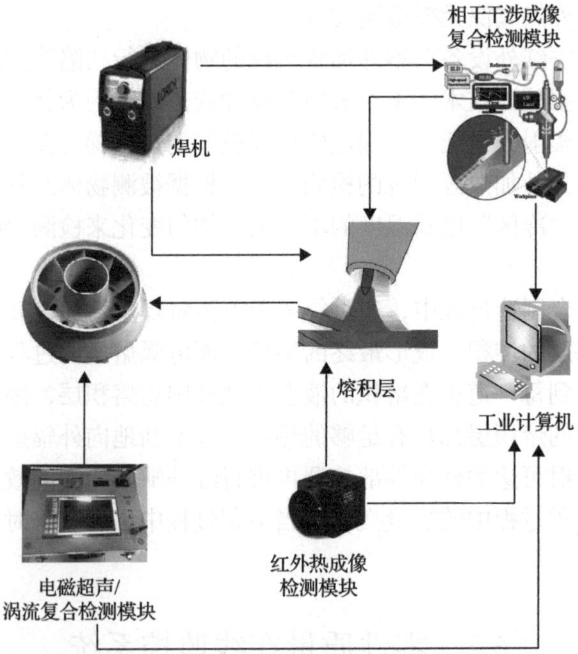

图 6.13 缺陷在线监测与修复系统总体设计结构

6.2.2　高温环境下缺陷在线检测系统模块设计

1. 电磁超声/涡流复合检测

涡流检测由于趋肤效应的存在，适合对表面或近表面进行缺陷检测，而电磁超声检测适合对深层缺陷或者下表面缺陷进行检测。将两种检测方式有机地结合起来，可以提高扫描检测的检测范围和检测效果，实现零件的全尺寸高精确无损检测。通过开发电磁超声/涡流复合检测装置，利用信号处理技术、数据融合技术等方法对检测信号进行分析与处理，逐层进行大型整体构件表面和下表面的缺陷检测。

基于有限元理论开发的电磁超声/脉冲涡流信号复合无损检测方法如图 6.14 所示。通过数值模拟计算试验中难以测得的单纯的脉冲涡流信号和超声信号，并且对两种信号进行频域的分析和比较；采用频谱分析、滤波等策略对混合检出信号进行信号分离提取，结合专家知识库进行回波处理，从而实现缺陷的识别判断及定位。

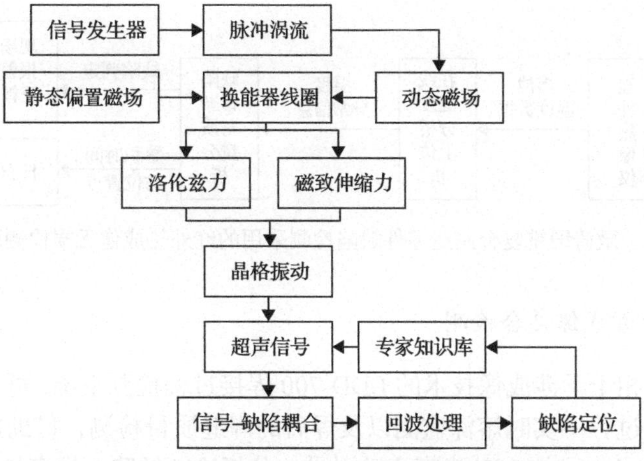

图 6.14　电磁超声/脉冲涡流复合检测原理图

电磁超声/涡流复合无损检测技术采用硬件和软件并行的开发方式：设计硬件系统(包括组合式探头设计、电磁超声信号和涡流信号采集模块与传输模块设计及主机接口设计等环节)，同时设计软件系统(包括基于自适应软形态学的涡流信号和超声信号提取、基于交叉视觉皮质模型的涡流信号和超声信号融合、基于希尔伯特-黄变换的融合信号分析及基于图形处理器(graphics processing unit, GPU)的可视化技术研究等环节)，当硬件系统和软件系统皆调试通过后，采用联机调试方式对整个系统进行调试，联机调试中对设计所要求的全部功能进行测试和评价，根据测试结果修改硬件或软件，直至电磁超声和涡流复合无损检测符合预定的性能指标要求。

2. 红外热成像检测

微铸锻铣复合制造过程中会不停地以电磁波的形式向外辐射能量，温度越高，辐射能量越多；同时，也不断吸收来自外界其他物体的辐射，并转化为热能。红外温度场能较好地反映零件各个部位的能量变化，而微铸锻铣复合制造过程中产生缺陷的部位使得被检测表面产生温差，在热作用下会在表面产生不同的能量分布。

微铸锻铣复合制造零件缺陷检测采用被动式红外热成像无损检测技术，整体流程如图 6.15 所示，无须向堆积完的熔积层加载热激励，仅利用熔积层自身的温度场变化，通过热像仪测量被检对象表面的红外辐射能，可以获取微铸锻铣复合制造过程中温度场的变化。根据其缺陷对应的温度场分布特征，采用图像处理、机器学习的方法，实时、快速地对当前熔积层的质量进行检测诊断。根据诊断的结果进行现场报警，便于及时采取铣削、补焊等处理，避免零件成形完成后出现不可修复的废品，并持续保存熔积层诊断日志，以利于微铸锻铣复合制造零件的质量诊断及优化。

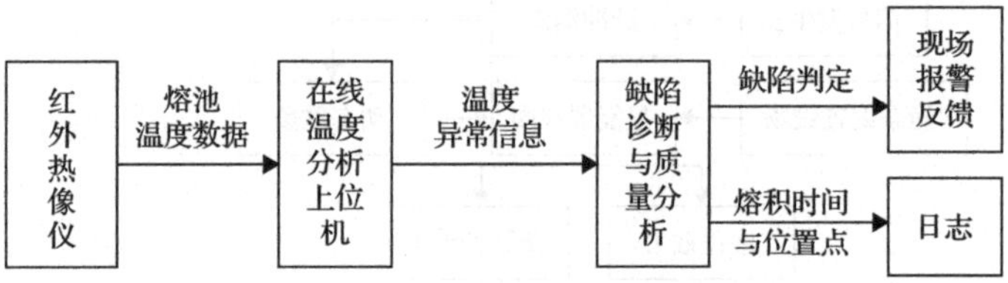

图 6.15 微铸锻铣复合制造零件缺陷检测采用的红外热成像无损检测原理图

3. 相干干涉成像复合检测

搭建基于相干干涉成像技术的 LDD-700 焊接过程检测系统，可以实现焊前焊缝跟踪、焊接过程中实时熔深监测以及焊后的焊缝质量检测，借助内联相干成像(inline coherent imaging, ICI)光束主动引导，分析诊断缺陷，提高检测精度。

基于 ICI 技术的 LDD-700 焊接过程检测系统如图 6.16 所示，由光纤迈克尔逊干涉仪组成，并用超荧光发光二极管(super luminescent light emitting diode, SLD)照明。它的样品臂与二色镜上的处理激光相结合，两束激光通过焊接激光透镜聚焦在样品上，成像光束耦合器可叠加两个光束的范围。从光谱干涉图中提取熔池深度，这种干涉图是在光谱仪上测量的，光谱仪使用互补金属氧化物半导体(complementary metal oxide semiconductor, CMOS)阵列传感器进行高速(最高为 312kHz)成像。焊接前，参考臂镜位置被设置为零延迟对应的样品表面以下的深度。对于任何新的诊断，必须相对于已建立的技术进行准确性验证。目前焊缝深度测量采用横断面测量技术，需要抛光、蚀刻，并在明亮的视野采用显微镜进行测量，具有破坏性，但其测量值与原位 ICI 进行对比，一致性很好。

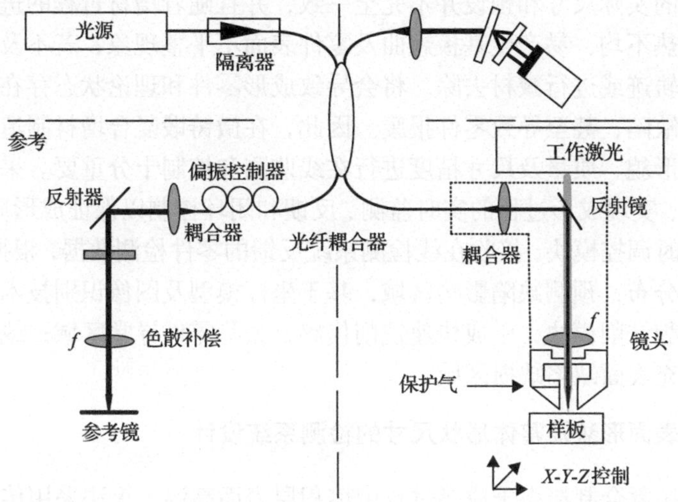

图 6.16　基于 ICI 技术的 LDD-700 焊接过程检测系统（f 为焦距）

在微铸锻铣复合制造过程中，精确特征参数的提取对表达精确的焊接过程状态至关重要，但是焊接过程中温度的骤变、弧光、飞溅、烟雾都会对检测系统产生干扰和波动。视觉传感技术（高速摄像机）是监测熔池状态最有效的技术；X 射线透射检测技术是实时监测未融合和气孔最直接的方法，但是弧光、飞溅、烟雾等噪声信号都会影响检测系统的精度。

将高速摄像机、X 射线和 LDD-700 焊接过程监测系统结合，可更好地观测到未熔合、气孔和熔池状态。通过 LDD-700 焊接过程检测系统测量熔池深度和内部气孔，通过高速摄像机和 X 射线对焊道进行图像采集，得到相应焊接过程的检测信号，通过动态图像识别算法提取微铸锻铣复合制造过程状态，测量内部气孔数量和大小以及熔池深度等特征，用于评价熔池的稳定性。通过不同焊接条件下试验数据对模型进行测试，对模型进行了计算机仿真，优化检测系统，建立焊接过程监控和焊接质量评估的动态检测系统。

6.3　工件表面形貌及整体形状尺寸的检测与控制

微铸锻铣复合制造是通过焊枪将金属丝材熔化，借助数控系统驱动焊枪按照预设的轨迹逐层连续向成形件表面熔敷来成形零件，预设的轨迹是基于 STL 数字模型切片后规划产生的，逐层成形尺寸和其 STL 模型对应的分层切片数据需要保持一致才能保证零件的成形尺寸精度。但在实际堆积的过程中，伴随着熔敷层数的不断增加，层间温度不断升高，热积累升高，散热减慢，敷道凝固和冷却时间越来越长，导致熔池形状不易控制，容易发生流淌和产生其他各种缺陷。上述原因导致焊道的实际尺寸和预设并不完全一致，并且随着增材过程的进行不断地积累热量且散热不均，易产生基板翘曲及零件表面不平整现象，若不及时调整工艺参数和增材轨迹或进行减材去除，将会导致成形零件和理论状态存在误差，并可能导致内部缺陷，甚至导致零件报废。因此，在微铸锻复合增材制造过程中，对熔积层表面形貌、质量及尺寸精度进行在线监测和控制十分重要。采用合适的过程控制手段，实现成形过程的实时监测、反馈和闭环控制以保证成形质量和精度。

建立实时调控模块，接收在线检测系统反馈的零件检测数据，根据缺陷类型、尺寸和温度分布，预测缺陷影响区域，基于坐标模型及图像识别技术进行缺陷定位，调用形貌铣削模块，生成快速铣削代码，去除零件异常区域；或调用二次成形模块，填充表面缺陷缺损区域。

6.3.1 工件表面形貌及整体形状尺寸的检测系统设计

微铸锻铣复合制造由于成形过程中熔积层表面高温，无法采用传统的接触式测量方法实现在线实时测量。非接触的视觉传感技术以其非接触性、高精度和高速度的优势在增材制造领域取得广泛的应用。

国内外普遍采用主动式结构光测量法精确测量熔积层的表面尺寸，或者采用被动式的方式观察熔池形貌及尺寸从而间接计算得到刚成形熔覆层的尺寸，然后建立成形尺寸与熔积参数之间的模糊控制关系，反馈调节控制熔积层尺寸。图 6.17 是一套典型的激光微铸锻铣复合制造形貌检测系统，该系统通过一个顶部 CCD 相机观察熔池形貌并计算熔池宽度，采用基于线结构光的前置 CCD 相机采集激光照射在熔积层上的反射波得到熔积层高度。建立基于过程参数和成形尺寸的系统模

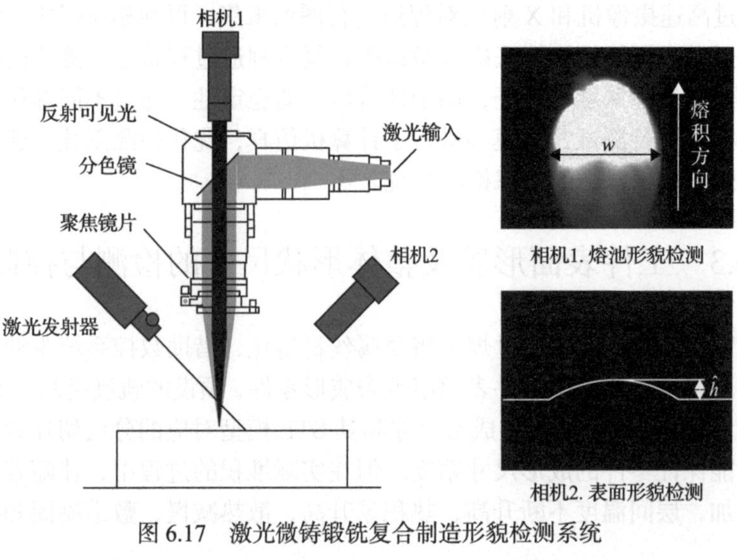

图 6.17　激光微铸锻铣复合制造形貌检测系统

型，通过调节送丝速度与激光功率实现成形尺寸的前馈-反馈闭环控制，提高了系统稳定性并明显提高成形尺寸精度。

构建一个由结构光传感器、数控平台和工控机组成的表面形貌测量系统，其中结构光三维测量系统由一个线结构光投射器(半导体激光器)、一个图像采集区(工业 CCD 相机)、特定波长光学滤光片、电源及相关电子线路组成，如图 6.18 所示。激光器投射一条一定宽度的红色线激光于熔积层或被测物上，CCD 相机以固定的角度采集线结构光投射器投射在被测物上的光条变形图像并在上位机进行图像处理以提取激光条纹中心线，再结合 CCD 相机系统参数标定结果和系统测量模型位置关系标定结果，通过坐标转换计算得到被测物当前激光照射截面的二维形貌数据，再借助数控系统或线性移动平台获得第三轴方向的相对运动，实现被测物的三维扫描，得到熔积层的轮廓及高度。

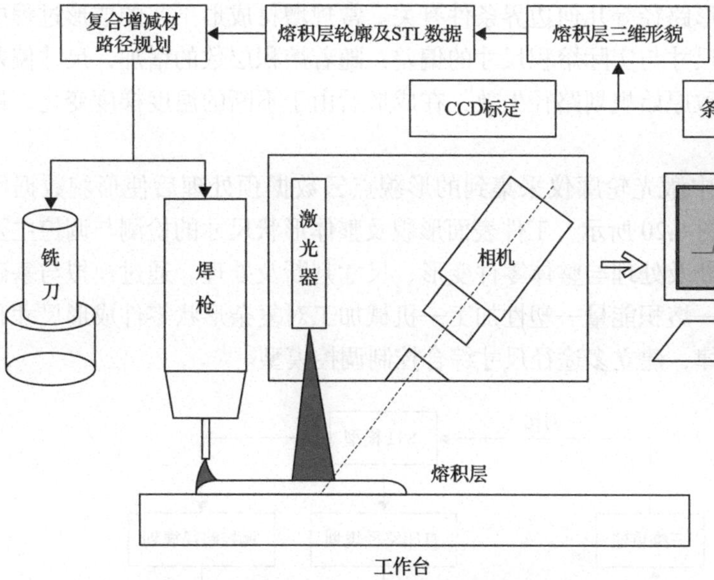

图 6.18　线结构光三维扫描原理图

6.3.2　工件表面及整体形状尺寸调控技术

基于上述测量系统设计方案构建零件表面形貌尺寸闭环检测控制系统，其整体流程如图 6.19 所示。将测量系统固定于机床主轴上，实时测量刚成形的熔积层。数控系统驱动结构光传感器采集待测物表面形貌点云数据，工控机对熔池尺寸与熔积层形貌数据进行分析判断，计算得到成形尺寸，根据先前基础试验建立的参数-尺寸控制模型，上位机对测量数据分析进行焊机参数控制，进一步还可以优化下一步的轨迹。

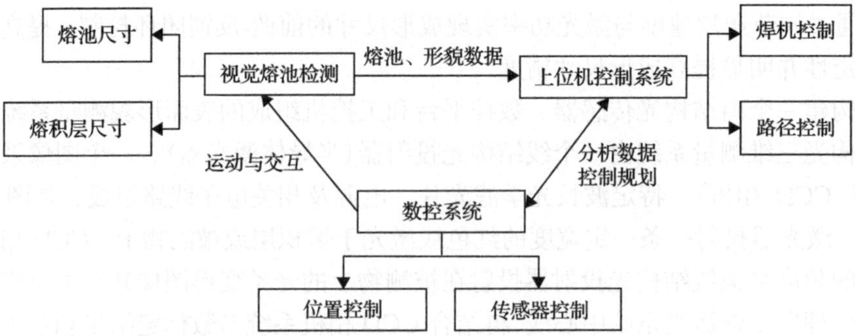

图 6.19　零件表面形貌尺寸闭环检测控制系统测量流程

复杂形状零件微铸锻铣复合制造过程的温度场和应力-应变场随时间和几何形状、空间位置呈非线性变化特征，因此其成形形状不仅与熔积成形的能量输入有关，而且与成形路径等几何边界条件有关。常规增材成形工艺的成形过程中往往存在理论熔积尺寸与实际熔积尺寸的偏差，随着熔积层数的增加，尺寸偏差不断累积最终会导致原始规划路径失效，在成形后由于不断的温度梯度变化，极易产生翘曲变形。

将成形过程中激光轮廓仪采集到的形貌点云数据预处理后使形貌数据可视化，具体流程如图 6.20 所示。工件表面形貌及整体形状尺寸的检测与调控主要包括表面平整度判断及处理与整体零件变形、尺寸判断及处理。通过模拟与基础试验得到成形路径—熔积能量—塑性加工—机械加工对复杂形状零件成形尺寸和组织性能的影响规律，建立多途径尺寸综合控制调控模型。

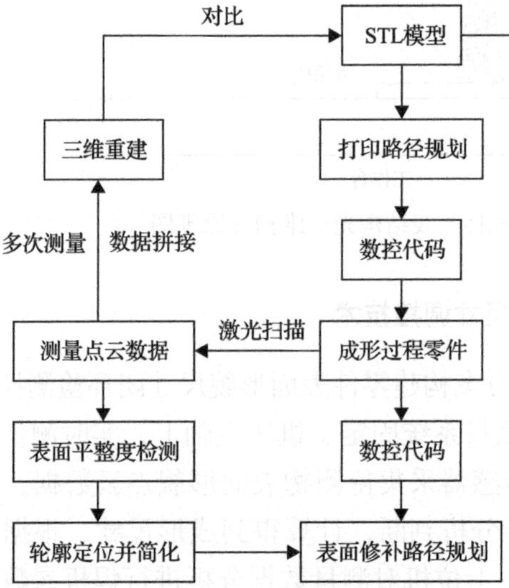

图 6.20　形貌数据处理流程

对于已经过塑性变形的成形表面，在高度方向进行平整度判断和切片处理，对于凸起与凹陷部分通过切片得到边缘轮廓，将简化后的轮廓转换至机床机械坐标下，再对轮廓进行轨迹规划，生成铣削与补焊等表面平整策略。

对于已成形的整体结构，通过多角度线激光扫描将点云数据进行整体拼接，得到零件的三维点云，将此点云与 STL 模型进行误差比对，判断实际成形构件的误差量与变形量，从而对后续成形过程进行轨迹规划调控以抵消偏差。

6.4　微铸锻复合制造过程应力检测与调控

等离子弧/电弧微铸锻复合制造过程中，材料内部存在不均匀温度场并引起塑性形变，从而产生残余应力，使得工件的强度和韧性下降。材料的残余应力状况反映机械构件的工作状态，是衡量产品安全性、可靠性的关键指标，也对产品性能特别是精密机械系统的精度、稳定性有重要影响。检测并调控微铸锻复合制造的工件残余应力分布不仅为制造构件的质量评价提供依据，而且可预测构件疲劳强度状况，检查热处理及表面强度处理效果，控制构件切削加工工艺，检查消除应力的工艺效果等。

6.4.1　应力检测与调控系统

对比国内外其他残余应力调控方法如热处理、超声冲击、振动时效等的技术指标，整体应力检测及调控系统流程如图 6.21 所示。应力检测与调控系统

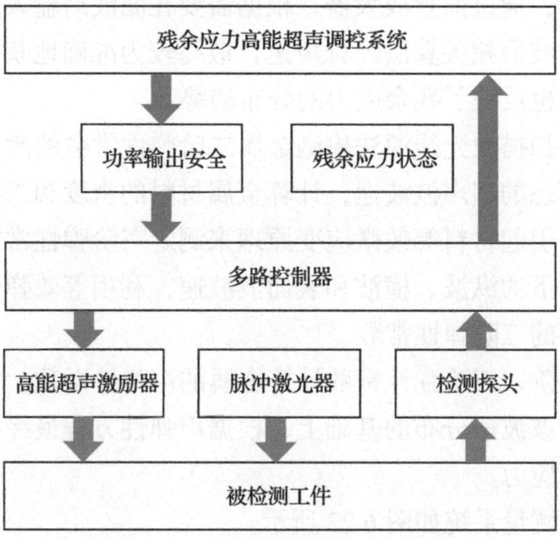

图 6.21　应力检测与调控系统流程

采用基于高能超声设计的残余应力调控方案，系统包括高能超声发生器、高能超声激励器，以及外围设备(包括换能器真空/磁吸夹持装置、激励电压传输线缆、耦合剂等)。

在残余应力检测系统的建立方面，对超声残余应力检测的关键技术——声波时差精确测量的不同算法进行 MATLAB 仿真。考虑到耦合剂薄膜厚度的不均和被检测件厚度不同带来的误差，采用声波时差优化算法，以残余应力的超声检测理论为基础，实时监测和获取构件残余应力状态，作为反馈信号指导高能超声对构件残余应力的调控，最后实现残余应力的闭环控制。

6.4.2 激光超声应力检测模块设计

激光超声不需要耦合剂、可远程非接触测量，因此具有非常广泛的应用前景。激光聚焦后产生尺寸微小的激光源，将激光用作超声的激发源和探针，可以真正实现局部应力的探测，且激发光束与被测试样表面不需要严格的垂直等固定的角度关系，因此激光超声特别容易实现快速自动化扫描检测。利用激光激发超声探测试样的残余应力，除具有超声波无损伤、可测任意深度应力的优点外，它还具有易扫描、空间分辨率高、可同时激发多种模态超声波等特有的优势。

激光超声应力检测模块采用 Nd:YAG 脉冲激光器线性光斑激发声表面波，并用压电传感器(piezoelectric transducer, PZT)探测线光源激发的声表面波。考虑到这是接触式的探测方式，将传感器固定在可上下移动的步进电机上，以保证移动样品之前使 PZT 接触面抬离样品表面，并在探测时下压传感器。PZT 传感器把声信号转换为电信号，通过前置放大器，根据需要在滤波后输入数字示波器，再传输到计算机。通过波形相关算法计算声速，最终较为准确地获得声表面波波速分布，在一定程度上也反映了残余应力的分布趋势。

同时构建基于扫描激光线源法检测金属二阶弹性常数的激光超声测量系统，利用测量的三种模态的超声波波速，计算金属材料的密度和二阶弹性常数。并利用基于线性热膨胀引起材料等效微应变原理来测定三阶弹性常数的静水压力法，精确测量静水压力下的纵波、横波和表面波波速，利用等效弹性常数与各波速的关系计算金属材料的三阶弹性常数。

利用材料的二阶、三阶弹性常数计算金属的声弹性系数，在精确测量的复合制造工件的声表面波波速分布的基础上，根据声弹性方程最终可计算焊接样品表面各个位置的残余应力。

声表面波波速测量系统如图 6.22 所示。

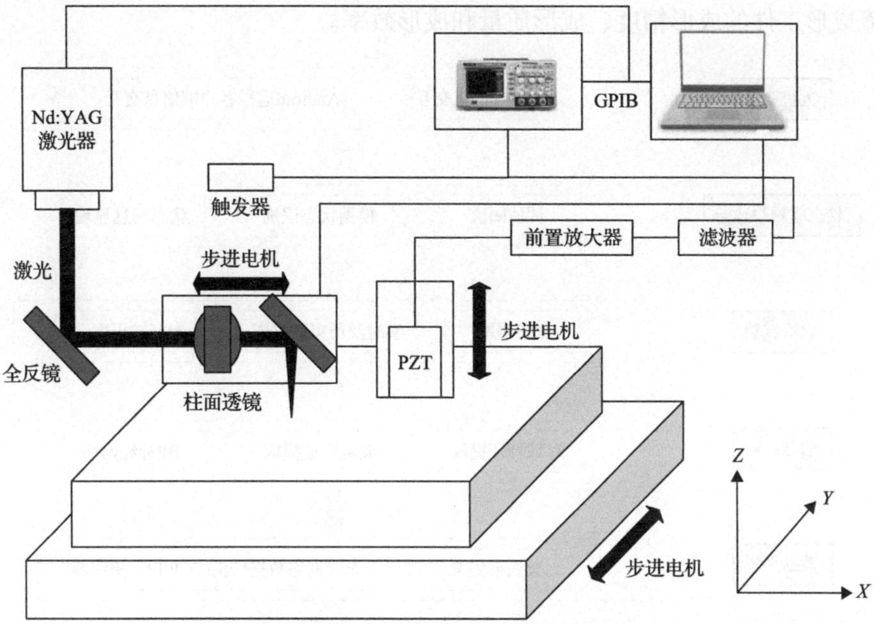

图 6.22　声表面波波速测量系统

GPIB 为通用接口总线，general-purpose interface bus

6.5　微铸锻铣复合制造设备状态监控与诊断

微铸锻铣复合制造过程是多系统、多结构融合的过程，加工过程中存在很多不稳定的因素。为了保证微铸锻铣复合制造最终成形工件的成形精度、成形质量和成形效率，解决信息不完整、信息量不足的问题，需要对微铸锻铣复合制造的加工过程设备进行状态监测及故障诊断。

为建立微铸锻铣复合制造过程的设备智能诊断模型，并实现基于互联网的远程监测，需分别在建立基于单一分类器的微铸锻铣复合制造设备智能诊断模型的基础上，提出基于模糊综合评判的决策融合模型与基于加权 Dempster-Shafer (D-S) 证据理论的融合模型，对单一分类器的输出信息进行综合与处理。

6.5.1　监控数据类型

互联网监测系统的基础构架是数据获取模块，包含待检测设备选取、各项监测指数和传感器布局等，如图 6.23 所示。在线监测的数据来源主要是焊机、数控机床、刀具等设备的各项参数。在线监测焊机的焊接工艺参数、微铸锻复合制造设备的轧制工艺参数、数控机床的振动及铣削参数、刀具的磨损情况，快速分析和处理采集到的信号，可以实时监控设备稳定性，保障良好的工作状态，稳定地保障成形工件的成形精度、成形质量和成形效率。

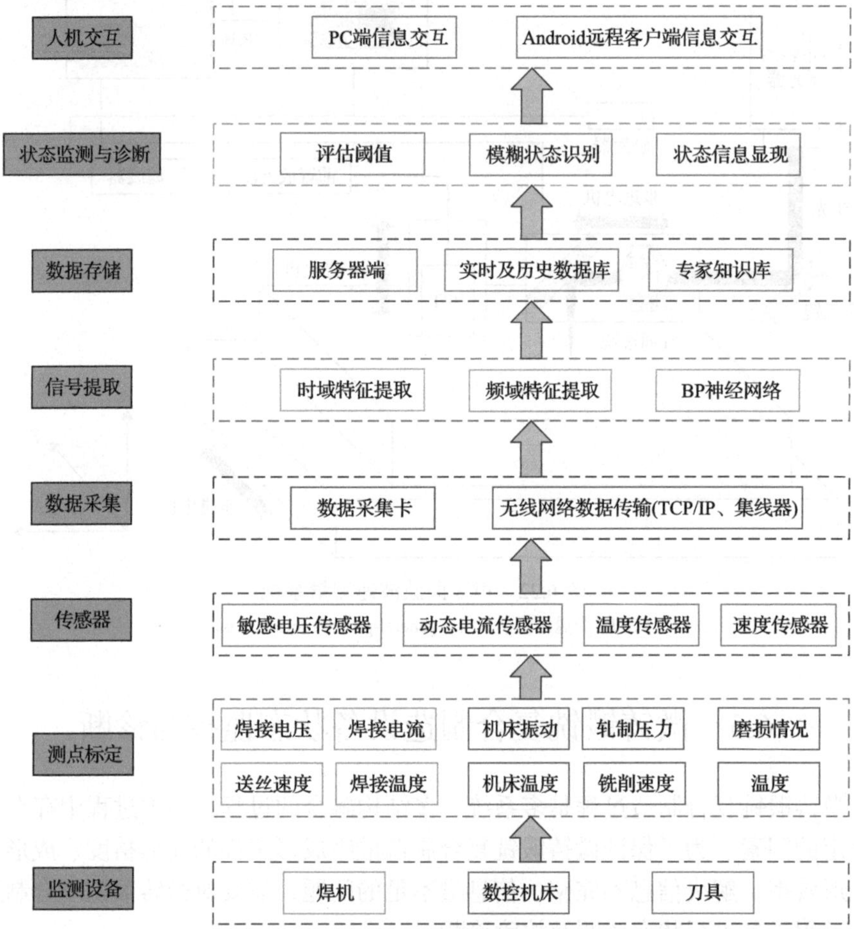

图 6.23　互联网监测系统功能需求

微铸锻铣复合制造的设备状态参数中，对成形工件的成形精度、成形质量和成形效率影响较大的参数包括焊机的焊接电流、电弧电压、堆积速度、分层高度、层间温度、送丝速度和保护气体流量，这些焊接工艺参数都在进行微铸锻铣复合制造前输入控制系统，但是实际值和输入值有可能出现差异，因此需要对这些工艺参数进行状态监测。

微铸锻铣复合制造的轧制工艺参数中，对成形工件的成形精度、成形质量和成形效率影响较大的参数包括轧制温度、轧辊压下高度和轧制压力。

微铸锻铣复合制造的设备性能中，对成形工件的成形精度、成形质量和成形效率影响较大的监测对象包括挤出机构的传动部件和超声波铣削的状态监测，其中挤出机构的传动部件包括滚珠丝杠螺母副和导轨，超声波铣削的状态监测包括主轴的状态监测、铣刀的状态监测和铣削力的状态监测。

6.5.2 监测系统应用架构设计

互联网监测系统的应用架构主要包含数据采集单元、数据存储端和人机交互端 3 个模块，其中数据采集单元的作用是从微铸锻复合制造现场中获取有效数据。

(1)数据采集单元利用传感器和数据采集卡获取监测信号，通过互联网(Internet)传输到服务器端。

(2)服务器端包含 Web 服务器和数据库，其主要功能包括：完成下位机与服务器、PC 端与服务器以及 Android 远程客户端与服务器之间的通信，实现数据的传输；信息处理功能，包括实时数据的获取、处理和存储操作；响应 PC 端和 Android 远程客户端的请求，包括获取数据和修改配置信息等；包含关系型数据库，能实现数据的持久化。

(3)选用 PC 端或者 Android 智能手机作为人机交互端。客户端的主要功能包括：用户信息的管理，包含用户登录和密码修改；节点信息的管理，包含设备信息的管理、站点信息的管理、测点信息的管理；数据管理，包含实时数据的显示，历史、故障数据的显示和分析；实时状态监测，即显示各个测点的工作状况，有异常则提示。

6.5.3 基于数据库的互联网诊断模块设计

互联网诊断方法是基于多方位数据监测和数据处理进行设备故障的诊断。微铸锻铣复合制造设备大多数故障都遵循一个从无到有的渐变过程。在这个过程中，设备的状态变化实际上并没有一个明确的界限。另外，微铸锻铣复合制造设备自身就是一个由多个子系统组成的复杂设备，其结构组成的复杂性使得故障类型与故障征兆、故障程度与故障征兆以及故障类型与故障成因之间更加难以找到明确的对应关系。单一的数据模型无法对设备运行状态做出准确的判断，因此为了能够对监测系统的数据做出准确的预判，本模块采用基于信息融合的模糊综合评判方式进行系统故障诊断。

以信息融合技术为基础，对微铸锻铣复合制造设备状态监测与故障诊断的策略、信号处理与特征提取的方法、故障模式智能识别模型的建立以及全局综合决策融合方法等进行分析，构建一种基于信息融合的微铸锻铣复合制造设备混合智能故障诊断模型进行在线的设备诊断。基于信息融合的微铸锻铣复合制造设备混合智能故障诊断模型如图 6.24 所示。其中，为解决信息不完整、信息量不足的问题，结合微铸锻铣复合制造设备自身的结构特点，构建基于外置传感器、内部信息、运行参数与警报信息四个信息源的微铸锻铣复合制造设备多维感知状态监测系统。为高效、准确地获取故障信息，采用小波包分解降噪与经验模态分解

(empirical mode decomposition, EMD)相结合的特征提取方法，并与时域特征、频域特征结合，组成混合域特征集合。针对特征维数过高导致诊断率下降的问题，采用基于特征相关分析的特征选择方法。为了保证诊断模型具有良好的泛化能力，在基于单一分类器的微铸锻铣复合制造设备智能诊断模型的基础上，提出基于模糊综合评判的决策融合模型与基于加权 D-S 证据理论的融合模型，对单一分类器的输出信息进行综合与处理，得到最终的诊断结论。

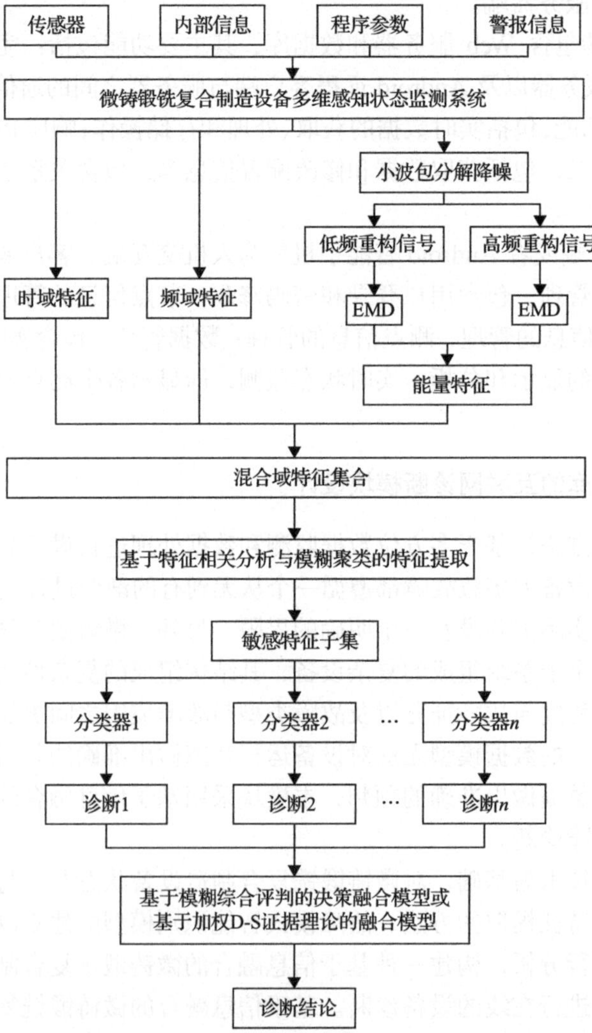

图 6.24　基于信息融合的微铸锻铣复合制造设备混合智能故障诊断模型

从信息学角度来看，任何对象的故障诊断归根结底都可以看成信息处理问题。根据信息论，任何信息系统都包含信源、信道与信宿三个要素。信源即信息的来源，信道为信息传输的通道，信宿为信息依托的物质载体。就微铸锻铣复合制造设备故障诊断而言，外部传感器、内部信息、程序参数等均是信源，这是信息融合的基础。通过信道，得出故障结论，即信宿。这里的信道是信息传递的通道，在信息传递过程中对各种信息进行处理，主要涉及模型中特征提取与特征选择以及决策级融合等环节。

信息融合包括数据融合、数据到知识的融合(数据挖掘)与知识融合三个方面。模型中首要任务就是利用微铸锻铣复合制造设备多维感知状态监测系统中的资源，使各种资源可以得到最大限度的利用，这属于数据融合问题。另外，信息融合是在对多维信息数据进行多级、多层次、阶梯式的处理过程中，获取单一传感器无法得到的、潜在且未知的新信息，这种新信息称为知识。模型中构建了多个分类器，可独立地进行初步诊断，这属于知识挖掘层次。通过新知识的不断扩充与完善，对诊断系统原有的知识体系进行修正，从而可以更加准确、迅速地判断故障类型、原因。模型中提出的基于模糊综合评判或者基于加权 D-S 证据理论等方式的全局诊断均属于知识融合范畴。

从混合智能手段来看，该模型包括以下应用：①采用小波包降噪与 EMD 联合的方式处理微铸锻铣复合制造设备非平稳、非线性信号；②基于相关分析与模糊聚类的特征选择技术获取特征子集；③利用神经网络与 SVM 具有的良好自学习、自适应能力，通过建立非参数化的模型进行模式识别，有效解决微铸锻铣复合制造设备故障诊断这类复杂、非线性问题；④建立基于分类器输出信息熵的权重分配方法，构造评价函数，从而客观、公正地评价各个分类器的分类能力，合理地分配分类器的权重。该模型综合运用了信号处理、模式识别等多个领域内的多种智能诊断技术，各种智能技术之间形成了有效的互补，从而保证了诊断的可靠性。

参 考 文 献

巩德兴. 2016. 承压设备焊缝涡流检测技术应用研究[C]. 远东无损检测新技术论坛, 南昌: 189-193.

何飞, 王健, 徐金梧, 等. 2018. 基于二维 X 射线衍射技术的铝箔织构在线检测[J]. 中国有色金属学报, 28(5): 880-887.

姜万军. 2018. 加氢装置厚壁管道无损检测方法的选择[J]. 化工设备与管道, 55(6): 61-65.

刘素贞, 孟学艳, 张闯, 等. 2018. 金属材料缺陷的电磁超声/涡流复合检测技术研究[J]. 声学技术, 37(1): 43-50.

刘小刚. 2018. 超声新技术在核电领域的适应性发展分析[J]. 科技创新导报, 15(20): 80-81.

孙继华, 赵扬, 南钢洋, 等. 2017. 激光电磁超声检测钢轨踏面剥离掉块缺陷[J]. 激光杂志, 38(8): 40-43.

唐华溢. 2014. 涡流与电磁超声复合无损检测技术研究[D]. 杭州: 浙江大学.

王永红, 闫明巍, 刘国增, 等. 2016. 激光全息检测技术研究与应用[J]. 火箭推进, 42(4): 74-78.

吴玉俊, 向奇, 胡玉平, 等. 2016. TC4 钛合金计算机射线检测的衰减系数和灵敏度测定及散射[J]. 无损检测, 38(11): 66-69.

张荣华, 叶松, 马明, 等. 2018. 电涡流相位梯度及其在导电材料缺陷识别中的应用[J]. 仪器仪表学报, 39(10): 134-141.

Bamberg J, Spies M, Dillhoefer A, et al. 2014. Online monitoring of additive manufacturing processes using ultrasound[C]. 11th European Conference on Non-Destructive Testing, Prague: 6-10.

Waller J M, Parker B H, Hodges K L, et al. 2014. Nondestructive evaluation of additive manufacturing state-of-the-discipline report[R]. Hampton: NASA/TM-2014-218560.

Uchimoto T, Guy P, Takagi T, et al. 2014. Evaluation of an EMAT-EC dual probe in sizing extent of wall thinning[J]. NDT & E International, 62(2): 160-166.

第7章 微铸锻铣复合超短流程绿色智能制造

智能制造优化技术是20世纪80年代末随着计算机集成制造系统(computer intergrated manufacturing system, CIMS)的开发研制而兴起的，是一种结合了传统工业制造技术和现代智能化科技的新型制造工程技术。随着大数据时代的来临，网络信息技术被广泛应用，带动新型感控技术的发展并与传统自动化工程技术相融合，从而让智能制造优化技术得到更多的技术支持。智能制造优化技术在全球范围内快速发展，已成为制造业发展的趋势，给产业发展和分工格局带来深刻的影响(周红, 2018)。

从定义上来说，通常情况下智能制造优化技术是指利用网络信息数据和计算机运算模拟出制造领域的专家数据，并以此为基准进行制造原理分析、制造方式验证、制造流程实现等，实现整个制造系统的高度科学化、柔性化、集成化。通过及时的信息收集处理使整体制造更及时准确，从而提高生产效率、降低生产成本、防止在制造过程中因为人为因素而产生额外风险(柴天佑, 2016)。

智能制造优化技术在制造业、工业方面的应用十分广泛，其主体结构可以分成过程模型模块、传感器集成模块、决策模块、控制模块、检测系统、数据知识库几部分。过程模块的主要功能是提供更多的智能化生产信息，并及时反馈给检测模块和知识库，进行及时更正，并将这些信息做成信息传感模块，供给传感器集成模块。而决策模块负责根据知识库信息生成相应生产方式并进行认定，最后由控制模块进行机械控制完成制造操作。微铸锻铣复合超短流程制造通过过程在线监测、工艺大数据系统实现制造过程智能化。

7.1 增材制造过程的智能优化

7.1.1 智能优化技术的优势

智能制造优化技术基于大数据智能运算，实现高精度、高质量、高效率的制造效果，这是传统自动化工业无法完成的。智能制造优化技术和数控机床相配合，通过智能制造优化技术实现数控机床设备智能化制造。除了高度智能化的控制系统，智能制造优化技术还有强大的推理、判断、预测功能。数据知识库系统可以根据外部提取的网络数据信息程序代码或者数字信号数据自主设计所需的工业元件，并将模拟的产品模型显示在计算机上，让研发人员可以自主根据需求进行产品元件加工和删改。通过这些软件可以使智能制造优化系统所设计的工业零件更精密。

在传统工业领域，产品生产线经常因为数据错误或者某个环节出现临时变故而崩溃，从而造成巨大工业损失。很多创新性生产线的制造都因为种种顾虑而搁浅，智能制造优化技术的应用完美避免了这一现实性难题。智能制造优化技术可以利用网络计算机和相关设备进行模拟制造仿真。在模拟动画中可以清晰地看出生产线和生产技术是否完善，即便发现问题，也可以根据智能制造优化系统分析改进方案，更正工业制造工艺，从而达到生产要求，以及对时间、原料的控制(周红, 2018)。

7.1.2 增材制造过程中的智能优化

在增材制造过程中，对工艺参数进行的智能优化能够为确保成形质量打下良好的基础，同时也为实时控制成形质量提供依据，特别是在线工艺参数的优化，可以大大降低环境因素对成形质量的影响，彻底改善以操作人员水平决定成形质量的现状。当然，这还要依赖专家知识的总结和应用。

增材制造过程中影响成形质量的因素是多方面的，如制造速率、工件类型、热输入等。同时使这些目标工艺参数达到最优值是很难的，特别是在需要人工干预的制造过程中，操作者水平、制定决策的复杂性及工作环境的恶劣性等，使得增材制造过程很难在最佳工艺规范下进行。随着增材制造工程不断发展，制造结构向着重型化、大型化、高精度、高参数发展，并且其品种复杂，这给企业的增材制造工艺技术准备及生产制造提出了更高的要求。

以电弧增材制造为例，虽然传统焊接专家系统已有数十年的发展积淀，但能够实际应用于电弧增材制造过程的专家系统还处于试验研究阶段。在电弧增材制造专家系统中，常常采用把多目标问题简化为单目标的策略，选出制造过程中某一时刻最重要的目标作为最优化目标，而其他目标作为约束目标。当最优化目标没有超过一定的阈值时，系统则此目标作为控制的原则。当外界环境的改变导致该最优化目标突破阈值时，系统则重新从多目标中综合评估出最优目标，因此最优化目标是一个动态目标。采用这种控制策略可以保证工艺规范的最佳变化。在成形过程开始前，技术人员通过离线交互联系输入原始数据。这些数据包括成形焊道形状、路径轨迹和工艺参数等信息，而工艺参数又包括电流、电压、行走速度、气体种类、焊丝类型、焊枪高度、打印层数和打印次序等(董一巍等, 2016; 唐国保和方平, 2001)。

除此之外，目前也有学者正在开发基于闭环控制器的工艺参数智能优化系统，它又可分为有模型控制系统与无模型控制系统，前者主要通过模型辨识的方法为增材制造过程建立适当且可控的数学控制模型，并在此基础上设计最优控制器，达到对增材制造工艺参数的实时智能优化(Xiong et al., 2016; Xiong and Zhang, 2014; Xiong et al., 2013)；后者主要是使用新发展起来的无模型自适应控制方法，利用时序数据对增材制造过程进行在线学习与反馈，从而达到对增材制造过程的优化(Spears and Gold, 2016; Hou and Jin, 2011)。两者各有优劣，有模型控制系统的可靠性主要取决于系统辨识的准确与否，但电弧增材制造过程较为复杂，表现为高度的非线性、强耦合性、时变性等，往往难以建立精确的模型；无模型控制系统能够在不使用数学模型的前提下对存在不确定性的系统进行控制，但其发展历程较短，且占用的计算资源较多，有时也存在较大的局限性。

近年来，对金属增材制造过程传感与控制的研究主要集中于激光粉末成形中，对丝材增材制造的研究略显不足。Heralic 等(2010)利用结构光三维重建法检测了激光填丝增材制造堆积层尺寸，设计了调节送丝速度以控制堆积层宽度的闭环控制系统，以及调节激光功率以控制堆积层高度的前馈控制系统。Fiaz 等(2016)采用激光定位的方法检测了以电子束为热源的 Ti-6A1-4V 丝材增材制造堆积挠曲变形，设计了数字 PID 前馈控制系统，对堆积过程中电子束枪在 X 轴和 Y 轴方向上的运动分别进行控制，以获取精确成形的堆积零部件。

在电弧增材制造过程传感及控制领域，Yang 等(2017)分别采用红外温度电参数传感、模型预估、视觉传感等方法检测增材制造过程，并设计多种控制器进行实时控制。

Spencer 等(1998)针对电弧增材制造(gas metal arc welding-based additive manufacturing, GMAW-AM)过程，利用红外传感器对堆积层温度进行实时检测，待堆积温度降至合适时再进行下一层的堆积。Yang 等(2017)采用红外传感器检测 GMAW-AM 堆积层的表面温度，当层间温度过高时，适当增加层间等待时间，研究认为采用 2min 和 5min 的交替层间等待时间可获得堆积高度平整的薄壁件。

Pinar 等(2015)开发了用于检测电流电压的低成本单片机系统，并对采用 GMAW-AM 技术在钢板上堆积钢或铝合金过程中的电流电压进行了检测。Nilsiam 等(2015)对 Pinar 等开发的单片机系统进行了集成改进，进一步减小了成本以及硬件的复杂性，实时检测了不同牌号铝合金在 GMAW-AM 过程中的电流电压，利用检测获得的各堆积层堆积时的电流电压数据，对该系统用于电弧增材制造过程的功效进行了评估。

哈尔滨工业大学熊俊等利用两个 CCD 摄像机，设计了用于检测控制 GMAW-AM 熔覆层尺寸的双被动视觉传感系统，实现了熔池宽度以及喷嘴到熔覆层上表面距离的在线检测；以熔池宽度被控变量、行走速度为控制变量，设计了单神经元自学习(proportion sum differential, PSD)控制器，进行了堆积熔池宽度恒定与熔池宽度逐层变化的控制试验；以喷嘴到熔覆层上表面的距离为被控变量、行走速度为控制变量，设计了自适应控制器，进行了喷嘴到熔覆层上表面距离恒定的控制试验(Xiong et al., 2016; Xiong and Zhang, 2014; Xiong et al., 2013)。

针对电弧增材制造往往需要大量重复试验来得到最优工艺参数以及焊道宽高难以动态控制的问题,华中科技大学 Tang 等(2021)提出了一种基于多传感器的闭环控制系统，实现了对增材制造过程参数与焊道表面形貌信息的采集，并设计了一种新型的动态参数试验方法，从而免去大量工艺试验，通过深度学习算法进行学习，得到焊道的控制模型，并通过试验验证了该系统与算法的准确性。

7.2 增材制造过程虚拟现实系统

虚拟现实(virtual reality)技术是使用感官组织仿真设备和真实或虚幻环境的动态模型生成或创造出人能够感知的环境或现实，使人能够凭借直觉作用于计算机产生的三维仿真模型的虚拟环境。

基于虚拟现实技术的虚拟制造(virtual manufacturing, VM)技术是在一个统一模型下对设计和制造等过程进行集成，它将与产品制造相关的各种过程与技术集成在三维动态的仿真真实过程的实体数字模型之上。其目的是在产品设计阶段，借助建模与仿真技术及时、并行地模拟出产品未来制造过程乃至产品全生命周期各种活动对产品设计的影响，预测、检测、评价产品性能和产品的可制造性等，从而更加有效、经济、柔性地组织生产，增强决策与控制水平，有力地降低前期设计给后期制造带来的回溯更改，达到产品的开发周期和成本最小化、产品设计质量的最优化、生产效率的最大化。

增材制造的虚拟制造技术的主要特征表现如下：

(1)产品与制造环境是虚拟模型,在计算机上对虚拟模型进行产品设计、制造、测试，甚至设计人员或用户可“进入”虚拟的制造环境检验其设计、加工、装配和操作，而不依赖传统原型样机的反复修改；还可将已开发的产品(部件)存放在计算机里，不但大大节省仓储费用，而且能根据用户需求或市场变化快速改变设计，快速投入批量生产，从而能大幅度压缩新产品的开发时间，提高质量，降低成本(王耀, 2009)。

(2)可使分布在不同地点、不同部门的不同专业人员在同一个产品模型上同时工作，相互交流，信息共享，减少大量的文档生成并缩短其传递的时间，减小误差，从而使产品开发可以快捷、优质、低耗地响应市场变化。

虚拟制造也可以对想象中的制造活动进行仿真，它不消耗现实资源和能量，所进行的过程是虚拟过程，所生产的产品也是虚拟的。虚拟制造技术的应用将会对未来制造业的发展产生深远影响，它的重大作用主要表现如下：

(1)运用软件对制造系统中的五大要素(人、组织管理、物流、信息流、能量流)进行全面仿真,使之达到前所未有的高度集成,为先进制造技术的进一步发展提供更广阔的空间，同时也推动了相关技术的不断发展和进步。

(2)可加深人们对生产过程和制造系统的认识及理解，有利于对其进行理论升华，更好地指导实际生产，即对生产过程、制造系统整体进行优化配置，推动生产力的巨大跃升。

(3)在虚拟制造与现实制造的相互影响和作用过程中，可以全面改进企业的组织管理工作，而且对正确做出决策有不可估量的影响。例如，可以对生产计划、交货期、生产产量等做出预测，及时发现问题并改进现实制造过程。

(4)虚拟制造技术的应用将加快企业人才的培养速度。模拟驾驶室对驾驶员、飞行员的培养起到了良好作用，虚拟制造也会产生类似的作用。例如，可以对生产人员进行操作训练，以及进行异常工艺的应急处理等(徐小峰, 2009)。

虚拟制造技术的研究内容是极为广泛的，除了虚拟现实技术涉及的共同性技术外，虚拟制造领域本身的主要研究内容还有：①虚拟制造的理论体系；②设计信息和生产过程的三维可视化；③虚拟制造系统的开放式体系结构；④虚拟产品的装配仿真；⑤虚拟环境中及虚拟制造过程中的人机协同作业等。

虚拟现实技术(virtual reality technology, VRT)主要包括虚拟制造技术和虚拟企业两个部分。

虚拟制造与增材制造联系密切。虚拟制造的特征是：当市场新的机遇出现时，组织几个有关公司进行联作，把不同公司、不同地点的工厂或车间重新组织协调工作。在运行之前必须分析组合是否最优、能否协调运行，以及对投产后的效益和风险进行评估，这种联作公司称为虚拟公司。虚拟公司在一定的环境和条件下通过虚拟制造系统运行，包括物理基础、法律保障、社会环境和信息技术。因此，研究虚拟制造技术(virtual manufacturing technology, VMT)和虚拟制造系统(virtual manufacturing system, VMS)具有重大战略意义。

虚拟制造技术将从根本上改变设计、试制、修改设计、规模生产的传统制造模式。在产品真正制出之前，首先在虚拟制造环境中生成软产品原型代替传统的硬样品进行试验，对其性能和可制造性进行预测和评价，从而缩短产品的设计与制造周期，降低产品的开发成本，提高系统快速响应市场变化的能力(栾倩, 2009)。

虚拟企业是为了快速响应某一市场需求，通过信息高速公路，将产品涉及的不同企业临时组建成为一个没有围墙、超越空间约束、靠计算机网络联系、统一指挥的合作经济实体。虚拟企业的特点是企业功能上的不完整、地域上的分散性和组织结构上的非永久性，即功能的虚拟化、组织的虚拟化、地域的虚拟化。

近年来，通用电气、雷声等大型企业开展数字化制造能力提升、现有工厂局部智能化改造、全新智能工厂建设等，其中通用电气公司提出了包含虚拟设计、虚拟制造以及生产闭环反馈的智能工厂建设模式(图 7.1)，雷声公司利用现有工厂软硬件基础进行局部智能化改造，布局虚拟现实技术，已有在增材制造领域的实际应用(黄恺之, 2018)。

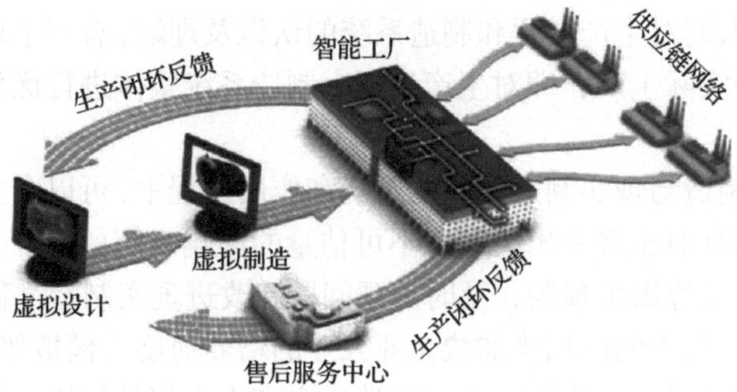

图 7.1　通用电气公司智能工厂建设模式(黄恺之, 2018)

7.3　微铸锻铣复合智能制造系统

随着《中国制造 2025》等的提出和互联网技术的发展，各制造业技术正加速向“具备智能制造能力”的方向发展，并建立相应的系统。微铸锻铣复合智能制造系统的目的在于，建立起微铸锻铣复合智能制造装备与信息空间之间的可靠联系，并将柔性化、智能化的先进信息化技术应用于微铸锻铣复合智能制造过程中，以实现信息空间和物理空间的无缝集成，从而优化产品性能，提高生产效率。

7.3.1　PDM/PLM/ERP 系统

智能制造已成为我国实现制造业迈向中高端发展、培育经济增长新动能必须要经历的过程，同时也是未来经济发展与科技进步迈向更高台阶的重要战略举措(陈抗, 2017)。要实现智能制造的目标，需要从智能研发、智能产品、智能装备、智能产线、智能车间、智能工厂、智能物流、智能服务到智能管理、智能决策等各个环节突破(朱智磊和胡其登, 2017)。制造业转型升级的过程中，信息化平台建设有不可或缺的三驾马车：产品数据管理、企业资源计划和产品生命周期管理。

产品数据管理(product data management, PDM)是在制造业工程实践中发展起来的一项管理软件技术，诞生于 20 世纪 80 年代初，最开始被称为图文档管理，主要是为了解决 CAD 中产生的大量工程图纸和文档储存的问题，实现对图文档的共享，以及版本和权限控制。它是一门用来管理所有产品相关信息(包括零件信息、配置、文档、CAD 文件、结构、权限信息等)和所有产品相关过程(包括过程定义和管理)的技术。通过实施 PDM，可以提高生产效率，有利于对产品的全生命周期进行管理，加强对文档、图纸、数据的高效利用，使工作流程规范化。

企业资源计划(enterprise resource planning, ERP)诞生于 20 世纪 90 年代。由

于经济全球化和市场国际化的发展趋势，制造业所面临的竞争更趋激烈。以客户为中心，基于时间、面向整个供应链成为新形势下制造业发展的基本动向。实施以客户为中心的经营战略是企业在经营战略方面的重大转变。ERP 是企业制造资源计划(manufacture resource planning II, MRP II)的下一代软件。除了 MRP II 已有的生产资源计划、制造、财务、销售、采购等功能外，还有质量管理、实验室管理、业务流程管理、产品数据管理、存货、分销、运输以及人力资源管理和定期报告系统。在企业中，一般的管理主要包括三方面的内容：生产控制(计划、制造)、物流管理(分销、采购、库存管理)和财务管理(会计核算、财务管理)。这三大系统本身就是集成体，它们互相之间有相应的接口，能够很好地整合在一起来对企业进行管理。

随着全球化发展和竞争加剧，客户对产品的个性化要求越来越高。越来越多的企业开始意识到企业的核心竞争力在于快速响应市场的产品创新能力。对企业的智力资产进行有效的管理和应用是企业提高新产品创新不可或缺的一部分。产品生命周期管理(product lifecycle management, PLM)作为以产品创新为原动力的新兴技术，受到企业的广泛关注，并在越来越多的制造企业中得到推广与应用。根据业界权威的定义，PLM 是一种应用于单一地点的企业内部、分散在多个地点的企业内部，以及在产品研发领域具有协作关系的企业之间的产品生命周期管理系统，支持产品全生命周期信息的创建、管理、分发和应用的一系列应用解决方案，它能够集成与产品相关的人力资源、流程、应用系统和产品全生命周期的信息。

将工业、产业领域的 ERP、PDM、PLM 利用率和人均产出率进行对比的统计数据显示，财富 100 强的企业中，有效利用了信息化管理平台的企业人均产出提升了 14.4%，对制造业的贡献平均提升了 20%。另有一组数据则显示，在基于工业大数据信息化平台所推动的变革中，即使效率只提升 1%，效益也空前巨大。例如，在全球节约 1%的商用航空燃料即意味着节约 300 亿美元的成本。现在几乎所有制造企业都在引入 PDM、PLM、ERP 等管理系统进行公司资源的整合，科学管理、优化生产线提高生产效率(王强等, 2018)。例如，汽车轴承行业引入 PDM 后，实现了图文集中的、科学的、安全的管理以及图文档的电子审批、图文档的及时审批，节约了大量的时间，提高了生产效率。中航工业西安民用飞机有限公司引入 PDM 系统后，整个工厂现场实现了无纸化办公。某大型柴油发动机企业引入 PDM 后实现了知识管理，促进企业知识复用与创新，实现了物料清单(bill of material, BOM)协同管理，打通了企业全局信息流，实现了项目与过程管理、产品研发过程协同和供应商管理，建立了网上协同研发平台；设计与制造一体化，实现了企业信息全面集成。成都航天模塑股份有限公司实施了企业 ERP 以后，实现了以下内容：①受益于流程的固化、流程的标准化，企业可减少 80%以上的监督成本；②有利于通过客户审核，获取更多的客户订单，扩大市场份额；③发现并解决了 90%以上的跑、冒、滴、漏现象；④ERP 系统的应用使得企业经营管理数据及时准确，提高了决策的科学性，管理向精确化转变；⑤产品质量可追溯性大幅度提高，质量追溯从以往的一天以上降低到当日当批，大幅降低了质量风险；⑥ERP 系统的应用使存货数据准确性和及时性大幅提高，有利于提高资金利用率；⑦大幅提高财务结账速度，试点单位每月结账从以往的次月 10 号左右提前到 2 号左右；⑧存货数据准确性的提高使得计划更加精准，促使供应商备货量降低，有利于改善供应链生存环境；⑨借助条形码技术，所有生产性物料的移动都采用了手持终端操作，提高了工作效率。系统的成功应用能够使企业避免 90%以上的随机损失。

进入 21 世纪以来，如何提升制造业生产力已成为全球瞩目的焦点。中国立足于国际产业变革大势，提出了《中国制造 2025》，做出了全面提升中国制造业发展质量和水平的重大战略部署，其中具有跨越性意义的当属增材制造技术。中国增材制造产业经过近三十年发展，产业化步伐明显加快，科技创新成果显著增加，关键技术、装备性能不断提升，涌现出一批具有一定竞争力的骨干企业，应用领域日益拓展，形成了若干产业集聚区，生态体系初步形成。但是中国增材制造产业仍处于发展的初级阶段，增材制造技术相对于传统制造技术还面临许多新挑战和新问题。ERP、PLM、PDM 等数据管理信息平台的引入使增材制造产业链向快速、高效、节能、环保方向发展。清华大学天津高端装备研究院洛阳先进制造产业研发基地下属激光增材制造研究所和机器人控制与视觉传感研究所联手打造的“增材制造智能工厂示范工程”重磅亮相，该工程整合多项自主知识产权核心关键技术，以柔性和效率优势为增材制造赋能，跨越“增材制造”与“智能制造”的技术鸿沟，实现了真正意义上的“机器换人”。该工程不仅采用增材制造强化技术和免示教机器人系统，还融合了自主研发的信息系统，支持涵盖工艺试验、性能评估等环节的全流程数据采集分析，推动技术不断迭代升级，牢固占据行业高地；同时，将信息化与自动化高度融合，可根据订单安排生产任务，并跟随实时的信息采集与更新，多项技术融合实现了产品全生命周期的质量管理和追溯。

单一的 ERP、PLM、PDM 已经无法满足主流智能制造企业的管理和生产，ERP、PLM、PDM 集成迫在眉睫，通过 PLM 系统贯穿数据流程管理、通过 ERP 系统贯穿业务流程管理、通过 PDM 系统整合产品资源，最终实现 ERP、PLM、PDM 一体化。管理系统的集成，可打通整个企业的信息流，助力制造业“中国制造”迈向“中国智造”。

7.3.2　柔性智能制造系统

柔性制造系统是指由数控加工设备、物料运储装置和计算机控制系统等组成的自动化制造系统，它包括多个柔性制造单元，能适应制造任务或生产环境的变化，是建立在成组技术基础上的由计算机控制的自动化生产系统，可同时加工形状相近的一组或一类产品。

机器视觉和定位精度是影响智能制造中柔性生产的两大方面。机器视觉赋予柔性生产感知的能力。实践中可以发现，机器视觉是在产品的自动化产线中实现“感知”的重要一环，机器视觉就是用机器代替人眼来做识别、测量、检测和语义理解。随着人工智能技术的发展，机器视觉在工厂的应用增多，解决了许多传统工艺无法处理的问题。深度学习应用于机器视觉时，采用深度学习卷积神经网络进行二维码识别，深度神经网络模拟人的视觉过程，前端层仅感知边缘轮廓，后端不同层的不同神经元局部“兴奋”生成局部特征，然后生成全景图像。这种自动提取图像特征的机制和类似人脑的处理过程大大改进了机器视觉的识别成功率和识别效率。

机器人的绝对定位精度是产线柔性提升的指标。国际机器人联合会(International Federation of Robotics, IFR)将机器人定义为一种半自主或全自主工作的机器，它能完成有益于人类的工作(王田苗和陶永, 2014)。“工业机器人”一词由《美国金属市场报》于 1960 年提出，经美国机器人协会定义为用来进行搬运机械部件或工件的、可编程的多功能操作器，或通过改变程序可以完成各种工作的特殊机械装置(图 7.2)(计时鸣和黄希欢, 2015)。

图 7.2　全液压重载机器人

20 世纪 60 年代以来，随着对产品加工精度要求的提高，关键工艺生产环节逐步由工业机器人代替工人操作，再加上各国对工人工作环境的严格要求，高危、有毒等恶劣条件的工作逐渐由机器人替代，从而增加了对工业机器人的市场需求(王伟等, 2017)。工业机器人在汽车制造、机械加工、焊接、上下料、磨削抛光、搬运码垛、装配、喷涂等作业中得到越来越多的应用，在电弧增材制造技术领域中也扮演着越来越重要的角色(图 7.3)。

图 7.3　基于双机器人协作方式的电弧增材制造系统

电弧增材制造技术就是将金属零件的三维模型按照焊接工艺的要求切分为一组平行的二维层片，再根据不同层片的轮廓信息规划焊枪的运动轨迹，之后由焊接电弧将金属材料熔化，按成形路径逐个堆积层片，最后在系统的控制下将金属层片堆积起来得到预期的金属零件。其中，路径的规划和焊接的工艺都对金属零件的成形尺寸精度和组织性能有直接的影响。

增材制造过程是一个不稳定过程，伴随着工艺参数波动、材料冶金行为、热力耦合作用等现象，如果不加以控制，成形尺寸将偏离设定值，成形件精度以及成形过程可持续性难以得到保障。一些增材制造系统采用熔敷与铣削相结合的方式：在每层熔敷之后进行铣削，以保证成形精度要求。该方法结合了增材制造与切削加工的优点，但是成形零件的结构也受到铣削工艺的限制。因此，通过控制增材制造的过程来保证成形精度，是增材制造成形控制研究的主要方向(邵坦等, 2019)。

工业机器人的出现给增材制造带来极大的便利。电弧焊焊道尺寸较大，多层堆焊时阶梯效应明显，零件大曲率特征无法分辨，致使电弧熔丝增材制造成形精度相对较低，但可通过后续机械加工来弥补(韩庆璘, 2016)。电弧增材制造系统的运动执行机构通常由数控机床或者工业机器人来担任。数控机床一般只有 3 个自由度，多用于大尺寸、简单结构的零件加工，与之相比，工业机器人一般具有 6 个自由度，且可添加移动导轨及变位机，柔性好、自动化程度高，故在堆焊成形过程中可利用机器人自身特点，采取适当的策略，在不失高效成形特点的前提下改善其成形精度，同时利于简化后处理工序，一定程度上提高整体成形效率(Pham and Gault, 1998)。结合机器人电弧熔丝增材制造的流程特点，可从分层切片和填充路径规划这两个方面提高其成形精度和成形效率。随着机器人技术的发展，工业机器人智能化水平不断提高，在增材制造中也得到了大量的应用。英国诺丁汉大学 Spencer 等(1998)将焊枪固定在六轴机器人末端进行电弧增材制造，由计算机控制机器人运动，在加工过程中实时调整焊接热输入，以确保成形零件的表面质量，并且分析了成形零件的组织性能。英国克兰菲尔德大学(Cranfield University)采用双机器人协作的方式对 4043 铝合金飞机翼梁进行电弧增材制造加工(图 7.3)，与传统加工工艺相比，这种方法能够节约材料 500kg 以上(Ding et al., 2015)。在国内，天津大学杜乃成(2009)采用 Motoman HP6 机器人携带 MIG 焊枪，进行铝合金增材制造，并提出组合熔滴过渡成形工艺。南京航空航天大学张永忠等(2000)建立了基于机器人的 MIG 电弧增材制造系统，研究解决弧坑塌陷的工艺方法。

图 7.4 为机器人电弧增材制造的基本流程。首先在三维建模软件中建立待成形零件的三维实体模型，导出其 STL 三角网格模型，再对此 STL 文件进行分层切片得到层片轮廓线的数据，然后对每一层片轮廓线间的待填充区域进行路径规划，最后将路径附加上弧焊信息后转化为机器人可以识别的代码来得到实际的堆焊成形路径以完成实体零件的制造(张永忠等, 2000)。

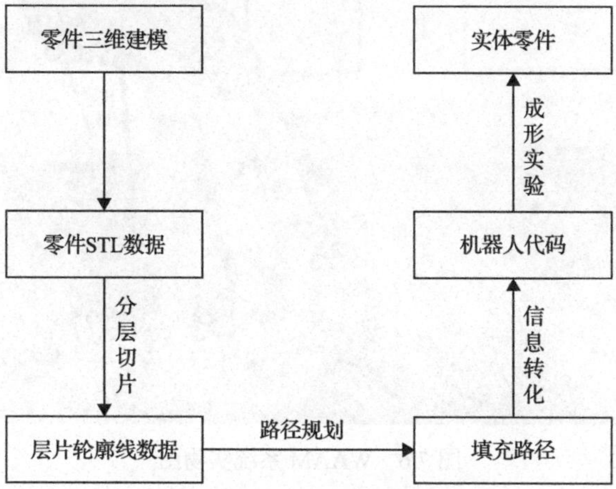

图 7.4　机器人电弧增材制造流程

由于电弧增材制造热源大，故在精度控制方面难度很大。为了解决这个问题，改善多道多层 WAAM 过程稳定性，Chen 等(2021)建立了一套集任务规划、逐道熔覆、成形信息监测以及熔覆规范参数控制为一体，并具有友善的人机界面，使操作者对加工过程了解更透彻，同时具备人机协作功能，能够用于多道多层 WAAM 成形信息检测与人机协作闭环控制的等离子弧微铸锻复合超短流程智能制造系统，如图 7.5 和图 7.6 所示。该系统由运动、熔覆、传感、控制四大子系统以及各个系统间的通信模块所组成，箭头表示成形信息以及控制信号的传递方向，其中实线表示有线传输，虚线表示无线网络传输。

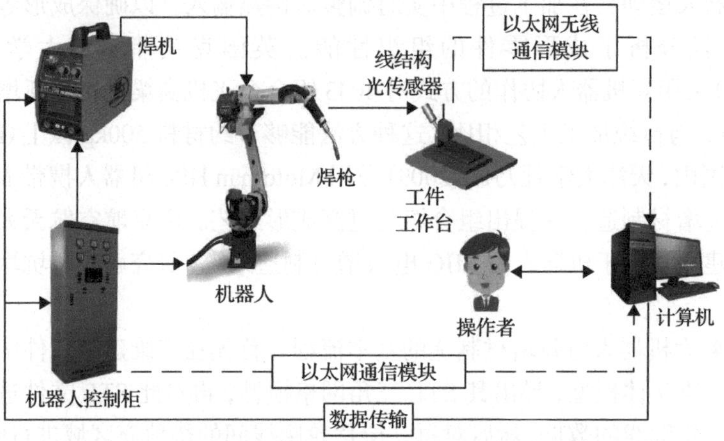

图 7.5　智能 WAAM 系统结构图

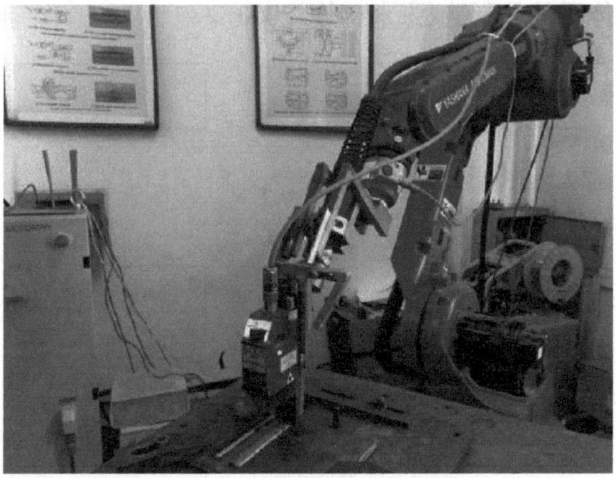

图 7.6　WAAM 系统实物图

7.4　微铸锻铣复合智能制造装备

微铸锻铣复合智能制造装备由微铸锻铣复合制造单元、控制系统、数据驱动系统等构成，各单元之间通过工业现场总线、串口通信、工业互联网等标准工业协议实现数据共享和同步，传感器、检测系统、数据分析软件、控制系统、执行装置之间通过数据实现闭环控制，服务器和云端提供实时的专家数据库和智能的解决方案，协同调度系统进行生产过程智能控制。

7.4.1　微铸锻铣复合智能制造功能单元

微铸锻铣复合智能制造装备主要包括制造单元、加工单元、控制单元、检测单元、监测单元、主控单元和操作终端等部分集成。

1) 制造单元

制造单元主要由微铸单元、微锻单元和激光复合控制单元组成，微铸单元包括焊接电源、焊枪、送丝机构等，是增材制造系统的主体部分，通过分层制造实现零件的整体成形；微锻单元为微轧制单元，通过在电弧成形过程中对成形的焊道实施同步轧制工艺，实现金属材料力学性能提升，达到锻件水平；激光复合控制单元由激光器、控制单元组成，通过在微铸锻工艺中复合激光精准加热，实现成形过程精确能量输入控制，确保成形过程稳定有序进行。

制造单元是复合制造机床的核心单元，整个工艺流程都是在制造单元的基础上进行后续复合工艺操作，确保零件制造过程的稳定、高效、高精度和无缺陷。

2) 加工单元

加工单元由五轴铣削机床和五轴磨削机床构成。对于无法在零件成形后加工的部分，可以在增材制造过程中进行加工，避免加工工具可达性差的问题，零件成形完成后使用五轴数控加工单元，可以实现近净成形零件的高精度加工。同时，加工单元附带的磨削功能，可以进一步提高表面精度，以满足工业化需求。

3) 控制单元

控制单元主要由两部分组成：数控系统、可编程逻辑控制器(programmable logic controller, PLC)。数控系统负责五轴机床的运动控制，包括增减等材制造过程、检测、加工、定位等；PLC 负责工艺逻辑控制、外部单元控制、系统检测、功能部件控制等，是整个工艺流程的控制核心。通过 PLC 与数控系统的同步协同控制，可以实现整个制造过程的状态监测与智能控制，实现复杂结构件的智能制造。

4) 检测单元

检测单元包括用于不同检测目的传感器的集成。检测单元主要用于对微铸锻铣过程进行实时参数检测，分析参数状态、数据，反馈到控制单元，进而对参数进行调整与控制。

5) 监测单元

监测单元对整个成形过程中的各个环节进行模块化控制，以实现制造过程的实时监测：实时监测整体工件的高度、温度、表面形貌、变形量等，通过将采集的数据与模型进行对比，优化制造轨迹，控制制造温度与变形；根据轨迹代码驱动运动机构运动，实时监测机构运行状况；以焊机为主体的热源熔敷机构，通过设定优化的工艺参数信息，与传感器实时采集的送丝速度、电压、电流、气体流量等工艺参数信息进行对比，监测成形过程中的稳定性；对成形中的焊道形貌、焊道温度、熔池形貌、熔池温度进行监测，通过数据分析处理系统综合处理，保证电弧及成形焊道的稳定性；对微铸锻实时进行位置、轧制力、层高自动控制结合的轧制控制，确保性能、形貌、变形的可控。

6) 主控单元

主控单元主要用于可视化操作，提供装备与用户之间的操作接口，用户可以进行参数设定、数据输入输出操作，同时主控端会运行检测软件，通过实时采集传感器信息，分析增材制造过程状态信息、参数等数据，结合工业以太网通信，传输控制调节指令给控制单元，进而调节控制参数，保证工艺稳定性。

7) 操作终端

操作终端主要进行工艺参数、检测参数、控制参数等的初始化设定。用户可以通过操作终端实现数据的导入、导出，也可以通过数控系统进行设备的操作。整个系统接入工业互联网，用户可以通过多种终端设备进行设备信息的访问，实现设备的远程监控。

8) 调度系统

为了让整个复合制造系统高效有序地运行，需要进行生产加工的智能调度，对生产进度、设备状态、品质状况进行实时监控，进行智能的工作调度、决策，确保整个制造系统稳定有序高效地运行。

9) 服务器

服务器主要由机组组成，用于存储复合制造机床实时运行数据，记录的数据可以进行后期调取分析、状态恢复，同时服务器的专家库可以为复合制造机床提供参数、模型支持，实现参数的一元化设定和自适应修改。不同终端可以访问服务器数据，实现生产数据的共享与监控。

10) 制造云

制造云可以实现设备之间的互联，通过将不同单元、不同设备互联，实现数据的共享。在云端，可以实现产品生产精细化和产品性能追踪，以信息化和物联网技术将传统制造业变得信息透明，实现制造业的生产设备网络化、生产数据可视化、生产过程透明化、生产现场无人化，做到纵向、横向和端到端的集成。

7.4.2　微铸锻铣复合智能制造控制系统

微铸锻铣复合智能制造控制系统有多个功能模块，包含检测系统、控制系统与路径规划软件、数控系统等，系统总体架构如图 7.7 所示。

微铸锻铣复合制造控制系统的设计，首先应该具备实用性、可靠性、安全性和易用性，在此基础之上应当进一步提高控制系统的先进性、开放性和扩展性。需要着重考虑以下几个方面：①选择合理可靠的系统结构，将监控任务分布到控制系统网络各个节点之上，防止风险集中，避免仅因为单个网络节点故障而引起

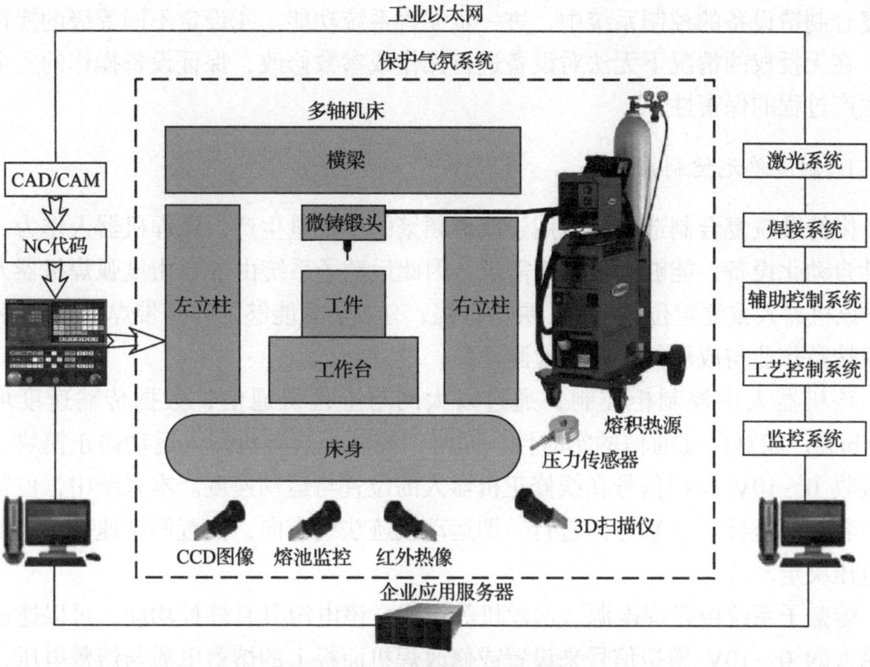

图 7.7　控制系统总体架构

整个控制系统的瘫痪，从而保障控制系统的高可靠性(Srivastava et al., 2000)。同时，因为监控任务的分散执行，有利于提高控制系统复杂问题的处理能力和系统响应速度。②尽量选择符合国家和国际标准的具备良好品质和口碑的硬件设备以及通用性强、功能较为完善的软件产品。③使用先进的计算机技术和智能控制技术，自主改变控制策略来应对控制对象的不确定性与复杂性，使控制系统具有强大的容错能力和自学习能力。

根据微铸锻铣复合制造设备的现状与技术工艺流程和工艺参数要求，控制系统应当具备以下功能和特点：①控制系统应当包括现场设备层、工艺控制层、车间管理层三级控制网络。现场设备层可以实现对各个子系统中仪器仪表、伺服机构的监控；工艺控制层用来调整工艺参数，监控工艺流程实现对微铸锻铣复合制造设备各个子系统整体有序的控制，实现整个微铸锻铣复合制造过程的自动化管理；车间管理层的主要职能是将生产制造过程中的数据记录、视频监控、故障报警等数据储存到服务器中，可供车间管理人员通过车间网络进行远程访问(Wu and Mei, 2003)。②对于整套微铸锻铣复合制造设备的各个子系统独立设定手动和自动两种操作模式，并能实现在两种操作模式下的无干扰安全切换，选择性地单独或部分将设备中的子系统切换为自动模式，此时整套设备处于半自动控制的状态继续正常运行完成当前微铸锻铣复合制造的任务。③具备良好的可扩展性，后续根据工艺要求增加子系统，可以经过简单的硬件组态和软件编程并入现有微铸锻铣复合制造设备的控制系统中，进一步完善系统功能。④设定不同等级的操作权限，在无授权的情况下无法对设备进行操作或参数修改，保证设备操作的安全性和生产过程的保密性。

1. 制造单元控制系统

微铸锻铣复合制造主要应用于改形频繁的小批量生产，弧焊机器人作为一种柔性自动化设备，能够满足上述需求，因此运动子系统由 6 自由度弧焊机器人组成，该机器人重复定位精度高，灵活性强，有效负载能够同时携带焊枪和传感器，完成熔敷作业与成形信息实时检测任务。

该机器人由控制柜控制，通过以太网与上位机通信，数据传输速度可达 10Mbit/s，能够保证通信的实时性。同时，控制柜具有机器人运动修正模块，能够接收 0～10V 模拟信号在线修正机器人的位置与运动速度。本系统中，位置修正沿着工具坐标系 y 轴方向进行，即运动轨迹法线方向，位置修正速率由位置修正电压决定。

熔敷子系统由弧焊电源、送丝机等组成。该电源具有外控功能，可以通过外部输入的 0～10V 模拟信号来设置或修改焊机面板上的熔敷电流与熔敷电压，送丝速度与熔敷电流自动匹配。

由于计算机所发出的控制信号为数字量信号，本系统采用数据采集卡对其进行数模(digital/analog, D/A)转换，得到 0～10V 模拟信号，分别发送至控制柜和焊机，即可控制所有熔敷规范参数，控制信号传递过程如图 7.8 所示。弧焊电源的“起弧/熄弧”命令由控制柜中的数字量开关发送，从而保证熔敷过程按照起弧—运动—熄弧的正常时序进行。根据经验，为了避免成形件在熔敷过程中过热而变形或坍塌，熔敷电流不宜过高。

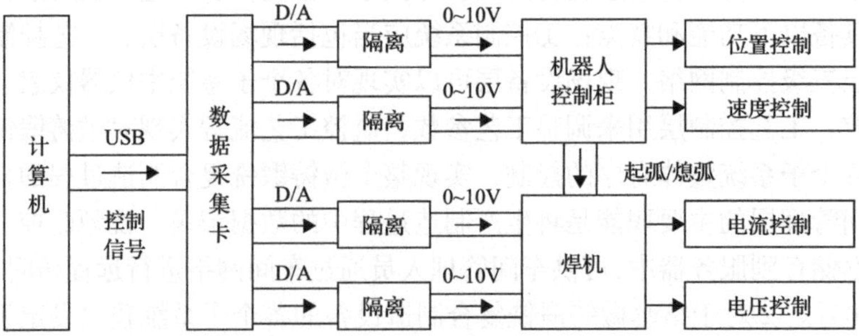

图 7.8　控制信号传递过程

2. 检测单元控制系统

检测单元控制系统包含检测传感子系统、控制子系统和控制系统终端。

1)检测传感子系统

检测传感子系统用于熔敷道尺寸在线检测，而传感器的合理选型是建立本系统的关键。

熔敷道尺寸属于几何信息，适合使用视觉传感器进行非接触检测，其检测结果将用于成形尺寸闭环控制。视觉传感方式包括被动视觉和主动视觉两类，其中被动视觉是指传感器被动接收目标物体所发射的光(或反射的环境光)而获得图像，主动视觉则是由传感器发出信号光源，经目标物体漫反射，被传感器接收而获得图像。目前，已有文献在单道多层 WAAM 过程中采用被动视觉的方法检测高温熔敷道的边界，并以此计算熔敷道尺寸，取得了很好的效果。然而，在多道多层 WAAM 过程中，搭接熔敷道存在道间重熔现象，该方法无法对搭接熔敷道宽度进行准确识别，被动视觉方法不适合应用于本系统，因此本系统采用主动视觉方法来检测熔敷道尺寸。

线结构光传感器是一种常用的主动视觉传感器，其结构紧凑，能够随焊枪一同运动，适合应用于弧焊机器人增材制造系统。为了防止电弧弧光对视觉传感产生干扰，需采取如下措施。

(1)滤光措施。线结构光作为信号光源，波长范围已知，因此进行信号光源频率的窄带滤光能够减小电弧弧光其他波段对检测的干扰。

(2)遮光措施。滤光后电弧弧光之中与信号光源同波长的成分依然很强，仍然能对检测过程产生干扰，需要在传感器与焊枪之间加设挡板，遮挡弧光。

(3)减光措施。弧光经过基板或熔敷道漫反射后仍然可以被传感器所接收，产生干扰。如果信号光强明显高于漫反射光强，则采用减光片将光强降低，使漫反射光无法被传感器所识别，即可降低干扰。

除电弧弧光干扰之外，熔敷道本身也会对检测过程产生影响。黑体辐射定律认为，任何温度高于绝对零度的物体都会发射出各种波长的电磁波，其光谱辐射强度与波长和温度有关，在任意波长处，高温黑体的光谱辐射强度总是大于低温黑体。由上述结论可知，熔敷道本身也能够发射与结构光波长相同的干扰光，只是在低温下这种发射作用极弱，不足以影响检测过程，可以忽略。然而，随着熔敷道温度升高，物体发射能力逐渐增强，如果干扰光光强与信号光水平相当，则会被传感器响应，对检测过程产生干扰，因此线结构光传感器不适用于熔敷道高温区域的检测，只能检测熔池后方已凝固的成形金属。

根据上述分析，系统选择线结构光视觉传感器，同时带有减光、滤光系统，以增强对电弧弧光的抗干扰能力，适合在焊缝跟踪领域应用。在传感器与焊枪之间加设挡板，用于遮挡飞溅、电弧弧光以及高温金属所发射的干扰光。熔敷过程中传感器始终位于焊枪后端，与焊枪同步运动，并且保证结构光平面与焊枪前进方向垂直。该传感器将线结构光垂直投射到熔敷道表面，经被测物体表面漫反射后被传感器内部的 CCD 靶接收，得到结构光条纹形貌的原始图像，其原理如图 7.9 所示。

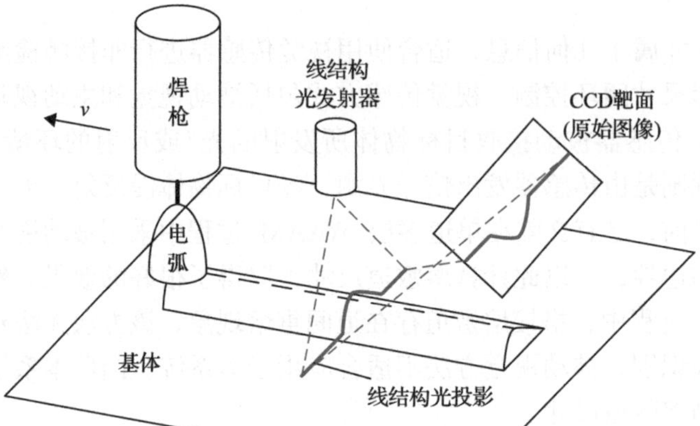

图 7.9　传感器成像原理图

2) 控制子系统

控制子系统是整个系统的核心，它对整个弧焊增材制造过程进行规划与控制，使各个子系统协调稳定地工作，其工作流程如图 7.10 所示。

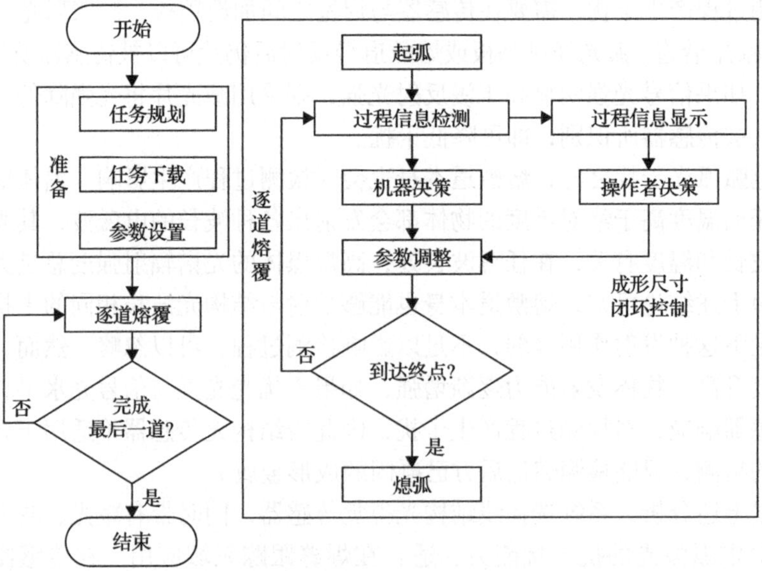

图 7.10　控制子系统工作流程图

3) 控制系统终端

控制系统终端为一台计算机，将所规划的熔敷路径与熔敷规范参数分别下载到运动系统与熔敷系统的控制单元中，进行熔敷作业。传感系统将实时检测的熔敷道尺寸信息上传给计算机，由人机界面实时显示并存储。系统根据熔敷道尺寸反馈值与设定值进行决策，实时调整熔敷规范参数，对熔敷道尺寸进行闭环反馈控制。与此同时，操作者也可以对此过程进行监督和管理，根据系统提供的成形信息以及自身经验，对熔敷过程进行决策，将控制命令通过手控盒发送给计算机，对控制过程进行干预，实现人机协作控制，可显著提高控制系统的鲁棒性。

3. 加工单元数控系统

在微铸锻铣复合超短流程智能制造过程中，材料将通过增材、等材、减材以及中间穿插执行的测量、支撑辅助等多道工序，且难以找到一个对所有零件均使用的工序周转流程。数控系统主要用在机械加工减材制造中，数控系统要适应增材制造，必须考虑复合增材制造过程工序管理的问题，工序的管理应当能够自适应，且能够根据工件形貌、材料、功能来进行定制。这意味着复合制造装备所使用的数控系统必须要具有极强的可拓展性，因此需采用开放式数控系统体系架构，如图 7.11 所示。

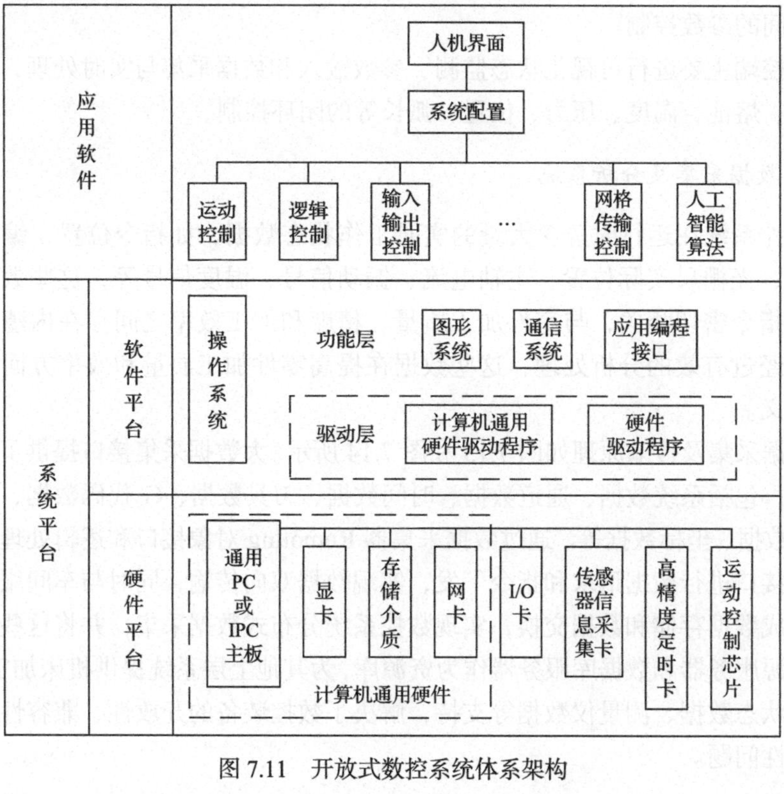

图 7.11　开放式数控系统体系架构

工业计算机上的接口库函数丰富，便于对各个功能模块进行二次开发与集成处理。加工单元数控系统对复合制造机床采用上下位机控制体系。上位层采用 C++ 高级语言开发的集成控制软件，下位层为华中数控系统及 PLC 控制程序。控制系统集成了零件增材制造轨迹规划、运动控制、增材工艺控制、微铸锻工艺控制、零件整体三维形貌测量、机床状态检测等功能，能很好地满足复杂异形结构零件制造的需求。

开放式数控系统是指数控系统遵循公开性、可扩展性、兼容性等原则开发，进而使得应用于机床中的软硬件具备互换性、可移植性、可扩展性和互操作性。本项目采用国产华中数控 HNC-8 作为数控平台，利用数控系统的这些特点和复合制造工艺的特性进行集成开发，从而实现增减材复合加工设备的配套。结合利用工艺、检测模块开发库自主研发的软件算法，可实现丰富的加工功能，完成对复杂异形结构零件的制造与加工。

4. 监测单元控制系统

微铸锻铣复合制造装备的另一个核心为以工业互联网为依托的控制系统，如图 7.12 所示，不同设备终端连接在千兆网卡、控制器上，通过数据共享，实现整个系统之间的参数控制。

主控端主要进行可视化状态监测、参数输入和数据采集与实时处理，从而实现形貌、熔池、温度、压力、位置、弧长等的闭环控制。

5. 数据采集及分析系统

数控系统在运行时蕴含大量的实时工作状态数据，如指令位置、编码器实际位置、光栅尺实际位置、主轴电流、振动信号、温度信号等，这些数据与数控加工指令密切相关，与零件加工质量、精度和加工效率之间存在内蕴的映射关系，经过有效的分析处理，这些数据在提高零件加工质量和效率方面具有重要的意义。

数据采集及传输原理如图 7.13 和图 7.14 所示。大数据采集接口提供了大量机床数据，包括系统数据、通道数据、时间数据、刀具数据、G 代码数据、采样数据、轴数据、坐标数据等。通过数据采集器 Remoting 对象接口和逻辑处理对大数据采集接口进行数据请求和指令下发，实现数据双向传输，同时与车间服务器高效地完成数据存储和数据交换，实现数控系统分布式数据采集，并将这些数据保存至资源服务器和数据库服务器作为资源库，为其他上层系统提供机床加工数据、机器人状态数据、测量仪数据等支持，解决了数控装备的开放性、兼容性及数据可扩展性问题。

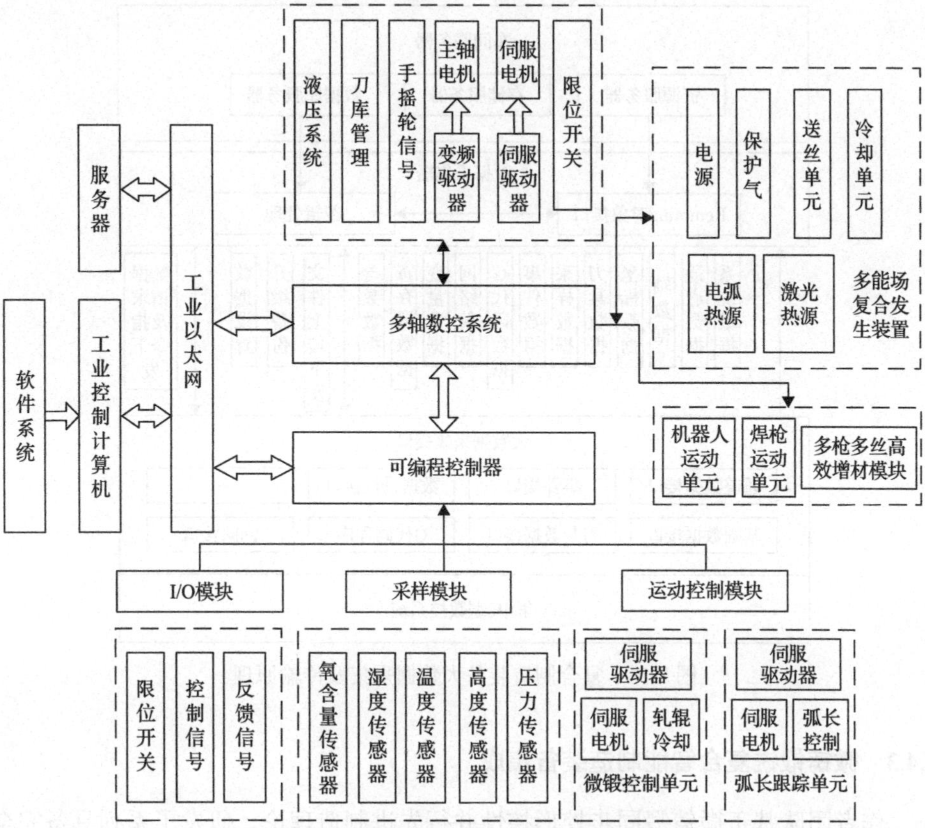

图 7.12　复合熔积成形的控制系统框架

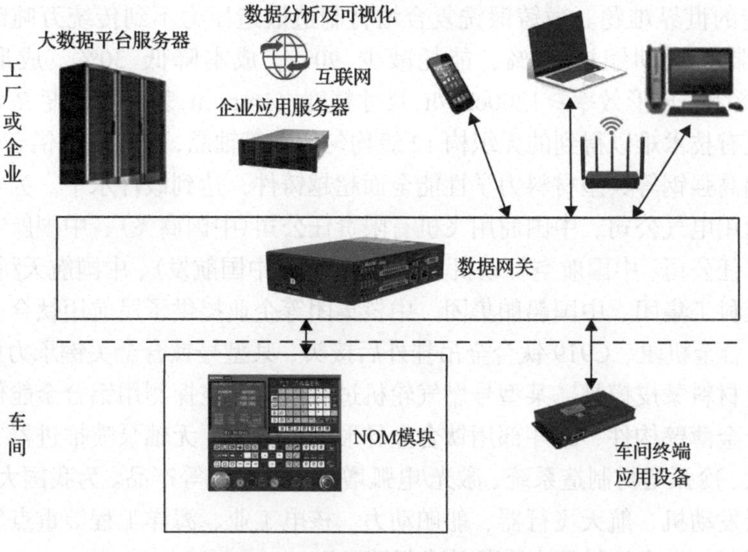

图 7.13　数据处理平台架构图

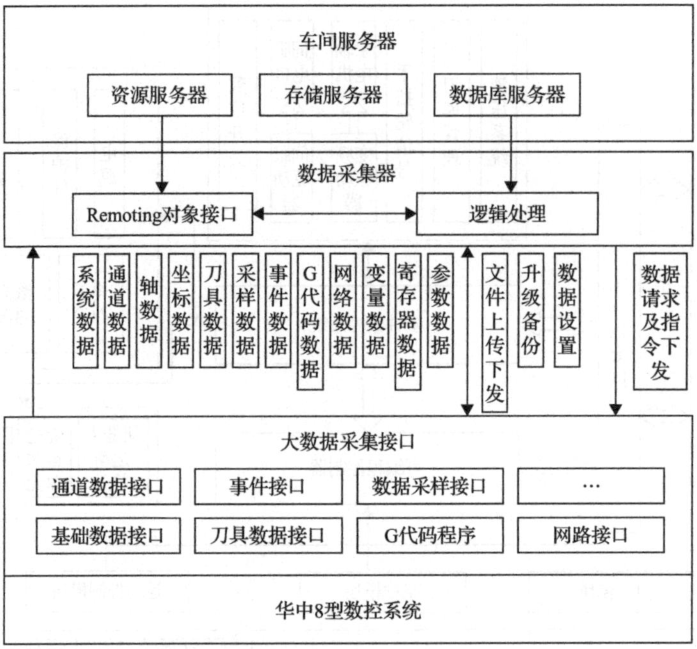

图 7.14　复合制造装备大数据采集及传输原理

7.4.3　微铸锻铣复合智能制造装备集成

作者团队基于微铸锻同步控形控性并行先进制造理论，研发了系列具备完全自主知识产权的微铸锻铣超短流程制造装备，解决了大型复杂高端零件短流程高品质制造的世界难题。微铸锻铣复合增材制造锻造压力不到传统万吨锻压机的0.01%，制造周期缩短 60%、能耗减少 90%、成本降低 30%，成形尺寸达5m×3m×2m，成形效率≥1200cm^3/h，尺寸精度±1mm/m，表面粗糙度 R_a≤6.3μm，创制了现有技术难以得到的无织构 12 级均匀超细等轴晶，钛合金、铝合金、高温合金、超高强钢等典型材料力学性能全面超越铸件，达到锻件水平。为空中客车公司、通用电气公司、中国商用飞机有限责任公司(中国商飞)、中国航空工业集团有限责任公司、中国航空发动机集团有限公司(中国航发)、中国航天科技集团、中国航天科工集团、中国船舶集团、中核集团等企业提供了民航用钛合金承力构件、高温合金机匣、C919 钛合金吊挂外后接头、某型号钛合金关键承力构件、飞机用复合材料蒙皮模具、某型号燃气轮机过渡段、深空探测用铝合金舱体结构、高强铝合金薄壁构件、战斗部用钛合金异形薄壁壳体、无轴泵喷推进器、核电用主泵叶轮、冷弧增材制造系统、激光/电弧增材制造系统等产品。为我国大型飞机、航空航天发动机、航天飞行器、船舶动力、核电工业、海洋工程等重点领域高端装备的研制与生产提供了有力的技术保障。

最初的微铸锻铣试验装备利用数控机床改制，如图 7.15 所示。历经多年试验开发，2016 年 4 月第一台单侧龙门式大型高端金属微铸锻铣复合增材制造设备入场吊装完毕(图 7.16)，首次实现连续铸锻铣磨同步复合金属增材制造成形装备的研制，促进了具有自主知识产权的国产数控复合制造装备和数控系统的产业化发展。微铸锻快速制造技术在飞机复合材料成形制造方面具有明显的周期和成本优势。2018 年 6 月双侧龙门式电弧/等离子-激光复合微铸锻铣复合制造设备吊装完毕(图 7.17)，设备最大可成形尺寸达 4820mm×4200mm×1500mm。随着研究工作的进一步推进，先后研制了满足不同材料和工艺需求的系列微铸锻试验装备，如图 7.18～图 7.22 所示。

图 7.15　数控机床改制的微铸锻铣试验装备

图 7.16　单侧龙门式大型高端金属微铸锻铣复合增材制造设备

图 7.17　双侧龙门式电弧/等离子-激光复合微铸锻铣复合制造设备

图 7.18　电弧激光重熔复合增材制造设备

图 7.19　大压力微轧制增材设备(280mm×250mm×2000mm)

图 7.20　激光熔覆与再制造设备

图 7.21　全气氛新型增材制造装备

图 7.22　机床机器人协同复合制造设备(5820mm×5200mm×1500mm)

2020 年 12 月，全气氛微铸锻复合增材制造专用设备(挂机专机)研发成功并投入生产，高性能金属构件高纯净度保护气氛室尺寸为 2800mm×1500mm×900mm(图 7.23)。该项目以铸锻铣一体化金属 3D 打印技术为核心，武汉天昱智能制造有限公司作为该技术的产业转化单位。此次项目的成功实施，充分验证了“铸锻铣一体化金属 3D 打印”技术的实用性与领先性。随着相关领域对国产数控复合制造装备的信赖程度不断提升，在“十四五”期间，“铸锻铣一体化金属 3D 打印”技术必将迎来广泛应用的黄金期。

图 7.23　全气氛高性能微铸锻铣磨复合制造设备

2021 年 7 月 1 日，建成投运全新一代智能铸锻铣短流程绿色复合制造机床，如图 7.24 所示。该机床面向国家高端装备高品质短流程制造之急需，将金属增材、等材、减材合而为一，融合了在设计、材料、工艺、软件、核心器件及产品复合制造方面的经验，集成国产数控机床主机、数控系统、功能部件及万向微铸锻系统，具有完全自主知识产权，是“金属 3D 微铸锻技术”产业化应用的第四代大

图 7.24　智能铸锻铣短流程绿色复合制造机床

型全刚性惰性气氛保护快速制造装备，有效成形尺寸达 3m×2m×2m，全密闭环境成形体积扩大 6 倍以上。该设备将微铸锻铣系统、在线监测系统、反馈修复系统、气氛保护系统全面模块化进行控制，反馈调节响应效率更高，装备运行更稳定。机床首次配备复杂成形铸锻头，可实现密闭环境下电弧/等离子弧双热源双送丝的自由切换，多工序无缝衔接，在保证成形质量的同时，大幅度提升效率，覆盖更多特殊材料及复杂特征高端锻件的制造需求，是微铸锻铣复合增材制造核心技术产业化的又一次重大突破。

参考文献

柴天佑. 2016. 智能制造与智能优化制造[C]. 国家智能制造论坛，宁波: 14.

陈抗. 2017. 智能制造：趋势、现状与路径[J]. 中外企业家, (28): 42-43.

董一巍，赵奇，李晓琳. 2016. 增减材复合加工的关键技术与发展[J]. 金属加工：冷加工, (13): 7-12.

杜乃成. 2009. 弧焊机器人金属快速成形研究[D]. 天津：天津大学.

韩庆璘. 2016. 弧焊机器人增材制造成形信息检测及控制研究[D]. 哈尔滨：哈尔滨工业大学.

黄恺之. 2018. 智能制造发展浪潮下的国外国防工业[J]. 舰船科学技术, (3): 29-34.

计时鸣，黄希欢. 2015. 工业机器人技术的发展与应用综述[J]. 机电工程, 32(1): 1-13.

栾倩. 2009. 面向中小制造企业的网络化资源共享技术研究[D]. 青岛：山东科技大学.

邵坦，李轶峰，吴强，等. 2019. 机器人电弧熔丝增材制造扫描路径生成算法研究[J]. 热加工工艺, 48(5): 220-225, 230.

唐国保，方平. 2001. 焊缝组织预测及焊接工艺参数优化的智能控制研究[J]. 电焊机, (1): 9-11.

王强，姜明伟，郭书贵. 2018. 中国增材制造产业发展现状及趋势分析[J]. 中国科技产业, (2): 52-56.

王田苗，陶永. 2014. 我国工业机器人技术现状与产业化发展战略[J]. 机械工程学报, 50(9): 1-13.

王伟，何妍，卞宏友，等. 2017. 激光沉积制造工业机器人离线编程系统研究[J]. 应用激光, 37(2): 223-228.

王耀. 2009. 基于 WSRF 的制造网格资源封装技术研究[D]. 武汉：武汉理工大学.

徐小峰. 2009. 面向船舶制造协同物流网络的资源优化研究[D]. 哈尔滨：哈尔滨工程大学.

张永忠，石力开，章萍芝，等. 2000. 基于金属粉末的激光快速成形技术新进展[J]. 稀有金属材料与工程, 29(6): 361-365.

周红. 2018. 新型智能制造优化技术在工业领域的应用分析[J]. 产业与科技论坛, 17(9): 48-49.

朱智磊，胡其登. 2017. SolidWorks 研发管理平台牵手 ERP、MES 助力企业智能转型[J]. 智能制造, (3): 36-42.

Chen X, Kong F, Fu Y, et al. 2021. A review on wire-arc additive manufacturing: Typical defects, detection approaches, and multisensor data fusion-based model[J]. The International Journal of Advanced Manufacturing Technology, 117(3): 707-727.

Ding J, Martina F, Williams S. 2015. Production of large metallic components by additive manufacture-issues and achievements[J]. Conference on Metallic Materials and Processes: Industrial Challenges, Deauville.

Fiaz H S, Settle C R, Hoshino K. 2016. Metal additive manufacturing for microelectromechanical systems: Titanium alloy (Ti-6A1-4V)-based nanopositioning flexure fabricated by electron beam melting[J]. Sensors and Actuators A: Physical, 249: 284-293.

Heralic A, Christiansson A K, Ottosson M, et al. 2010. Increased stability in laser metal wire deposition through feedback from optical measurements[J]. Optics and Lasers in Engineering, 48(4): 478-485.

Hou Z, Jin S. 2011. Data-driven model-free adaptive control for a class of MIMO nonlinear discrete-time systems[J]. IEEE Transactions on Neural Networks, 22(12): 2173-2186.

Nilsiam Y, Haselhuhn A, Wijnen B, et al. 2015. Integrated voltage-current monitoring and control of gas metal arc weld magnetic ball-jointed open source 3-D printer[J]. Machines, 3(4): 339-351.

Pham D T, Gault R S. 1998. A comparison of rapid prototyping technologies[J]. International Journal of Machine Tools & Manufacture, 38(10/11): 1257-1287.

Pinar A, Wijnen B, Anzalone G C, et al. 2015. Low-cost open-source voltage and current monitor for gas metal arc weld 3D printing[J]. Journal of Sensors, 3: 1-8.

Spears T G, Gold S A. 2016. In-process sensing in selective laser melting (SLM) additive manufacturing[J]. Integrating Materials and Manufacturing Innovation, 5(1): 1-9.

Spencer J D, Dickens P M, Wykes C M. 1998. Rapid prototyping of metal parts by three-dimensional welding[J]. Proceedings of the Institution of Mechanical Engineers, Part B: Journal of Engineering Manufacture, 212(3): 175-182.

Srivastava D, Chang I T H, Loretto M H. 2000. The optimization of processing parameters and characterization of microstructure of direct laser fabricated TiAl alloy components[J]. Materials and Design, 21(4): 425-433.

Tang S, Wang G, Song H, et al. 2021. A novel method of bead modeling and control for wire and arc additive manufacturing[J]. Rapid Prototyping Journal, 27(2): 311-320.

Wu X G, Mei J X. 2003. Near net shape manufacturing of components using direct laser fabrication technology[J]. Journal of Materials Processing Technology, 135(2): 266-270.

Xiong J, Zhang G. 2014. Adaptive control of deposited height in GMAW-based layer additive manufacturing[J]. Journal of Materials Processing Technology, 214(4): 962-968.

Xiong J, Zhang G, Qiu Z, et al. 2013. Vision-sensing and bead width control of a single-bead multi-layer part: Material and energy savings in GMAW-based rapid manufacturing[J]. Journal of Cleaner Production, 41: 82-88.

Xiong J, Yin Z, Zhang W. 2016. Closed-loop control of variable layer width for thin-walled parts in wire and arc additive manufacturing[J]. Journal of Materials Processing Technology, 233: 100-106.

Yang D Q, Wang G, Zhang G J. 2017. Thermal analysis for single-pass multi-layer GMAW based additive manufacturing using infrared thermography[J]. Journal of Materials Processing Technology, 244: 215-224.

第 8 章　微铸锻铣复合制造技术的应用与展望

金属微铸锻铣复合制造技术已经应用在多个工业领域，包括航空航天、船舶海工、核能动力、汽车模具、机械制造等。本章将从模具、生物医学、航空航天、汽车、船舶、核电等方面，展望金属微铸锻铣复合超短流程智能制造技术的应用前景。

8.1　微铸锻铣复合制造技术的应用

金属微铸锻铣复合制造技术被行内专家视为复合增材制造技术的突破，在工业制造中有着举足轻重的地位，其发展时刻受到各界的广泛关注。目前，已广泛应用在航空航天、船舶海工、核能动力、汽车、模具、机械制造等行业和领域。其应用优势突出，主要表现如下：①可有效缩短新型关键装备的研发周期和制造周期；②可提高材料的利用率，降低制造成本；③可优化零件结构，减轻重量，减少应力集中，提高构件力学性能，延长使用寿命；④可生产大型复杂结构件，不需要超大型加工装备，节能环保，绿色制造；⑤可与传统制造技术相配合，互通互补。

基于大量工艺和装备技术研究，智能铸锻铣一体化技术现已成功用于国防急需的五代机钛合金整体外挂、航空发动机复合材料宽弦叶片、两栖战车推进器、深海超高压涡泵、超声速深层打击异形战斗部、电磁弹射超高速耐磨导轨等大型复杂整体构件的试制。其中，用于中国航发发动机过渡段制造，满足了乌克兰航空质量验收标准和同材料锻件标准 GJB 5040—2001《航空用钢锻件规范》；用于中国宝武武钢集团有限公司耐高温耐磨复合材料高炉风口的制造，延寿近三倍；用于中航工业西安飞机工业(集团)有限责任公司大型复杂碳纤维复合蒙皮成形模具的整体制造，满足了航空航天、能源、舰船、发动机、武器等领域国之重器研发之急需。

以下是金属微铸锻铣复合超短流程智能制造技术在主流工业领域的国内外典型应用实例。

1. 航空航天领域

美国通用电气公司采用微铸锻铣复合制造技术生产的某航空发动机燃烧室高温合金机匣如图 8.1 所示，拉伸性能满足 AMS5662 标准，全幅值高低周疲劳性能符合航空锻件要求，熔积效率为 3kg/h，周期缩短 72%。

图 8.1　航空发动机燃烧室高温合金机匣

欧洲空中客车公司采用微铸锻铣复合制造技术生产的某飞机薄壁多筋承力构件毛坯如图 8.2 所示，拉伸性能、断裂韧度、疲劳裂纹扩展速率均满足锻件“金属材料性能发展与标准化”要求，材料利用率在 80%以上，周期缩短 64%。

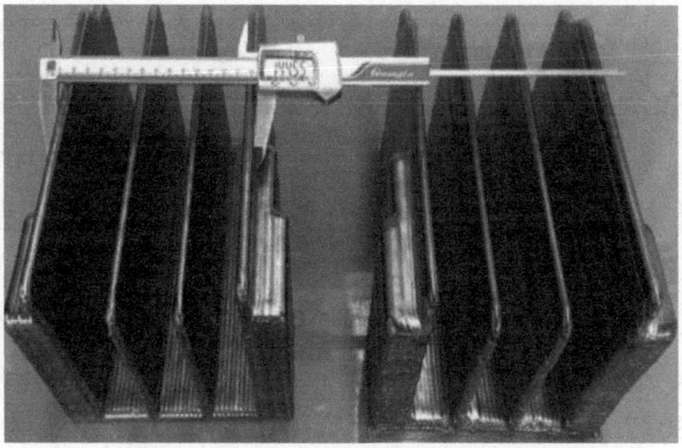

图 8.2　飞机薄壁多筋承力构件毛坯

中国商飞采用微铸锻铣复合制造技术生产的某国产大型飞机后机身 2319 铝合金承力隔框如图 8.3 所示，拉伸性能满足 AMS-A-22771 标准，熔积效率为 4kg/h，最大成形尺寸可达 4500mm×3500mm×1500mm，最小余量为 5mm。

图 8.3　承力隔框

采用微铸锻铣复合制造技术生产的国内某型号高温合金航空发动机低压涡轮机匣如图 8.4 所示。此外，为攻克航空发动机耐高温高性能复杂曲面涡轮叶片制造难关，试制的复杂大侧斜整体铝合金叶轮如图 8.5 所示。目标试样的室温及高温拉伸性能、高低周疲劳性能均达到锻件水平，低倍组织致密且无可见缩孔、空洞、裂纹、针孔、夹渣和夹杂等冶金缺陷。

图 8.4 高温合金航空发动机低压涡轮机匣

图 8.5 复杂大侧斜整体铝合金叶轮

中国航发采用微铸锻铣复合制造技术生产的航空发动机过渡段如图 8.6 所示，未发现裂纹、未融合和超标气孔，冶金质量完全满足 NB/T 47013.2—2015《承压设备无损检测 第 2 部分：射线检测》I 级和乌克兰航空发动机 и255.105.059-86 标准的要求。

中国航空工业集团采用微铸锻铣复合制造技术生产的钛合金整体结构挂架如图 8.7 所示，室温及高温拉伸性、断裂韧性等满足要求，断裂韧性等满足 Q/AVIC 06255-2017《无损检测 人员资格鉴定与认证》型号锻件规范，抗裂纹扩展性能优于激光成形锻件与传统锻件。

图 8.6 航空发动机过渡段

图 8.7 飞机用钛合金整体结构挂架

中航飞机股份有限公司采用微铸锻铣复合制造技术生产的飞机蒙皮模具如图 8.8 所示，传统拼焊难以满足高气密性要求，微铸锻铣复合制造工艺技术制造的模具气密性可达到要求，并克服了传统制造拼焊难、成品率低、周期长的瓶颈问题，制造周期缩短 50%，满足型号任务要求。

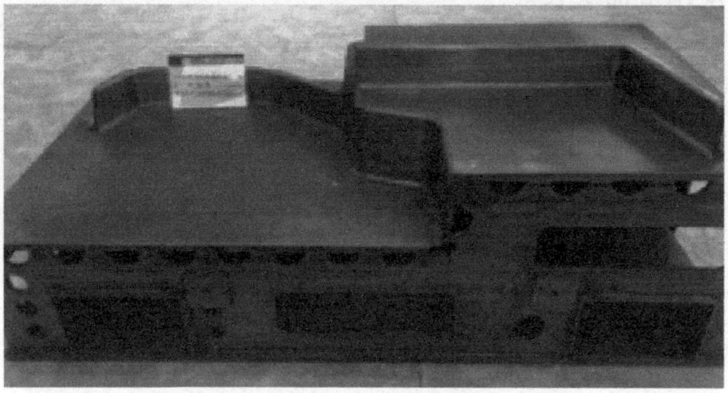

图 8.8　飞机蒙皮模具

2. 船舶海工领域

采用微铸锻铣复合制造技术生产的舰船不锈钢螺旋桨结构如图 8.9 所示，制造周期缩短 70%以上，成本低于 50%，成形尺寸精度达到 0.2mm，无气孔、裂纹、夹渣等缺陷。

采用微铸锻铣复合制造技术生产的面向潜艇大型泵喷高强钢推进器缩比件如图 8.10 所示，熔积效率高于激光成形 6.8 倍，制造周期为传统技术的 35.14%，相比传统制造毛坯件减重 26.22%。

图 8.9　高速大推力舰船螺旋桨

图 8.10　泵喷推进器缩比件

3. 铁路建筑领域

成都铁路有限公司采用微铸锻铣复合制造技术生产的重型梯度材料奥贝钢铁路辙叉如图 8.11 所示，性能指标、型式尺寸满足技术条件，作为梯度功能材料零件，更经济，使用寿命更长。

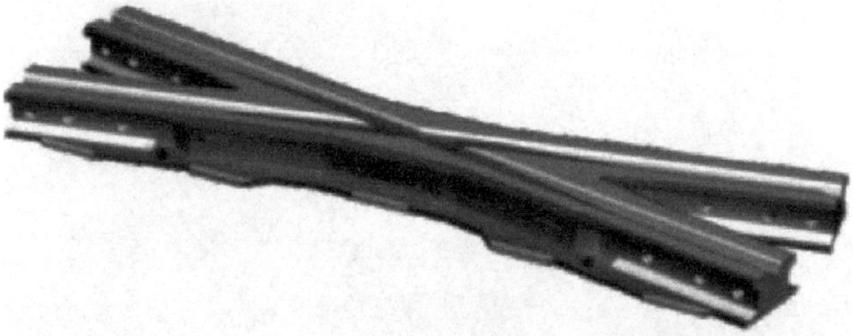

图 8.11 奥贝钢铁路辙叉

中建钢构武汉有限公司采用微铸锻铣复合制造技术制造的建筑用超高强九节点接头如图 8.12 所示，尺寸、结构、强度均满足要求，整体性能较传统方法更稳定可靠，减重明显，实现了钢结构节点的整体直接成形，材料利用率达到 90%，研制周期缩短 60%。

中国宝武钢铁集团有限公司炼铁厂采用微铸锻铣复合制造技术生产的超高强耐磨复合材料高炉风口如图 8.13 所示，耐磨性是原用紫铜的 5.8 倍；抗热震性能远优于常规工艺，延寿 3 倍以上。

图 8.12 建筑用超高强九节点接头

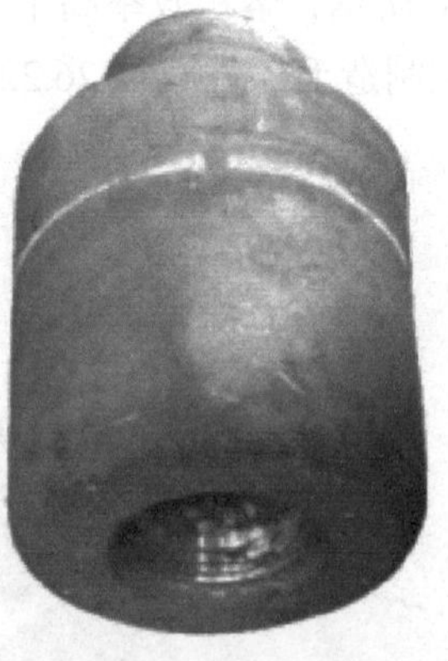

图 8.13 冶金用高炉风口

4. 汽车模具领域

东风汽车有限公司采用微铸锻铣复合制造技术制造的汽车翼子板成形模具如图 8.14 所示，基体材料和梯度材料之间结合良好，为冶金结合；梯度材料处的硬度较未添加梯度材料部位的硬度提高 5 倍以上，耐磨性提高 8 倍。相关检测与应用证明采用功能梯度复合材料的制造工艺，提高了翼子板成形模具的寿命。

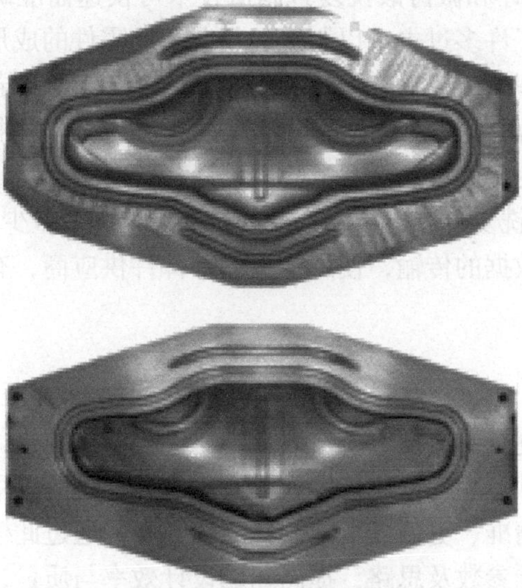

图 8.14 汽车翼子板成形模具

8.2 微铸锻铣复合制造技术的展望

8.2.1 船舶海工领域

许多发达国家已将增材制造技术应用于船舶制造领域以提高制造质量，具体包括船舶辅助设计、船体及配套设施制造、船舶专用装备制造、船舶再制造与实时维修等。在船体辅助建造、大型复杂零件快速铸造、船舶电子设备冷却装置制造、舰载无人机设计与制造、船舶再制造与实时维修、船舶动力装置制造、船舶结构功能一体化材料制备和构件制造、水下仿生机器人设计和制造等方面，增材制造技术均有用武之地。

微铸锻铣复合制造技术凭其数字化、智能化制造特征，在个性化、柔性化制造方面具有传统制造技术不具备的独特优势，可促进船舶制造技术和制造能力的进步，主要的优势如下(周长平等, 2017)。

(1) 微铸锻铣复合制造技术可以应用快速原型技术，快速制作模型进行测试，验证和改进设计参数，加快船舶工业新产品开发速度，缩短新型装备的研发周期。

(2) 由于船舶配套产品的批量小，不少产品属于定制性产品，而微铸锻铣复合制造技术可以省去模具的开发和制造环节，以更低成本来进行小批量甚至单件产品的生产。同时，该技术可对金属构件进行高性能修复和实时维修，必要时还可进行现场制造，提高任务执行速度和快速反应能力。

(3)利用三维设计和微铸锻铣复合制造技术可快速而准确地制造出任意复杂形状的零件，解决了许多过去难以制造的复杂结构零件的成形问题，使船舶复杂构件的设计与制造理念由“制造引导设计”转变为“设计引导制造”，由“制造性优先的设计”转变为“功能性优先的设计”，并且填补了“拓扑优化”设计与制造能力之间的鸿沟，使构件设计由“经验性设计”转变为“优化设计”。

(4)采用微铸锻铣复合制造技术生产的产品后期加工量少，可节省材料，减少库存，且可以减少数据的传输，使用更少的零部件供应商，有利于涉密企业的保密工作。

1. 船舶辅助设计

使用微铸锻铣复合制造技术，按照一定比例打印出船模，可进行常规水池试验和空气动力学测试。相比采用传统人工方式制作模型，采用微铸锻铣复合制造技术可以更快、更精准、更低成本地制造舰船模型，通过此模型，工程师可以更好地验证和改进设计参数及思路，提高船舶设计效率与质量，加快船舶行业新产品的研发速度。例如，美国海军水面作战中心(Naval Surface Warfare Center, NSWC)成功利用增材制造技术按一定比例制作出一艘尺度大、结构复杂的海军医院船 T-AH20 模型(Navy Metalworking Center, 2016a)，如图 8.15 所示，用于测试船上风力气流的情况以提升直升机作业时的安全性。

图 8.15　增材制造的美国海军医院船 T-AH20 模型(周长平等, 2017)

2. 船体及配套设施制造

1)船体辅助建造

微铸锻铣复合制造技术在船体辅助建造领域的应用可以提高任务执行速度和

降低生产成本。美国海军金属加工中心(Navy Metalworking Center, NMC)应用增材制造技术制造支持工具和固定装置来辅助制造水面船舶和潜艇，该技术的使用可以给英格尔斯(Ingalls)船厂和通用动力电船(General Dynamics Electric Boat, EB)公司节约大量生产成本，并缩短制造周期(Navy Metalworking Center, 2016b)。

2)船用大型复杂零件

对于尺寸较大、结构复杂的船用部件，受限于金属模具制作困难较大、成本过高及周期过长等因素，可采用微铸锻铣复合制造技术直接打印复杂形状的砂型和砂芯，实现大型复杂构件的快速铸造。NMC 开展了 Navy ManTech 项目，如图 8.16 所示，研究使用增材制造技术打印砂型和砂芯，实现复杂结构高强钢构件的快速铸造。这种高强钢铸件首先用于俄亥俄级和弗吉尼亚级潜艇壳体，后续此增材制造技术将应用于未来所有舰艇的建造(Navy Metalworking Center, 2016c)。

图 8.16　荷兰 RAMLAB 3D 打印的船用螺旋桨(Navy Metalworking Center, 2016c)

船用柴油机机体和缸盖体积大、内部结构复杂，依靠传统的设计制造方法，仅铸造模具、修改模具等环节就需要近半年时间，而且机体和缸盖等内部存在多处自由曲面，采用传统方法很难保证曲面精度。而采用微铸锻铣复合制造技术，可直接打印出砂型与砂芯，再浇铸成机体和缸盖。除柴油机外，进排气管、增压器罩壳等部件也可以利用同样的方法进行快速铸造。此外，还可以直接应用微铸锻铣复合制造技术打印增压器涡轮叶片等部件，以避免薄壁热开裂(李佳等, 2015)。

3)船舶电子设备冷却装置制造

微铸锻铣复合制造技术在具有复杂内部结构的构件一体化成形方面有着传统制造技术无法相比的优势。NMC 利用增材制造技术生产出的船舶电子设备中的整体式铝合金底盘如图 8.17 所示(Navy Metalworking Center, 2016d)。这种部件的结构复杂，要求内部有封闭的液体冷却通道，通过传统工艺很难制造出来，且存在制造成本高、生产周期长、冷却效果不理想等问题，但是，采用增材制造技术可以做出任意精细复杂的内部结构来提高冷却能力，并节省大量的制造成本且缩短一半的生产周期。

图 8.17 增材制造技术直接成形船舶电子设备中整体式铝合金冷却底盘（Navy Metalworking Center, 2016d）

3. 船舶再制造与实时维修

微铸锻铣复合制造技术可实现高性能金属构件修复，促进船舶零件再制造技术的发展。采用传统方法进行零件修复时，由于制造工艺和修复工艺差别很大，往往修复后的零件性能有所下降。但是，采用微铸锻铣复合制造技术进行高性能修复时，可把缺损零件看作基材，逐点进行数字化修复，可同步控制成形合金的成分和组织，实现高性能匹配修复，修复后的零件在简单退火处理后即可以达到锻件力学性能。新加坡 Tru-Marine 公司利用增材制造技术在轮船涡轮增压器部件破损的地方直接重建修复，降低了成本，而且修复部位的性能更高（Raghavan et al., 2016）。

大型船舶远洋航行过程中，机械零件可能发生故障，需要及时抢修，因而许多国家开展了面向船舶关键零部件的增材制造技术及其在维修保障中的应用研究，积极解决船舶零部件增材制造关键技术，研发大型船舶失效零部件的实时 3D 打印与管理系统，实现零部件及时制造和快速更换，这也有利于实现大型船舶易损零件的“零库存”，使船舶轻量化。美国海军也将 3D 打印机安装在军舰上，用来承担一些日常或者紧急的维修任务（3D 打印网, 2016）；荷兰鹿特丹市投资数百万欧元建立 3D 打印中心，船舶在到达港口前就可预订特定组件，提前进行 3D 打印，以便在港口进行组装，实现船舶快速维修，也使鹿特丹成为智能港口(国际船舶网, 2016)。

4. 应用前景

1)船舶动力装置制造

船舶动力装置属于船舶部件中科技含量高、制造技术难的部件之一。微铸锻铣复合制造技术在船舶动力装置高精密复杂构件及高性能大型构件制造方面具有广阔的应用前景，具体优势体现如下。

(1)具有内部复杂结构构件的辅助设计及制造，如燃气轮机或柴油机喷油嘴的辅助设计及制造。喷油嘴内部复杂通道和喷油孔形状的参数会影响最终的燃油燃烧及排放，是设计的热点之一。采用微铸锻铣复合制造技术可实现这种高性能复杂金属构件的直接制造，提高工作效率。另外，该技术在燃气轮机空心定向结晶叶片的直接制造领域具有广阔的应用前景。空心定向结晶叶片是燃气轮机的核心部件，如何实现复杂外形及内部结构与定向组织的同步制造是技术难点。通过对激光金属直接成形过程中材料组织直接控制规律的研究，发现调整控制激光金属直接成形过程中的温度梯度，可以控制零件内部组织为柱状晶且定向生长，如低温氩气随形冷却零件的方法(Maiti et al., 2016)。

(2)多零件组合制造。应用微铸锻铣复合制造技术，在船舶动力装置中，可将数十个、数百个甚至更多零件组装的产品一体化一次制造出来，大大简化了制造工序；可使结构更加紧凑，在相同功率条件下减小设备质量与体积；可节约制造和装配成本，消除装配误差，提高设备运行稳定性。此技术将为装备制造技术带来颠覆性变革，可以实现燃气轮机中整体叶盘的一体化制造，也可实现喷油嘴的多零件组合制造。

(3)微铸锻铣复合制造技术将普通增材制造技术与传统制造技术结合，非常适合船舶动力装置中体积较大薄壁件的制造，如燃气轮机中的机匣。该类构件形状相对比较复杂，若整体采用传统制造技术，则柔性加工能力差、成品率低且材料浪费严重；若整体采用普通增材制造技术，则加工效率低、成本高。微铸锻铣复合制造技术具有自由实体成形制造特征，可以方便地将激光增材制造技术与传统制造技术相结合，实现“锻造+激光增材制造”、“铸造+激光增材制造”和“机械加工+激光增材制造”组合制造，进一步提高制造效率，缩短制造周期，降低制造成本。

2)船舶结构-功能一体化材料制备和构件制造

(1)可控孔多孔材料与构件。

在现代舰艇制造领域，对轻量化和声隐身性能提出了越来越严格的要求，而微铸锻铣复合制造技术成形多孔结构构件能实现这种结构和功能的复合。

微铸锻铣复合制造技术成形多孔结构构件相比传统致密零件具有更高的比强度、比刚度，成形件内部可控孔的孔径、孔形较传统多孔材料更加均匀，可减缓应力集中效应，使构件具有良好的疲劳性能。当冲击载荷传入内部多孔结构时，由于波阻抗不同，会在界面处产生“反射卸载”效应，对冲击载荷起到“缓冲”作用，若冲击载荷过大，则内部多孔结构要经历弹性变形、塑性崩塌和致密化三个阶段，使整个失效过程吸收很多冲击能量，从而提高材料抗冲击性能。另外，由于成形件内部多孔材料含有非常多的界面，而界面对声波及振动产生的应力波传播过程具有散射及耗散作用，从而达到减振和消声的功能特性(Liu et al., 2016)。

采用微铸锻铣复合制造技术成形内部多孔结构构件可兼顾高比强度、良好疲劳性能、良好抗冲击性能、减振和吸声功能，实现结构和功能复合的要求，是舰船轻量化和声隐身的一个发展方向。舰艇的一些驱动件或传动件上可以使用内部多孔的结构来代替致密结构，可有效减轻舰艇突然启停和加速过程中的冲击振动和噪声；发动机基座采用多孔材料可有效阻断振动信号向外传播；潜艇的发动机舱壁上加入多孔材料，不仅可以起到防护作用，而且可以有效隔声；螺旋桨噪声是舰艇噪声来源的重要组成部分，而且很难消除，可采用微铸锻铣复合制造技术成形内部多孔且外部形状复杂的结构，在保证良好推进性能的情况下达到减振降噪的目的(韦璇等, 2006)。

(2)功能梯度材料。

微铸锻铣复合制造技术不仅对装备制造技术产生了变革性影响，还给构件材料技术带来新的变革，可以实现高性能非平衡材料的制备、原位复合材料的合成(Gu et al., 2009)和功能梯度材料(FGM)的制备。微铸锻铣复合制造技术可以通过多路同步送粉和自由成形，调节不同材料配比，逐点控制，得到因成分或组织梯度变化而使材料的性质和功能也呈梯度变化的新型功能梯度材料，再结合激光成形的非平衡凝固特点，使材料获得较高的机械强度、抗热冲击性能、耐高温性能、耐磨损性能等，在船舶领域具有非常广阔的应用前景。

制备热应力缓和功能梯度材料在船舶动力装置耐高温部件上具有广阔的应用前景。例如燃烧室壁材料，目前多使用双材料体系来制造燃烧室壁，如在金属材料表面涂上一层耐高温陶瓷涂层。由于金属和陶瓷两相的热膨胀系数差别很大，在陶瓷和金属界面处将产生很大的热应力，长时间工作或经过许多次热冲击后可能会导致界面开裂，使隔热涂层脱落。采用激光微铸锻铣复合制造技术制备热应力缓和功能梯度材料，使其成分和组织呈连续的梯度变化，消除了两种材料的宏观界面，达到缓和热应力和耐热隔热的作用。

耐高温功能梯度复合材料在船舶动力装置上具有广阔的应用前景(Lin and Yue, 2005)。以燃气轮机钛合金叶盘为例，在 550～600℃使用温度范围内，国内广泛使用 Ti60；在 600～800℃使用温度范围内，主要采用具有良好综合性能的

Ti2AlNb 基合金。若叶盘整体部件采用 Ti2AlNb 基合金制造，会使整体部件质量较大，且含量较高的 Nb 为贵金属。若根据不同部位的使用温度和应力水平特点使用对应性能的材料，采用激光微铸锻铣复合制造技术，制备 Ti60-Ti2AlNb 梯度材料叶盘，则可以在不降低叶盘性能的情况下，减小部件质量，同时降低材料和制造成本。

功能梯度耐磨材料在船舶轴承、传动件等易磨损部件上具有广阔的应用前景。在船舶主机和传动装置中，相当一部分零件是因磨损造成失效而报废的。陶瓷材料因具有耐高温、耐腐蚀、耐磨损性能而广泛用作涂层材料，可提高金属构件的磨损性能，但是由于陶瓷和基体金属之间的界面结合较弱，且热膨胀系数存在较大差异，在使用传统方法进行高温熔覆时，冷却过程中容易在两材料界面处产生较大的残余热应力，加上使用过程中部件承受较大的循环载荷或冲击载荷，这加速了陶瓷涂层的脱落。采用激光微铸锻铣复合制造技术制备金属-陶瓷功能梯度耐磨涂层，可解决传统双材料界面热应力高、界面结合强度低、耐磨层易脱落等缺点，提高零件耐磨性能。

采用激光微铸锻铣复合制造技术制备的特种梯度组织材料在耐高温部件生产上具有广阔的应用前景。随着人们对功能梯度材料的认识不断加深，梯度材料已不仅仅局限于多材料体系，还涉及单材料组织结构的可控梯度变化。例如，希望根据燃气轮机整体叶盘不同部位的应力水平和工作温度，使叶盘不同部位获得不同性能，心部细等轴晶可以承受较大的离心力，中间粗等轴晶可提高高温蠕变强度，外部的径向生长定向晶承受更高的温度。激光微铸锻铣复合制造技术具有独有的逐点控制成形优势，使这种梯度组织构件的制造成为可能(杨模聪等, 2009)。

8.2.2　模具领域

当代社会市场竞争日趋激烈，新产品的“上市时间”成为企业占领市场最关键的因素之一，因此缩短产品的设计和制造周期成为现代企业的迫切需求。在此背景下，20 世纪 80 年代末基于增材制造技术研发了适用于新产品试制、中小批量生产的快速制模(rapid tooling, RT)技术。RT 技术是采用增材制造工艺在很短的流程和时间内制造最终产品需要的模具，而非直接制造最终产品，从而实现产品的快速批量化制造(Karapatis et al., 1998)。根据制造模具的工艺流程，RT 技术可分为间接制模和直接制模。RT 技术的分类示意图如图 8.18 所示。

间接制模的方法是以增材制造的成形件作为母模或过渡模具，通过传统制造方法来制造模具，如铸造(精密铸造、砂型铸造、石膏模铸造等)、硅胶模、表面改性技术(金属电弧喷涂、电镀、电铸等)(邹国林, 2002)。这类方法可以明显提高模具生产效率、降低模具制造成本，从 20 世纪 80 年代末到 2000 年左右获得了国内外的广泛研究和应用。间接制模的方法根据模具材料、生产成本和使用寿命的不同，可分为软模、过渡模和硬模技术。

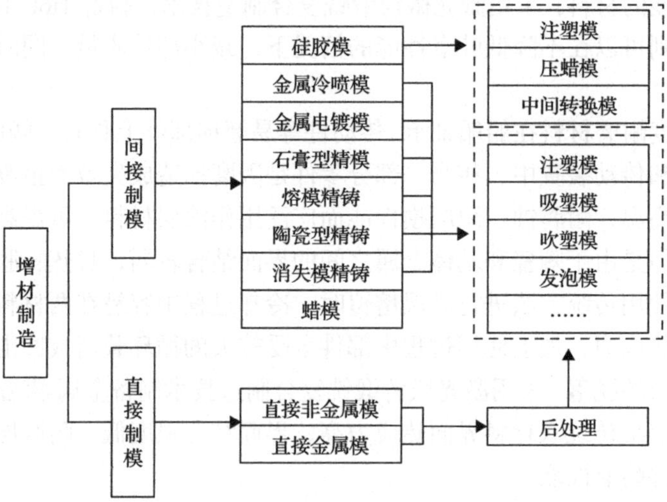

图 8.18　RT 技术分类

直接制模(direct tooling, DT)技术是使用增材制造技术直接成形出所需要的金属、非金属模具。与间接制模技术相比，DT 技术直接从模具的 CAD 数据制造出所需的模具零件，工艺流程短，从而避免了间接制模中冗长的工艺流程造成的产品稳定性差、精度和表面质量难控等问题。

与模具传统制造方法相比，微铸锻铣复合制造技术可以实现任意复杂结构模具的快速制造，在单件或小批量生产用模具制造过程中，具有制造成本低、周期短的优势，因此可广泛应用于模具制造业。

1. *在注射模开发方面*

以注射模为例，模具的所有零件在传统的制模工艺中采用的是机械加工、电加工、线切割等手段，是材料去除的方法。而微铸锻铣复合制造技术的应用，使得传统制造技术无法实现的零件内部、外部形状，均可进行自由设计与制造，尤其在模具温控系统的制造上，更是显示出极大的优越性(Altan et al., 2001)。

按照模具的使用功能要求，在设计方案确定之初就要做好模具温控系统的优化，确保塑料在注射过程中的顺利充填、定型，并尽可能缩短注射周期。在传统制造技术条件下，模具技术人员在进行温控水路设计时是无能为力的，除了模具自身结构方面的限制，机械加工手段自身的短板同样制约了设计师的思路，只能根据模具内部有限的空间设计出简单的、方形温控水路系统，对于某些模具零件，如小型芯、滑块、斜顶块等甚至无法考虑水路，作为替代方案，采用导热性好一点的铍铜材料来制造模具零件，这样制模成本高，效果不理想。运用微铸锻铣复合制造工艺可以实现模具零件在满足强度前提下的几何形状自由设计。

2. 模具成形系统

采用传统加工方式，细小模具型芯内部是无法设计冷却水路的，在注射过程中依靠自然冷却，热惯性导致注射周期加长，并在塑件上产生缩痕和变形等缺陷。采用微铸锻铣复合制造工艺的螺旋式冷却水路如图 8.19 所示，可以使冷却介质到达工件的顶端，增大热交换的面积，冷却介质形成湍流，使模具零件保持良好的使用力学性能。

3. 模具镶件

微铸锻铣复合制造工艺应用于模具镶件可明显减少诸多注射问题。以塑代钢的结构件普遍采用厚壁结构设计，选用技术聚合体材料注射成形，注射温度比普通塑料要高。为了保证塑件和其他相关零件的良好装配效果，并消除影响零件寿命的内应力，应设法避免零件的变形和不均匀收缩。

传统设计方式无法达成预期的冷却效果，消除变形和内应力。采用微铸锻铣复合工艺制造随形冷却的模具镶件如图 8.20 所示，可保证重要部位的温度控制，保证零件装配的互换性。

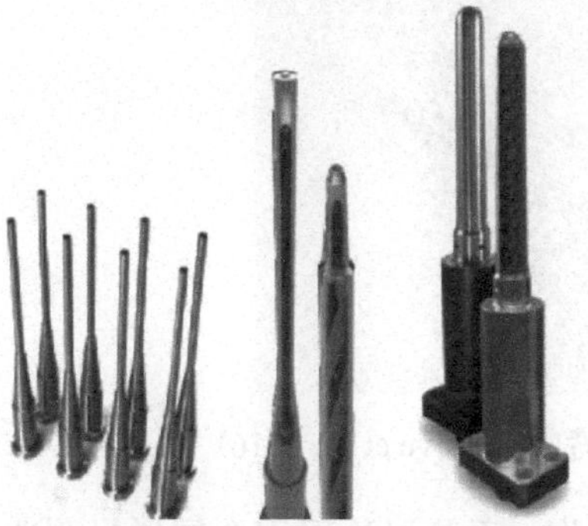

图 8.19　小型芯的螺旋式冷却水路设计

图 8.20　随形冷却模具镶件

4. 在模具修复方面

利用微铸锻铣复合制造技术用于模具修复，可有效解决模具制造周期长、使用周期短的问题。目前，已有学者应用其他增材制造技术修复小型锻模、切边模、曲轴类模具及各种冷热挤压模具，如艾明平和来克娴(2009)利用堆焊技术对 5CrNiMo 热锻模具进行了修复，修复后模具的硬度得到提高，使用寿命延长；陈燕妮(2009)对高碳高合金冷作模具钢 CrWMn 钢压型模进行了焊接修复试验，结果表明减小热输入、快速冷却、焊后锤击焊缝等工艺措施能减少冷裂纹，提高修复质量。微铸锻铣复合制造技术在模具修复领域具有广阔的应用前景。

8.2.3 航空航天领域

和传统制造方式相比，微铸锻铣复合制造工艺具有很多优势：具有制造大型铸锻件的能力(林鑫和黄卫东, 2015)；仅在需要的位置熔化材料，可节省大量能源(巩水利等, 2013)；具有较高的材料利用率(Almeida and Williams, 2010)；可生产功能梯度材料(Colegrove et al., 2016)；可以满足拓扑优化设计的制造需求。微铸锻铣复合制造技术主要有基于激光束、电子束、电弧/等离子弧为热源的三种增材成形方式，已应用于航空航天领域的高端零件制造(Zhang et al., 2013)，显示出广阔的应用前景。

通用电气公司采用金属增材制造技术生产的发动机燃油喷嘴如图 8.21 所示，采用该技术可以缩短 2/3 周期，生产成本降低 50%。

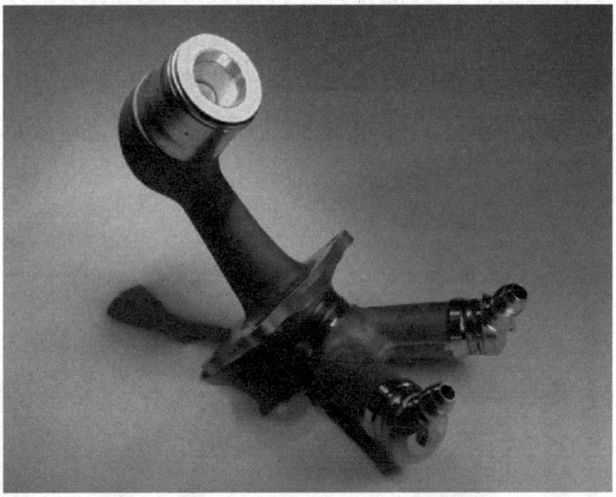

图 8.21 通用电气公司发动机燃油喷嘴(Colegrove et al., 2016)

2014 年，空中客车公司与西北工业大学合作，系统讨论采用金属增材制造技术制造飞机零部件的可行性。西北工业大学采用 LSF 制造的长达 3010mm 的 C919 飞机钛合金中央翼 1#肋缘条如图 8.22(a)所示。北京航空航天大学制造的某飞机大型钛合金眼镜框如图 8.22(b)所示(林鑫和黄卫东, 2015)。

电弧增材制造技术使用金属丝材为原料，电弧为热源，是一种高效低成本的成形方式，其高材料利用率与短流程制造方式适用于大型航空航天件的制造。英国的克兰菲尔德大学长期致力于电弧增材制造的研究，其成果在飞机起落架、机翼肋板和加强筋中得到应用(Grihon et al., 2004)，如图 8.23 所示。

(a) 飞机钛合金中央翼1#肋缘条　　(b) 大型钛合金眼镜框

图 8.22　金属增材制造的飞机零部件(林鑫和黄卫东, 2015)

图 8.23　克兰菲尔德大学电弧增材制造的钛合金结构件(Grihon et al., 2004)

华中科技大学张海鸥团队发明的微铸锻铣复合增材制造技术，以电弧为热源，丝材为原料，用微型轧辊对熔融态金属进行连续锻造轧制，在过程中对后续无法加工的缺陷进行复合铣削去除，可获得锻态等轴细晶组织，力学性能超过锻件，是一种高效、低成本、短流程的复合制造技术，打印的零部件如图 8.24 所示。

图 8.24　航空过渡段(镇裕, 2018)

8.2.4 汽车领域

微铸锻铣复合增材制造技术对于汽车而言能更好地缩短设计与研发过程，更迅速地将设计师的想法转化成现实产品，例如，缩短研发生产时间、加速开发新型方向盘和仪表面板等以及定制概念车。据普华永道公司的一项调研显示，在 100 多个受调查制造企业中，2/3 的企业分别在不同程度上使用了 3D 打印技术。

在汽车行业，微铸锻铣复合增材制造技术起到十分重要的作用，几乎所有的汽车零件都可以采用 3D 打印直接或间接完成，主要用于产品概念设计、原型制作、产品评审、功能验证，以及制作模具原型或直接打印模具和产品。

3D 打印在汽车零部件的开发和赛车的零部件制造方面得到了广泛的应用，如图 8.25 所示，几乎涵盖了汽车的全部整体，包括汽车仪表盘、动力保护罩、装饰件、水箱、车灯配件、油管、进气管路、进气歧管等零件。

图 8.25 金属 3D 打印的布加迪车身主体部件（Grihon et al., 2004）

1. 发动机

随着市场竞争的加剧，汽车发动机向着多型号、短周期的方向发展。对于那些形状结构复杂的零件，可以直接使用微铸锻铣复合制造以替代机械加工。激光打印的轻量化发动机缸体如图 8.26 所示，其从设计到制作出成品仅需数天，大大缩短了产品开发周期及制造成本。

2. 汽车模具

微铸锻铣复合制造技术的优势在于能快速短流程更改设计差错、提高生产效率、降低开发成本。相比于传统的模具开发，以及锻造、铸造等复杂的工艺，简化了中间环节，从而减少了人力与物力的消耗，缩短了开发周期。采用 3D 打印直接成形的轮毂如图 8.27 所示（Zhang et al., 2013）。

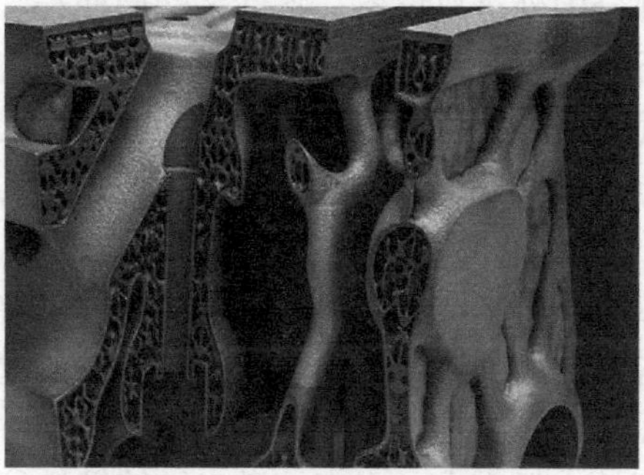

图 8.26　3D 打印的发动机缸体
（镇裕, 2018）

图 8.27　3D 打印直接成形的轮毂
(Zhang et al., 2013)

3. 逆向工程及修复

逆向工程是 3D 打印在汽车行业的一大应用，是迄今为止用于修复功能部件最有效的方法，优点是快速短流程且成本低。微铸锻铣复合制造技术在模具修复方面展现了明显的优势。英国的 3DEALISE 公司在无设计图纸的情况下，如图 8.28 所示，使用 3D 打印的砂模来铸造受损件，灵活地修改和定制模具设计，改善铸造性能，减轻了重量，并增加了复杂的铸造部件，在短短两个星期内即完成了这项非常具有挑战性的任务，充分体现了 3D 打印在逆向工程领域的优势。

图 8.28　赛车引擎修复 (Zhang et al., 2013)

8.2.5　核能动力领域

核电领域是我国高端制造业的代表之一。核电领域的部分设备结构复杂，运转环境苛刻，对力学性能要求极高，尤其部分国外进口设备，备件采购周期长、采购成本高，而微铸锻铣复合制造技术具备可实现复杂结构一体化净成形、制造周期短、材料利用率高、产品性能优良的优势，不仅可以优化产品设计方案、提高设备制造质量、降低备件采购成本，还能快速高效地解决现场紧急备件供应的问题，并优化备件库存结构。

微铸锻铣复合制造技术在核电领域的应用程度本质上是市场需求决定的。航空航天和核电领域都存在小批量生产、结构复杂、制造难度大、成品率低的关键结构部件，传统制造业对这些零件的制造面临诸多困难，而制造柔性高、受零件外形限制小的 3D 打印在这些领域都有广阔的市场需求。未来，激光微铸锻铣复合制造技术将给核电装备提供新的实现途径。

目前，国内核电站建设所用核心部件的制造技术仍掌握在国外企业手中。核电站设备中，以最核心的部件压力容器为例，其作用是防止高温高压、放射性气体的腐蚀和冲刷，就像防洪大坝一样，是核电设备中安全等级要求最高的部件，目前高度依赖进口。国内虽具备生产能力，但锻造技术与发达国家存在差距，为提高高端装备产品合格率，大多数企业需要付出高昂的时间和资金成本。利用微铸锻铣复合制造技术提高制造效率、成形质量和成品率，降低成本和制造周期，可以迅速缩短与发达国家之间的技术差距，大幅提高我国核电设备在国际上的竞争力，抢占国际市场。

任丽丽等(2017)对核电站主泵增材制造工艺进行了初步研究，完成了 Kossel 并联臂 3D 打印机的开发，在此基础之上对 PLA 材料核电站主泵增材制造工艺进行了初步研究，并成功实现 PLA 材料核电站主泵的增材制造，如图 8.29 所示。

图 8.29　Kossel 3D 打印机及实际制造的变直径增材零件(任丽丽等, 2017)

1. 制冷机端盖

2018 年，中国广核集团采用金属 3D 打印技术研发制造出的压缩空气生产系统制冷机端盖，如图 8.30 所示，在位于深圳的大亚湾核电站实现了工程示范应用。

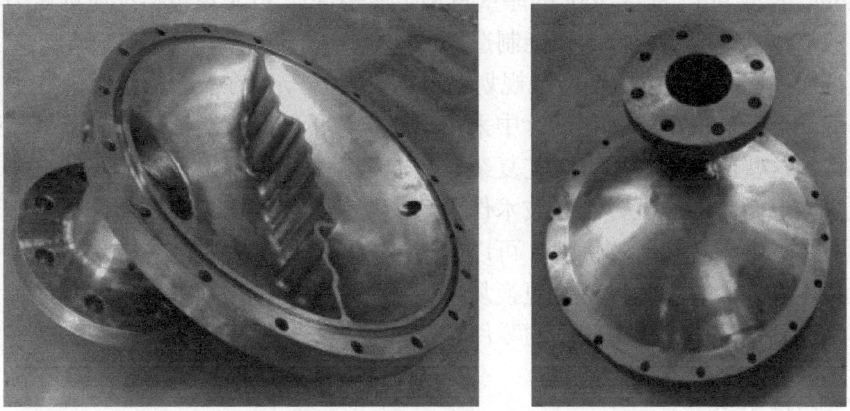

图 8.30　制冷机端盖成形件

大亚湾核电站是中国大陆首个百万千瓦级大型商业核电站。2016 年起，中国广核集团下属中广核核电运营有限公司牵头对 3D 打印技术在核电领域的应用进行了科研攻关，开展了“3D 打印技术在核电站备件及零部件制造、维修过程中的关键技术研究”科研项目。

该项目以 EAM235 合金(主要成分为碳、硅、锰、铬、镍、钼、铜等元素)为原材料，利用电弧熔积增材制造这一 3D 打印领域先进的制造技术，也是 3D 打印技术在国内商运核电站首例工程实践示范应用。这标志着 3D 打印技术在核电领域实现了从理论研究、技术分析向工程实践应用的重大跨越。

2. 压力容器

中国核动力研究设计院与南方增材科技有限公司联合发起 ACP100 反应堆压力容器增材制造项目，如图 8.31 所示，开启了核电重型主设备增材制造研发的序

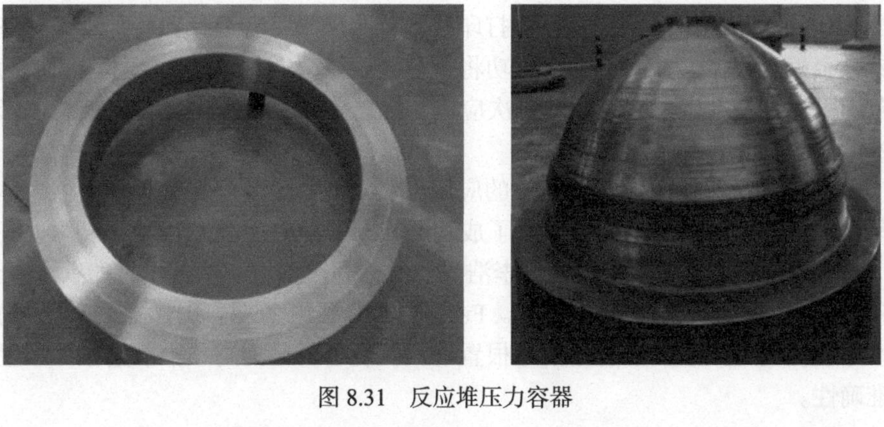

图 8.31　反应堆压力容器

幕。他们自主研发、设计和建造了国际上最大型电熔增材制造设备(能打印最大直径 5.6m、长度 9m、重达 300t 的厚壁重型金属构件)，可实现包括反应堆压力容器在内的核电大型金属构件的智能制造。

根据我国《核电中长期发展规划(2011—2020)》，现在及今后将建造相当规模的非能动核反应堆电站，在设计中采用了一定数量的镍基、钴基、钨基等特殊合金部件，这些部件材料加工工艺复杂、制造难度大，容易出现性能不符合要求而造成报废。微铸锻铣复合制造技术作为解决复杂形状难加工金属部件成形制造问题的潜在方案有着独特的优势，可以制造堆内构件导向管复杂零部件、汽水分离器复杂零部件、非核级设备可更换复杂零部件、驱动机构钩爪部件及其他辅助设施等外形复杂或加工难度较高的零件。

8.2.6 其他领域

1. 生物医学领域

生物 3D 打印技术自 1995 年出现以来，经历以下四个阶段：第一阶段，成形产品应用于人体以外，如某些医学模型、医疗器械等的 3D 打印成形，无生物相容性的要求；第二阶段，产品植入人体后成为永久植入物，使用材料具有良好的生物相容性但不会被降解；第三阶段，产品植入人体后可以与人体组织发生相互关系，促进组织的再生，使用的材料具有良好的生物相容性且能被降解；第四阶段，直接制造出组织、器官等具有生物活性的产品，直接使用活细胞、蛋白及其他细胞外基质作为材料。随着材料研发和技术发展的成熟，微铸锻铣复合制造技术将会在前三阶段发挥至关重要的作用。

以材料分类，可分为生物材料打印和活性组织打印，微铸锻铣复合制造概念上属于生物材料打印，用于生物医学打印的金属材料主要有钛合金、钴铬合金、不锈钢和铝合金等。

目前，增材制造技术大量应用于外科、骨科、牙科等领域。第四军医大学郭征团队(郭征等, 2014)采用金属 3D 打印技术打印出与患者锁骨和肩胛骨完全一致的钛合金植入假体，并通过手术成功将钛合金假体植入骨肿瘤患者体内，成为世界范围内肩胛带不定形骨重建的首次应用，标志着 3D 打印个体化金属骨骼修复技术的进一步成熟。

金属 3D 打印在医疗健康领域的应用方兴未艾，目前已在接骨板、植入体、齿科、辅助导板、器械工具等进行了成功的临床医学应用。

外科手术领域如图 8.32 所示，李浩等(2015)利用增材制造技术打印钛-聚合物人体胸骨，并成功应用于骨植手术。Fu 等(2013)利用 3D 打印技术，打印生物相容性导航模板应用于颈椎前路椎弓根置钉，发现可明显提高颈椎前路椎弓根置钉的准确性。

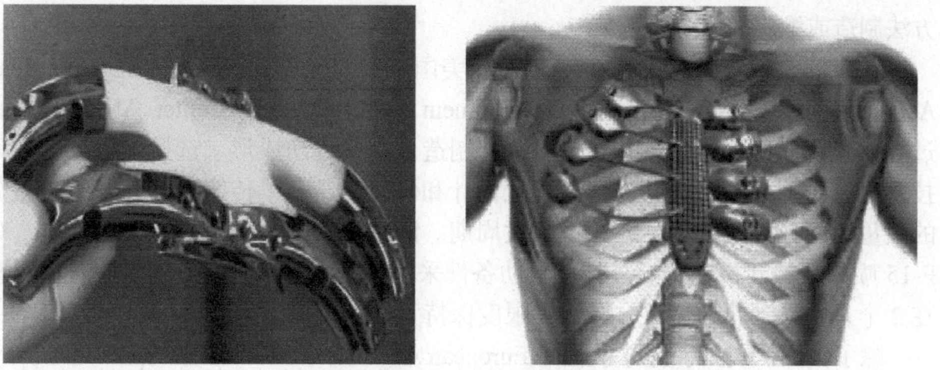

图 8.32　金属 3D 打印钛-聚合物胸骨植入物(李浩等, 2015)

个性化植入体制造(郭文文等, 2016)：3D 打印技术对骨科的个性化植入体制造发挥着重要作用，人工骨骼根据患者个体差异制造且含有可供患者自身骨细胞分裂、分化的孔隙。常用的 3D 打印骨科内置物的材料有磷酸三钙、聚醚醚酮(polyethereketone, PEEK)、钛合金等，研究人员也在不断寻找新材料、新方法增强支架各方面的性能。

口腔医学：使用金属粉末激光熔融打印义齿，或利用可以进行销蚀铸造的树脂材料制作牙冠和牙桥的原始蜡型，结合专门的铸造工艺得到优质的金属铸造件；通过使用 3D 打印手术导板，牙医可以轻松地将植入物放到准确的位置，而不必像传统方法那样全凭自己的经验去猜测，3D 扫描和 3D 打印对传统模具的取代也减缓了患者医疗过程中的痛苦。普兰梅卡公司的 3D 打印设备 Planmeca Creo 基于数字光处理(digital light processing, DLP)技术，可以定制牙科夹具、植入物、手术导板及其他医疗模型。

现在，在 3D 生物打印领域取得了大量的科研突破，这些突破将使得未来数年内实现 3D 打印器官和组织的前景越来越清晰。同时，微铸锻铣复合制造技术在原理上非常适合医学生物各领域的应用，将用于制药、美容、食品、服装等多个领域。

2. 军事领域

目前，以美国、欧盟为代表的世界主要军事强国和地区已经意识到增材制造技术在军事领域应用的重要性，纷纷对增材技术军事应用实施了战略部署。

在武器装备受损部件维修方面，美国国防部曾采用激光近净成形技术进行受损零件现场维修，以及专用零件的小批量生产。安尼斯顿陆军基地采用激光近净成形成功维修 M1 艾布拉姆斯的燃气涡轮。美国海军水下作战中心(United States Navy Undersea Warfare Center, NUWC)实施了快速制造与维修(rapid manufacturing and maintenance, RMR)计划，采用直接金属激光烧结、熔融堆积成形以及电子束熔融等方法制造或维修老零件与工装。

在武器装备复杂结构件生产方面，美国航空及导弹研发工程中心(American Aerospace and Missilo Research, Development and Engineering Center, AMRDEC)通过立体光刻成形、熔融沉积建模、分层制造、激光近净成形、选择性激光烧结等技术，对导弹控制操纵杆进行最优化设计和研究，避免了传统生产设备所需花费的大量时间和设备成本，缩短了开发周期。同时，美国国防部与工业界合作，对F-15 喷气式战斗机铁合金外挂架翼肋备件采用激光 3D 工艺，使零件的需求能够在 2 个月内得到快速满足，并最大限度保持飞机的可用性。

除了美国，欧洲宇航防务集团(European Aeronautic Defence and Space Company, EADS)也致力于使用增材制造技术制造飞机的机翼、起落架的支架和其他零件。

美国陆军 2011 年向阿富汗部署了增材移动实验室，为士兵现场创建工具和其他设备。该实验室除了配备数控车床、成形机和试验设备外，还有增材技术设备和配套的相关制造工具，能通过增材技术设备和计算机数字控制设备将铝、钢材和塑料生产加工成战场所需的一些零部件及一些特殊装备，从而实现在战区内快速生产原型产品。美国陆军计划通过这种做法增强单兵作战、战区巡逻以及小型前线作战基地的可持续能力。

3. 珠宝领域

珠宝行业引入 3D 打印技术已十分普遍，但多数是打印蜡模，还需要经历铸造等一系列工序。目前，欧洲几乎所有大牌珠宝品牌已经采用贵金属 3D 打印技术进行产品研发或私人定制，但相对来说，在全球珠宝行业内还没有真正大规模应用该项技术。

与传统的失蜡铸造相比，微铸锻铣复合制造技术能做出更多空心、镂空等复杂造型，以及失蜡铸造无法完成的一些结构，可以定制极具个性化的珠宝产品。

8.3 微铸锻铣喷涂复合控形控性技术

金属微铸锻铣复合增材制造技术已经应用于大型复杂金属结构件制造过程，但对于某些特定表面和关键部位需要性能要求更高的零件，仅靠微铸锻铣技术无法满足。动力喷涂技术(dynamic spray)，又称冷喷涂技术，是近年来出现的一种用于零件增材制造和表面修复的工艺。该技术可以改善和提高材料的表面特性，如耐磨性、耐腐蚀性和材料的力学性能等，最终提高零件的表面质量。

动力喷涂技术可以实现低温状态下的金属超高速熔积，形成的涂层残余应力低，可以制备厚涂层，涂层厚度可达到毫米级，该技术对基体不形成热影响，可作为近净成形技术直接喷涂制备块材和零部件，在防护涂层和功能涂层的制备、装备制造和再制造领域具有广阔的应用前景。目前，该技术已经在美国、欧洲、澳大利亚等发达国家和地区用于直升机、战斗机、轰炸机、潜艇等军事装备修复再制造中。例如，美国埃尔斯沃思(Ellsworth)空军基地的第 28 维修小组增材制造飞行队于 2021 年 5 月使用金属冷喷涂(动能固结)技术修复了 B-1B 轰炸机机翼上方滑动接头，实现机翼轮廓内的上下垂直运动。澳大利亚 SPEE3D 公司的 WarpSPEE3D 增材制造打印机在短短 3h 内就生产了一个 17.9kg 的铜制火箭喷嘴衬垫，如图 8.33 所示，成本不到 1000 美元。澳大利亚金属增材制造公司 Titomic 开发的原子动力聚变(titomic kinetic fusion, TKF)技术采用与冷喷雾类似的工艺，逐层建立钛合金零件，成功打印了钛合金火箭模型，如图 8.34 所示。

图 8.33 动力喷涂制备铜质火箭喷嘴衬垫

图 8.34 Titomic 公司 3D 打印钛合金火箭模型

现有冷喷涂在制备涂层方面存在固有的问题，涂层结合强度不够，涂层厚度难以增加，熔积高熔点或塑性不好的金属存在孔隙率较大的问题。在冷喷涂技术基础上，辅以激光热源，对高熔点、低塑性金属或者陶瓷颗粒及基体进行进一步加热，通过改善其粉末颗粒塑性来改善熔积效果。许多研究表明，激光复合冷喷涂在提高冷喷涂效率和涂层密度方面具有显著优势。Kulmala 和 Vuoristo(2008)使用低压冷喷涂复合激光在碳钢基体表面熔积 Cu/Al_2O_3 和 Ni/Al_2O_3 涂层，试验表明，激光的照射明显提高了熔积层的密度及效率。Olakanmi 等(2013)用多种激光功率熔积 Al-12%Si，发现熔积形成涂层厚度在激光功率从 2.5kW 增加到 3.5kW

的过程中增加了 57%。Li 等(2015a; 2015b)将激光辅助冷喷涂熔积的铜涂层与没有激光复合的单层冷喷涂熔积铜涂层的结果进行了比较，发现熔积层的厚度在有激光辐照的条件下增加了约 70%，且更致密，并且激光作用还使得熔积层与基体之间的结合强度进一步增强。Zhang 等(2020)利用超声速激光熔积在 45 钢上熔积了 Stellite-6 涂层、陶瓷 WC-Co 涂层，在中碳钢上熔积 Ni60 涂层，该工艺能有效抑制熔积粉末颗粒的粗大组织、烧损和氧化，提高了碳钢表面耐磨性以及耐腐蚀性能。

将激光辅助冷喷涂技术集成于微铸锻铣增材制造技术之中，在增材制造过程中，利用零件表面余热以及激光辅助加热，可实现硬质合金粉末和陶瓷粉末的塑化，通过动力喷涂的形式，熔积于增材制造零件表面形成强化涂层，极大提高复合材料的性能，提高强化效率，缩短零件表面强化的周期，可以实现复杂零件表面和关键部位的强化处理，与微铸锻铣增材制造技术协调制造复杂表面特性零件。

未来利用微铸锻铣喷涂复合控形控性技术制造具有特殊要求的大型复杂结构件，其优势主要表现如下：①可有效缩短零件表面强化周期，提高复杂性能零件的成形效率；②可实现多材料多梯度的零件表面处理以及增材制造过程；③可灵活规划喷涂成形轨迹及喷涂成形位置，实现定制化零件服务；④可明显提升零件表面及关键部位的性能，如耐磨性、耐腐蚀性和耐高温性能。

参 考 文 献

艾明平, 来克娴. 2009. 5CrNiMo 热锻模具堆焊修复工艺研究[J]. 锻压技术, 34(4): 114-116.

陈燕妮. 2009. CrWMn 钢压型模的焊接修复[J]. 金属加工(热加工), (12): 58-59.

巩水利, 锁红波, 李怀学. 2013. 金属增材制造技术在航空领域的发展与应用[J]. 航空制造技术, 433: 66-71.

郭文文, 曹慧, 刘静. 2016. 3D 打印技术在生物医学领域的应用[J]. 中国临床研究, 29(8): 1132-1133.

郭征, 王臻, 栗向东, 等. 2014. 多种 3-D 打印手术导板在骨肿瘤切除重建手术中的应用[J]. 中国修复重建外科杂志, 28(3): 304-308.

国际船舶网. 2016. 鹿特丹港建 3D 打印中心打造世界智能港口[EB/OL]. http://www.eworldship.com/html/2016/ship_inside_and_outside_0219/112102.html.

李浩, 李承鑫, 张学军, 等. 2015. 3D 打印模型辅助后路内固定治疗儿童颈椎畸形[J]. 中华小儿外科杂志, 36(3): 192-196.

李佳, 张纪可, 冯明志. 2015. 3D打印技术在船用柴油机领域的应用前景分析[J]. 柴油机, 37(2): 1-5.

林鑫，黄卫东. 2015. 应用于航空领域的金属高性能增材制造技术[J]. 中国材料进展，34(9)：684-688, 658.

任丽丽，刘金平，冯英超. 2017. 核电站主泵增材制造工艺初步研究[J]. 金属加工(热加工)，(4)：55-57.

3D 打印网. 2016. 金属 3D 打印成美国海军的核心“武器”[EB/OL]. http://3dprint.ofweek.com/2016-01/ART-132109-8300-29055271.html.

韦璇，马玉璞，孙社营. 2006. 舰船声隐身技术和材料的发展现状与展望[J]. 舰船科学技术，28(6)：22-27.

杨模聪，林鑫，许小静，等. 2009. 激光立体成形 Ti60Ti2AlNb 梯度材料的组织与相演变[J]. 金属学报，45(6)：729-736.

镇裕. 2018. 电弧微铸锻复合增材成形 GH4169 高温合金组织与性能研究[D]. 武汉：华中科技大学.

周长平，林枫，杨浩，等. 2017. 增材制造技术在船舶制造领域的应用进展[J]. 船舶工程，39(2)：86-93.

祝天安，添玉，李国伟，等. 2015. 增材制造技术在汽车发动机方面的应用[J]. 装备制造技术，(4)：138-140.

邹国林. 2002. 熔融沉积制造精度及快速模具制造技术的研究[D]. 大连：大连理工大学.

Almeida P M S, Williams S. 2010. Innovative process model of Ti-6Al-4V additive layer manufacturing using cold metal transfer (CMT) [C]. Proceedings of the International Solid Freeform Fabrication Symposium, Austin: 25-36.

Altan T, Lilly B, Yen Y C. 2001. Manufacturing of dies and molds[J]. CIRP Annals, 50(2): 404-422.

Colegrove P A, Donoghue J, Martina F, et al. 2016. Application of bulk deformation methods for microstructural and material property improvement and residual stress and distortion control in additively manufactured components[J]. Scripta Materialia, 135: 111-118.

Fu M, Jiang Y, Lin L, et al. 2013. Construction and accuracy assessment of patient-specific biocompatible drill template for cervical anterior transpedicular screw (ATPS) insertion: An in vitro study[J]. PloS One, 8(1): 573-580.

Grihon S, Krog L, Hertel K. 2004. A380 weight savings using numerical structural optimization[C]. 20th AAAF Colloquium on Material for Aerospace Applications, Paris: 763-766.

Gu D, Wang Z, Shen Y, et al. 2009. In-situ TiC particle reinforced Ti-Al matrix composites: Powder preparation by mechanical alloying and selective laser melting behavior[J]. Applied Surface Science, 255(22): 9230-9240.

Karapatis N P, van Griethuysen J P S, Glardon R. 1998. Direct rapid tooling: A review of current research[J]. Rapid Prototyping Journal, 4(2): 77-89.

Kulmala M, Vuoristo P. 2008. Influence of process conditions in laser-assisted low-pressure cold spraying[J]. Surface and Coatings Technology, 202 (18) : 4503.15.

Li B, Yang L J, Li Z H, et al. 2015a. Beneficial effects of synchronous laser irradiation on the characteristics of cold-sprayed copper coatings[J]. Journal of Thermal Spray Technology, 24: 836-847.

Li B, Yao J, An Q Z, et al. 2015b. Microstructure and tribological performance of tungsten carbide reinforced stainless steel composite coatings by supersonic laser deposition[J]. Surface & Coatings Technology, 275: 58-68.

Lin X, Yue T M. 2005. Phase Formation and microstructure evolution in laser rapid forming of graded SS316L/Rene88DT alloy[J]. Materials Science and Engineering A, 402 (1-2) : 294-306.

Liu Z, Zhan J, Fard M, et al. 2016. Acoustic properties of a porous polycarbonate material produced by additive manufacturing[J]. Materials Letters, 181: 296-299.

Maiti A, Small W, Lewicki J P, et al. 2016. 3D printed cellular solid outperforms traditional stochastic foam in long-term mechanical response[J]. Scientific Reports, 6: 24871.

Navy Metalworking Center. 2016a. Advanced metalworking solutions for naval systems[R/OL]. http://www.nmc.ctc.com/useruploads/file/publications/NMC%20Annual%20Report%2020161.

Navy Metalworking Center. 2016b. Additive manufacturing for shipbuilding applications[R/OL]. http://www.nmc.ctc.com/ndex.cfm?fuseaction=projects. Details & projectID =288.

Navy Metalworking Center. 2016c. Printed sand casting molds and cores for hy steels[R/OL]. http:// www. nmc.ctc.com/ index.cfm?fuseaction=projects.overview.

Navy Metalworking Center. 2016d. Distortion mitigation for additively manufactured electronic chassis[R/OL]. http://www.nmc.ctc.com/index.cfm?fuseaction=projects.details &projectID=288.

Olakanmi E O, Tlotleng M, Meacock C, et al. 2013. Deposition mechanism and microstructure of laser-assisted cold-sprayed（LACS）Al-12wt%Si coatings: Effects of laser power[J]. The Journal of The Minerals, Metals and Materials Society, 65 (6) : 776-783.

Raghavan N, Dehoff R, Pannala S, et al. 2016. Numerical modeling of heat-transfer and the influence of process parameters on tailoring the grain morphology of IN718 in electron beam additive manufacturing[J]. Acta Materialia, 112: 303-314.

Zhang H, Wang X, Wang G, et al. 2013. Hybrid direct manufacturing method of metallic parts using deposition and micro continuous rolling[J]. Rapid Prototyping Journal, 19: 387-394.

Zhang Q, Wu L, Zou H, et al. 2020. Correlation between microstructural characteristics and cavitation resistance of Stellite-6 coatings on 17-4 PH stainless steel prepared with supersonic laser deposition and laser cladding[J]. Journal of Alloys and Compounds, 860: 158417.